"十三五"国家重点出版物出版规划项目

全球海洋与极地治理研究丛书

海洋政策
——海洋治理和国际海洋法导论

［加］马克·撒迦利亚（Mark Zacharias）◎著

邓云成　司　慧◎译

Marine Policy
An introduction to governance and
international law of the oceans

海洋出版社

2019年·北京

图书在版编目（CIP）数据

海洋政策：海洋治理和国际海洋法导论/（加）马克·撒迦利亚（Mark Zacharias）著；邓云成，司慧译. —北京：海洋出版社，2019.8
书名原文：Marine Policy：An introduction to governance and international law of the oceans
ISBN 978-7-5210-0270-6

Ⅰ.①海…　Ⅱ.①马…②邓…③司…　Ⅲ.①海洋开发-政策-研究-世界②海洋环境-环境管理-研究③海洋法-研究　Ⅳ.①P7②D993.5

中国版本图书馆 CIP 数据核字（2018）第 279953 号

图字：01-2017-8590

Marine Policy：An introduction to governance and international law of the oceans/Mark zacharias/ISBN：978-0-415-63308-6

Copyright© 2014 Mark Zacharias

责任编辑：常青青
责任印制：赵麟苏

海洋出版社　出版发行

http://www.oceanpress.com.cn
北京市海淀区大慧寺路 8 号　邮编：100081
北京朝阳印刷厂有限责任公司印刷
2019 年 8 月第 1 版　2019 年 8 月北京第 1 次印刷
开本：787 mm×1092 mm　1/16　印张：24
字数：418 千字　定价：98.00 元
发行部：62132549　邮购部：68038093
总编室：62114335　编辑室：62100038

海洋版图书印、装错误可随时退换

海洋政策

本书为读者提供了政策制定和分析的基础性知识，介绍了政策（包括法律机制）是如何被应用到世界各地的海洋环境之中。本书对海洋政策，包括环保、渔业、交通运输、能源、采矿和气候变化的各个方面进行一次系统性梳理和回顾。

本书以海洋环境的结构和功能的生物物理概况开始，特别强调了管理海洋环境所面临的挑战与机遇；对国际法的产生和作用进行了概述，并特别关注了国际海洋法；探讨了海洋政策的地理维度和管辖范围以及海洋生态系统（包括气候变化相关影响和过度开发资源）所面临的当前和可预见的挑战。本书可用于高年级本科生和研究生学习和研究，并成为海洋事务、科学与政策课程设置中的核心部分。本书还可成为正在学习海洋法课程学生的补充阅读材料，但推荐阅读对象不包括法律专家。①

马克·撒迦利亚是加拿大不列颠哥伦比亚省环境部助理副部长。他也是加拿大英属哥伦比亚大学渔业中心的兼职教授、加拿大维多利亚大学地理学系副教授。他是《海洋生态保护》（Marine Conservation Ecology）（Earthscan，2011）一书的合著者。

---

① 在译者看来，本书阅读对象还应包括从事海洋管理的非海洋法专业毕业的管理人员以及对海洋法律政策感兴趣的读者。——译者注

目　录

图、表、专栏

图

表

专栏

缩略语

AAC	Arctic Athabaskan Council	北极阿萨巴斯卡理事会
ABNJ	areas beyond national jurisdiction	国家管辖范围以外的地区
ACAP	Agreement on the Conservation of Albatrosses and Petrels	《养护信天翁和海燕协定》
ACIA	Arctic Climate Impact Assessment	北极气候影响评估
AEPS	Arctic Environmental Protection Strategy	《北极环境保护战略》
AHP	analytic hierarchy process	层次分析法
AIA	Aleut International Association	阿留申国际协会
AMAP	Arctic Monitoring and Assessment Programme	北极监测与评估工作组
APFIC	Asia-Pacific Fisheries Commission	亚洲及太平洋渔业委员会
ARREST	International Convention on Arrest of Ships	《国际扣船公约》
ASBAO	Regional Convention on Fisheries Cooperation among African States Bordering the Atlantic Ocean	大西洋沿岸的非洲国家间区域渔业合作公约
ASOC	Antarctic and Southern Ocean Coalition	南极和南大洋联盟
AT	Antarctic Treaty	《南极条约》
ATCM	Antarctic Treaty Consultative Meeting	南极条约协商会议
ATS	Antarctic Treaty System	南极条约体系
BUNKERS	International Convention on Civil Liability for Bunker Oil Pollution Damage	《国际燃油污染损害民事责任公约》
BWM	International Convention for the Control and Management of Ships' Ballast Water and Sediments	《国际船舶压载水和沉积物控制和管理公约》
CAFF	Conservation of Arctic Flora and Fauna	北极动植物保护工作组
CAM	coastal area management	沿海区管理
CBD	Convention on Biological Diversity	《生物多样性公约》
CCAMLR	Convention on the Conservation of Antarctic Marine Living Resources	《南极海洋生物资源养护公约》
CCAS	Convention for the Conservation of Antarctic Seals	《南极海豹保护公约》
CCSBT	Commission for the Conservation of Southern Bluefin Tuna	南方蓝鳍金枪鱼养护委员会
CDM	Clean Development Mechanism	清洁发展机制

CDQ	community development quota	社区配额制度
CECAF	Committee for the Eastern Central Atlantic Fisheries	中东大西洋渔业委员会
CEP	Caribbean Environment Program	加勒比环境项目
CER	corporate environmental responsibility	企业环境责任
cif	cif cost, insurance and freight	成本加保险费、运费
CITES	Convention on International Trade in Endangered Species of Wild Fauna and Flora	《濒危野生动植物种国际贸易公约》
CLC	International Convention on Civil Liability for Oil Pollution Damage	《国际油污损害民事责任公约》
CLCS	Commission on the Limits of the Continental Shelf	大陆架界限委员会
CLEE	Convention on Civil Liability for Oil Pollution Damage Resulting from Exploration for and Exploitation of Seabed Mineral Resources	《勘探、开发海底矿物资源油污损害民事责任公约》
CLL	International Convention on Load Lines	《国际载重线公约》
CMI	Comité Maritime International	国际海事委员会
CMS	Convention on the Protection of Migratory Species of Wild Animals	《保护迁徙野生动物物种公约》
COFI	Committee on Fisheries	渔业委员会
COLREG	Convention on the International Regulations for Preventing Collisions at Sea	《国际海上避碰规则公约》
COLTO	Coalition of Legal Toothfish Operators	美露鳕鱼合法捕捞联盟
COMNAP	Council of Managers of National Antarctic Programs	国家南极局局长理事会
COP	conference of the parties	缔约方会议
CPPS	Permanent Commission on the South Pacific	南太平洋国家常设委员会
CP	consultative party	协商国
CPUE	catch per unit effort	单位努力渔获量
CRM	coastal resource management	海岸资源管理
CSI	Container Security Initiative	集装箱安全倡议
CZM	coastal zone management	海岸带管理
DFO	Department of Fisheries and Oceans, Canada	加拿大渔业和海洋部
DMC	dangerous maritime cargo	危险的海运货物
dwt	dead weight tonnes	载重吨位
EAF	ecosystem approach to fisheries	渔业生态系统方法

EAGGF	European Agricultural Guidance and Guarantee Fund	欧洲农业指导和保证基金
EAM	ecosystem approaches to management	生态系统管理方法
EAP	Action Plan for the Protection, Management and Development of the Marine and Coastal Environment of the Eastern African Region	《保护、管理和开发东非区域海洋和沿海环境行动计划》
EbA	ecosystem-based adaptation	基于生态系统的适应措施
EEC	European Economic Community	欧洲经济共同体
EEDI	Energy Efficiency Design Index	能源效率设计指数
EEZ	Exclusive Economic Zone	专属经济区
EFR	ecological fiscal reform	生态财政改革
ELECRE	elimination and choice expressing reality	消去与选择转换法
EPPR	Emergency Prevention, Preparedness and Response	突发事件、预防、准备和反应工作组
ERFEN	Protocol on the Regional Program for the Study of the El Niño Phenomenon in the South-East Pacific	《东南太平洋厄尔尼诺现象研究区域项目议定书》
ESG	environmental, social and governance	环境、社会和治理
ETR	ecological tax reform	生态税改革
EU	European Union	欧盟
EVI	Economic Vulnerability Index	经济脆弱性指数
FAL	Convention on Facilitation of International Maritime Traffic	《国际便利海上运输公约》
FAO	Food and Agriculture Organization	联合国粮农组织
FCWC	Fishery Committee of the West Central Gulf of Guinea	几内亚湾中西部渔业委员会
FFA	South Pacific Forum Fisheries Agency	南太平洋论坛渔业局
F_{MSY}	fishing mortality less than maximum sustainable yield	捕鱼死亡率低于最高持续产量
fob	free on board	船上交货
FSC	flag state control	船旗国管制
GBRMPA	Great Barrier Reef Marine Park Authority	大堡礁海洋公园管理局
GDP	gross domestic product	国内生产总值
GDS	geographically disadvantaged state	地理不利国
GFCM	General Fisheries Council for the Mediterranean	地中海渔业总委员会
GGI	Gwich'in Council International	哥威迅国际理事会
GNI	gross national income	国民总收入

GPA	Global Programme of Action	全球行动计划
GSP	green shipping practice	绿色航运实践
GT/G. T. /gt	gross tonnage	总吨位
GW	gigawatt	千兆瓦
HAFS	International Convention on the Control of Harmful Anti-fouling Systems on Ships	《控制船舶有害防污底系统国际公约》
HAI	Human Assets Index	人力资产指数
HFC	hydrofluorocarbon	氢氟碳化合物
IAATO	International Association of Antarctic Tour Operators	国际南极旅游组织协会
I-ATTC	Inter-American Tropical Tuna Commission	美洲间热带金枪鱼委员会
IBSFC	International Baltic Sea Fisheries Commission	国际波罗的海渔业委员会
ICC	Inuit Circumpolar Council	因纽特环北极理事会
ICCAT	International Commission for the Conservation of Atlantic Tunas	国际大西洋金枪鱼保护委员会
ICES	International Council for the Exploration of the Sea	国际海洋考察理事会
ICJ	International Court of Justice	国际法院
ICNAF	International Commission for the Northwest Atlantic Fisheries	国际西北大西洋渔业委员会
ICRW	International Convention for the Regulation of Whaling	《国际捕鲸管制公约》
ICZM	integrated coastal zone management	海岸带综合管理
IFQ	individual fishing quota	个人捕鱼配额
ILC	International Law Commission	国际法委员会
ILO	International Labour Organization	国际劳工组织
IMO	International Maritime Organization	国际海事组织
IOPC Funds	International Oil Pollution Compensation Funds	国际油污损害赔偿基金
IOS	Indian Ocean Sanctuary	印度洋保护区
IOTC	Indian Ocean Tuna Commission	印度洋金枪鱼委员会
IPHC	International Pacific Halibut Commission	国际太平洋大比目鱼委员会
IPOA	international plans of action	国际行动计划
IPOA-IUU	International Plan of Action to Prevent, Deter and Eliminate Illegal, Unreported and Unregulated Fishing	预防、制止和消除非法、不报告和无管制捕鱼行为的国际行动计划
ISA	International Seabed Authority	国际海底管理局

ISMC	International Safety Management Code	《国际安全管理规则》
ISO	International Organization for Standardization	国际标准化组织
ISPS	International Ship and Port Facility Security Code	《国际船舶和港口设施保安规则》
ITLOS	International Tribunal for the Law of the Sea	国际海洋法法庭
ITQ	individual transferable quota	个体可转让配额制度
IUCN	International Union for the Conservation of Nature	世界自然保护联盟
IUU	illegal, unreported and unregulated	非法、不报告和无管制
IVQ	individual vessel quota	个体渔船配额制度
IWC	International Whaling Commission	国际捕鲸委员会
kg	kilogram	千克
lb	pound	磅
LBS	Protocol for the Protection of the Mediterranean Sea Against Pollution from Land-Based Sources and Activities	《保护地中海不受陆地来源污染的雅典议定书》
LDC	London Dumping Convention (Convention on the Prevention of Marine Pollution by Dumping of Wastes and Other Matter)	《伦敦倾倒公约》(《防止倾倒废物及其他物质污染海洋的公约》)
LDS	landlocked developing state	内陆发展中国家 (landlocked doveloping stute)
LLDC	landlocked developing country	内陆发展中国家 (landlocked doveloping stute)
LLMC	Convention on Limitation of Liability for Maritime Claims	《海事赔偿责任限制公约》
LME	large marine ecosystem	大海洋生态系统
LOSC	Law of the Sea Convention	《海洋法公约》
MAP	Mediterranean Action Plan	《地中海行动计划》
MARPOL	International Convention for the Prevention of Pollution from Ships	《国际防止船舶造成污染公约》
MAUT	multi-attribute utility theory	多属性效用理论
MBI	market-based instrument	基于市场的工具
MBTA	Migratory Bird Treaty Act	《候鸟条约法案》
MCDA	multi-criteria decision analysis	多标准决策分析
MEPC	Marine Environment Protection Committee	海洋环境保护委员会
MLC	Maritime Labour Convention	《海事劳工公约》
MOU	memorandum of understanding	谅解备忘录

MPA	marine protected area	海洋保护区
MSC	Maritime Safety Committee	海上安全委员会
MSP	marine spatial planning	海洋空间规划
MSY	maximum sustainable yield	最大持续产量
MW	megawatt	兆瓦
NAFO	North Atlantic Fisheries Organization	西北大西洋渔业组织
NAMMCO	North Atlantic Marine Mammal Commission	北大西洋海洋哺乳动物委员会
NASCO	North Atlantic Salmon Conservation Organization	北大西洋鲑鱼养护组织
NEAFC	North East Atlantic Fisheries Commission	东北大西洋渔业委员会
nmi	nautical mile	海里
NOAA	National Oceanic and Atmospheric Administration	国家海洋和大气管理局
NPA	national programme of action	国家行动计划
NPAFC	North Pacific Anadromous Fish Commission	北太平洋溯河鱼类委员会
NT/N. T. /nt	net tonnage	净吨位
OCA/PAC	Oceans and Coastal Areas Programme Activity Centre	海洋和沿海地区项目活动中心
OECD	Organization for Economic Co-operation and Development	经济合作与发展组织
OLDEPESCA	Latin American Organization for the Development of Fisheries	拉丁美洲渔业发展组织
OPA	Oil Pollution Act	《石油污染法》
OPC	Oil Pollution Convention	《石油污染公约》
OPRC	International Convention on Oil Pollution Preparedness, Response, and Co-operation	《国际油污防备、反应和合作公约》
OPRC-HNS	Protocol on Preparedness, Response and Co-operation to Pollution Incidents by Hazardous and Noxious Substances	《对危险物质和有毒物质造成的污染事件的准备、反应和合作议定书》
OSPAR	Convention for the Protection of the Marine Environment of the North East Atlantic	《保护东北大西洋海洋环境公约》
OSY	optimum sustained yield	最佳持续产量
P&I	protection and indemnity	保赔
PAL	Athens Convention relating to the Carriage of Passengers and their Luggage by Sea	《海上旅客及其行李运输雅典公约》
PAME	Protection of the Arctic Marine Environment	北极海洋环境保护工作组
PCA	Permanent Court of Arbitration	常设仲裁法院

PCB	poly-chlorinated biphenol	多氯联苯
PERSGA	Programme for the Environment of the Red Sea and Gulf of Aden	保护红海和亚丁湾环境区域组织
PFC	perfluorocarbon	全氟化碳
PICES	North Pacific Marine Science Organization	北太平洋海洋科学组织
PROMETHEE	preference ranking organizational method for enrichment evaluation	偏好顺序结构评估法
PSC	Pacific Salmon Commission	太平洋鲑鱼委员会
PSI	Proliferation Security Initiative	防扩散安全倡议
PSSA	particularly sensitive sea area	特别敏感海域
PSU	practical salinity units	实用盐度标准
PTBT	Partial Nuclear Test Ban Treaty	《部分禁止核试验条约》
RAIPON	Russian Arctic Indigenous Peoples of the North	俄罗斯北方土著人民协会
ReCAAP	Regional Cooperation Agreement on Combating Piracy and Armed Robbery against Ships in Asia	《亚洲地区反海盗及武装劫船合作协定》
RFMO	regional fisheries management organization	区域渔业管理组织
RMP	Revised Management Procedure	修订管理程序
RMS	Revised Management Scheme	修订管理机制
ROPME	Regional Organization for the Protection of the Marine Environment	保护海洋环境区域组织
ro-ro	roll-on, roll-off	滚装
SAP BIO	Strategic Action Plan for the Conservation of Marine and Coastal Biodiversity in the Mediterranean	《保护地中海海洋和沿海生物多样性战略行动计划》
SAR	Convention International Convention on Maritime Search and Rescue	《国际海上搜寻救助公约》
SC	Saami Council	萨米理事会
SCAR	Scientific Committee on Antarctic Research	南极研究科学委员会
SDC	Seabed Disputes Chamber	海底争端分庭
SDR	Special Drawing Right	特别提款权
SDWG	Sustainable Development Working Group	可持续发展工作组
SEAFO	South East Atlantic Fisheries Organization	东南大西洋渔业组织
SECA	sulphur emission control area	硫黄排放控制区域
SEEMP	Ship Energy Efficiency Management Plan	船舶能效管理计划
SIDS	small island developing state	小岛屿发展中国家
SIOFA	South Indian Ocean Fisheries Agreement	南印度洋渔业协定

SOLAS	International Convention for the Safety of Life at Sea	《国际海上人命安全公约》
SOS	Southern Ocean Sanctuary	南大洋保护区
SPA	Protocol Concerning Specially Protected Areas and Biological Diversity in the Mediterranean	《地中海特别保护区和生物多样性议定书》
SPLOS	State Parties to the Law of the Sea Convention	《海洋法公约》缔约国
SPR	spawning potential ratio	生殖潜能比例
SPREP	South Pacific Regional Environmental Programme	《南太平洋区域环境项目》
SPRFMO	South Pacific Regional Fisheries Management Organization	南太平洋区域渔业管理组织
SRCF	Sub-Regional Commission on Fisheries	分区域渔业委员会
SSB	spawning stock biomass	产卵群生物量
SSBR	spawning stock biomass per recruit	单位补充产卵群生物量
STCW	International Convention on Standards of Training, Certification and Watchkeeping for Seafarers	《海员培训、发证和值班标准国际公约》
SUA	Convention for the Suppression of Unlawful Acts Against the Safety of Maritime Navigation	《制止危及海上航行安全非法行为公约》
TAC	total allowable catch	总可捕捞量
TBT	tributyltin	三丁基锡
TEU	twenty-foot equivalent units	20英尺标准
TURF	territorial user right in fisheries	渔业领地使用权制度
UK	United Kingdom	英国
ULCC	ultra large crude carrier	超巨型油轮
UN	United Nations	联合国
UNCED	United Nations Conference on Environment and Development	联合国环境与发展大会
UNCHE	United Nations Conference on the Human Environment	联合国人类环境会议
UNCITRAL	United Nations Commission on International Trade Law	联合国国际贸易法委员会
UNCLOS I	1958 United Nations Conference on the Law of the Sea	第一次联合国海洋法会议
UNCLOS II	1960 United Nations Conference on the Law of the Sea	第二次联合国海洋法会议

UNCLOS III	1982 United Nations Conference on the Law of the Sea	第三次联合国海洋法会议
UNCLOS	United Nations Convention on the Law of the Sea	《联合国海洋法公约》
UNCTAD	United Nations Conference on Trade and Development	联合国贸易和发展会议
UNEP	United Nations Environment Programme	联合国环境规划署
UNFCCC	United Nations Framework Convention on Climate Change	《联合国气候变化框架公约》
UNFSA	UN Fish Stocks Agreement	《1995 联合国鱼类种群协定》
UNGA	United Nations General Assembly	联合国大会
UNGAR	United Nations General Assembly Resolution	联合国大会决议
UNODA	United Nations Office for Disarmament Affairs	联合国裁军事务厅
UNSCR	United Nations Security Council Resolution	联合国安全理事会决议
US	United States of America	美国
VLBC	very large bulk carrier	大型散装船
VLCC	very large crude carrier	巨型油船
VLOC	very large ore carrier	大型矿砂船
WACAF	Abidjan Convention for Cooperation in the Protection and Development of the Marine and Coastal Environment of the West and Central African Region	《合作保护和开发西非和中非区域海洋和沿海环境公约》
WCED	World Commission on Environment and Development	世界环境与发展委员会
WCPFC	Western and Central Pacific Fisheries Commission	中西太平洋渔业委员会
WECAFC	Western Central Atlantic Fisheries Commission	中西大西洋渔业委员会
WiP	with policy	有政策
WoP	without policy	没有政策
WRC	Nairobi International Convention on the Removal of Wrecks	《内罗毕国际船舶残骸清除公约》
WSSD	World Summit on Sustainable Development	世界可持续发展峰会
WTO	World Trade Organization	世界贸易组织
WWF	World Wildlife Fund	世界自然基金会

致　谢

我无法一一感谢曾帮助本书成稿的每个人，但是有一些人不得不提及。劳拉·费雷尔（Laura Feyrer）、凯文·克诺克斯（Kevin Knox）、马赫泽·罗默（Meherzad Romer）和洛莉·沃特斯（Lori Waters）对本书的研究、编辑和图片制作提供了帮助。我同样感激杰夫·阿尔德隆（Jeff Ardron）、罗德·多贝尔（Rod Dobell）、洛恩·科里沃克（Lorne Kriwoken）、玛莎·麦良奈尔（Martha McConnel）、泰德·麦克多尔曼（Ted McDorman）、安德鲁·斯纳（Andrew Stainer）和拉什德·苏马拉（Rashid Sumaila）花费他们的宝贵时间来审读各章节。最重要的是，我感谢约翰·罗夫（John Roff）这些年来的不断支持，感谢他允许将我们之前合著的《海洋生态保护》一书中的部分内容经修订后纳入本书。

许多同事和朋友也以其他方式为海洋政策事业做出了贡献，他们是杰克·欧达礼（Jackie Alder）、侯赛因·阿里迪纳（Hussein Alidina）、杰夫·阿尔德隆、约翰·巴克斯特（John Baxter）、罗瑟琳·卡泥沙（Rosaline Canessa）、薇莉·克莉丝汀森（Villy Christensen）、克里斯·柯甘（Chris Cogan）、菲尔·迪尔登（Phil Dearden）、乔恩·达伊（Jon Day）、戴夫·达弗斯（Dave Duffus）、查克·菲达纳（Zach Ferdana）、利亚·嘉宝（Leah Gerber）、埃德·格雷葛（Ed Gregr）、班·哈本（Ben Halpern）、埃伦·海因斯（Ellen Hines）、唐·豪斯（Don Howes）、戴维·海兰巴（David Hyrenbach）、萨拜恩·杰森（Sabine Jessen）、戴维·库斯纳（David Kushner）、南希·莉诗（Nancy Liesch）、乔什·洛伦（Josh Laughren）、奥拉夫·尼曼（Olaf Niemann）、卡罗尔·奥格本（Carol Ogborne）、查理·肖特（Charlie Short）、拉什德·苏马拉（Rashid Sumaila）和马克·泰勒（Mark Taylor）等。

最后，我还要感谢在《国际海洋和海岸法杂志》（International Journal of Marine and Coastal Law）、《海洋政策》（Marine Policy）、《海洋和海岸管理》（Ocean & Coastal Management）、《海洋开发与国际法》（Ocean Development & International Law）的作者、编辑和团队成员所做的贡献。若没有他们的贡献，本书的完成绝无可能。

前　言

　　伯特兰·罗素（Bertrand Russell）在其经典著作《非流行散文》（*Unpopular Essays*）中认为，人类面临两个不同的问题：第一个问题是掌控自然，以满足人类需求，这一问题稳固地存在于科学和技术领域（Russell，1950）；第二个问题是明智地利用科学和技术的成果，以改善人类的境况。然而，谨慎并不总是占据上风。罗素列举了历史上几个技术进步的例子，这些技术上的每一次进步都导致了灾难性的后果。他特别引用了驯化马匹（征服）、机械化（奴隶制）和现代物理学（核武器）的例子，这些技术上的每一次进步都伴随着不幸的后果。罗素提到，虽然科学和技术上的成就和技能很重要，但"……需要一些技能之外，可以被称为'智慧'的东西。如果智慧是可以被习得的话，必须通过其他研究手段，而非科学技术手段来学习。"

　　罗素的观点特别中肯地描述了人类与海洋之间的关系。有证据表明，人类在 164 000 年前就开始食用海产品了，而且史前西方文化（pre-Western cultures）的早期就已经发展出了足够专业的技术，可以过度捕捞所及物种（Mueller-Dombois and Wirawan，2005；Marean et al.，2007）。工业化的到来创造了远洋捕鱼、在大陆架开采油气资源、远距离运输货物及将海洋作为废弃物储藏场的机会。甚至到 20 世纪初，许多人还认为海洋是永恒不变的，不会受到人类活动的影响。

　　与罗素的举例类似，科学和技术的进步已经超越了人类的理解能力，我们无法理解自身活动对海洋环境所造成的影响，也无法想象应如何规制这些活动，即使已有证据表明过度捕捞和污染所产生的影响，但人类却耗费了几十年的时间才作出应对。即使到今天，大多数的海洋都无所有人，因此必须作为公共资源加以管理，此管理现实加剧了应对的延迟，尽管这种延迟是不幸的。本书探讨了罗素所称的"智慧"，其是确保人类的科学和技术成就的必要条件，还探讨了这些成就所带来的影响以及达成罗素所称的"满足"。

　　海洋管理极为复杂。即使是从事海洋治理领域的人，也很少能掌握海洋治理所有方面的内容。这种无知是可以被原谅的：目前，有超过 150 个管理利用海洋环境的多边国际协定。这些国际协定中有许多又建立了几十个跨国机构、委员会、组织和秘书处，以监督协定的执行并制定政策、指导方针和汇报要求。更易令人混淆的是，许多国际协定之间往往存在分层嵌套，或要求在其他协定中得到全面贯彻，以便该协定可以成功运作。更甚者，许多协定特别是比较重要的国际公约经常被修改。此外，许多海洋地理区域都是由多个单独的区域协定来管辖的。

毋庸置疑，很少有人能全面了解世界海洋是如何治理的以及这些治理是否有效。更少有人能够估计，我们目前的海洋治理方法是否足以解决复杂的全球问题，如气候变化、主权主张和支持原住民的权利。

本书目的

本书的目的是让读者了解，各国是如何共同努力来解决与世界海洋管理有关的社会经济、环境和文化问题。海洋治理混合了历史实践和习惯、经济和贸易考量、国内法和政策以及区域和国际协定。本书系统地概述了海洋治理的情况，旨在提供关于人类如何管理海洋范围内各种活动的基本处理方案。海洋的治理是在"海洋政策"的支持下完成的。广义上来说，海洋政策是影响海洋相关决定、行动和其他事宜的各种行动方案。

虽然本书介绍了加强海洋治理的法律背景和国际法，但这并不是一部法律教科书，也不是任何国际法或政策的权威指南。已经有几十本教科书都描述了本书所讨论的各项国际公约，而作者并不是为了重复这些著作。相反，本书讨论了海洋治理的法律、政策和国家方法，以展示管理各个行业（如渔业和交通）的共性和差异以及整合各种治理手段的条件，以改善社会经济和环境结果。尤其是本书还试图激发海洋法或海洋政策某一领域的专家，思考海洋管理中超越以部门为基础的管理方法的机遇及其所带来的好处。

本书主要关注了海洋管理的国际方面。因此，本书并不是关于个别国家是如何管理其国内海域的专著。虽然每个国家（甚至是内陆国）都被海洋法赋予了法律地位，并可能有自己的海洋法和海洋政策，但本书的目的并不是优先关注个别国家及其国内的海洋议程。因为已有许多优秀的"海岸管理"文本，所以仅会用国内范例来说明某一特定系统、方法、基本原理、成功或失败。

缘何现在出版此书？

目前世界范围内的海洋环境状况正稳步下降，且这些趋势已得到广泛报道（Pauly et al.，2002；Roberts，2013）。解决社会经济和环境问题（如渔业管理或运输管理）的传统方式，即以部门为基础的管理方式（如管理渔业和规制交通运输），至今未能解决人类所面临的复杂的社会和环境困境（参见专栏 0.1）。气候变化、主权主张和地区经济差异，仅通过简单的、部分的改善海洋环境管理或经济管理是不能得到解决的。相反，复杂的相互关联问题需要创新的解决方式，针对共同目标，整合各种管理行动。

专栏 0.1　海洋环境特质所造成的治理挑战

● 以部门为基础的通用解决方案，与海洋环境的生物物理复杂性以及与经济和人类社区的关联性不相容。

● 对多维地理尺度上的社会经济和生态的相互作用了解甚少。

● 基于"命令与控制"规制方法的管理模式，由于其动态性和复杂性，在海洋系统中效率较低。

● 态度和时间框架的短期特征，损害了长期可持续解决方案的规划。

● "拓荒心态"占据上风，在生态、热力学和经济上对资源开发产生的制约很少。

● 海洋系统会跨越国家和区域边界，让基于财产权（所有权）目的制定的管理体制存在不足。

来源：改编自 Glavovic（2008）

本书简介

海洋独立的内部运作对人类来说基本是不可见的，且这种运作通常会违反人类已有的陆上经验。因此，需要有关海洋系统生物和物理特征方面的基本知识，以了解海洋法律和政策的应用是如何影响海洋环境的。本书第 1 章中的"海洋 101"就是为了使读者熟悉海洋环境运作的构造、功能和过程。

第 1 章首先探讨了陆地环境和海洋环境之间的差异，其目的是说明"陆地参考"这种有偏见的观点是如何形成的，而如果想要完全理解如何治理海洋环境，则必须克服这种偏见；然后概述了海洋环境方面主要的生物学、海洋学和地理学特征以及这些特征与海洋环境精细管理之间的关系。

第 2 章介绍了国际法的历史和运作。该章首先探讨了海洋所有权制度的类型，介绍了世界上不同的法律体系，并简要解释了国际法的运作；然后概述了国际海洋法以及海洋法与其他法律体系之间的差异；最后，介绍了《联合国海洋法公约》（United Nations Convention on the Law of the Sea）。《联合国海洋法公约》是综合性最强的国际协定之一，关于该公约及其适用的专著比比皆是。本章概述了《联合国海洋法公约》的内容和运作，而后续章节也将进一步探讨该公约的具体功能。

第3章介绍了政策领域的内容。本章探讨了公共政策的目的、类型以及法律和公共政策之间的关系；然后讨论了海洋法和海洋政策的特征，特别关注了国家管辖范围以外的地区（即公海和深海海底）；最后还探讨了各种海洋环境政策工具的适用，这些政策工具包括规范工具、经济工具、基于价格的工具、基于数量的工具、市场增强工具、信息工具和志愿工具。

第4章回顾了政策是如何制定的，政策制定的特点，政策选择时的考量因素以及政策选择和政策分析的方法。其中有大量定性与定量的政策分析。

第5章介绍了海洋保护和保留管理方面的主要国际机制以及重要的区域公约和双多协定。本章首先讨论了海洋生物多样性的主要威胁：过度捕捞、栖息地丧失、物种引入、全球气候变化和污染；然后介绍了国际海洋环境法律和政策的简史；最后概述了海洋环境保护方面的主要国际协定和区域协议。

第6章讨论了海洋渔业的运作和管理。本章概述了海洋渔业管理，重点讨论了已经适用的不同方法（如单个物种、多物种和基于生态系统的方法），这些方法有时是成功适用的，有时则不然；然后介绍了国际渔业法律和政策的历史，并汇总了监督渔业管理的各个组织；之后讨论了主要的渔业管理国际协定。

第7章探讨了国际海运的运营和管理。首先，本章概述了当代航运，介绍了海运法律和政策；然后讨论了管理海运的各种组织以及涉及船舶、航运公司和海员的主要国际公约和协定；接着，还讨论了与海上安全（包括海盗问题）和航运的环境影响等有关的国际法律和政策。

第8章单独讨论了极地地区（南极和北极）问题，因为极地的地理位置偏远、气候恶劣、拥有独特的生物系统，所以有其独特的治理安排。虽然南北两极地区在气候上很相似，但在几乎所有其他方面都是独特的，无论是生物结构、治理，还是人类利用方面。本章首先介绍了南极和南冰洋（Southern Ocean）①以及治理这些区域的南极条约体系；然后讨论了北极地区的治理以及有助于北极管理的关键制度安排。

第9章介绍了适用于海上能源和采矿活动的国际法律和政策工具。本章首

---

① 也可译为南大洋。——译者注

先区分了大陆架和深海海底的能源和采矿条件；然后讨论了《联合国海洋法公约》在能源和矿产开发中的作用；随后回顾了监督能源和采矿活动的各种组织；最后，简要归纳了大陆架和深海海底区域的海洋能源和矿产资源及其管理状况。

第 10 章介绍了海洋管理的综合性方法。广义上来说，这些方法是指有助于海洋决策和政策分析的工具。本章分析了海岸管理、生态系统的管理方法、海洋保护区、海洋空间规划、累积影响和私有海洋权利。

本书术语

律师、政策分析师、环境规划者、工程师、外交官和官员都有各自关于海洋治理的专用术语。本书借鉴参考了这些学科的术语，并依据最近的实践使用了以下术语：

"States（国家）"一词与"countries（国家）""nations（国家）""nation states（国家）"和"economies（经济体）"含义相同。"Marine（海洋）"和"oceans（海洋）"可互换使用，而"海事的（maritime）[①]"一词则有特殊含义，仅在表示海运部门时才使用。

"Law（法律）"可能是指国内法，也可能是指国际法。

"Policy（政策）"是指影响或确定决策、行动和其他事项的计划或行动方案。

"Governance（治理）"是指颁布或实施法律或政策的行为。

"Convention（公约）"与国际协定或国际条约同义，当讨论某一特定公约时，字母会大写。[②]

根据国际法文献的习惯做法，将"LOSC（《海洋法公约》）"作为《联合国海洋法公约》缩写。其他专著可能会使用"UNCLOS"的缩写，与"LOSC"同义。

用"较发达国家"和"欠发达国家"来区分发达国家（第一世界）和发展中国家（第三世界）。

参考文献

Glavovic, B. (2008) 'Ocean and coastal governance for sustainability: Imperatives for integrating ecology and economics', in M. Patterson and B. Glavovic (eds) *Ecological Economics of the Oceans*

---

① 也可译为海的。——译者注
② 译文会用书名号标出。——译者注

and Coasts, Edward Elgar, Cheltenham.

Marean, C. W. , Bar-Matthews, M. , Bernatchez, J. , Fisher, E. , Goldberg, P. , Herries, A. I. , Jacobs, Z. , Jerardino, A. , Karkanas, P. , Minichillo, T. , Nilssen, P. J. , Thompson, E. , Watts, I. and Williams, H. M. (2007) 'Early human use of marine resources and pigment in South Africa during the Middle Pleistocene', *Nature*, 449 (7164), 793-794.

Mueller-Dombois, D. and Wirawan, N. (2005) 'The Kahana Valley Ahupua'a, a PABITRA study site on O'ahu, Hawaiian Islands', *Pacific Science*, 59 (2), 293-314.

Pauly, D. , Christensen, V. , Guenette, S. , Pitcher, T. J. , Sumaila, U. R. , Walters, C. J. , Watson, R. and Zeller, D. (2002) 'Towards sustainability in world fisheries', *Nature*, 418 (6898), 689-695.

Roberts, C. (2013) *The Ocean of Life: The Fate of Man and the Sea*, Penguin Books, New York.

Russell, B. (1950) *Unpopular Essays*, Routledge, New York.

1　海洋环境引论：
世界海洋的构造和功能

引言

　　感激海洋对地球生命和人类需求的贡献是至关重要的。有效的海洋管理需要了解海洋的构造和功能（专栏 1.1 和专栏 1.2）。例如，了解海洋温度和海洋化学过程，是理解温室气体排放对海洋环境（如海平面上升、海洋酸化）所产生的影响的基础。这种认识还有助于评估减缓（减少）温室气体排放或适应（应对）气候变化的时机。又如，需要了解深海采矿可能会如何影响海洋环境，这需要理解会促进深海和相关生物群落生态健康的海洋学、地理学和生物学结构和过程。

专栏 1.1　海洋的重要性

在全球范围内，海洋是：

- 主要的水库：海洋覆盖了地球表面积的 71%，而淡水只有不到 0.5%；
- 生物的主要栖息地；海洋包含了"地球"上超过 99% 的可栖居地；
- 地球上主要的氧气储存库；
- 浮游植物可能是地球上主要的氧气生产者；
- 地球上的储热层和调节器；
- 纵向热传递和循环的介质；
- 二氧化碳的主要储存库，特别是碳酸氢根（HCO_3^-）和碳酸根（CO_3^{2-}）形态的二氧化碳；
- 从细菌到鲸鱼的各种各样生物的栖息地；
- 巨大的潜在资源储存库，包括可再生和不可再生资源，石油、矿产等；此外，地球上有一半的碳都固定在海洋。

来源：Roff and Zacharias（2011）

2

专栏 1.2　支持人类的海洋产品和服务

生产服务

食品供应：供人类消费的海洋生物。

原材料：非消费目的的海洋生物。

文化服务

身份/文化遗产：与海洋环境有关的价值，如宗教、民俗、绘画、文化和精神传统。

休闲娱乐：通过观察自然环境中的海洋生物并与之互动，使人们的身体和心灵重新恢复活力。

认知价值：认知发展，包括教育和研究。

可选择的使用价值

未来未知的、不确定的利益：目前未知的海洋环境及相关生物在将来的潜在利用。

调节服务

气体和气候调节：通过海洋生物来平衡和维持大气和海洋的化学成分。

防洪防风：通过生物结构来抑制环境干扰。

废物的生物修复：通过存储、稀释、转化和埋藏来去除污染物。

支持服务

营养循环：通过海洋生物来存储、循环和维持营养素。

恢复力/抵抗力：生态系统可以承受周期性的自然和人为扰动并继续再生，而不用退化或突然转换成其他状态。

生物媒介栖息地：由海洋生物提供的栖息地。

来源：Beaumont et al.（2007）；Ruiz-Frau et al.（2011）

　　与陆地区域相比，海洋独特的构造和功能表明陆地管理的方法在适用于海洋环境时，可能并不会获得成功。例如，地面运输活动（如飞机和车辆）所造成的排放（如污染和噪声），其管理方法在海洋中并没有类似的情况可适用。噪声会对海洋哺乳动物群落产生深远的影响，而如果船舶压舱水中的物种在其自然分布区之外生存下来，压舱水排放所造成的污染则会有显著的经济和环境影响。再如，海洋食物网和陆地食物网之间的复杂性存在差异。陆地上管理野生动物的方法是利用少量营养级的模型，这在海洋环境中的效用可能很有限，因为海洋环境包括了 5~6 个营养级，具体会根据年际和年代的（annual and decadal）海洋学体系而有所变化。

本章简要概述了海洋环境的构造和功能，并引出了下述章节对海洋管理方法的讨论。了解海洋环境的运作情况，对理解海洋管理是如何克服人类带有偏见的"陆地参考"这一观点来说很有必要。本章并不是海洋学或海洋生物学的综合性论述，对细节论述感兴趣的读者可以参阅以下文献：Valiela（1995），Barnes and Hughes（1999），Bertnes et al.（2001），Knox（2001），Sverdrup et al.（2003），Mann and Lazier（2005）等。

海洋环境和陆地环境之间的异同

再次重申一个至关重要的问题，即海洋系统与陆地系统存在显著不同。因此，任何通过适用陆地理论、范式和概念来管理海洋环境的尝试都可能会失败。为此，本节简要介绍了陆地系统和海洋系统之间的异同（摘编自 Day and Roff，2000；Roff and Zacharias，2011）。

海洋系统和陆地系统之间的相似点

在非常宽泛的概念层面上，海洋系统和陆地系统确实有一些相似之处：

- 两者都是由相互作用的物理和生物成分组成，由太阳提供能量，供给几乎所有的生态系统。
- 两者都是由不同群落和物种，占据的不同环境和栖息地的复杂混合。
- 海洋物种和陆地物种的多样性（物种数量）都随纬度显示出了梯度——一般物种多样性随纬度降低而增加。
- 海洋和陆地生态系统中，生物活动的主要区域往往集中在表面区域附近（即海空交界面，或陆空交界面）。

海洋系统和陆地系统之间的不同点

面积的差异　海洋面积远大于所有陆地面积的总和，占全球表面积的71%。仅一个太平洋就相当于所有大陆的面积。更加明显的差异是海洋栖息地和陆地栖息地的垂向空间和体积。陆上生命通常从地下数米延伸到树顶，垂直范围可能不超过 30~40 米，虽然鸟类、蝙蝠、昆虫和细菌可能偶尔会高于此高度，但树木以上的空气只是临时分布的媒介。由于物种必须返回陆地环境以获得资源、进行繁殖和寻找遮蔽处，所以树木以上的空气并不被视为栖息地。相比之下，海洋的平均深度达到 3800 米，所有的深度都有生命存在。因此，海洋可栖息地的体积是陆地的数百倍。

物理性质的差异　陆地和海洋生态系统的物理性质明显不同。例如，海底上覆水体的黏度是空气的 60 倍，并具有更大的表面张力。水的密度比空气大 850 倍左右，能提供浮力，并使生物体不需要强大的支撑构造就能生存。浮力使得生物体能在海中生存，其在形态上和解剖学上与陆地生物非常不同。海水的浮力和黏度使得食物颗粒悬浮在海中，并导致了浮游区域这一环境（专栏 1.3），在陆地环境中并没有类似情况。

专栏 1.3　海洋环境的分类

海洋由两个根本上不同的区域所组成：浮游环境和底栖环境。二级区划是潮间带或河口区域，这一区域显示了浮游区域（pelagic realm）和底栖区域（benthic realm）的特征以及陆地环境的影响。

浮游区域

浮游区域（pelagos，在古希腊语中是"公海"的意思）是水体本身以及栖息其中的所有生物。浮游区域的体积是 1330×10^6 立方千米，平均深度为 3.68 千米，最大深度达到 11 千米（Charette and Smith, 2010）。浮游区域是一个完全三维的世界，能够独立于陆地环境和底栖环境而存在。浮游生物完成了浮游区域的初级生产，反过来，还会和鸟类、鲨鱼及海洋哺乳动物这些顶阶捕食者形成复杂的食物网。

底栖区域

广义来说，底栖区域（benthos，在希腊语中是"深海"的意思）是海底（或湖底）、海底沉积物及相邻水域和相关生物群落。底栖环境主要由深度、底层（底部类型）和水体带来的营养素构成。营养素的输入主要通过较大规模的非生物机制（如水流运动）以及较小规模的生物相互作用（如竞争、捕食）完成。近海的底栖环境通常呈现出更大的空间和时间差异，而离岸的底栖环境则表现出更少的变化。

专栏 1.3 海洋环境的分类（续）

潮间带和河口环境

潮间带环境是在低潮时露出水面的沿岸海洋区域，从本质上来说其是一种底栖环境。因此，潮间带是由大气、海洋和陆地（如径流）过程构成的，体现出了海洋环境和陆地环境的双重特性。河口环境是指淡水系统和海洋系统汇合处的区域，也可能是潮间带。河口环境的特点是盐度低、生物生产力高以及物种多样性低。

温度的差异 陆地气候有强烈的季节性和年际波动性，与此形成对比的是，海洋环境的波动要温和得多。海水的热容比空气大得多，因此，海水的温度变化比陆上缓慢。海水的黏度也较高，相较于空气的循环其更加缓慢。

光和垂直梯度 与陆地环境相比，海洋中有更大比例受到光的限制。由于光和营养素的获得存在变化，所以海洋上层的50~200米（透光层）才可支持初级生产者生长（图1.1）。无论是在水中还是海底，光对于通过光合作用进行的初级生产来说都是必需的。但也有例外情况，有几种独特的群落，例如热液喷口（hydrothermal vent），是依赖于自身的化学合成生产者。考虑到这些例外情

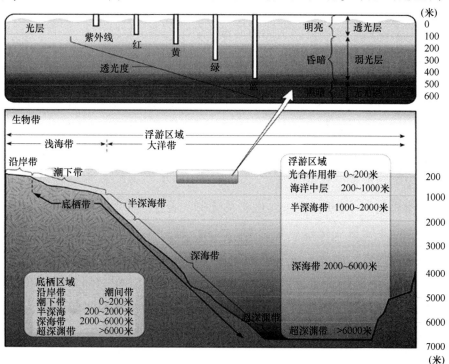

图 1.1 海洋环境中的浮游区域和底栖区域图解，展示了公认的垂直深度和光层

况，海洋未被照亮的广阔深度内（弱光层和无光层），基本上不生产有机物质。在这些黑暗区域，海洋的整个生态经济取决于具有生产性的表层中有机物质碎屑的流出。

水的移动性和流体性 海洋环境的流体性质意味着大多数海洋物种散布广泛，物种个体之间可能相距甚远。水的移动除了加强异体受精，幼虫和其他繁殖体的散布外，还增强了海洋物种的迁徙和聚集（特别是浮游系统的物种）。水还能溶解营养素，并使之循环。即使是静态的可被视为成熟底栖生物形式（如许多软体动物和海草）的海洋物种，通常其幼虫也具有高度移动性，或与浮游区域的浮游生物一样，具有分散的生殖阶段。海底沉积物通常也具有一定程度的移动性，这种程度使土壤侵蚀循环看起来缓慢而温和。

循环的差异 虽然陆地和水生环境都表现出了各种循环模式（即海洋中的水循环和陆地/水上方的大气循环），但两者严格来说并不具有可比性。在海洋中，水这一媒介容纳了生物体本身，水生生物生存在这一媒介之中，与其一起流动，受其物理和化学过程影响。相比之下，大气中生物体的存在严格来说是暂时的。因此，在海洋中，生物物种和生物群落可长距离的随波逐流，而在陆地上，迁居遥远之地通常需要主动迁徙和被动散布（National Research Council，1994）。即使对底栖生物群落来说，上层水体的运动也是运送食物资源的必要条件；而大气对陆生生物种群的功能则通常不包括这些。

初级生产的差异 也许陆地生态系统和海洋生态系统间最明显的生物学差异是初级生产的类型和来源（Steele，1991）。在陆地生态系统中，初级生产者（主要是维管植物，如树木和草地）构成了绝大多数的生物量，且生物个体通常体积比较大。与此相反，海洋生态系统中的主要生产者，即浮游植物，通常是微观的，且可以快速繁殖。因此，与陆地生态系统的森林或草原相比，浮游植物的更新率要高得多。在陆地生态体统中，初级生产者的生物量倾向于高度守恒（如木本植物）。相反，在海洋生态系统中，通过消耗者或减少者（如细菌），初级生产者的生物量变化过程非常快。因此，海洋沉积物通常有机碳的含量比陆地土壤要低得多，而且随着深度的增加逐渐降低。甚至是海洋中的大型植物（如大型藻类和海草被子植物），虽然通常是多年生的，但与陆生植物相比，世代时间仍然较短。海洋植物均不具备陆地裸子植物和被子植物的寿命。在较低纬度，适应海水的红树林（露出水面的植物）近来再次成为了海水水体的侵占者。

分类学的差异　在海洋中，藻类具有丰富的多样性，包括许多微小的单细胞或多细胞类群（详见下文及表 1.1、表 1.4）。这实际上代表了海洋环境比陆地环境在门这一级的分类水平上具有更为丰富的多样性，因此遗传多样性也更丰富。但这一事实常常不被承认，因为我们对陆上开花植物的巨大多样性的认知和偏见，然而这些开花植物却都属于一个单一门类，即被子植物。海水中并不存在苔藓植物、蕨类植物和裸子植物，而被子植物也明显不具代表性，主要是几种海草和红树林物种。

在动物门中，所有门类都以这样或那样的方式存在于海洋之中。然而，在陆地上，主要的几个门类却完全没有，他们无法适应陆上苛刻的气候条件。虽然在种这一级的分类水平上，无疑陆生昆虫具有最丰富的多样性，但就门这一级的分类来说，多样性最丰富的显然是海洋动植物群，因此海洋也是遗传多样性最丰富的地方。

时间和空间尺度　陆地生态系统和海洋生态系统之间的其他重要差异，或与对物理环境变化的生态响应的时间和空间尺度有关。在海洋中，这些变化与初级生产者群落的本质区别有关。陆生生物和有机碎屑的生物量储存很高，有助于使生物过程和物理过程相分离。而在海洋之中，物理过程和生物过程的空间和时间尺度几乎是一致的，至少在浮游区域是一致的，这使得生物群落可以对物理过程作出快速响应。陆上的空间差异和初级生产者的分布，主要与地形和土壤有关，而且在相同的规模下，与海洋初级生产者相比，陆上初级生产者的变化非常缓慢。在陆地上，由于越大的生物体需要越长的世代时间，所以人口和生物群落的周期可能更多地依赖于生物过程，而不是直接的物理过程（Steele et al.，1993）。

对环境扰动的反应时间相对较短　由于海水的移动性、流体性和相互关联性，环境扰动（如溢油、有毒物质的引入、有毒的藻类水华）会快速散布到整个海洋环境中。根据污染物的性质，此种情况很容易发生在两个或三个海洋生态系统范围内。

边界差异　与海洋环境相比，陆地环境的生态系统之间有更明显的物理界限。尤其特殊的是，在更精细的尺度上，可能很难识别海洋系统中的明确边界。这是缘于海洋系统的动态性，且浮游区域和底栖区域需要分开来考量。然而，这并不意味着没有单独的海洋生态系统，一般来说，他们的边界更加"模糊"或更有过渡性。因此，海洋环境中的边界概念，相较于淡水环境或陆地环境，比较没有实际使用价值。

8 　　**延经度方向的多样性梯度**　在陆地群落和海洋群落中，除了可以观察到延纬度方向的多样性梯度外，在海洋环境中还存在延经度方向的多样性梯度。在大西洋和太平洋中，物种多样性从西向东减少。此外，太平洋中的动物群落（如珊瑚礁）多样性在整体上比大西洋中的要丰富（Thorne－Miller and Earle，1999）（图1.2和图1.3）。海盆西部的多样性更丰富，这可能与大西洋和太平洋的椭圆循环模式有关。海盆西部容纳来自低纬度（具有较丰富的物种多样性）高速流动的水，例如：墨西哥湾流和黑潮，而海盆东部则容纳来自高纬度（物种多样性较低）低速流动的水。太平洋总体的物种多样性更丰富，对此通常的解释是因为其拥有更久远的地质年代。

　　更高分类水平上的多样性　在更高的分类水平，海洋动物群落的多样性比陆地动物群落更丰富（Ray and McCormick－Ray，1992）。动物门中的所有类别在海洋中都有代表。一些分类群，如鱼类，具有非常高的多样性，而另一些分类群的多样性则较低（虽然在一些"低级"门类中，许多物种仍有待描述）。大多数海洋种群还存在分布不均衡的情况，且物种组成也在发生变化。

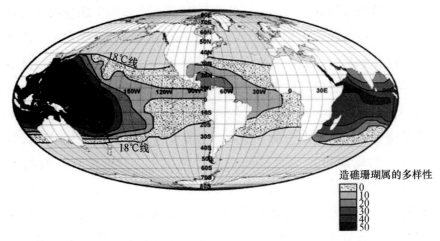

图1.2　造礁珊瑚属的多样性的全球分布

来源：改编自 Stehli et al.（1967）

9 　# 海洋环境的地文特征

　　地文特征是指被公认为"海洋地貌"的那些特征，本质上与海底地形和基质有关。海岸线和海底的地文决定了底栖生物群落以及上覆地质环境、生物地

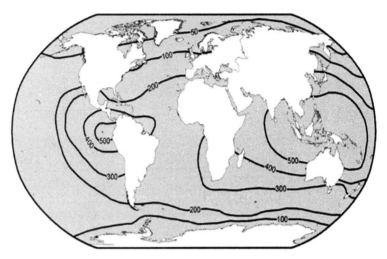

图 1.3　双壳软体动物的全球物种丰富度

来源：改编自 Stehli et al.（1967）

理环境和海洋环境的大体特征。下文和专栏 1.4 讨论了海洋环境的主要地文特征。

水平划分和深度测量

在水平维度，海洋环境通常可以被划分成几个主要区域（参见图 1.1）。海岸水域包括从高潮线向海延伸的海岸带（通常深度小于 30 米）和潮间带。靠近海岸的各种入口包括河口、海湾和相关湿地。河口是淡水和海洋的汇合处，其盐度由于淡水径流而有明显稀释（参见上文）。海湾是海岸线凹陷的地方，其盐度可能并不会被稀释，除非海湾处也有河口。与海岸地区相连的是潮下带的浅海区，这是位于大陆架上方水深最高达 200 米的水域。虽然在一些地方，大陆架边缘对应的是某些专属经济区，但两者之间并没有关联。接着，浅海区在陆架边缘或陆架坡折处逐渐与大洋区相融。大洋区包括了海洋中的广阔区域，位于大陆架边缘以外，水深超过 200 米。

专栏 1.4　海洋环境的其他地文特征

海盆形态：一个区域（如河口、入口、海盆）的一般地形或形态，可以显著影响海岸地区的特征。

基质类型和颗粒大小：基质颗粒大小是海洋群落的主要影响因素，通常被描述成各种类别。例如，岩石和巨砾、沙砾、粗砂、细砂或泥/淤泥。

地貌：某一区域的斜坡、倾斜变化率、粗糙度或底栖生物的复杂性。地势起伏较大的区域，往往栖息地类型也较多，因此生物多样性也较高。

地质和岩石类型：在潮间带和潮下带，岩石类型可能是沉积岩、变质岩或火山岩，由于不同的岩石有不同的侵蚀速率，可能会影响栖息地类型及相关底栖生物。

深度、光和压力

另一种划分海洋的主要方式是深度，有各种术语来描述各种栖息地及其中的生物群落。图 1.1 即展示了在浮游区域和底栖区域从深度方面对海洋的常规描述性划分，这种划分一直以来都是公认的。深度是浮游区域和底栖区域的一个重要影响因素。这一因素与温度、盐度、光和压力（压力与深度共同变化）相结合，定义了主要群落类型的分布（参见 Glenmarec，1973）。

我们将海洋较为随意地垂直细分为光合作用带（小于 200 米）、海洋中层（200~1000 米）、半深海带（1000~2000 米）、深海带/超深渊带（大于 2000 米）。类似的术语也适用于底栖区域（参见图 1.1）。在海洋中，光强度随着深度的加深以指数形式递减。因此，在垂直维度上，并且从根本上对光合生物而言，海洋可以细分为以下几类：透光层，即有足够的光穿透，可以发生净光合作用，植物可以生长；透光层以下是弱光层，该区域依然有光的存在，但强度太低，并不能支持植物的生长；弱光层以下是无光层，并无光线穿透，海洋的绝大部分深度都位于该区域（参见图 1.1）。

植物的光补偿点是在透光层底部，该深度以上，光合作用速率超过呼吸作用速率。透光层的实际深度，从海岸到陆架边缘和远洋水域，会随着水深本身的增加而增加，且一年中的不同时间也会有所变化。例如，在河口地区，透光层的深度可能小于 2 米，在一般的海岸水域中，大约是 30~50 米，而在远洋水域，则可能超过 200 米。相反，在北冰洋，春季时的透光层可能超过 100 米，而夏季浮游植物大量繁殖的时候，透光层可能突然降低到几米。

深度也是压力的替代表示。压力随深度的增加而变大，这对生物具有显著影响。每增加 10 米的深度，水压会增加约 1 个大气压，最大的变化是在最上面的 10 米，从 0 增加到 1 个大气压。额外的物理、化学和生物变化会导致溶解氧的减少以及溶解二氧化碳的增加（详见下文）。生活在海洋较深区域的生物，可以适应高压、低温和资源匮乏的物理条件，并且很少会移动到光合作用带。

温度也会随着海水深度的增加而降低，从外界的表层温度到几乎恒定 0~4℃ 的最深海域温度。相反，盐度通常会随深度的增加而增加。此外，颗粒有机碳（来自透光层的碎屑流）的浓度随深度的增加呈指数下降，氧浓度也下降，二氧化碳浓度则上升。因此，深度是各种同时变化的物理和化学条件的指标，这些条件共同影响着生物群落的性质。

海洋环境的海洋学特征

海洋学构造

温度　温度通常被认为是控制地球上生物体分布及行为的最关键因素（Gunter，1957）。有大量关于温度对水生生物的分布、生理机能和行为影响的科学文献。根据温度，所有海洋生物在其分布上的限制都显示出一定规律，并且只有极少数物种能存在于覆盖整个水温范围的地理区域。

海洋中的温度相对稳定，而且相比陆地系统，季节性的波动要小得多。高纬度和低纬度地区的温度季节性变化一般比较小，而中纬度地区的温度波动可能比较大，例如从 0~20℃。海洋的温度从极地海洋的 -2℃，到热带水域的 32℃，并且低温是由海水的冰点决定的。由于海水含有盐分，所以其冰点要低于淡水的冰点（0℃），且结冰的温度与含盐量成比例。对所有开阔海域的海水而言，密度最大时的温度都低于冰点，而不像淡水在 4℃ 时密度最大。这意味着，含有一定盐度的海水，冷却时会比有同样盐度的温度较高的水密度要大。

海洋由一个"恒定"的温跃层作垂直热分层。大致上，海水可以划分出一个风混合层或上混合层，从表面到 600~1000 米深，该水层的温度从 8~32℃。此水层以下，即 600 米深到海底的水温，通常远低于表面的温度，平均为 0~4℃。所以，绝大多数海水的温度都是在 0~4℃。较深水层的水温也比表面水域的水温更恒定，并且可能会受到洋流的显著影响。海底地形也对水温有影响，一段时间内，较暖（但含有更多的盐分）的水通常会被封存于大型海盆。深层温度较低的水也可以随上升流到达表面。

由于温度对生物生长的影响及其与生物多样性和营养供应的复杂关系（参见下文），因此，温度是海洋生物群落的主要决定因素。

冰盖和冰蚀　冰盖可能是永久性的、季节性的或者不存在的。冰盖的范围和发展状态对广泛地理区域内的生物群落类型皆有重要影响。并不奇怪的是，永久性冰层的存在极大地限制了海洋生产力。通过各种机制，季节性冰层在季节性消除或增强生产力方面产生了主要影响。冰蚀和冰川的物理作用对浅海海洋生物群落有重要影响，特别是对潮间带地区更是如此，其主要是通过减少生物群落多样性或限制某些生物的生存空间来实现。除了在近海水域或极地海域（筏状冰的影响可以达到相当深的深度），冰层对潮下带底栖生物几乎没有影响。

温度梯度和异常现象　有大量关于温度异常的记录，因为这关系到多种类型的区域。上升流区域会携带营养丰富的水体到海洋表面，并使表面温度比周边水域要低。虽然上升流的地理位置是可预测的，但时间并不能确定，而且可能会取决于不可测的气象事件。上升流的形成可能是季节性变化或年度性变化的，水体通常是垂直混合的，没有分层或分层不明显。

盐度　海洋几乎所有部分的盐度都在32~39实用盐度标准（psu），海水主要离子的化学组成几乎保持不变。这是因为盐分进入和排出海洋的速率，相较于全球范围内海洋的混合速率来说还是比较低的。全球海洋表层水域的盐度和不同纬度降水、蒸发的差异以及与表层水域之间的混合速率密切相关。盐度随深度的变化，也有助于水体的垂直分层和稳定性（参见下文）。

盐度在32~39之间的变化，对海洋生物几乎没有明显的影响。然而，大多数海洋物种都是狭盐性的，只适应于恒定的盐度，不能承受比此更大的盐度变化。虽然在过去，生物的分布和盐度之间的关系一直是研究热点，但其他因素，如温度和水团的运动，也决定着海洋生物的分布。

只有在出现高强度降雨的河口、河口海湾或多山可避风的海岸地区，盐度才会从接近0到超过33，从而对水生物种的分布有重大影响，这是因为盐分在渗透调节和离子调节方面的重要性。大多数水生物种要么适应盐度低但相对恒定的淡水生活，要么适应含盐量高得多，盐度几乎恒定的海水生活。只有很少的物种（广盐性的物种）可以适应河口盐度中等且含盐量不断变化的生活。在河口地区，盐度在物理上及其对生物分布和丰度的影响上，都表现出复杂的作用（参见下文）。

海水和营养素的组成　海水是一种综合性的溶液，几乎包含了元素周期表上的每种元素，这也是水的高溶解力证明。尽管海水的总含盐量（盐度）在变化，但海水的组成（即主要元素之间的比率）几乎保持不变。这是由于，大多数元素的浓度都高于被动植物利用的速率。这一规则的例外情况就是营养素这一元素（或离子化合物）。

海洋环境中的营养素是指水生植物生长所需的无机物质（磷酸盐、硝酸盐、氨盐、铁和硅元素），这些物质还能控制水生植物生长的速率。只有透光层的营养素对我们理解海洋管理为目的的过程来说是重要的。透光层以下水域的营养素浓度远远高于透光层中的浓度。只有当这些营养素通过上升流到达表层水域时，才能被初级生产者所利用。

水生环境中的营养素来自大气、地面排水、深层水域循环到表层的水域以及内部再生。海洋环境的各个组成部分通过不同的过程和来源获得各自的营养素。

在开放水域的浮游区域，营养素的输入主要是海水混合的作用和/或食物网的内部再生。在大气候范围内，大气的输入被认为是均衡的。而相比于内部再循环来说，除了在河口和近岸海岸地区外，陆地营养素的输入相对较低。因此，除了目前的海岸地区，海洋内部营养素的再生和再循环的重要性远远超过了外部输入。

海岸地区营养素的主要（内部）来源是上升流或次表层水的夹带。虽然这些进程的地理位置很大程度上是可预测的，但时间点可能取决于不可预测的气象事件。这种海水混合状况可以从局部低温异常中明显看出。

在水团中，营养素机制是水体分层的作用或水体混合的作用，正如下文分层因素所述。

氧气和其他溶解气体　海洋（和有较大湖泊）的浅海地区和浮游区域内，溶解气体在表面水域通常处于饱和或接近饱和状态，这是因为导致水体和大气进行气体交换的物理过程通常在量级上会超过光合作用和呼吸作用的生物过程。通常气体含量的昼夜变化不会非常大，这是较小水体的典型特征。即使是在温跃层以下，水体中的氧气也很少随季节更迭而自然耗尽。例外的情况发生在海水分层的海湾和河口，这里是有机物的主要输入地，也是出现海水夏季分层的地方。在海洋热带和亚热带水域，大西洋和太平洋（后者发生更频繁）600～

1000 米深的水域会形成最小含氧层。

通常由人类行为造成的低氧浓度，引起了全球多个地区的极大关注。这些缺氧区也被称为"死亡区"，通常是由陆地径流的溶解营养素和悬浮固体流入海洋造成的（Diaz and Rosenberg，2008）。最大的死亡区可能是在墨西哥湾。由于陆地和淡水营养素流入海岸水域，造成了赤潮，所以海湾内密西西比河南部和西部的大面积地区已经变成缺氧区。

水团和密度　温度和盐度共同决定了海水的密度。温度较高会降低密度，而盐度较高则会增加密度。在河口环境以外，海水密度本身没有直接的生物学后果，因为密度仅在很窄的范围内变化。然而，密度作为海洋温盐环流的决定因素，对物理海洋学过程却有重要的全球意义（参见下文）。

（表明水团特征的）温度和盐度的某些"通常"或"常见"组合会持续存在，并且这些组合的分布范围非常广，通常是数千平方千米。水团在某些方面可以被认为与陆地环境的主要气候区类似，并明确了主要洋流的范围和影响（图 1.4 和图 1.5）。温度和盐度都需要量化，以确定水团分布的起源、移动和范围。由于大气的相互作用，水团的温度会发生季节性变化，而盐度则不会随季节而变化。因此，温度本身并不是水团或其起源的理想衡量标准或说明。

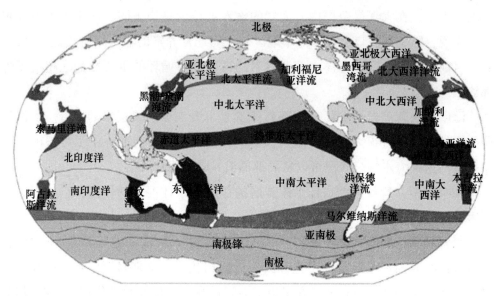

图 1.4　全球浮游区域图

来源：UNESCO（2009）

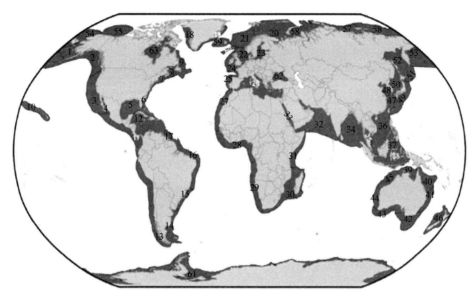

图 1.5 全球大海洋生态系统地图

注：大海洋生态系统是指沿海水域中靠近大陆的约 20 万平方千米或以上面积的海洋区域，该区域的初级生产力通常比开阔海域要高。64 个大海洋生态系统是根据水深、水文、生产力、营养关系来划分的。大海洋生态系统的名录如下：1. 东白令海；2. 阿拉斯加湾；3. 加利福尼亚洋流；4. 加利福尼亚湾；5. 墨西哥湾；6. 东南美国大陆架；7. 东北美国大陆架；8. 斯科舍大陆架；9. 纽芬兰-拉布拉多大陆架；10. 太平洋-夏威夷群岛；11. 太平洋中美洲沿岸；12. 加勒比海；13. 洪保德洋流；14. 巴塔哥尼亚大陆架；15. 南巴西大陆架；16. 东巴西大陆架；17. 北巴西大陆架；18. 西格陵兰大陆架；19. 东格陵兰大陆架-大堡礁；20. 巴伦支海；21. 挪威大陆架；22. 北海；23. 波罗的海；24. 凯尔特海-比斯开湾大陆架；25. 伊比利亚沿海；26. 地中海；27. 加纳利洋流；28. 几内亚洋流；29. 本吉拉洋流；30. 厄加勒斯洋流；31. 索马里沿岸洋流；32. 阿拉伯海；33. 红海；34. 孟加拉湾；35. 泰国湾；36. 南海；37. 苏禄-西里伯斯海；38. 印度尼西亚海；39. 北澳大利亚大陆架；40. 东北澳大利亚大陆架；41. 东中澳大利亚大陆架；42. 东南澳大利亚大陆架；43. 西南澳大利亚大陆架；44. 中西澳大利亚大陆架；45. 西北澳大利亚大陆架；46. 新西兰大陆架；47. 东海；48. 黄海；49. 黑潮；50. 日本海；51. 千岛洋流；52. 鄂霍次克海；53. 西白令海；54. 楚科奇海；55. 波弗特海；56. 东西伯利亚海；57. 拉普帖夫海；58. 喀拉海；59. 冰岛大陆架；60. 法罗海台；61. 南极；62. 黑海；63. 哈德逊湾；64. 北冰洋

来源：Sherman et al.（1992）；lme. noaa. gov

海洋学过程

水体运动 自然水体在所有的空间和时间尺度上显示出了许多种类型的运动。水体运动是海洋的基本特征，对所有生命来说也是必要条件。因此，适当了解水体运动，对理解水生生态系统作用来说至关重要。基本上，导致海洋水 16

体运动的三种"力量"分别是：太阳的辐射（加热和蒸发/降水），地球依自身轴线的旋转（修正作用，而非真实的力量）以及太阳和月亮的引力作用。第四个次要的因素是地质（构造），这一因素会导致海啸。此外，风、潮汐或密度差异也会导致水体运动。

通过补充和促进资源生产，供每个营养级的生物加以利用，水体运动得以维持生命。在海洋连通性的更大尺度或更局部的模式下，水体运动可以被动散布生物（或其幼虫）。海洋环流系统和主要洋流之间的交汇处，有助于形成区分各物种和更高级别分类的界限。基本上，这些交集确定了主要的生物地理带和海洋区域。

海洋表层环流　海洋表层的水体运动（最深大概 600 米）主要是由风和潮汐驱动的，而在约 600 米水深以下，水体运动和水平洋流则慢得多，且主要是由密度差异导致的。海洋表层水体运动的频率和强度对生物群落产生了深刻的影响。

在全球范围尺度上，太平洋和大西洋的海洋表层环流基本模式是一样的。这些模式包括一系列洋流，并共同构成了亚极地环流和亚热带环流（图 1.6）。在北大西洋和北太平洋以及南大西洋和南太平洋，每个相对应的洋流都已非常清楚。例如，北大西洋的亚北极拉布拉多洋流和亚热带墨西哥湾流，对应了北太平洋的千岛洋流和黑潮。在所有海洋中，环流都是呈椭圆形的，这会导致向西增强的洋流。这是地球旋转的作用，即科里奥利力。地球旋转会产生向西增

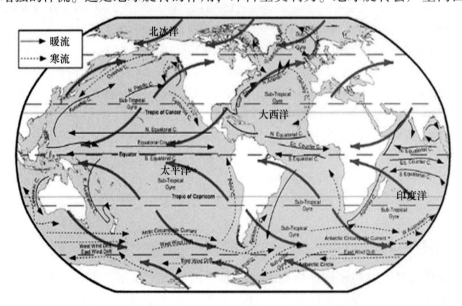

图 1.6　海洋表层环流和主要海洋表层洋流

强的洋流，形成各种椭圆形的海洋环流。

每个环流都围绕一个中心旋转，简称"中央环流"。唯一特别命名的是北大
西洋的马尾藻海。每个亚热带环流都包围着一片相对温暖、盐度高、清澈蔚蓝，
但营养素不足、生产力低下的海。生产力主要取决于内部循环的氨盐。这些基
本上都是荒芜的深海区域。虽然最著名的例子是马尾藻海，但在北太平洋和南
太平洋也有类似的中央环流区域。

在热带海域，北赤道洋流和南赤道洋流都是自东向西流动的。在大西洋和
太平洋，南北赤道洋流之间会出现自西向东流动的赤道逆流。太平洋赤道逆流
长 8000 海里，宽约 250 海里，而大西洋的赤道逆流则变化更大，会在夏季变得
更强劲，向西甚至可以影响到南美洲。

在所有洋流中，最强劲和最持久的是南极环流（西风漂流）。南极环流包括
了南部大洋中的亚极地环流，并自西向东完整地环绕了整个地球。同时，变化
最大的海洋表层洋流是在印度洋。在印度洋中即使是主要洋流，在速度、方向
和经纬度位置上也会发生很大变化。例如，索马里洋流在冬季向南流动，在夏
季却以高速向北流动。北赤道洋流会在季风影响下反转方向，实际上，当夏季
向东流动时，被称为季风洋流。赤道逆流仅在冬季发生，而当夏季季风洋流出
现时，赤道逆流就会消失。导致这些变化的主要力量是季风季节中风的变化，
这清楚地显示出海洋表层环流对风的依赖。

海洋辐聚带和辐散带　在各种海洋环流系统汇聚的地方，水团会辐聚或辐
散，对应了主要大气风系统逆转的区域。也就是说，在海洋表层，循环模式引
起了一系列的辐聚带和辐散带，在这些区域，水体或者下降到表层以下，或者
从表层以下上升至表层。水团汇聚并下降的地方，被称为辐聚带，而水团上升
到表层并分散的地方则称为辐散带。这种区域存在于整个海洋，但通常限于大
洋水域，这在南部大洋中更明显。这些区域所有营养级的生产力通常明显高于
热带的平均水平。然而，这些区域在热带、亚热带和南部大洋中的范围界限要
比在北部大洋中的更清晰。

重要的是要认识到海洋辐聚带和辐散带特性的差异。辐聚带是表层水域汇
聚的地方，可能积累生物群落，因此生物量会增加。这些区域在物理上积累了
丰富的生命，也就是说，生命是被运输到该区域，而不是在此区域生产的。富
饶的鱼类摄食区可能对应的就是辐聚带。辐散带则通常不易界定，尽管其具有
降低表层温度的特征。在辐散带，营养素丰富的水体被带到表层，刺激新的生
产。也许最著名的例子是南极辐散带，此地的初级浮游生产水平极高。

18

沿岸上升流 近岸上升流区域和辐散带的生产力也很高，且生产力主要依赖于来自深海的硝酸盐。在北半球，如果海岸位于风向的左侧，那么表层水体会向右流动，这是由科里奥利力的偏转所造成的。这就需要深层可替代的洋流向岸向上移动，即上升流。上升流能带来更高浓度的营养素，这些营养素都已在深层水域中得到生物再生。因此，科里奥利力与高生产力区域直接相关。这方面的例子包括纽芬兰的大浅滩，与此同时墨西哥湾流是向海一侧流动的。

在南半球，情况则相反。最著名的例子就是向北流入洪保德洋流的秘鲁-智利洋流（图1.6）。该洋流沿南美西海岸流动，导致深层冰冷但营养丰富的水体形成上升流，这反过来又刺激了浮游生产。沿海上升流可能相对稳定，或周期性中断（如秘鲁和智利沿岸的厄尔尼诺-南方涛动现象），抑或像非洲西南部的本吉拉洋流一样，更加变化无常。

深海循环 深海洋流的流动速度通常比表层水体要慢，且其流动是靠温度和盐度变化（温盐环流）所引起的微小密度差异。海洋深层水和底层水仅以两种方式形成。海水流动到高纬度地区后冷却下来，但却没有明显的稀释，然后再下沉。冰冷的表层水体冻结成冰（高于共晶点，溶剂单独冻结，不含盐溶质），所以剩下的水体盐度会升高，并因此下沉。第一个最重要的过程发生在北大西洋的冰岛和挪威之间。第二个过程是在南极洲附近，主要是威德尔海地区。这些是世界上仅有的两个能以任何数量级形成深层和底层水的地区。

在北大西洋下沉的水体向南流动到南极，并在此与在威德尔海下沉的水体交汇，然后再次冷却，流向印度洋、北太平洋和南太平洋。据碳14年代确定技术推断，这整个过程需要大约1500年。在这么长的时间里，这些水体尽管无法与大气接触，但仍然含有较高水平的氧气。这表明，海洋深处生命非常稀少，且这些生命在低温下的代谢率也非常低。

潮幅和洋流 潮汐是由月球和太阳的引力效应造成的。在没有陆地的地方，世界上的海洋会经历一天周期为12.25小时和24.5小时的两次潮汐以及潮幅变化的大小潮周期，这取决于月球和太阳的共同作用。在区域范围内，潮汐周期和潮幅都取决于海盆的物理尺寸。世界上某些地方每天只有一次潮汐，而其他地方一天的潮汐次数可能多达四次。到底属于哪种类型，则取决于潮汐循环中无潮点的位置以及太阳和月球引力影响最接近的位置，这会增强区域海盆的固有震荡周期。

19

潮幅是受区域海盆、海洋或海湾固有振荡周期影响的结果。加拿大的芬迪湾及其延伸米纳斯湾是世界上潮汐最高的地方，因为芬迪湾的固有振荡周期约

13 小时。这最接近月球的引力周期（12.25 小时），造成了芬迪湾水体的自然共振，大潮振幅高达 16 米。相比之下，地中海盆地的固有振荡周期约 9.3 小时，重力周期和固有震荡周期之间就会存在干扰，因此潮汐只有几厘米高。

海中洋流的产生源自多个自然过程，包括一般的海洋循环、密度差所形成的水团、潮汐和风。沿海水域中，由潮汐所引起的洋流通常最易预测，且能得到很好的记录。潮幅和底坡共同决定了潮间带的垂直距离和水平范围。潮流和底坡在某种程度上又决定了基质特征，而反过来，基质特征决定了底栖生物群落的范围和种类。不同基质类型（及其相关底栖群落）间的主要区别如下：侵蚀区域，该区域洋流的速度比较高，基质中的物质被去除，形成硬底（岩石、巨砾、沙砾等）；沉淀区域，该区域水体运动非常慢，出现颗粒沉积，形成软底（软泥、淤泥等）。

分层和混合系统　所有温带海洋和淡水通常会在春秋两季发生垂直混合，并可能在夏季发生分层。季节周期和分层时间，对某一地区的生产力状况有重大影响。导致近表层水体混合的两种因素是潮汐和风。风混合的影响难以确切表述，但比潮汐混合的影响分布更为均匀。在海洋中，当水深超过 50 米时，风就无法防止水体在每年的热循环期间进行分层，但潮汐运动却可以。在淡水中，潮汐活动并不明显，所以，超过 50 米水深的温带湖泊通常都会有分层。

极地水域通常在初夏进行混合，然后再分层。这主要是因为垂直的盐度差异。在亚北极水域，分层可能是由盐度和温度影响共同造成的。在温带和亚热带水域，水体分层的主要原因则是温度；然而，原因也可能是盐度的变化。在沿海水域，这可能与陆上的季节性淡水径流有关，也可能与初级生产的周期有关。

海啸、风暴潮、飓风和海上龙卷风　现今或多或少都可以预测这些大规模破坏性大气事件影响的地方和范围，至少以天为事件时间维度是可以预测的。虽然这些气象可能对沿海海洋群落造成相当大的破坏，但经过几年（对大多数潮间带生物群落来说）到几十年（对珊瑚礁和红树林来说）的时间，局部生物群落一般都能得到恢复。这些现象虽然在形成海洋群落方面有强烈的局部作用，但应被认为是重建了生态的"演替时钟"。　20

海洋生物环境

在分类学及体型大小上，海洋动植物范围从微小的海洋病毒到大型海洋哺乳动物，且通常组成了一系列或多或少可界定的群落。表 1.1 至表 1.4 总结了海洋、淡水和陆地上的主要动植物分类。可以看出一些关键差异：首先，较低级的细菌、真菌和原生生物广泛分布于所有环境中；然而，低等植物（单细胞形式和多细胞水生形式的藻类）却并不存在于陆地上，只能在海洋和淡水中生存。其次，较高级的多细胞植物，除少数例外情况，基本局限于陆地环境。再次，多细胞动物的绝大多数门类都只能在海洋环境中生存，少数可在淡水中生存，而能在陆地上存活的也较少。

表 1.5 和表 1.6 展示了另外两种检视海洋环境生物学的方法。表 1.5 根据物种的生态分类类型（也称为"生态种"）对其进行分类，在栖息地和生命周期背景下列出类似的物种。表 1.6 列出了相关生物领域和主要群落单位中的主要生物群落类型。

本节讨论了浮游区域和底栖区域中的主要生物群落类型。

表 1.1　海洋、淡水和陆生动植物的主要较高级分类群：主要单细胞形式

界或门	海洋	淡水	陆地
古生菌			
"细菌"的 2 个主要的门	有	有	有
真细菌			
真菌的几个门	有	有	有
真菌			
4~6 个主要的门	有	有	有
"黏菌"			
多源群	有	有	
原生生物			
单细胞（和一些多细胞）真核生物 30~40 个单独的门	有	有	

注：术语"门（phylum）"和"门（division）"是相同的，分别适用于动物和植物。动植物的分类是不断变化的。

表 1.2　海洋、淡水和陆生动植物的主要较高级分类群：藻类的主要门类

门	海洋	淡水	陆地	门	海洋	淡水	陆地
硅藻门	有	有		裸藻门	有	有	
轮藻门	有	有		真眼点藻门	有	有	
绿变形藻门	有	有		灰胞藻门	有	有	

21

20

续表

门	海洋	淡水	陆地	门	海洋	淡水	陆地
绿藻门	有	有		定鞭藻门	有	有	
金藻门	有	有		褐藻门	有	有	
隐滴虫	有	有		细绿藻门	有	有	
隐藻门	有	有		红藻门	有	有	
蓝藻门	有	有		针胞藻门	有	有	
甲藻门	有	有		黄藻门	有	有	

注：绿藻门、褐藻门和红藻门是主要的大型藻类。表 1.2 的其他大部分都是单细胞形式或未分化的多细胞形式。

表 1.3 海洋、淡水和陆生动植物的主要较高级分类群："较高级"植物的主要门类

门	海洋	淡水	陆地	门	海洋	淡水	陆地
角苔门		有	有	松柏植物门			有
苔藓植物门		有	有	苏铁植物门			有
地钱门			有	银杏门			有
石松门			有	买麻藤门			有
蕨类植物门			有	有花植物（或被子植物门）			有
种子蕨门			有				

注：这些是我们比较熟悉的，几乎完全是陆地大型植物、苔藓、地钱、蕨类植物、针叶植物和开花植物。

表 1.4 海洋、淡水和陆生动植物的主要较高级分类群：多细胞动物的主要门类

门	海洋	淡水	陆地	门	海洋	淡水	陆地
棘头门	有	有		铠甲动物门	有		
无腔动物门	有			微颚动物门		有	
环节动物门	有	有	有	软体动物门	有	有	有
节足动物门	有	有	有	线虫动物门	有	有	有
腕足动物门	有			线形动物门		有	
苔藓虫门	有	有		纽形动物门	有	有	有
毛颚动物门	有			有爪动物门			有
脊索动物门	有	有	有	直泳虫门	有		
刺胞动物门	有	有		帚虫动物门	有		
栉水母门	有			扁盘动物门	有		
环口动物门	有			扁形动物门	有	有	
棘皮动物门	有			多孔动物门	有	有	

续表

门	海洋	淡水	陆地	门	海洋	淡水	陆地
螠虫动物门	有			三部虫门	有		
内肛动物门	有			菱形虫门	有		
腹毛动物门	有	有		轮形动物门	有	有	
颚胃动物门	有			星虫动物门	有		
半索动物门	有			缓步动物门	有		有
动吻动物门	有			异涡动物门	有		

23

表 1.5 生态分类或"生态种"

生态类型	栖息地	生命循环/繁殖
病毒；古细菌；真细菌；真菌植物		
浮游微型藻类	水体	无性分裂生殖；一些为有性繁殖
底栖微型藻类	硬基质外壳	无性分裂生殖；一些为有性繁殖
底栖微型藻类	软基质附着	无性分裂生殖；一些为有性繁殖
共生微型藻类	如珊瑚	与珊瑚共生
底栖大型藻类	硬基质附着	无性繁殖；有性繁殖游动孢子
被子植物：红树林	河口、海湾	有性繁殖；分散的繁殖体
被子植物：海草	沙底	无性繁殖；有性种子传播
被子植物：盐沼	盐沼	无性繁殖；有性种子传播
原生生物		
浮游原生生物	水体	无性分裂生殖；一些为有性繁殖
底栖原生生物	硬壳或洞穴	无性分裂生殖；一些为有性繁殖
动物		
海洋哺乳动物	随浮游区域水体迁徙	有性繁殖；胎生
海洋哺乳动物	涉及海岸	有性繁殖；胎生
海鸟	海洋	有性繁殖；卵生
海鸟	涉及海岸	有性繁殖；卵生
海洋爬行动物	随浮游区域水体迁徙、涉及海岸	有性繁殖；卵生
鱼	浮游区域高度洄游	有性繁殖；幼虫游离
鱼	溯河产卵	有性繁殖；幼虫底栖
鱼	下海繁殖	有性繁殖；幼虫游离
鱼	区域性浮游区域	有性繁殖；幼虫
鱼	区域性底栖带	有性繁殖；幼虫
鱼	陆地	有性繁殖；幼虫受保护
自游生物	区域性水体	有性繁殖；幼虫游离

续表

生态类型	栖息地	生命循环/繁殖
浮游动物	区域性水体	有性繁殖；幼虫游离
底栖动物	区域迁徙/移动	有性繁殖；幼虫游离
底栖珊瑚	浅海底附着	无性分裂生殖；有性浮浪幼虫
底栖动物	浅海底附着	有性繁殖；幼虫游离或有方向的移动
底栖动物	掘穴底栖动物	有性繁殖；幼虫游离或有方向的移动

表 1.6　主要海洋群落概要

24

生物带	主要群落"单位"	群落类型
	河口	
	非生物群落	岩岸
		滩涂
		潮下带软底
		水鸟
边缘群落	生物群落	生物礁
		珊瑚
		海藻床大型藻类
		红树林
		海草
		盐沼
浮游区域	浮游群落	浮游植物
		终生浮游动物
		暂时性浮游生物
		鱼
		洄游鱼类
		海鸟/水禽
		海洋爬行动物
		海洋哺乳动物
底栖区域	底栖群落	底层鱼
		陆栖鱼
		浅水底栖动物
		掘穴底栖动物
		冷泉（Cold seeps）

续表

生物带	主要群落 "单位"	群落类型
海底		深海珊瑚
		海绵（动物）床
		软珊瑚（柳珊瑚目）
	海山	
	热液喷口	
	深海平原	
	沟槽	

浮游区域的海洋生物

浮游区域中存在的许多生物和生命形式，在陆地上并不存在相应的维度或群落，他们统称为浮游生物和自游生物。浮游区域生物栖息在一个完全三维的世界，其中的大多数物种都是永久地栖息在这一领域（浮游生物中的终生浮游生物），或一些物种的幼虫是暂时栖息在浮游区域（如暂时性浮游生物）。浮游区域的条件状况随着水深的变化有非常大的差异，改变了其中的生物种类和群落结构。浮游区域物种也可能处于不同的营养级和不同的进化阶段。"边缘群落"，即透光层中的潮间带和亚潮间带群落包含了各种光合作用植物，可以被认为与陆地群落有相等的功能，陆地群落中的物种是生存在陆地上，或依赖于陆地的栖息地和资源。但是，底栖区域和陆地环境之间一个明显的区别是，大部分都位于透光层以下，因此缺乏其自身的初级生产者。所以，必须依赖于透光层沉下来的碎屑资源，无法与陆地群落相提并论。大致上，我们认为陆地生态系统和底栖生态系统是二维的，当然，在更大的空间尺度上，为管理目的，通常都是这样来考虑陆地和底栖生态系统的。因此，我们认为海洋生态系统包括了五个维度，即底栖区域的两个维度和浮游区域的三个维度。

浮游区域物种不仅体现出物种体型大小、形式和分类类型的多种多样，还表明了动植物门类的高度多样性（表1.1）。实际上，单是浮游生物所包含的动植物门类多样性（根据采样装置而有所不同），就比其他任何单一集群要高。然而，在物种层面上，浮游区域的物种多样性却低于底栖区域（Gray，1997），这可能是由于底栖环境的异质性更高所导致的。

为方便描述，可将浮游区域再细分为小型生物浮游群落和大型移动自游生物群落。浮游生物包括所有在水团中自由"悬浮"的水生生物。浮游生物会随水流被动漂移，他们自身的运动力并不能与水体的水平运动抗衡。然而，许多浮游生物却可以进行大量的垂直运动。浮游生物中有一个特别的组成部分，即漂浮生物，包括了多种栖息于水体表面膜的生物。自游生物包括能自由游泳的消费者，他们构成了海洋生态系统的中上层营养级。其中，优势生物是多种鱼类，如鲱鱼和金枪鱼。自游生物范围还包括海洋爬行物种和海洋哺乳动物。一些鱼类、爬行动物和海洋哺乳动物会进行广泛的季节性迁徙，而其他一些鱼类则只进行区域性移动。自游生物中有一小类也进行季节性迁徙，包括无脊椎动物，如磷虾。区分浮游生物和自游生物的主要特征是生物的相对移动性，及其逆洋流游动或迁徙的能力。浮游生物和自游生物之间的区别并不是绝对的。例如，虽然成年的鱼是自游生物，但其幼虫却是浮游生物。

25

由于浮游生物无处不在，直到最近，也通常认为其在管理上并不值得被关注。然而，仍需要了解浮游生物的全球性意义。与其他群落一样，浮游生物涵盖了初级生产者，初级和次级消费者、分解者。主要的初级生产者，即浮游植物，是单细胞或链形微藻类，直径从小于 1 微米到大于 1 毫米。从功能上来说，浮游植物通常分为超微型浮游生物（直径小于 2 微米）、微型浮游生物（直径为 2~20 微米）和网采浮游生物（直径大于 20 微米）。从分类学上来说，浮游植物包括 12~18 个多门植物（表 1.1），比陆地上门类的多样性丰富得多。这些植物是地球上的主要光合生物，但大多数人对其一无所知。

浮游植物占每年海洋本身初级生产的 95%以上。在温带水域，浮游生物的初级生产存在季节性周期，这一周期通常规律性很高。春季，当水体分层时，硅藻爆发性生长，初级生产达到峰值。高纬度地区（如北极）和沿海水域初级生产的季节性周期变化通常更为极端，而在热带和近海海域则较少变化。在浮游区域，初级生产的速率由可利用的光和营养素（通常是氮、磷、铁和二氧化硅）来调控。

净碳固定只能发生在透光层，该水层的光合作用速率超过呼吸作用速率。透光层的水深变化很大，即使在自然水生环境中也是这样。在受人类活动影响的区域，由于植物生产的提高（富营养化），透光层的深度通常会降低。有关透光层深度的一些实例包括：较小湖泊为 5~10 米，大型湖泊为 10~30 米，河口为 5~15 米，海岸和浅海海域为 10~60 米，海域可达到 200 米。浮游植物的生物量和生产力可从原地放射性同位素（如碳 14）的摄取速率来估算，或从遥感的海洋颜色和海水透明度来估算（Bukata et al., 1995）。

高纬度地区的浮冰也为微藻类提供了新的栖息地。在冰面生长的群落或冰藻群落是初级生产者的一个主要新群落，他们会在冰的底部几厘米季节性生长。

　　浮游动物包括了很多门类、体形和生活方式。终生浮游生物是浮游动物的主要类别，他们的整个生命周期都在水体之中，其与暂时性浮游生物有所不同，后者的幼虫形态属底栖生物，并在一段时间的浮游生活后再次栖息于海底。鱼类浮游生物通常也被认为是浮游动物，包括许多鱼类物种的幼虫。生物个体可能是草食动物、杂食动物或严格的肉食动物，或在不同的"营养级"上发挥个体作用。动物界的每个门在海洋浮游生物中都有体现，但是，与底栖群落和陆地群落相比，浮游生物通常并不表现出物种的高度多样性。浮游动物是世界上动物（后生动物）数量最丰富的类别，但和浮游植物一样，很多并不为公众所知。数量最多的浮游动物是桡足类，其无节幼体是地球上最常见和最丰富的动物体发育类型。

　　浮游动物的大小可从 50 微米以下（无节幼体）到 2 米以上（狮鬃毛水母和霞水母）。尽管受到水平水体运动的影响，但很多浮游动物仍可以进行大范围的垂直移动。这种垂直移动的范围通常会随着浮游动物体积的增大和水深的增加而增加。在沿岸和大洋水域，这通常会导致更大型的物种栖息在更深的水域，且其移动范围会与更靠近水面生活的小型物种的生活范围相重叠。

　　浮游植物会被两条主要食物链的生物所食用。传统食物链由较大型的浮游植物群落（微型浮游生物和可捕型浮游生物）组成，他们会被浮游动物食用，浮游动物再被自游生物（磷虾、鱼和海洋哺乳动物等）所捕食。因为世界上主要的商业性水产业都是依赖这条食物链，所以多年来已被周知。这条传统食物链在沿海（浅海）水域最为繁盛，其持续主要靠季节性混合水域或上升流水域所提供的营养素；但在大洋水域则逐渐减少。另一条浮游区域食物链是最近才被认识到的（如 Azam，1998）微生物食物链，尽管这条食物链在进化上要古老得多。该食物链从近海到大洋水域的空间变化并不大，并且从生态上来说，在大洋水域中占主导。微生物食物链包括了小型的初级生产者（超微型浮游生物和微型浮游生物）、细菌、鞭毛虫和纤毛虫。这两条食物链之间的一个重要的重叠之处就是无所不在的无节幼体（Turner and Roff，1993）。

　　浮游生物群落是一种有机生产可直接供养消费者的地方。由于没有陆地植物的耐木质组织或相似结构，所以浮游植物生产的很大一部分会立即被消耗。未被消耗的有机物质和粪便颗粒会沉到海底。根据水深、循环的季节性时间等，这些有机物质在其残留物最终可供底栖动物消耗之前，可以在水中有效再循环数次。

由于光照和水压的作用，浮游生物群落和底栖生物群落的分布与水体深度密切相关（参见图 1.1）。水层最表层的光合作用带分布着典型的浮游生物群落和鱼类群落。分布于中层海域及深层海域的生物，已在长期高压环境中进化，已能适应这里的物质条件和资源稀缺环境。但是，深海区的一些鱼类和无脊椎动物（如樱花虾和蛇鼻鱼）夜间也会向上面两个海层洄游。深海区分布着经特殊进化的鱼类或无脊椎动物，但实际数量可能不多（食物丰富的地区除外，如海底山周围）。生物群落的垂直分布的确随海洋深度而变化，尤其在水层。但水层生物分布会出现一系列重叠，因而各分层并非是相互分隔的，有些生物还会垂直向上洄游。

底栖区域海洋生物

底栖区域有时被视为陆地环境在水体中的延伸。但从地球演化和全球视野来看，相反的结论更为恰当：陆地环境其实是海底环境在海平面上的延伸。

从实际用途而言，底栖区域可以视为是二维的。虽然底栖生物生活于三维空间（如植物会延伸到水体中，动物有时也会钻入海底），但其生活方式及物理适应和浮游区域生物截然不同。底栖动植物生活于海底，其分布也与水体深度密切相关。

底栖群落有时可进一步细分为（Hedgpeth，1957）：陆缘海底栖生物群落 27（由分布于海洋透光层的初级生产者和消费者组成）和深海底栖生物群落（海洋透光层以下靠滤食有机碎屑为生的生物群落）。

如此区分有利有弊。为避免对生产者及其伴生消费者作出轻率的区分，本书将两个细分类别放在一起讨论。

陆缘海底栖生物群落　在最浅的透光层水生环境中，光合作用中的碳固定由一些陆缘植物完成。虽然其多样性、潜在的生物量很大，但与浮游植物相比，它们对海洋生态系统初级生产力的总体贡献很低（沿岸浅海区除外）。各类海洋生物群落的初级生产率可在曼的著作（Mann，2000）中找到。

就外观而言，有些海洋生物群落类型与一些陆地生物群落相似，人们并不陌生：

● 潮下带（及其沉水植物）大型被子植物（基本上是陆生被子植物的祖先）密集区。在海洋生境中，该群落的典型物种包括：大米草（*Spartina*）和泰来草（*Thalassia*）等真正的海洋海草。

● 陆缘海盐沼位于潮间带（很少延伸至平均潮位以下），对半陆地环境本质上是必要的。

- 在湿地和沼泽地区，沉水植物群落和挺水植物群落都有分布。这些植物群落既有水生物种，又有半陆生物种。

- 藻类植物群落是岩石海岸的主要特征之一。这些大型藻类生物量庞大，既能生长于潮间带（潮汐活动期间短暂暴露在空气中），也能生长于潮下带的透光层。

- 与海岸线上更具视觉冲击力的大型藻类相比，潮间带和潮下带的微藻类常常不引人注目。这些微型藻类群落（单细胞藻类、链状藻类或垫状藻类）一般由底栖硅藻构成，它们在底部沉积物或岩石上以垫状形态生长，也可能附生于大型藻类。

- 形成礁石的造礁珊瑚。尽管珊瑚本身就是动物，但它们的共生微藻（虫黄藻）能加快光合作用。"软珊瑚"虽然不能进行光合作用，但其分布范围可延伸至极地地区，而造礁珊瑚和其他硬珊瑚不能在较高纬度地区存活。

- 红树林沼泽常见于湿热、潮幅较低的陆缘海。

这些陆缘海生物群落的初级生产力非常高，单位时间内单位面积的生产力通常远高于浮游藻类。然而，浮游藻类的垂直和水平分布范围更大，弥补了其整体初级生产力较低的不足。浮游植物和底栖植物之间有一个重大区别：大型植物往往会保存生物量，其所固定的碳通常会进入腐屑食物链（在陆地生态系统中也是如此），而不是直接被消耗（Mann，2000）。

与陆缘海生物群落植物相关的是种类繁多的底栖无脊椎动物，它们被认为是在底栖动物群落之下毗邻生长。

深海底栖动物群落 海洋生物分布范围广泛，上至高潮最顶端，下至海底最深处。与浮游区域不同，底栖生物要么附着在基底上，要么在基底上漫游，或者埋身于基底中几厘米处。

在透光层浅水区，底栖生物和浮游生物可直接以大型藻类或微藻藻类为食。潮间带生存能力最强的是能够忍受空气干燥的生物，最弱的则是身体上对空气干燥抵抗性不强的肉食动物。岩岸群落与淤泥质海岸群落之间有很大的区别。

潮下带透光层表层仍有植物生长。不过在更深的水域中，植物是不能存活于透光层以下的，因而动物群落的形态发生了重要变化。相比较而言，透光层下的基质往往由清一色的沙、狭缝或淤泥组成。这些水域的底栖生物只能靠摄食能够进行光合作用的海洋生物群落产生的腐屑物质生存。位于弱光层和无光层的海底，本质上是腐屑食物网和异养细菌活动的主要区域，也是养分再生的主要场所。总体而言，腐屑食物链极其重要，如前所述，它们事实上是海洋的主要食物网。

海底鱼类群落的不同成员也生活在不同的海洋深度。例如，比目鱼、灰鳐、角鲨及许多其他鱼类基本上生活在海洋底部，或至少与海洋底部密切相关。这些鱼类相对不偏爱迁徙，或者说有较强的本土意识和领地意识。一些底栖物种会周期性移动或迁徙（如螃蟹和龙虾），另外一些底栖生物要么长期黏附于基质表面，要么藏身于基质之中。

浮游–底栖耦合

浮游生物群落和底栖生物群体时常有"耦合"，然而耦合程度随时空而变化，因此称之为"相互依赖"也许会更好。一般而言，除非仅是暂时情况，成年物种不会同时归属于典型的浮游生物群落和底栖生物群落。然而，群落之间也存在显著的双向互动。

在透光层下，底栖生物群落的生存完全依赖于浮游区域散落下来的腐屑。只有洋脊周围的海底热泉生物群落例外，这些群落基本不依赖上覆水层的资源，而是依赖于可进行化学合成的硫黄细菌。这两个主要区域被认为主要以能源交换、幼体补充和成员的临时交换三种可能的方式进行互动。

初级能源（未经吞食消化的藻类细胞）和再循环有机物（粪粒和其他腐屑） 29
沉积到海底的速度会随深度增加而降低（Suess，1980）。随着深度的增加，有机物质的流动逐渐减少，底栖生物的食物也越来越少，导致浮游–底栖生物的互动也随之减少。而在浅水区的无分层水体生活着浮游植物，底栖生物可以直接将其吞食。

有机物流向底栖生物的数量也在很大程度上取决于季节。春季硅藻繁盛期和之后较短时期内的流动量最大，在夏季分层期间最低。从浮游生物到底栖生物的能量流动损失比例在北极最高，在热带最低（Roff and Legendre，1986）。这是因为季节周期的变化越大，水体内的能量利用效率就越低，而进入海底的能量占比也就越高。在水温较高的低纬度海底，进入海底的能量有很大一部分会因细菌分解而损失。上述能量交换过程中的生态差异、季节性和纬度性变化会导致这样的净效应：浮游生物群落在低纬度的生产力更高以及高于生产调节程度不高的底栖动物群落，反之亦然，即在高纬度地区或调节程度极高的生态系统中，底栖生物往往更富有生产力（Longhurst，1995）。

这仅仅是浮游–底栖互动复杂性的冰山一角。潮汐作用强烈的地区以能量的侧向运输为主。例如，芬迪湾外的浮游生物和底栖生物系统是"非耦合"的，因为底栖动物的生产高度依赖于潮汐对腐屑的搬运（Emerson et al.，1986）。

浮游生物群落也会被海底动物幼体严重但短暂地殖民。龙虾、螃蟹、软体动物等的幼体都是季节浮游生物群落的临时成员。通过这种形式，这些动物可直接获得更丰富的浮游食物资源，甚至利用区域进行传播。拥有季节浮游幼体的底栖物种，其比例往往随着深度的增加而降低（因为幼体补充所需的距离更远），并随纬度的增加而降低（因为季节性生产周期更短，频度更高）。

最后，浮游生物群落和底栖生物群落可能存在暂时的成员交换。有些物种可能通常夜间栖息在水体，而白天生活于海底。但是，它们也可能主要栖息在水体，但摄食海底资源，反之亦然，如糠虾、磷虾及一些鱼类就是如此。这样的无脊椎动物叫作附表底栖生物，而这样的鱼类叫作底层鱼类。

本章总结

- 温度是决定海洋生物群落分布的首要因素。
- 水团划分的标准是相同的温度和盐度，且与主要陆地板块的划分类似。
- 生物生产力高的地方通常是水团交汇或分离之处。
- 大多数多细胞动物类群只存在于海洋环境中。
- 浮游植物的年度初级生产量占海洋年度初级生产量的95%以上。

参考文献

Azam, F. (1998) 'Microbial control of oceanic carbon flux: The plot thickens', *Science*, 280 (5364), 694-696.

Barnes, R. S. K. and Hughes, R. N. (1999) *An Introduction to Marine Ecology*, Blackwell ScientificPublications, Oxford.

Beaumont, N.J., Austen, M.C., Atkins, J.P., Burdon, Degraer, D.S., Dentinho, T.P., Derous, S., Holm, P., Horton, T., van Ierland, E., Marboe, A.H., Starkey, D.J., Townsend, M.and Zarzycki, T.(2007) 'Identification, definition and quantification of goods and services provided by marinebiodiversity: Implications for the ecosystem approach', *Marine Pollution Bulletin*, 54, 253-265.

Bertnes, M.D., Gaines, S.D.and Hay, M.E.(2001) *Marine Community Ecology*, Sinauer Associates, Sunderland, MA.

Bukata, R.P., Jerome, J. H., Kondratyev, K. Y. and Pzdnyakov, D. V. (1995) *Optical Properties and Remote*

Sensing of Inland and Coastal Waters, CRC Press, Boca Raton, FL.

Charette, M.A.and Smith, W.H.F.(2010) 'The volume of earth's ocean', *Oceanography*, 23(2), 112-114.

Day, J.C.and Roff, J.C.(2000) *Planning for Representative Marine Protected Areas: A Framework for Canada's Oceans*, World Wildlife Fund Canada, Toronto.

Diaz, R.J.and Rosenberg, R.(2008) 'Spreading dead zones and consequences for marine ecosystems', *Science*, 321(5891), 926-929.

Emerson, C.W., Roff, J.C.and Wildish, D.J.(1986) 'Pelagic benthic coupling at the mouth of the Bay of Fundy, Atlantic Canada', *Ophelia*, 26, 165-180.

Glemarec, M.(1973) 'The benthic communities of the European north Atlantic continental shelf', *Oceanography and Marine Biology Annual Review*, 11, 263-289.

Gray, J.S.(1997) 'Marine biodiversity: Patterns, threats and conservation needs', *Biodiversity and Conservation*, 6, 153-175.

Gunter, G.(1957) 'Temperature', *Memorandum of the Geological Society of America*, 67(1), 159-184.

Hedgpeth, J.W.(1957) 'Marine biogeography', in J.W.Hedgpeth(ed.) *Treatise on Marine Ecology and Paleoecology.I.Ecology.*, Geological Society of America 67, New York.

Knox, G.A.(2001) *The Ecology of Seashores*, CRC Press, London.

Longhurst, A. R. (1995) 'Seasonal cycles of pelagic production and consumption', *Progress in Oceanography*, 22, 47-123.

Mann, K.H.(2000) *Ecology of Coastal Waters*, Blackwell Science, Oxford.

Mann, K.H.and Lazier, J.R.N.(2005) *Dynamics of Marine Ecosystems: Biological-physical Interactions in the Oceans*, Blackwell Science, Cambridge, MA.

National Research Council(1994) *Priorities for Coastal Ecosystem Science*, National Academy Press, Washington, DC.

Ray, G. C. and McCormick-Ray, M. G. (1992) *Marine and Estuarine Protected Areas: A Strategy for a National Representative System within Australian Coastal and Marine Environments*, Australian National Parks and Wildlife Service, Canberra, Australia.

Roff, J.C.and Legendre, L.(1986) 'Physico-chemical and biological oceanography of Hudson Bay', in I.P. Martini(ed.) *Canadian Inland Seas*, Elsevier, New York.

Roff, J.C.and Zacharias, M.A.(2011) *Marine Conservation Ecology*, Earthscan, London.

Ruiz-Frau, A., Edward-Jones, G.and Kaiser, M.J.(2011) 'Mapping stakeholder values for coastal zone management', *Marine Ecology Progress Series*, 434, 239-249.

Sherman, K., Alexander, L. M. and Gold, B. D. (1992) *Large Marine Ecosystems: Patterns, Processes and Yields*, AAAS Press, Washington, DC.

Steele, J.H.(1991) 'Ecological Explanations in Marine and Terrestrial Systems', in T.Machline and T. Nemoto(eds) *Marine Biology: Its Accomplishment and Future Prospect*, Elsevier, Amsterdam, Netherlands.

Steele, J.H., Carpenter, S.R., Cohen, J.E., Dayton, P.K. and Ricklefs, R.E. (1993) 'Comparing Terrestrial and Marine Ecological Systems', in S.A. Levin, T.M. Powell and J.H. Steele (eds) *Patch Dynamics*, Springer-Verlag, New York.

Stehli, F.G., McAlester, A.L. and Heisley, C.E. (1967) 'Taxonomic diversity of recent bivalves and some implications for geology', *Geological Society of America Bulletin*, 78, 455-466.

Suess, E. (1980) 'Particulate organic carbon flux in the oceans - surface productivity and oxygen utilization', *Nature*, 288, 260-263.

Sverdrup, K.A., Duxbury, A.C. and Duxbury, A.B. (2003) *An Introduction to the World's Oceans*, McGraw-Hill, NY.

Thorne-Miller, B. and Earle, S.A. (1999) *The Living Ocean: Understanding and Protecting Marine Biodiversity*, Island Press, Washington, DC.

Turner, J.T. and Roff, J.C. (1993) 'Trophic levels and trophospecies in marine plankton: Lessons from the microbial food web', *Marine Microbial Food Webs*, 7(2), 225-248.

Valiela, I. (1995) *Marine Ecological Processes*, Springer, New York, NY.

UNESCO (2009) *Global Open Oceans and Deep Seabed (GOODS) - Biogeographic Classification*, UNESCO, Paris.

2 国际法引论：国际海洋法和 《联合国海洋法公约》

引言

人类大约在 16.4 万年前开始开发利用海洋（Marean et al., 2007）。自那时起，6000~8000 个不同的沿海土著群体将海洋用于运输和贸易以及视海洋为蛋白质和多种原材料的来源（Hattendorf, 2007）。为了从海域继续获取利益，早期文明确立了惯例，以分配权利、限制准入、配置资源、保护由沿海和海洋资源所提供的产品和服务。这些惯例实践的遵守是通过综合利用规则、精神信仰、神话和经验等多种方式来实现的。

然而，直到 17 世纪世俗主权国家崛起，为解决由人口增长和技术进步带来的社会经济、政治和环境难题，西欧的现代海洋治理制度和法理才得以出现。目前，联合国秘书长处所保存的重要多边文书已达 500 多件。它们涉及人权、冲突、贸易、难民、环境和海洋法等一系列主题。若仅统计两个及以上国家之间的环境条约，目前就有 464 个国际协定。

许多综合性海洋法文本已详细分析了各种国际协议及其相关案例（Anand, 1983；Brown, 1994；Rothwell and Stephens, 2010；Tanaka, 2012），本章将不再赘述。本章将重点介绍海洋法律和政策，以便更好地理解如何治理海洋环境。

本章首先通过探讨所有权的类型，回顾了国际法和国际海洋法的发展。然后，本章简要总结了主要国际条约、公约和协定及其相关机构。最后，本章简要介绍了区域性海洋协定及其实施情况，并审视了一些比较重要的区域协定。

海洋所有权制度的类型

因大部分国际海洋法律及政策都涉及"占有"和"所有权"两个概念，讨论适用于海洋的法律体制之前，有必要先理解可占有海洋环境的方式。以下有四种所有权制度适用于海岸和海洋环境。第一种所有权是开放获取（open access）（res nullis）。根据这一概念，海洋和资源既不是独有的，也并非可转让的，因而人人都有使用权。这一概念来源于罗马法，适用于野生动物或公海等无法占有的对象以及不存在单独所有权的情况。在开放获取制度下，使用人没有维护资产的责任。19世纪末之前的海洋捕捞渔业实际上是向怀有各种意图的所有人开放的，资源被占有后才会产生"所有权"——如一条捕到的鱼。1893年的英国–美国白令海海豹仲裁案是首个将否认"无主财产"作为海洋管理基础的案例。开放获取的另一个基础概念是"无主之地"（terra nullis）——这是罗马法中的一个概念，指没有任何国家宣称或行使主权的领土（领地或领海）。对于仍有无人认领的区域和公海环境的南极大陆来说，这个概念尤其重要（参见本书第8章）。

私人所有权（Private ownership）（res privata）将专有权和可转让权利（法律术语称为 abusus）赋予需避免社会滥用的专属资源。虽然私人所有权在海洋环境中相对稀缺，但对属某些鱼类种群的某些一定数量鱼的私人所有权（即个人可转让配额）却呈增长趋势（参见本书第6章和第10章）。当非私人拥有的资源被占有或被扼杀时，私人所有权也会确立。

共同所有权（res communes）是纯粹的财产权和纯粹的管制之间的混合模式。在这种所有制下，特定独立使用者群体可对共同拥有资源或地理区域行使集体权利。关于如何分配资源，该所有制模式使用明确或隐含的共识规则。绝大多数共有资源很少能私有且可转让。海洋环境共同所有权通常适用于发展中国家较小规模沿岸渔业，或发达国家原住民控制的渔业。

最后，在公有制（res publicae）制度下，政府代表其公民通过国际协议/条约，或通过彻底的武力，占有控制海洋地区。各国通过制定法律或规则来控制资源的获取和管理。几乎每个沿海国家都行使公有制，而且众多海洋法公约的一个关键目标（详见下文）就是就公有制的地理范围达成共识。在公有制下，海洋环境使用权基本上反映了（法律意义上）国家与个人之间使用的关系。

法律和法律体系类型简介

"法律"一词很可能来源于益格鲁–撒克逊语的"lagu"，通常意为对社群有约束力的规则。在当代语境下，"法律"指管理社会中个人和群体行为的原则和规则以及监督这些规则的机构。法律一般通过一套政治制度来管理，（由选举、任命或其他方式产生的）位高权重的政治家，负责制定法律；管理法律的官僚机构及由法官解释法律、裁决争议和争端的法院构成的"司法系统"（judiciary）三部分组成。

理解国内（国家）法律有助于我们讨论国际法的形成与适用。虽然世界法律体系的分类方法仍存在分歧，但世界通用的法律体系有五类（表2.1）。重要的是，这五类法律体系并非相互排斥，因而许多国家综合利用两类或两类以上法律体系。此外，许多次国家实体（如法国的属地）拥有与母国不同的法律体系。在宗教法系方面，伊斯兰法系是许多国家唯一反复使用的宗教法系。除只在以色列使用的犹太法外，许多其他宗教法律体系已被归入习惯法。

34

表 2.1　联合国成员国法律体系的分布

法律体系	成员国数	成员国百分比（%）
民法	77	40.1
民法/习惯法	25	13.0
普通法	23	12.0
普通法/习惯法	14	7.3
民法/穆斯林法	11	5.7
民法/普通法	10	5.2
民法/普通法/穆斯林法	7	3.7
普通法/穆斯林法/习惯法	6	3.1
民法/普通法/习惯法	5	2.6
穆斯林法/普通法/民法/习惯法	4	2.1
穆斯林法	3	1.6
习惯法	1	0.5
民法/普通法/犹太法/穆斯林法	1	0.5
穆斯林法/习惯法	1	0.5

来源：www.juriglobe.ca/eng/syst-onu/index-alpha.php

基于所有法律都是法典化（用文字记录）的罗马和日耳曼法律，民法是使用国家最多的法系，约有70%的联合国成员国都以某种形式使用民法。在民法法系中，制定法（成文）优先于判例法（法官依据先例制定的法律），法官解释法律的权力有限，陪审团的裁决仅限于严重的刑事案件。

普通法是与民法截然不同的法律体系，大约有40%的联合国成员国以某种形式使用。普通法系起源于英格兰，依据是基于判例法或先前法院判决形成的先例而非成文制定法。普通法基于遵循先例（stare decisis）原则，规定法官有遵循以往司法判决的义务，根据这一原则，判例法是在普通法管辖范围内制定。然而，判例法可以被上级（上诉）法院推翻，且可能不为次国家司法管辖区承认。

习惯法大约有23%的联合国成员国以某种形式使用，是基于公认惯例和行为（称为"规范"）的一种法律制度，其中法律实践（即便没有经司法系统记录或制定）被所有受该实践影响的当事方接受为法律。习惯法是国际法的基础部分（如下文所述），是包括中国、日本、非洲和波斯湾地区在内的近60个国家的法律体系的组成部分。

伊斯兰法（Islamic law），也被称为穆斯林法（Muslim law）或伊斯兰教（Sharia，意为"通往水源之路"）法，是约由33个国家使用的一部宗教法。伊斯兰法是一种宗教法律，既管辖世俗世界（如犯罪、管理、金融），也管辖精神世界（如祈祷）。伊斯兰法基于古兰经和穆罕默德的言行教导［Sunnah（圣行）］。许多伊斯兰国家将伊斯兰法作为其法律体系的组成部分，由法官和宗教领袖进行解释。

国际法入门

国际法并非新鲜事物：有证据证明早在巴比伦和苏美尔帝国时期（2200多年前）就有各国间条约。希腊城邦和古印度与其他国家政治机构建立了良好的关系，这些关系以书面形式确定，我们今天称之为国际法。由于国际法的背景复杂丰富，本节只简要概述国际法的历史和发展，重点介绍国际海洋法和政策协定的制定架构和进程［如有兴趣详尽了解该主题，请参见Higgins（1995），Malanczuk（1997）等研究文献］。

国际法也被称为万国公法和国际关系的语言，是各国如何在国家层面上行事的框架，既包括确保价值观念的体系（如自由、安全、物质产品），也包括国家间争端的解决方法（Higgins，1995）。国际法的目的是在各国间建立可接受的惯例实践或行为规范，以便国际交往有法可依且可预测国际互动。

国内法和国际法的主要区别在于：制定主体（立法机构与国家）、适用对象

（个人与国家）、解释主体（法官/司法机构与国家），国际体系几乎没有制裁条款以及法院（国际法中几乎没有相关规定）。鉴于缺乏一个中央管理机关和司法系统，国际法通常被认为约束力较弱，甚至形同虚设。因此，国际法中的"法"更多的是规则的集合体，而非可执行法规的法典化。

各国一般都有制定法律的立法机关、执行法律的行政机关和监督立法机关、行政机关的司法部门。相反，国际法没有中央管理机关。然而，各国往往通过其行政和立法部门单方面制定关于本国如何与其他国家进行交往的规则。国家也可单方面无视其他国家制定的规则，且不会受到制裁威胁。

国际法有时会进一步细分为国际公法和国际私法。国际公法适用于国家之间的互动，可通过协议、惯例、原则和规则等形式制定。国际私法适用于与国家、国家间互动的个人和公司。

国际法也常用"软法"和"硬法"这两个术语进一步区分。虽然许多法学家和学者认为所有国际法都是一种软法，但国际法范围内的软法通常由不具约束力的多边协定组成，包括会议通过的决定/决议、建议、行为守则、原则、行动计划和决议，如联合国大会（UNGA）的相关会议文件（Juda，2002）。软法可以作为制定条约的一种替代方法，虽然没有约束力，但各国往往在制定软法时非常认真谨慎，因为其标志着硬法的未来制定方向（Boyle，1999）。硬法和习惯法组成了国家间以条约（公约）形式达成的约束性协议。关于某些特定条约 36 的争议，可向国际法院（ICJ）或其他具体公约所规定的法庭提出上诉。

国际法意义上的国家

需要重点注意的是，国家（参见前言）是国际法中的基本实体。虽然国际法影响次主权机构、企业，偶尔也影响个人（如海盗），但国家仍是国际法的主要实体。同样需要重点注意的是，政府与国家不同。根据国际法意义上的国家［在《蒙特维多国家权利义务公约》（Montevideo Convention on the Rights and Duties of States）中明确规定］必须满足以下条件：

- 对确定的领土和国民拥有主权（控制权）；
- 支持永久性人口；
- 拥有有效运行的政府；
- 有能力与他国进行交往。

虽然其他国家的承认不是国家身份的要求，但获得承认是新成立国家、拟建国家和政府尚不确定的国家的核心目标。未被承认的国家可行使国家的职能，并承担获得承认国家应承担的义务。前南斯拉夫联邦在 20 世纪 90 年代初解体后，对于新成立的巴尔干半岛国家，欧洲经济共同体（EEC）新增了一些认可该国的其他标准（如支持民主、人权、法治）。

国家地位和国际法的其他主要方面包括：

- 一国的政治存在独立于其他国家的承认；
- 可只认可一国的国家地位，而不承认其政府；
- 也可以承认一国政府，但不选择与其建立任何外交关系；
- 流亡政府可能无法控制一个国家，但可以得到承认；
- 未被承认国家的职能可与获承认国家一致；
- 人民有自决权，但其建立国家的目的只能是结束殖民主义或外国入侵。

虽然这些标准对于大多数国家来说很简单，但许多新国家却难以达到。

国际法也规制具有"国际人格"的任何实体。这些"非国家"实体包括政府组织（如联合国），但跨国公司、个人和非政府组织很少被认可具有"国际人格"。需要注意的是，国际法可以规制国家，国家又可以规范其国民和商业活动。因此，人权或贸易等许多类型的国际法，都是通过国内立法颁布的。

国际法的渊源

与立法机构制定的国内法不同，国际法更不固定，并借鉴了一系列渊源来指导其制定和应用。虽然条约和习惯法一般被视为国际法的主要渊源，但《国际法院规约》（第 38 条第 1 款）① 界定了国际法的渊源，其中包括：

- 不论普通或特别国际协约，确立诉讼当事国明白承认之规条者；
- 国际习惯，作为通例之证明而经接受为法律者；
- 一般法律原则为文明各国所承认者；
- 司法判例及各国权威最高之公法学家学说，作为确定法律原则之补助资料者。

直接处理该问题的国家间条约和其他双边协定是国际法的主要渊源。这些通常被称为"明文国际协定"（express international agreements）。国际组织（如世界银行）和国家之间签订的协定也可能得到条约授权。重要的是，虽然《国际法院规约》说的是"公约"，但"条约""协定""声明""协约"和"议定书"等术语都是"公约"的同义词，特定事例除外。

---

① 《国际法院规约》第 38 条第 1 款中文表述参见 http://www.un.org/zh/documents/statute/chapter2.shtml，本书正文的很多法条表述并非与原法条表述完全一致。——译者注

第二个主要渊源是国际习惯法。最好将其理解为一种被广泛接受因而具有法律约束力的国家惯例。任何行动如被其他国家认可（或接受），都可成为国际法的一部分，这也被称为法律必要确信（opinio juris sive necessitates）（各国认为其是一种国际法律义务）。换言之，某惯例/行动要构成国际习惯法，要有两个因素：许多国家在某段时期内采取了一致行动以及一国确认某惯例具有约束力。政府官员的陈述可作为判定国际习惯法的依据，也可作为判定一国所认为的惯例的依据。然而，国际习惯法的判定，通常是以国家的行为而不是国家的口头或书面意图为依据。国际习惯法的制定不需要书面协议，国际习惯法的制定途径不在本书的研究范围之内。但需要注意的是，国际法可以由其他国家认可的单一国家的行动来制定。

第三，成熟法律制度的一般原则可以用来创设国际法（即"法律为文明各国所承认"）。虽然关于如何界定成熟法律制度已有很多的争议，但是人们已经开始认识到，国际法可以通过"借用"各国国内法的共同方面，并酌情将国内法的应用扩展到国际领域。

最后，国际法可通过纳入各国法律体系（如最高法院）的裁决和权威法学家的"学说"形成（Malanczuk，1997；Higgins，1995）。

还有其他一些 20 世纪 40 年代未被国际法院考虑过的国际法渊源，其中包括如联合国大会等国际组织的法案或决议，这些国际组织经常提出决议，且这些决议可能被接受为国际习惯法。近年来，随着国际组织的发展，可视为国际习惯法的国际协议数量也极大增加。 38

国际法的运行

国际法的基础是《维也纳条约法公约》（Vienna Convention on the Law of Treaties）（1969 年 5 月 23 日签署，1980 年 1 月 17 日生效），这是公认的与条约有关的"规则"（United Nations，2005a）。为使《维也纳条约法公约》能适用，各方必须是国家（第一条），各方必须签署这一协议（第十一至第十三条），协议必须是书面的且意在受约束（第十一条）。此外，协议必须规定适用的法律将是国际法（专栏 2.1）。

专栏2.1 《维也纳条约法公约》定义的重要术语

条约：称"条约"者，谓国家间所缔结而以国际法为准之国际书面协定，不论其载于一项单独文书或两项以上相互有关之文书内，亦不论其特定名称如何［第二条第一款（甲）项］。

当事国：称"当事国"者，谓同意承受条约拘束及条约对其有效之国家［第二条第一款（庚）项］。

全权代表：被授权代表所在国政府全权处理谈判事宜的人（常为外交官）。

缔约日期：一国成为条约缔约国的日期。条约通常确定条约是否为"须批准的签署"（类似于批准），或者为未事先签署的接受（类似于加入）。

加入日期：一国未先成为签署国而成为条约缔约国的日期。条约的生效不影响加入的权利，即一国可以加入尚未生效的条约。

通过日期：参与条约谈判的国家同意条约的最终形式和内容的日期。这个日期通常在签署之前。

退约日期：一国宣布不再愿意接受条约约束的日期。

生效日期：同意受条约约束的各方开始受条约约束的日期。条约通常在一定数量的国家批准后才能生效。

批准日期：国家经内部批准开始接受条约约束的日期。这个日期通常在签署之后。

保留日期：一国摒除或更改条约中若干规定的法律效果的日期。

签署日期：一国同意接受条约约束的日期，但在批准日期（即获得内部批准日期）之前。

继承日期：新成立国家（如俄罗斯）同意接受被继承国（如苏联）所签署条约的日期。

来源：United Nations（2005a）

39　　　　根据《维也纳条约法公约》，各国必须同意接受国际法各方面之约束。唯一例外的是，一项行动违反了"国际法强制规范"，即"……国家之国际社会全体接受并公认为不许损抑且仅有以后具有同等性质之一般国际法规范始得更改之规范"（United Nations，2005a）。强制规范包括禁止奴隶制度、禁止种族灭绝、禁止海盗行为、禁止侵略战争和酷刑。

国家间可自行缔结协议，但如果与一般国际法强制规范抵触，所缔结协约不能视为条约。若条约有相关规定，其他国家可以加入由两个或两个以上国家签订的现有条约。其他国家如需"加入"一个协议，需要或不需要（取决于条约）取得现有条约签署国的同意。

多边条约制定的八个常用步骤：

- 谈判：承诺通过条约、协议或公约来解决共有问题。
- 通过：协议的形式和内容达成一致后，谈判结束。当事方通过参与国际组织会议或专门解决某共有问题的国际会议，确保条约通过。
- 签署：各方同意在批准过程中遵守协议的条款。条约签署时对各国并没有约束力，但各国不应在条约批准和生效过程中违背条约的本义。
- 批准：第三方或保管人持有协议，同时各当事方取得必要的国内批准（可能涉及国内法律修订）。
- 接受（批准）：当事国在条约批准过程中接受条约约束。
- 确认：条约生效前，当事国同意接受条约的约束。
- 生效：条约生效并开始对所有批准条约的国家产生约束力的日期。
- 加入：一国要求加入已谈判过的条约。

来源：United Nations（2005a）

某些条约允许"保留"，即允许各国摒除或更改条约中其不同意的某些条款。然而，《联合国海洋法公约》（UNLOSC）（详见下文）明文禁止保留："这是一个只能接受全部条款才能加入的条约。"

《联合国宪章》是第二次世界大战后制定的，其目的是"……欲免后世再遭战祸……"。《联合国宪章》旨在禁止国与国之间的侵略和非法使用武力的行为。根据《联合国宪章》，涉及法律或事实争议的国家有义务以和平方式解决争端。《联合国宪章》规定了一系列不断增多的干预主义争端和解机制，第一项均为争端国家/当事方之间的谈判。如果谈判失败，《联合国宪章》指示当事方采用调查、和解和调停等不具约束力的方式，以促成针对争议问题的对话和事实收集，并通过第三方来解决争端。如果不具约束力的方式失败，且各当事方同意采取进一步行动，下一步则是仲裁，由独立方对受影响方提出的诸多方案进行评估并选择其一。仲裁过程中，仲裁员不能制定替代方案，而必须从受影响方提出的诸多方案中选择其一。最后，各当事方出庭接受判决。所有签署《联合国宪40

章》的国家也同意《国际法院规约》。国际法院是 240 多个国际条约的最后仲裁者，旨在解决国际争端，并提供咨询意见。国家不能被强迫在国际法院解决争端。国际法院总部设在海牙，由 15 名法官组成，无执行权，执行权由联合国安理会行使。只有国家才能出庭，且国际法院的判决只适用于国家提出的争议问题，但某些国际法院判决在确定国际法原则方面发挥着重要作用。国际法院不受遵循先例（stare decisis）原则的约束，在案件审议过程中不必考虑过去的先例。然而，国际法院会认真考查过去的判决，并在法院和辩论中会经常引用这些先例。

国内法与国际法的关系

一国国内法与国际法保持一致，可在多方面大大提升效率，包括：统一的规则和程序可节约成本、进入国际市场、标准化的合规和执法、积极的国际声誉和光明前景。对许多国家来说，如欧盟国家，布鲁塞尔制定的国际法数量远远超过了国内通过的法律。但是，包括欧盟（EU）国家在内的许多国家，其实践往往以宪法框架为基础，但国际法可在何种程度取代国内法方面有不同的做法。因此，各国在各自国内法体系中对待国际法的方式也不尽相同。大多数国家都认为，国内法不能随意优先于他们所加入的国际条约或公约（具有法律约束力的任何类型协议）。但是，在将国际法纳入国内法的程序方面，各国持有不同的观点。荷兰等"一元论"国家，认为他们所缔结的国际协议具有国内法的效力。澳大利亚和加拿大等"二元论"国家有意将国际法和国内法区分对待，并仔细筛选哪些国际条约在批准后可发展为国内法。包括德国和美国在内的许多国家则选择中立。在这一问题上，国际条约必须符合国内法律原则（如德国保留其根据《德国基本法》评估所有国际条约的权力），或者通过相互制衡以确保条约代表公共利益（如在解释国际法方面，美国主要通过参议院，也通过国会）（de Mestral and Fox-Decent，2008；Law Society of New South Wales，2010）。

但许多国家还面临着一个更为棘手的问题：国内法能否取代习惯国际法？例如，除与国内法相冲突的内容，联合王国（英国）将国际习惯法视为国内（普通）法的一部分。加拿大和新西兰等其他国家一般都采取英国的做法，但它们遵守一项法定解释的通用原则，即法规解释尽可能不违背国际法律义务，条件是如果这种解释不可能，则以国内法为准。

为什么国际法有用？

公众往往认为，由于国际法缺乏制裁措施且具有自愿性质，国家经常藐视国际公约。这种看法源于媒体对贸易战、边界争端、违反联合国指令、非法捕鱼以及拒绝承认国际协定的特定国家的高调报道。

但事实上，国际法的合规与国内法的合规殊途同归，因而国际法很少受到忽视和挑战。国内法之所以与国际法高度一致，原因不在制裁的威胁。国际法合规可与国家税收进行比较：大多数公民都很清楚，税款缴纳后被审计的机会很低，但绝大多数人都遵守税法，因为公民从小被灌输遵纪守法的社会重要性。国际法也是如此。各国并不担心受到制裁，而是认识到合规与合作的利好。

国际法之所以得以成功执行，有很多原因（Malanczuk，1997）：

● 各国的法律都是出于自身利益为自己制定的，因此忽视或违反自己的法律是没有任何益处的。

● 大多数国际法源于习惯做法，即使没有国际法，人们也会遵守这些习惯。因此，国际法往往只是国家间现行做法的正式化。

● 大多数国家在地理上都固守特定领土，这意味着它们必须长期与邻国共存。因此，合作是社会和经济繁荣的必要条件，同时也可避免其他国家、组织对其违反国际法的行为实施制裁。

国际海洋法

除南极等地区外，各国已经对世界上的大陆和海岛拥有确定且受公认的所有权。但是，大部分海洋仍然供所有人免费使用。因此，历史上对海洋的管理一直都很薄弱，导致人们很少或根本不关注海洋健康。由于海上安全不佳，导致了人类死亡以及沿海国家和航海国家之间的政治摩擦。

国际海洋法可以追溯到古罗马帝国，其宣布海洋对所有人来说是自由公地。公元 529 年，查士丁尼大帝宣称："……无论海洋所有权还是海洋使用权都为所有人共有。海洋不属于任何人，它就像空气一样没有人可以占有，所有人都可以免费使用"（Watson，2009）。中世纪时期沿海国家开始对邻近水域行使主权，直至教皇亚历山大六世于 1494 年发布罗马教皇诏书并导致《托德西利亚斯条约》（Treaty of Tordesilla）的签订而终止。该条约同意西班牙拥有西大西洋的所有海域，东大西洋所有海域归葡萄牙所有，西班牙则拥有太平洋和墨西哥湾，葡萄牙拥有南大西洋和印度洋。

当其他欧洲国家建造商船和军舰参与殖民化和国际贸易时,《托德西利亚斯条约》便宣告被废弃。国际海洋法下一阶段的发展归功于荷兰法学家胡果·格劳秀斯(Hugo Grotius)的著作,其写了《海洋自由论》(Mare Liberum)(Grotius,1633)。格劳秀斯认为,海洋不能像陆地一样被"占领"或捍卫,海洋应该是自由的。根据该学说,因为18世纪大炮的最大射程距离为3海里,"三海里规则"被提出,规定国家"占领"(拥有管辖权)从海岸线向外延伸三海里的海域。相反,1635年,在国王查理一世的要求下,英国法学家约翰·塞尔登(John Selden)编写了《海洋封闭论》(Mare Clausum),提出海洋无需实际占领就可被国家占有的观点。

最终,格劳秀斯的主张被大多数国家接受,海洋自由学说成为最早被公认的国际海洋法原则之一。该原则一直受到人们的尊崇,直至20世纪早期许多国家提出有必要制定国际海洋法。1930年,国际联盟(League of Nations)召开了编纂会议,拟定了国际法条文,并明确了尚未得到充分处理的国际法领域。共有44个国家参加了该会议。虽然领海是三大会议主题之一,但唯一达成的协议却是《关于国籍法冲突的若干问题的公约》(Convention on Certain Questions Relating to the Conflict of Nationality Laws)(League of Nations,1930)。

国际海洋法的下一个重要发展是1945年美国发布的《杜鲁门公告》。在这份决议中,美国单方面宣布对其大陆架(包括底土和海床的自然资源)享有主权。此项行动开创了先例,其他国家纷纷效仿。

1949年,英国在国际法院起诉阿尔巴尼亚,要求其对1946年两艘英军驱逐舰在其领海触发水雷事故做出赔偿。这是新成立的国际法院处理的第一起案件(科孚海峡案),阿尔巴尼亚被判赔偿843 947英镑。该案件很重要,它使国际法院能够审议与领海有关的问题,包括沿海国在其领海享有的权利以及其他国家无害通过的权利(ICJ,1949)。

联合国海洋法会议召开之前的最后一个重要法律案件是1951年的英挪渔业案(Fisheries Case),英国要求国际法院界定挪威领海的边界。在此之前,挪威用直线把各岬角连成"直线基线"(下文讨论)从而确定其领海界限,宣称对这些海域拥有捕鱼权(ICJ,1951),这样就剥夺了英国在其"公海"区域的捕鱼权。然而,国际法院最终裁定挪威胜诉,促使了其他国家纷纷效仿挪威。

1948年联合国大会设立国际法委员会(International Law Commission,ILC),负责国际法的制定和编纂,并特别将"公海制度"确定为重点领域。在接下来的十年中，国际法委员会针对以下方面提出了一系列建议：公海自由、船旗国管辖、安全通行权、海盗行为、基线、公海捕鱼和 12 海里领海（www. un. org/law/ilc /）。

迄今为止，共有 150 多个对海洋环境有重要意义的国际公约获得通过，表2.2 对其进行了总结归纳。

表 2.2 国际海洋公约和非约束性协议目录① 43

公约名称	简称	通过年份	生效年份	秘书处/有关主管当局	缔约方数	相关章节
重点关注海洋环境的非海洋国际公约						
1959 年《南极条约》（Antarctic Treaty）		1959	1961	《南极条约》秘书处	50	8
1963 年《禁止在大气层、外层空间和水下进行核武器试验条约》（Treaty Banning Nuclear Weapon Tests Partial Nuclear Test）	《部分禁止核试验条约》（PTBT）	1963	1963	联合国：联合国裁军事务厅（UN-ODA）	136	
1985 年《保护臭氧层维也纳公约》（Vienna Convention for the Protection of the Ozone Layer）		1985	1988	联合国：联合国环境规划署	197	
1987 年《关于消耗臭氧层物质的蒙特利尔议定书》（Montreal Protocol on Substances that Deplete the Ozone Layer）	《蒙特利尔议定书》	1987	1989	联合国：联合国环境规划署	197	
1991 年《关于环境保护的南极条约议定书》（1991 Protocol on Environmental Protection to the Antarctic Treaty）	《马德里议定书》	1991	1998	《南极条约》秘书处	33	9
1992 年《21 世纪议程》序言和第 17 章	《21 世纪议程》	1992	1992	联合国：经济和社会事务部（Department of Economic and Social Affairs）		5
1992 年《里约环境与发展宣言》（Rio Declaration on Environment and Development）	《里约宣言》	1992	1992	联合国：联合国环境规划署		5
1992 年《生物多样性公约》（Convention on Biological Diversity）	CBD	1992	1993	缔约方会议	193	5

① 本目录所涉公约协议名称的翻译，若已有中文译法，则直接使用。——译者注

公约名称	简称	通过年份	生效年份	秘书处/有关主管当局	缔约方数	相关章节
1992 年《联合国气候变化框架公约》（United Nations Framework Convention on Climate Change）	UNFCCC	1992	1994	UNFCCC 秘书处	194	5
1997 年《联合国气候变化框架公约京都议定书》（Kyoto Protocol to the UN Framework Convention on Climate Change）	《京都议定书》	1997	2005	UNFCCC 秘书处	190	5
1997 年《蒙特利尔议定书修正案》（Montreal Amendment to Montreal Protocol）		1997	1999	联合国：联合国环境规划署	179	
1999 年《巴塞尔危险废物越境转移所造成损害之责任与赔偿议定书》（Basel Protocol on Liability and Compensation for Damage Resulting from Transboundary Movements of Hazardous Wastes and Their Disposal）	《巴塞尔责任与赔偿议定书》	1999	尚未生效	联合国：联合国环境规划署	10	5
1999 年《关于耗损臭氧层物质的蒙特利尔议定书（北京修正案）》（Beijing Amendment to the Montreal Protocol on Substances that Deplete the Ozone Layer）	《北京修正案》	1999	2002	联合国：联合国环境规划署	156	
2001 年《关于持久性有机污染物的斯德哥尔摩公约》（Stockholm Convention on Persistent Organic Pollutants）	《斯德哥尔摩公约》（2001）	2001	2004	联合国：联合国环境规划署	168	
全球海洋公约						
1884 年《保护海底电报电缆公约》（Convention for the Protection of Submarine Telegraph Cables）	《电缆公约》（1884）	1884	1888	法国	41	

44

续表

公约名称	简称	通过年份	生效年份	秘书处/有关主管当局	缔约方数	相关章节
1910 年《统一海难援助和救助某些法律规定公约》及签字议定书（International Convention for the Unification of Certain Rules of Law related to Assistance and Salvage at Sea and Protocol of Signature）	《救助公约》（1910）	1910	1913	国际海事委员会（CMI）	86	7
1910 年《统一船舶碰撞某些法律规定的国际公约》及签字议定书（International Convention for the Unification of Certain Rules of Law Related to Collision between Vessels and Protocol of Signature）	《碰撞公约》（1910）	1910	1913	国际海事委员会	95	7
1914 年《国际海上人命安全公约》（International Convention for the Safety of Life at Sea）	SOLAS（1910）	1914	1919	国际海事组织	162	7
1923 年《国际海港制度公约和规约》（Convention and Statute of the International Regime of Maritime Port）	《海港公约》（1923）	1923	1926	联合国秘书长	43	
1924 年《关于统一提单的某些法律规定的国际公约》及签字议定书（International Convention for the Unification of Certain Rules of Law relating to Bills of Lading and Protocol of Signature）	《海牙规则》（1924）	1924	1931	国际海事委员会	80	
1926 年《统一国有船舶豁免若干规则的公约》和 1934 年《附加议定书》（International Convention for the Unification of Certain Rules concerning the Immunity of State - owned Vessels and1934 Additional Protocol）	《国有船舶豁免公约》（1926/1934）	1926，1934（《附加议定书》）	1937	国际海事委员会	30	

45

续表

公约名称	简称	通过年份	生效年份	秘书处/有关主管当局	缔约方数	相关章节
1946 年《国际捕鲸管制公约》（International Convention for Regulation of Whaling）	《捕鲸公约》	1946	1948	国际捕鲸委员会（International Whaling Commission）	88	6
1948 年《国际海事组织公约》（Convention on the International Maritime Organization）	《IMO 公约》	1948	1958	国际海事组织	170	7
1952 年《船舶碰撞民事管辖权方面某些规定的国际公约》（International Convention for the Unification of Certain Rules relating to Civil Jurisdiction in Matters of Collision）	《碰撞/民事管辖权公约》（1952）	1952	1955	国际海事委员会	85	7
1952 年《统一船舶碰撞或其他航行事故中刑事管辖权方面某些规定的国际公约》（International Convention for the Jurisdiction Unification of Certain Rules relating to Penal Jurisdiction in Matters of Collision and Other Incidents of Navigation）	《碰撞/刑事公约》（1952）	1952	1955	国际海事委员会	91	7
1952 年《统一海船扣押某些规定的国际公约》（International Convention for the Unification of Certain Rules relating to the Arrest of Sea-going Ships）	《扣船公约》（1952）	1952	1956	国际海事委员会	94	7
1957 年《船舶所有人责任限制的国际公约》及签字议定书（International Convention relating to Limitation of the Liability of Owners of Sea-going Ships and Protocol of Signature）	《船舶所有人责任限制（修订）公约》（1957）	1957	1968	国际海事委员会		7
1958 年《大陆架公约》（Convention on the Continental Shelf）	联合国海洋法会议（1958）	1958	1964	联合国海洋事务和海洋法司	58	2

46

续表

公约名称	简称	通过年份	生效年份	秘书处/有关主管当局	缔约方数	相关章节
1958 年《公海捕鱼及生物资源养护公约》（Convention on Fishing and Conservation of the Living Resources of the High Seas）	联合国海洋法会议（1958）	1958	1966	联合国	38	2
1958 年《领海及毗连区公约》（Convention on the Territorial Sea and the Contiguous Zone）	联合国海洋法会议（1958）	1958	1964	联合国	52	2
1958 年《公海公约》（Convention on the High Seas）	《日内瓦公海公约》	1958	1962	联合国	63	2
1961 年《统一海上旅客运输某些法律规则的国际公约》及议定书（International Convention for the Unification of Certain Rules relating to Carriage of Passengers by Sea and Protocol）	《旅客运输公约》（1961）	1961	1965	国际海事委员会	11	7
《1966 年国际载重线公约》（International Convention on Load Lines）（CLL）	CLL 66	1966	1968	国际海事组织		7
1967 年《修订统一海难援助和救助某些法律规定公约的议定书》（Protocol to Amend the International Convention for the Unification of Certain Rules of Law relating to Assistance and Assistance Salvage at Sea）	《1967 年援助和救助议定书》	1967	1977	国际海事委员会	9	7
《修改统一提单若干法律规定的国际公约议定书》（1968 Protocol to Amend the 1924 International Convention for the Unification of Certain Rules of Law Relating to Bills of Lading）	《维斯比规则》	1968	1977	国际海事委员会	30	7

续表

公约名称	简称	通过年份	生效年份	秘书处/有关主管当局	缔约方数	相关章节
1969年《国际干预公海油污事故公约》（International Convention Relating to Intervention on the High Seas in Cases of Oil Pollution Casualties）	《干预公约》	1969	1975	国际海事组织	87	7
1969年《国际油污损害民事责任公约》（International Convention on Civil Liability for Oil Pollution Damage）（CLC）	1969 CLC/《1969年民事责任公约》	1969	1975	国际海事组织	36	
1969年联合国大会第2574号决议（XXIV）：各国现有管辖范围以外公海之海洋底床与下层土壤专供和平用途及其资源用谋人类福利之问题	UNGAR 2574	1969		联合国		9
1970年联合国大会第2749（XXV）号决议：关于各国管辖范围以外海洋底床下层土壤之原则宣言	UNGAR 2749/《原则宣言》	1970		联合国		9
1972年《防止船舶和飞机倾倒废物造成海洋污染公约》（Convention for the Prevention of Marine Pollution by Dumping from Ships and Aircraft）（OSPAR）	《奥斯陆公约》	1972	1974	奥斯巴委员会	13	7
1972年《国际海上避碰规则公约》（Convention on the International Regulations for Preventing Collisions at Sea）（COLREG）	COLREG 1972	1972	1977	国际海事组织	155	7
1973年《干预公海非油类物质污染议定书》（Protocol Relating to Intervention on the High Seas in Cases of Pollution by Substances Other Than Oil）	《干预议定书》（1973）	1973	1983	国际海事组织	54	7

47

续表

公约名称	简称	通过年份	生效年份	秘书处/有关主管当局	缔约方数	相关章节
1974 年《联合国班轮公会行动守则公约》（United Nations Convention on a Code of Conduct for Liner Conferences）	《班轮守则》（1974）	1974 年 4 月 6 日，瑞士日内瓦①	1983 年 10 月 6 日	联合国	78	7
1974 年《国际海上人命安全公约》（International Convention for the Safety of Life at Sea）（SOLAS）	SOLAS 1974	1974 年 11 月 1 日，英国伦敦	1980 年 5 月 25 日	国际海事组织	162	7
1976 年《海事赔偿责任限制公约》（Convention on Limitation of Liability for Maritime Claims）（LLMC）	LLMC	1976 年 11 月 19 日，英国伦敦	1986 年 12 月 1 日	国际海事组织	52	7
1977 年《勘探、开发海底矿物资源油污损害民事责任公约》（Convention on Civil Liability for Oil Pollution Damage Resulting from Exploration for and Exploitation of Seabed Mineral Resources）（CLEE）	CLEE 1977	1977 年 5 月 1 日，英国伦敦		英国	0	7
《〈1973 年国际防止船舶造成污染公约〉的 1978 年议定书》［1978 Protocol Relating to the 1973 International Convention for the Prevention of Pollution from Ships（MARPOL）］（包括附则、最后决议和 1973 年国际公约）	MARPOL73/78	1978 年 2 月 17 日	1983 年 10 月 2 日	国际海事组织	151	7

① 英文原文在通过年份栏目中部分地方增加了具体日期及通过地方。——译者注

公约名称	简称	通过年份	生效年份	秘书处/有关主管当局	缔约方数	相关章节
《经 1968 年 2 月 23 日议定书修正的统一提单某些法律规定的国际公约的 1979 年议定书》（1979 Protocol Amending the International Convention for the Unification of Certain Rules relating to Bills of Lading as modified by the Amending Protocol of 23rd February 1968）	《特别提款权议定书》	1979 年 12 月 21 日，比利时布鲁塞尔	1984 年 2 月 14 日	国际海事委员会	33	7
1979 年《国际海上搜寻救助公约》（International Convention on Maritime Search and Rescue）（SAR）	《SAR 公约》	1979 年 4 月 27 日，德国汉堡	1985 年 6 月 22 日	国际海事组织	96	7
1982 年《巴黎港口国管理谅解备忘录》[Paris Memorandum of Understanding（MOU）on Port State Control]	《巴黎 MOU》	1982 年 1 月 26 日，法国巴黎	1982 年 7 月 1 日	巴黎港口国管理谅解备忘录	27	7
1982 年《联合国海洋法公约》	《海洋法公约》（LOSC 或 UNCLOS）	1982 年 12 月 10 日，牙买加蒙特哥湾	1994 年 11 月 16 日	联合国	162	2
1988 年《制止危及海上航行安全的非法行为公约》（Convention for the Suppression of Unlawful Acts against the Safety of Maritime Navigation）（SUA）	SUA 1988/1988 SUA 公约/《海上公约》	1988 年 3 月 10 日，意大利罗马	1992 年 3 月 1 日	国际海事组织	156	7
1988 年《制止危及大陆架固定平台安全非法行为议定书》（Protocol for the Suppression of Unlawful Acts against the Safety of Fixed Platforms Located on the Continental Shelf）	《1988 年 SUA 议定书》/固定平台议定书/SUA 议定书	1988 年 3 月 10 日，意大利罗马	1992 年 3 月 1 日	国际海事组织	145	7

49

续表

公约名称	简称	通过年份	生效年份	秘书处/有关主管当局	缔约方数	相关章节
1989 年《关于勘探开发大陆架引起海洋污染的议定书》（Protocol Concerning Marine Pollution Resulting from Exploration and Exploitation of the Continental Shelf）	《1989 年议定书》	1989 年 3 月 29 日，科威特	1990 年 2 月 17 日	保护海洋环境区域组织（ROPME）	8	7
1989 年《国际救助公约》（International Convention on Salvage）	《救助公约》	1989 年 4 月 28 日，英国伦敦	1996 年 7 月 14 日	国际海事组织	58	7
1991 年联合国大会 46/215 号决议：大型远洋漂网捕鱼及其对世界海洋生物资源的影响	UNGAR 46/215	1991 年 12 月 20 日		联合国	6	50
《1969 年国际油污损害民事责任公约的 1992 年议定书》（1992 Protocol to Amend the 1969 International Convention on Civil Liability for Oil Pollution Damage）	《1992 年议定书》/《1992 年 CLC 议定书》	1992 年 11 月 27 日，英国伦敦	1996 年 5 月 30 日	国际海事组织	128	7
1992 年《国际油污损害民事责任公约》（International Convention on Civil Liability for Oil Pollution Damage）（1969 年公约、1976 年、1992 年和 2000 年修订的合并本）	1992 CLC/《1992 年民事责任公约》	1992 年 11 月 27 日，英国伦敦	1996 年 5 月 30 日	国际海事组织	128	7
1993 年《船舶优先权和抵押权国际公约》（International Convention on Maritime Liens and Mortgages）	《船舶优先权和抵押权公约》	1993 年 5 月 6 日，瑞士日内瓦	2004 年 9 月 5 日	联合国	13	7
1993 年《促进公海渔船遵守国际养护及管理措施的协定》（Agreement to Promote Compliance International Conservation and Management Measures by Fishing Vessels on the High Seas）	《粮农组织（FAO）遵守协定》	1993 年 11 月 24 日，意大利罗马	2003 年 4 月 24 日	联合国粮农组织	39	5

	公约名称	简称	通过年份	生效年份	秘书处/有关主管当局	缔约方数	相关章节
	作为《联合国海洋法公约》第十一部分修正的1994年《关于执行1982年12月10日〈联合国海洋法公约〉第十一部分的协定》	设施/海洋环境/拆除/停运/采矿/海床	1994年7月28日，美国纽约	1996年7月28日	联合国	141	2
51	1994年《关于执行1982年12月10日〈联合国海洋法公约〉第十一部分的协定》		1994年7月28日，美国纽约	1996年7月28日	联合国	141	2
	1995年《执行1982年12月10日〈联合国海洋法公约〉有关养护和管理跨界鱼类种群和高度洄游鱼类种群的规定的协定》	《1995年鱼类种群协定》	1995年12月4日，美国纽约	2001年12月11日	国际海事组织	77	6
	《〈1976年海事索赔责任限制公约〉1996年议定书》[Protocol to Amend the Convention on Limitation of Liability for Maritime Claims（LLMC）]	《1996年LLMC议定书》	1996年5月2日，英国伦敦	2004年5月13日	国际海事组织	35	7
	《〈防止倾倒废物及其他物质污染海洋的公约〉1996年议定书》（1996 Protocol to the 1972 Convention on Prevention of Marine Pollution by Dumping of Wastes and Other Matter）	《伦敦公约1996年议定书》	1996年11月7日，英国伦敦	2006年3月24日	国际海事组织	42	7
	1997年《国际海洋法法庭特权和豁免协定》（Agreement on the Privileges and Immunities of the International Tribunal for the Law of the Sea）		1997年5月23日，美国纽约	2001年12月30日	国际海洋法法庭（ITLOS）	39	2
52	1998年《国际海底管理局特权和豁免议定书》（Protocol on the Privileges and Immunities of the International Seabed Authority）		1998年3月26日，牙买加金斯顿	2003年5月31日	国际海底管理局（ISA）	32	2

续表

公约名称	简称	通过年份	生效年份	秘书处/有关主管当局	缔约方数	相关章节
1999 年《国际扣船公约》（International Convention on Arrest of Ships）（ARREST）	《扣船公约》/ARREST 1999 年	1999 年 3 月 12 日，瑞士日内瓦	尚未生效	联合国	7	7
2000 年《海上平台或其他人造结构评估的具体指南》（Specific Guidelines for Assessment of Platforms or Other Man-Made Structures at Sea）		2000 年 9 月 18 日至 22 日		国际海事组织		
2001 年《控制船舶有害防污底系统国际公约》（International Convention on the Control of Harmful Anti-fouling Systems on Ships）（HAFS）	HAFS 公约/AFS 2001	2001 年 10 月 5 日，英国伦敦	2008 年 9 月 17 日	国际海事组织	60	5
2001 年《国际燃油污染损害民事责任公约》（International Convention on Civil Liability for Bunker Oil Pollution Damage）（BUNKERS）	《燃油公约》/BUNKERS 2001	2001 年 3 月 23 日，英国伦敦	2008 年 11 月 21 日	国际海事组织	46	7
2004 年《国际船舶压载水和沉积物控制和管理公约》（International Convention for the Control and Management of Ships' Ballast Water and Sediments）（BWM）	BWM 2004/《压载水公约》	2004 年 2 月 13 日	尚未生效	国际海事组织	35	5
《〈1988 年制止危及海上航行安全非法行为公约〉2005 年议定书》（2005 Protocol to the 1988 Convention for the Suppression of Unlawful Acts against the Safety of Maritime Navigation）（SUA）	《1988 年 SUA 公约的 2005 年议定书》/《2005 年 SUA 议定书》	2005 年 10 月 14 日，英国伦敦	2010 年 7 月 28 日	国际海事组织	17	7

续表

公约名称	简称	通过年份	生效年份	秘书处/有关主管当局	缔约方数	相关章节
《〈1988 年关于制止危及大陆架固定平台安全非法行为议定书〉的 2005 年议定书》（2005 Protocol to the 1988 Protocol for the Suppression of Unlawful Acts against the Safety of Fixed Platforms Located on the Continental Shelf）	《2005 年 SUA 平台议定书》/SUA PROT 2005	2005 年 10 月 14 日，英国伦敦	2010 年 7 月 28 日	国际海事组织	13	7
《2005 年关于制止危及大陆架固定平台安全非法行为议定书》（2005 Protocol for the Suppression of Unlawful Acts against the Safety of Fixed Platforms Located on the Continental Shelf）	《2005 年 SUA 平台议定书》/《2015 年 SUA 议定书》	2005 年 10 月 14 日，英国伦敦	2010 年 7 月 28 日	国际海事组织	13	7
2005 年《制止危及海上航行安全的非法行为公约》（2005 Convention for the Suppression of Unlawful Acts Against the Safety of Maritime Navigation）	《2005 年 SUA 公约》	2005 年 10 月 14 日，英国伦敦	2010 年 7 月 28 日	国际海事组织	17	7
2006 年《海事劳工公约》（Maritime Labour Convention）（MLC）	MLC	2006 年 2 月 7 日，瑞士日内瓦	尚未生效	国际劳工组织	15	7
2007 年《内罗毕国际船舶残骸清除公约》（Nairobi International Convention on the Removal of Wrecks）（WRC）	WRC 2007/2007 内罗毕 WR 公约/2007 年内罗毕 WRC	2007 年 5 月 18 日，肯尼亚内罗毕	尚未生效	国际海事组织	5	7
2009 年《伦敦公约和议定书/联合国环境规划署关于人造珊瑚礁安置的方针》（London Convention and Protocol/UNEP Guidelines for the Placement of Artificial Reefs）		2008 年 10 月 27 日至 31 日		联合国		

53

续表

公约名称	简称	通过年份	生效年份	秘书处/有关主管当局	缔约方数	相关章节	
2009 年《香港国际安全与环境无害化拆船公约》（Hong Kong International Convention for the Safe and Environmentally Sound Recycling of Ships）	《香港公约》	2009年5月15日，中国香港	尚未生效	国际海事组织	0	7	
2009 年《关于预防、制止和消除非法、不报告、不管制捕鱼港口国措施协议》（Agreement on Port State Measures to Prevent, Deter and Eliminate Illegal, Unreported and Unregulated Fishing）	《港口国措施协议》	2009年11月22日，意大利罗马	尚未生效	联合国粮农组织	16	5	54
2010 年《联合国大会关于海洋和海洋法的 A/65/37A 号决议》（United Nations General Assembly Resolution A/65/37A on Oceans and the Law of the Sea）	UNGAR A/65/37A	2010年12月7日					
重要的多边区域海洋公约和国家公告（宣言）							
1839 年《英法渔业专约》（Convention between France and Great Britain for Defining the Limits of Exclusive Fishing Rights）		1839年8月2日	1839年8月17日	联合国	2		
1882 年《关于北海渔业管理规定的国际公约》（Convention regulating the Police of the North Sea Fisheries）	《北海渔业公约》	1882年5月6日	1884年3月15日	荷兰政府	6		
1884 年《保护海底电报电缆公约》（Convention for the Protection of Submarine Telegraph Cables）	《电缆公约》（1884）	1884年3月14日，法国巴黎	1888年5月1日	法国政府	41		
1936 年《关于海峡制度的公约》（Convention Regarding the Regime of the Straits）	《蒙特勒公约》	1936年7月20日，瑞士蒙特勒	1936年11月9日	土耳其政府	92		

公约名称	简称	通过年份	生效年份	秘书处/有关主管当局	缔约方数	相关章节
1942 年《英国和委内瑞拉关于帕里亚海湾海底地区的条约》(Treaty between Great Britain and Northern Island and Venezuela Relating to the Submarine Areas of the Gulf of Paria)		1942年2月26日，委内瑞拉加拉加斯	1942年9月22日	联合国	3	
1945 年《关于某些公海区内美国近岸渔业政策的第 2668 号总统公告》(US Presidential Proclamation No. 2668, Policy of the United States with Respect to Coastal Fisheries in Certain Areas of the High Seas)	《杜鲁门宣言》	1945年9月28日，美国华盛顿		美国政府		2
1945 年《美国关于大陆架的底土和海床的自然资源政策的第 2667 号总统公告》(US Presidential Proclamation No. 2667, Policy of the United States with Respect to the Natural Resources of the Subsoil and Sea Bed of the Continental Shelf)	《杜鲁门宣言》	1945年9月28日，美国华盛顿		美国政府		2
1972 年《南极海豹保护公约》(Convention for the Conservation of Antarctic Seals) (CCAS)	CCAS	1972年6月1日，英国伦敦	1978年3月11日	英国南极调查局 (British Antarctic Survey)	17	8
1980 年《南极海洋生物资源养护公约》(Convention on the Conservation of Antarctic Marine Living Resources) (CCAMLR)	CCAMLR	1980年5月20日，澳大利亚堪培拉	1982年4月7日	南极海洋生物资源保护委员会	30	8

55

公约名称	简称	通过年份	生效年份	秘书处/有关主管当局	缔约方数	相关章节
1980 年《保护地中海不受陆地来源污染的雅典议定书》（Protocol for the Protection of the Mediterranean Sea Against Pollution from Land-Based Sources and Activities）（LBS）	LBS 议定书	1980 年 5 月 17 日，希腊雅典	1983 年 6 月 17 日	联合国：联合国环境规划署	22	5
1982 年法、德、英、美《关于深海海底多金属结核暂行安排的协定》（Agreement Concerning Interim Arrangements Relating to Polymetallic Nodules on the Deep Sea Bed between France, the Federal Republic of Germany, the United Kingdom and the United States）		1982 年 9 月 2 日，美国华盛顿	1982 年 9 月 2 日	美国	4	9
1984 年比、法、德、意、日、荷、英、美《关于深海海底问题的临时谅解》（Provisional Understanding Regarding Deep Seabed Matters between Belgium, France, the Federal Republic of Germany, Italy, Japan, the Netherlands, the United Kingdom and the United States）	《关于深海海底问题的临时谅解》	1984 年 8 月 3 日，瑞士日内瓦	1984 年 9 月 2 日	美国	6	56
1989 年《大陆架和专属经济区内海上设施和构筑物撤除的准则和标准》[IMO A. 672（16）号决议]（Guidelines and Standards for the Removal of Offshore Installations and Structures on the Continental Shelf and in the Exclusive Economic Zone）[IMO Resolution A. 672（16）]	《海上安装决议》	1989 年 10 月 19 日		国际海事组织		

公约名称	简称	通过年份	生效年份	秘书处/有关主管当局	缔约方数	相关章节
1994 年《保护地中海免受因勘探和开发大陆架、海床及其底土污染议定书》（Protocol for the Protection of the Mediterranean Sea against Pollution Resulting from Exploration and Exploitation of the Continental Shelf and the Seabed and its Subsoil）	海上议定书	1994 年 10 月 14 日，西班牙马德里	2011 年 3 月 24 日	联合国：联合国环境规划署	6	
1995 年《地中海特别保护区和生物多样性议定书》（Protocol Concerning Specially Protected Areas and Biological Diversity in the Mediterranean）（SPA）	《SPA 和生物多样性议定书》	1995 年 6 月 10 日，西班牙巴塞罗那	1999 年 12 月 12 日	联合国：联合国环境规划署	18	
1996 年《防止危险废物越境转移及处置污染地中海议定书》（Protocol on the Prevention of Pollution of the Mediterranean Sea by Transboundary Movements of Hazardous Wastes and Their Disposal）	《危险废物议定书》	1996 年 10 月 1 日，土耳其伊兹密尔	2008 年 12 月 19 日	联合国：联合国环境规划署	6	
1998 年《关于海上废弃设施处理的第 98/3 号奥斯陆-巴黎决议》（OSPAR Decision 98/3 on the Disposal of Disused Offshore Installations）		1998 年 7 月 23 日，葡萄牙辛特拉	1999 年 2 月 9 日	奥斯陆-巴黎委员会		
2001 年《保护水下文化遗产公约》（Convention on the Protection of the Underwater Cultural Heritage）	2001 年公约	2001 年 11 月 2 日，法国巴黎	2009 年 1 月 2 日	联合国：联合国教育、科学和文化组织（UNESCO）	41	

57

公约名称	简称	通过 年份	生效 年份	秘书处/有关 主管当局	缔约 方数	相关 章节
2002 年《在紧急情况下合作控制地中海石油和其他有害物质造成污染的议定书》（Protocol Concerning Cooperation in Preventing Pollution from Ships, and in Cases of Emergency, Combating Pollution of the Mediterranean Sea）	《控制和紧急议定书》	2002 年 1 月 25 日，马耳他瓦莱塔	2004 年 3 月 17 日	国际海事组织	12	
2004 年《亚洲地区反海盗及武装劫船合作协定》（Regional Cooperation Agreement on Combating Piracy and Armed Robbery against Ships in Asia）（ReCAAP）	ReCAAP	2004 年 11 月 11 日，日本东京	2006 年 9 月 4 日	ReCAAP 信息共享中心	15	
2008 年《地中海海岸带综合管理议定书》［Protocol on Integrated Coastal Zone Management (ICZM) in the Mediterranean］	《ICZM 议定书》	2008 年 1 月 21 日，西班牙马德里	2011 年 3 月 24 日	联合国：联合国环境规划署	7	
2008 年联合国安全理事会（UNSCR）有关索马里局势的第 1816 号、第 1848 号、第 1851 号决议［United Nations Security Council Resolutions (UNSCRs) 1816, 1848 and 1851 on the Situation in Somalia］	UNSCRs 1816, 1848, 1851	2008 年 6 月 2 日 2008 年 12 月 2 日 2008 年 12 月 16 日		联合国安理会	7	
2010 年的联合国安理会有关索马里局势的第 1918 号决议（United Nations Security Council Resolution 1918 on the Situation in Somalia）	UNSCR 1918	2010 年 4 月 27 日		联合国安理会		

续表

公约名称	简称	通过年份	生效年份	秘书处/有关主管当局	缔约方数	相关章节
联合国环境规划署区域海洋项目公约						
《保护波罗的海区域海洋环境公约》（Convention on the Protection of the Marine Environment of the Baltic Sea Area）	《赫尔辛基公约》	1974年，1992年修正	1980年，修正案于2000年	赫尔辛基委员会	10	5
《海洋环境和地中海沿岸地区保护的巴塞罗那公约》（Convention for the Protection of the Marine Environment and the Coastal Region of the Mediterranean）	《巴塞罗那公约》	1976年，1995年修正	1978年，修正案于2004年	地中海行动计划	18	5
《保护海洋环境免受污染的区域合作公约》（Kuwait Regional Convention for Co-operation on the Protection of the Marine Environment from Pollution）	《科威特公约》	1978年	1978年	ROPME秘书处	8	5
《合作保护和开发西非和中非区域海洋和沿海环境公约》（Abidjan Convention for Co-operation in the Protection and Development of the Marine and Coastal Environment of the West and Central African Region）	《阿比让公约》	1981年	1984年	《阿比让公约》秘书处	33	5
《保护东南太平洋海洋环境和沿海地区公约》（Convention for the Protection of the Marine Environment and Coastal Area of the South-East Pacific）	《利马公约》	1981年11月12日	1986年	CPPS	5	5
《保护红海和亚丁湾环境区域公约》（Regional Convention for the Conservation of the Red Sea and Gulf of Aden Environment）	《吉达公约》	1982年	1985年	计划秘书处	7	5

58

续表

公约名称	简称	通过年份	生效年份	秘书处/有关主管当局	缔约方数	相关章节	
《保护和发展大加勒比区域海洋环境公约》（Convention for the Protection and Development of the Marine Environment of the Wider Caribbean Region）	《卡塔赫纳公约》	1983年	1986年	加勒比环境计划	28	5	
《保护、管理和开发东非区域海洋和沿海环境公约》（Convention for the Protection, Management and Development of the Marine and Coastal Environment of the Eastern African Region）	《内罗毕公约》	1985年，2010年修订	1996年，修正案尚未生效	联合国：联合国环境规划署	10	5	59
《南太平洋地区自然资源和环境保护公约》（Convention for the Protection of Natural Resources and Environment of the South Pacific Region）	《努美阿公约》	1986年	1990年	太平洋区域环境署秘书处	24	5	
《保护黑海免受污染公约》（Convention on the Protection of the Black Sea Against Pollution）	《布加勒斯特公约》	1992年4月21日	1994年1月15日	黑海委员会	5	5	
《保护东北大西洋海洋环境公约》（Convention for the Protection of the Marine Environment of the North-East Atlantic）	《奥斯陆-巴黎公约》	1992年	1998年	奥斯陆-巴黎委员会	16	5	
《保护和可持续开发东北太平洋海洋和沿岸环境区域合作公约》（Convention for Cooperation in the Protection and Sustainable Development of the Marine and Coastal Environment of the North-East Pacific）	《安提瓜公约》	1992年	尚未生效	美国	8	5	

注：缔约方数指截止 2012 年已批准条约的缔约方数

来源：treaties. un. org/Pages/MSDatabase. aspx

海洋法与其他法律体系之间的差异

早在古罗马时代，海洋法就与罗马（大陆）法有所区别。人们认识到，无论国籍、文化或地理位置如何，海洋法律问题就本质而言主要是国际性问题，涉及安全、船舶航行、船舶登记、合同、责任和保险等问题的解决。

海洋（或"海事"）法起源于民法传统。受普通法的影响，国际海洋法呈现出了民法的一些重要原则，其中包括把习惯法、过往实践和传统经修订法典化呈现。但是，海洋法与其他法律体系之间仍存在许多显著的区别（参见专栏2.2）。

专栏2.2　海洋法与其他法律体系的差异

管辖权：海洋法的管辖权通常没有其他国内法体系重要。在一个海洋纠纷中，可能涉及大多数国际协定和公约下的许多管辖权。假设船舶登记国（悬挂该国旗帜）而并非其所有权归属国。假设船舶在两个不同港口国之间航行，在一个或多个沿海国家过境期间卷入争端，多个国家都可能会对这一事项具有一定的管辖权。

争议解决：海洋法利用替代性争端解决机制作为仲裁纠纷的一种手段，同时仲裁法理的国际体系不断发展。特别是《联合国海洋法公约》规定了公约缔约国必须遵守的具体争端解决机制。

自我规制：海洋法越来越自我规制，议定书的形成独立于政府组织。

金融上限：侵权（损害）法以恢复原状（restitutio in integrum）为原则，意味受害者应该受到全额赔偿。然而，自11世纪早期起，航运法就是按照责任限制（金融上限）的原则运作的，该原则设定了经商定的特定最高赔偿额。责任限制原则适用于涉及货物、乘客、有毒物质和石油运输的一系列国际公约和协议。

来源：Cho（2010）

有研究认为海事法律有以下三种定义（Tetley，2000）：

● 国际海事公法①（Public international maritime law）：包括有关海上事务的诸多国家间法律关系，以及由国家间或跨国组织（如欧盟）之间签订的协议、公约和条约。

---

① 国际海事公法为译者首用，国内暂无相关参考译法。——译者注

- 海事冲突法（Conflict of maritime laws）：适用于解决受不同国家法律管辖的私方当事人之间海事纠纷的规则集合。

- 国际海事私法（International private maritime law）：包括不同国家私方当事人之间的海事法律关系。国家之间进行谈判时，国际海事私法主要适用于航运公司等非国家行为者的行为。

此外，治理国家如何利用海洋的国际海洋法律的集合体有时被称为"海商法"（Admiralty Law）或"海洋法"（Law of the Seas）（不要与以下讨论的《联合国海洋法公约》相混淆）。"海事法"（Maritime Law）通常是指上文讨论的"国际海事私法"，主要适用于在海洋环境中相关的私人当事方。

《联合国海洋法公约》

到 20 世纪 50 年代，在全球化、技术进步和人口增长的驱动下，人类对海洋的利用发生了显著变化。海上油气开发、海底采矿、集装箱航运、公海捕鱼和涉海军事行动突显出现有海洋规则的局限性以及利用海洋的国家间的关系。

特别是以美国为首的一些国家已经单方面将其管辖权范围扩大，超过了 12 海里领海，使得沿海国家和航海国家之间在航运和其他沿海经济活动方面陷入摩擦。在 20 世纪 60—70 年代期间，海底采矿也引起各国极大的兴趣，但是，在大陆架上还是在大陆架之外，鲜有协议对其进行治理。此时，各国也正依据地理、外交政策和航运业，为自身争取最大优势。沿海国家：拥有大量沿海地区，采取了对其海域实行管制和专有权的国家政策，加拿大和俄罗斯等国认为海洋资源开发和保护是国家的权利，也被称为"领土主义者"。海洋国家：包括美国及地理面积较小的航海国家（如英国），主张海洋自由。海洋国家也被称为"国际主义者"，海洋国家日益担心国家规范的拼凑会使运输和其他资源开发复杂化（McDorman，2008）。各国如何看待其他国家对海洋领土的利用，进一步体现了其对海洋主权的立场。功利主义国家（Functionalist State）认为，国家只应对船舶污染等某些活动进行管理。单边主义国家认为在其水域的所有海洋活动都应受到规制。

第一次联合国海洋法会议（UNCLOS I）于 1958 年在瑞士日内瓦召开，有 86 个国家参加，形成以下四项公约：

- 《领海及毗连区公约》（Convention on the Territorial Sea and Contiguous Zone）（1964 年生效）。虽然该公约承认领海（包括上空和底土）的存在，并界

65

定了如何测量陆地边界，但领海宽度的规定却引起争议。该公约也规定了在领海和国际海峡无害通过的权利。最后，该公约将毗连区定义：毗连区自测定领海宽度之基线起算，不得超出 12 海里，并允许沿海国家对这些海域进行管制，以防止和惩罚在其领土或领海内违反其海关、财政、移民或卫生等法规的行为（United Nations，2005b）。

• 《大陆架公约》（Convention on the Continental Shelf）（1964 年生效）。该公约赋予沿海国对其大陆架上自然资源的权利。大陆架被定义为："……（a）邻接海岸但在领海以外之海底区域之海床及底土，其上海水深度不逾二百公尺，或虽逾此限度而其上海水深度仍使该区域天然资源有开发之可能性者；（b）邻接岛屿海岸之类似海底区域之海床及底土。"该公约为大陆架地区可允许的活动及其与安全航行的关系提供了指导（United Nations，2005c）。

• 《公海公约》（Convention on the High Seas）（1962 年生效）。该公约将"公海"定义为不属领海或一国内水域之海洋所有各部分，并界定了公海内允许的活动以及关于船舶悬挂旗帜和安全航行的要求（United Nations，2005d）。

• 《捕鱼和养护公海生物资源公约》（Covention on Fishing and Conservation of the Living Resources of the High Seas）（1966 年生效）。该公约允许所有国家在公海捕鱼，并规定了用以确保种群不受过度捕捞的措施（United Nations，2005e）。

第二次联合国海洋法会议（UNCLOS Ⅱ）于 1960 年在日内瓦召开，其目的在于重点解决领海宽度和捕鱼区范围。但是，正如那个时代的许多国际会议一样，它没有就任何新的协议或公约达成一致。

第三次联合国海洋法会议（UNCLOS Ⅲ）于 1973 年在纽约召开。虽然该会议的初衷是要规范海底采矿，但 160 个与会国却耗时九年重写海洋规则。在这个漫长的过程中，共举行了十一次会议，时长 585 天。最终于 1982 年通过《联合国海洋法公约》（以下简称《海洋法公约》），确立了航行权、领海范围、经济区、海底资源权属、通过狭窄海峡的船舶管理和海洋环境安全等内容（United Nations，1982）。

《海洋法公约》也许是迄今为止完成的最复杂、最全面的国际协议，其范围和对人类的影响可与《世界人权宣言》（International Declaration of Human Rights）和《联合国宪章》（Charter of the United Nations）（两者都不具约束力）相媲美。事实上，《海洋法公约》的全面性没有任何领土协议可与之比拟。

《海洋法公约》可以总结为三个原则（LeGresley，1993）：

• 各国在其地理范围确定的相邻海域享有对某些资源的权利。

- 部分海洋是"人类的共同遗产"。
- 各国有义务保护海洋，并满足其他国家的需要。

《海洋法公约》共有17个部分，400个条款和9个附件组成，目前有162个签署国。1994年11月，签署《海洋法公约》的国家达到60个，12个月后对缔约国生效。

《海洋法公约》建立了四个机构（本章稍后将讨论）：

- 国际海洋法法庭；
- 大陆架界限委员会；
- 国际海底管理局；
- 《联合国海洋法公约》缔约国大会。

《海洋法公约》也促成了其他一些协议的签署，本章稍后将进行讨论。 63

《海洋法公约》还包括一系列争端解决条款。在大多数条约中，争端解决机制往往在单独的议定书中规定。《海洋法公约》的独特之处在于：争端解决机制是公约的一部分，因而公约所有签署方必须遵守。此外，《海洋法公约》还规定了通过谈判和仲裁解决争端的方法，这在国际法中也是绝无仅有的。

根据《海洋法公约》（第十五部分第287条）规定，可提交争端至：

- 国际海洋法法庭（包括海底争端分庭）；
- 国际法院；
- 特设仲裁（附件七）；
- 特别仲裁法庭（根据附件八设立）。

对于海上边界争端、军事问题和联合国安理会正在讨论的争议问题，《海洋法公约》允许国家在任何时候（"可选择的例外"）选择不接受强制裁定。此外，《海洋法公约》允许各国将涉及国家主权的争议问题提交调解委员会。调解委员会虽不具约束力，却可以利用道义上的劝说来劝说各国遵守委员会的决定。

因《海洋法公约》没有设立各国开会讨论公约执行情况或其他海洋事务的全球论坛或进程，紧迫海洋问题由联合国大会解决。联合国大会通过了公海漂网捕鱼、海盗等一系列不具约束力的决议（McDorman，2008）。对于不太紧迫的问题，联合国秘书长利用《海洋法公约》规定的权力，每年召开了《海洋法公约》缔约国大会。该会议处理行政事务，例如遴选国际海洋法法庭法官和大陆架界限委员会委员。

《海洋法公约》下的海洋管辖权

胡果·格劳秀斯在《海洋自由论》中提出，海洋不能被持续占领。之后的几年中，许多国家声称对海岸以外 3 海里内的海域拥有管辖权（"大炮射程说"），尽管未达成全球共识。但到 20 世纪 60 年代，随着许多国家扩大海洋主权，这一距离被逐渐增加到 12 海里。然而，有人指出，如果每个国家将其管辖范围延长至 12 海里，有 100 多个海峡通道将有效纳入国家管辖范围。其中许多海峡是全球航运路线的重要海峡，包括直布罗陀海峡（地中海）和霍尔木兹海峡（波斯湾），这将造成主要海洋渔业国家和毗邻海峡且面积较小的沿海国家之间的紧张关系。

虽然许多国家要么主张 3 海里领海，要么选择主张 12 海里领海，但还有一些国家主张更大面积的海洋主权。1945 年，《杜鲁门宣言》单方面主张对美国大陆架上的所有自然资源拥有管辖权，阿根廷、智利、秘鲁和厄瓜多尔也纷纷效仿。但是，由于这些国家的大陆架非常狭窄，他们主张 200 海里管辖权。其他国家，如加拿大，则采取了中间立场，主张将其管辖权延伸至沿岸 100 海里内的航行水域，以保护北极地区免受污染。

《海洋法公约》对下列管辖设置已获认可：

"基线" 《海洋法公约》所有管辖权协议都源于协议中提出的"基线"。基线被定义为低潮标志，所有其他管辖区域都是从此线向海洋方向延伸（第 5 条）。虽然基线概念对于某些类型的海岸线（如很容易确立的低潮线）来说相适宜，但面对其他类型的海岸线（包括群岛、河口/潟湖系统和南极冰架）时则较难确定。因此，第 7 条允许在海岸线曲折或难以确定低潮标记的海岸线上的点之间绘制直线。

内水 基线向陆侧的所有水域（海洋、河口、淡水）都属于国家管辖范围。各国可在其内水制定并执行国内（国家）法律、法规，并管制任何资源的使用和获取（图 2.1）。非经各国授权，外国船舶无权在内水通行（第 8 条）。如果海湾湾口两端的低潮点之间的宽度大于 24 海里，则直线基线以内的水域才是内水。

管辖水域：12 海里领海 国家可在从基线向外延伸 12 海里的海域内自由制定法律，管制该海域的使用，并使用该海域内的任何资源。各国可自由选择是否进行领海范围划定，而不必对全部 12 海里海域进行管辖。指定领海的权利甚至延伸到水陆分界线以上的礁石。在这个区域内，船舶拥有"无害通过权"，即

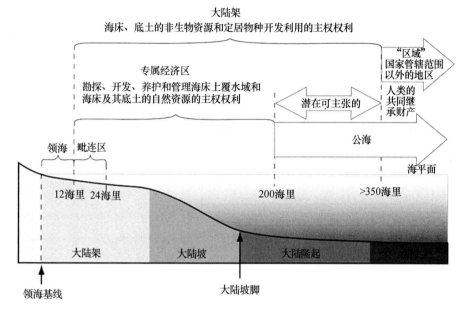

图 2.1 《联合国海洋法公约》下的海洋管辖

"不损害沿海国的和平、良好秩序或安全"的通过。船舶不得有损于沿海国而进
行捕鱼、污染、使用武器进行训练或收集情报。

　　沿海国可以暂停其沿海水域中战略区域的无害通过权。在领海内，军舰不
受沿海国的管辖，沿海国不能登临军舰。即便停经沿海国港口时船上发生犯罪，
亦是如此（因船舶享有主权豁免）。

　　在《海洋法公约》中，拥有战略意义海峡的国家对"过境通行"的概念达
成了一致（这对全球贸易来说是必要的）。在军舰方面，允许包括潜艇在内的海
军舰艇和舰载飞机可保持在无害通行权下所不允许的配置（如携带武器）或姿
势（准备就绪）。过境通行的船舶必须遵守国际民用规则（如航行安全和污染方
面的规则），除紧急情况外，必须毫不延迟地通过海峡。过境通行时，潜艇尤其
必须在海面上航行（并且展示旗帜，尽管美国对此有争议），飞机不得从船上升
空，不得进行研究或测量。

　　《海洋法公约》考虑到印度尼西亚等群岛国，规定其 12 海里海域是通过连
接群岛最外缘各岛和各干礁的最外缘各点的直线群岛基线来划定的。各国船舶
在群岛区享有无害通行权。但是，群岛国有权指定航道以确保通行畅通无阻。

　　管辖水域：超越 12 海里领海至 24 海里的区域　"毗连区"位于基线向外延
伸 12 海里领海外至 24 海里的区域，国家可在此行使海关、税务、移民和控污等

相关管辖权。除此之外，毗邻区及其以外地区也被称为"紧追"区。在这些地区，国家可以追捕那些在其领海违反或即将违反某国法律者，直至将船舶紧追到另一国领海。紧追的情况也适用于违反国内法。

专属经济区 专属经济区（简称"EEZ"）指由基线向外延伸至200海里处的海域。即使沿海国的大陆架宽度小于200海里，专属经济区也会向外扩展到200海里。根据这一定义，全球专属经济区总面积约为3000万平方海里（图2.2）。专属经济区的建立主要是为了解决外国船队捕鱼问题，并解决在如墨西哥湾等某些地区开采海上油气问题。然而，随着提取碳氢化合物和其他不可再生资源技术的不断进步，专属经济区正变得日益重要。

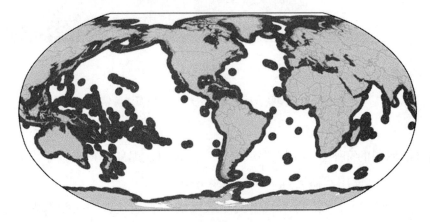

图2.2 世界各地的专属经济区

《海洋法公约》赋予沿海国勘探和开发、养护和管理海床上覆水域和海床及其底土的自然资源的权利（第56条）。其中，沿海国根据国际法规应有专属权利建造（或拆除）并授权和管理建造、操作和使用设施、结构和人工岛屿（第60条）。沿海国应促进专属经济区内生物资源"最适度利用"。沿海国参照其可得到的最可靠的科学证据，有义务确定生物资源的捕捞限制，并确保捕鱼不会对专属经济区的其他物种有消极影响（第61条）。在没有能力捕捞全部可捕量的情形下，沿海国需根据历史使用因素和欠发达国家的需求准许其他国家捕捞可捕量的剩余部分。此外，沿海国应公布其国内渔业法律和法规（第62条）。沿海国有权检查专属经济区内的非军事船舶，如果其违反沿海国法律，则有权逮捕。被逮捕的船只及其船员，在提出适当的保证书或其他担保后，应迅速获得释放（第73条）。在与内陆发展中国家、地理不利国或欠发达国家尚存在协议时，沿海国不得将其专属经济区的资源权利转让给其他国家或其国民（第 72 条）。

在他国专属经济区内，外国船舶或飞机（用于发现鱼群或海洋哺乳动物），经沿海国许可且在其法律规定范围内，拥有捕鱼、开展研究、铺设海底电缆或管道、勘探和开发自然资源的权利（第 58 条）。

大陆架　国家的大陆架不同于其专属经济区。大陆架包括沿海国陆块没入水中的延伸部分，有两种测量方式：一是从基线延伸至 200 海里专属经济区；二是扩展到大陆陆块没入水中的延伸部分的尽头，两者取其大。《海洋法公约》将陆地领土的"自然延伸"称为"扩展大陆架"，包括大陆架外缘海底区域的海床和底土（第 76 条）。其中，《海洋法公约》对扩展大陆架的最大范围规定了两个限制条件：第一是不应超过从测算领海宽度的基线量起 350 海里；第二是不应超过连接 2500 公尺深度各点的 2500 公尺等深线 100 海里。在上述两个限制条件下，大陆架按照下列方法（也称为"公式线"）划界：

- 沉积物厚度：即加德纳线：以最外各定点为准划定界限，每一定点上沉积岩厚度至少为该点至大陆坡脚最短距离的 1%。
- 测深法：即赫德伯公式：从大陆坡脚向海延伸不超过 60 海里的有关各点进行划线，大陆坡脚应定为大陆坡坡底坡度变动最大之点。

只要加德纳线/赫德伯格线确定，就可以应用这两条线划定大陆架的外部界限。

大约有 85 个沿海国的大陆架超过了 200 海里的限制（如加拿大的东海岸延伸到 400 海里乃至更远）。拥有扩展大陆架的国家须向大陆架界限委员会提交资料，由该委员会向提交国提出建议，供提交国参考及让其重新提交。最终，由提交国决定其大陆架外部界限，并向联合国秘书长递交坐标与地图。此时，此外部界限为最终界限，对提交国具有拘束力（受限于与其他国家的双边重合主张）（第 76 条）。

沿海国有权管辖大陆架上及大陆架内的非生物资源以及延伸至 200 海里以外属于定居种的生物（即不能离开海床的物种），但不包括该水域内的其他资源（如鱼类）（第 77 条）。另外，沿海国有授权和管理在大陆架上进行钻探的专属权利。然而，沿海国对大陆架的上覆水域和水域上空无专属权利，也无权干涉航行（第 78 条）。各国可为海底电缆与管道的铺设订立条件并确定地点，但不得阻碍其他国家铺设海底电缆与管道（第 79 条）。沿海国对扩展大陆架的权利不取决于任何占领、明文公告或开发（第 77 条）。

沿海国开发扩展大陆架所获得的收入，应向国际海底管理局（以下简称

"管理局") 缴付费用 (详见下文), 并由管理局重新分配给其他缔约国。管理局应根据公平分享的标准将其分配给本公约各缔约国, 同时考虑到发展中国家的利益和需要。在某一矿址进行第一个五年生产以后, 对该矿址的全部生产应每年缴付费用或实物。第六年缴付费用或实物的比率应为矿址产值或产量的百分之一。此后该比率每年增加百分之一, 至第十二年为止, 其后比率应保持为百分之七。

公海 公海最好理解为200海里专属经济区以外的水域, 除拥有被认可的扩展大陆架国家外, 国内法不再适用。《海洋法公约》强调公海只用于和平目的 (第88条), 禁止对公海主张主权 (第89条), 并申明所有国家均有权在公海上行驶悬挂其旗帜的船舶 (第90条)。《海洋法公约》进一步申明公海对所有国家开放, 包括内陆国和/或发展中国家 (第87条)。《海洋法公约》赋予所有国家公海自由权利, 包括: 航行、捕鱼、科学研究、飞越、铺设海底电缆或管道, 以及建造人造岛屿或其他设施等 (第87条)。

《海洋法公约》规定了公海航运的管理框架 (第90~99条)。具体规定包括: 船旗国的职责 (第90~94条), 包括要求各国规定允许悬挂该国旗帜的船舶进行航行的条件 (构造、训练、适航条件与通信) (第91条和第94条)。因此, 船舶必须受所悬挂旗帜国家的国内法管辖 (第92条), 而船旗国应保持一本船舶登记册, 载列悬挂该国旗帜的船舶 (第94条)。如某一船舶违反其他国家的国内法或国际法, 一国可将这项事实通知船旗国, 船旗国接到通知后, 应对这一事项进行调查 (第94条)。

《海洋法公约》规定军舰和专用于政府非商业性服务的船舶 (如调查船) 享有豁免权 (第96条)。发生碰撞或其他航行事故的船舶, 只能由船旗国对船舶进行逮捕和扣留。此外, 对船长或船员的任何刑事诉讼或纪律程序, 仅可向船旗国或此种人员所属国提出。最后, 在纪律事项上, 只有颁发船长或船员证书或执照的国家才可以撤销这些特权 (第97条)。

所有船舶必须向遇险人员和船只提供援助, 沿海国家必须促进建立和维持有效的搜索与救助服务 (第98条)。任何船舶禁止贩运奴隶 (第99条), 各国应合作制止船舶携带非法麻醉药品 (第108条)。

第100~107条涉及公海海盗行为。《海洋法公约》将海盗行为定义为针对船舶或飞机和/或其船员或货物的任何非法暴力或扣留行为, 或任何掠夺行为, 并要求所有国家应合作消除海盗行为 (第100条)。海盗行为会在国家管辖范围以外的地区发生 (第101条), 包括军舰、政府船舶或政府飞机由于其船员或机组成员发生叛变行为（第 102 条）。《海洋法公约》对海盗船舶定义如下：如果处于主要控制地位的人员意图利用船舶或飞机从事第 101 条所指的任一行为，该船舶或飞机视为海盗船舶或飞机。《海洋法公约》允许每个国家依法利用政府船舶或飞机扣押或逮捕海盗船（或飞机），并根据该国法律惩罚海盗行为（第 105 和107 条）。

在广播方面，《海洋法公约》也制定了相关法规。《海洋法公约》禁止船舶在公海从事未经许可的广播，遇险呼号的播送除外。对于在公海从事未经许可的广播的任何人，均可向船旗国、沿海国（接收到广播传输信号）、广播人所属国和广播设备安装所在国的法院起诉（第 109 条）。

除非船舶涉及从事海盗、奴隶贸易，从事未经许可的广播或怀疑是无国籍的船舶，否则军舰不得登临另一船旗国的船舶（第 110 条）。如果嫌疑经证明为无根据，而且被登临的船舶并未从事违反第 100~109 条的任何嫌疑行为，对该船舶可能遭受的任何损失或损害应予赔偿。

沿海国有充分理由认为外国船舶在领海违反该国法律或国际法时，国内军舰或飞机可进入公海对该外国船舶进行紧追。只有在外国船舶视听所及的距离内发出视觉或听觉的停驶信号后，紧追才可开始，紧追权在被追逐的船舶进入船旗国领海时立即终止（第 111 条）。军舰或飞机错误扣押或逮捕船舶，对船舶所有人可能遭受的任何损失或损害应予赔偿，军舰或飞机的行为则视为违反该国法律。

如前所述，所有国家均有权在国家管辖范围以外的公海海底铺设海底电缆和管道（第 112 条）。但是，各国在铺设管道和电缆时有几项义务，例如，破坏或损害铺设管道和电缆应受惩罚；在舶舶所有人采取避免破坏或损害的一切必要预防措施后，仍然发生的任何破坏或损害，各国应制定必要的国内法律和规章免除其法律责任（第 113 条）。

《海洋法公约》规定所有国家均有权由其国民在公海上捕鱼（参见第 6 章），但要受到区域渔业协定和条约以及沿海国保护跨界鱼种和高度洄游鱼种的权利限制（第 116 条）。但所有国家应互相合作以养护公海区域内的生物资源（鱼类、海洋哺乳动物、海鸟），若一国或多国开发相同资源，应进行谈判、签署协议（或设立区域渔业组织）以保证最高持续产量（第 117~119 条）。各国应根据所得的最可靠的科学证据作出决定。国家之间应通过分区域、区域或全球性组织共享科学情报（第 119 条）。

岛屿 《海洋法公约》规定：岛屿也适用与其他陆地领土相同的管辖制度

69

（领海、毗连区、专属经济区和大陆架），除《海洋法公约》提到的"岩礁"（不能维持人类居住或经济生活高于水面的陆地）外（第121条）。

闭海或半闭海　《海洋法公约》将闭海或半闭海定义为"……两个或两个以上国家所环绕并由一个狭窄的出口连接到另一个海或洋，或全部或主要由两个或两个以上沿海国的领海和专属经济区构成的海湾、海盆或海域。"世界上很多最重要的海域，包括：黑海、波罗的海、加勒比海、地中海、波斯湾和墨西哥湾，均属于闭海或半闭海。受许多现实争议问题影响，闭海或半闭海的管理错综复杂。例如：一些国家至今仍未批准《海洋法公约》（如土耳其和美国）；一些国家尚未划定其海洋边界（如加勒比国家）；一些国家有重要的战略航道；还有一些国家对海底石油资源也有兴趣。此外，这些海域的某些地区，其国家地位甚至尚未得到承认（如北塞浦路斯）（CEPAL，2004）。

《海洋法公约》规定，闭海或半闭海沿岸国应加强合作：协调海洋生物资源的管理、保护和保全海洋环境、科学研究、与其他国家和国际组织合作（第123条）。

"区域"　《海洋法公约》将"区域"定义为大陆架区域以外海床上或及其下的非生物资源。此种资源的示例如下：1872—1876年，"挑战者"号科学考察船发现了锰含量很高的深海海底锰结核（Bezpalko，2004）。直至20世纪60年代，人们才认识到这些锰结核的商业潜力。锰结核位于地表以下3600~5500米，因此在《海洋法公约》谈判期间，大陆架以外的深海海底成为关注点。无论它们是否具有金属性质，《海洋法公约》将这些非生物资源定义为"矿物"（第133条）。"区域"不适用于大陆架外海床上覆水域或上空（第135条）。

《海洋法公约》规定："区域"属于"……人类的共同继承财产"，应专为和平、有益的目的利用"区域"，因此，各国应加强合作以实现这些目标（第136条和第138条）。《海洋法公约》规定，对"区域"的经济开发旨在促进世界经济健全发展和国际贸易均衡增长（第150条）。具体而言，无论地理位置、经济发展程度，还是内陆与否，所有国家都有平等参与和进入"区域"的权利（第141条）。《海洋法公约》规定，"区域"带来的经济效益应该在所有国家间分享（第139条①）。

任何国家都不应对"区域"内的任何领土或自然资源主张权利。然而，从"区域"获得的矿产资源可以让渡（拥有）（第137条）。此外，在"区域"内

---

① 应为第140条。——译者注

发现的考古或历史文物，应为全人类利益予以管理，同时要特别顾及文化上的发源国的优先权利（第149条）。国家对其国民（个人、企业或政府）行为负责，并对自身行为负责（第139条）。"区域"内的活动由管理局监督，管理局向联合国大会报告（第140条，第143~146条，参见下文）。

《海洋法公约》中的海峡过境通行权

海峡是用于船舶在国家间或偶尔国内频繁进行过境通行的海上通道，一般为狭小的水域，受陆地（或冰）的地理条件限制，海峡可能连接专属经济区、公海、国内水域或以上海域的任何混合体。鉴于全球贸易的重要性，海峡往往对沿海国和海洋国家具有重要的经济或军事意义（图2.3）。

世界上的知名海峡包括：

• 伊朗边界的霍尔木兹海峡（最窄处仅为14.3千米），与阿拉伯联合酋长国和阿曼穆桑代姆飞地接壤。世界上20%的石油运输须经霍尔木兹海峡，因而该海峡是确保石油产品不间断流动的战略要塞。

• 与摩洛哥和直布罗陀接壤的直布罗陀海峡（最窄点13千米），连接了地中海和大西洋。

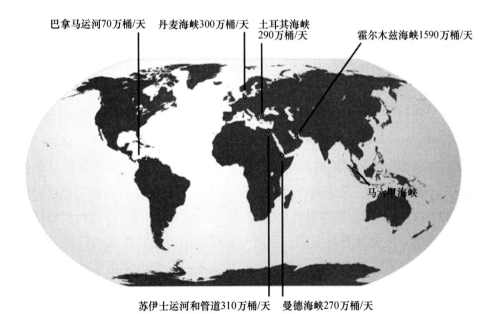

图2.3　2010年全球重要航运海峡和原油与石油产品运输量数量比较图

来源：www.eia.gov

• 与马来西亚和印度尼西亚接壤的马六甲海峡（最窄处2.7千米），每年通 71

行船只超过 5 万艘，所运送的货物约占世界贸易货物的 25%，是亚洲和中东之间的最短航线。

随着 20 世纪六七十年代海运贸易的增长，各国意识到通过海峡运输货物的风险，因此鼓励沿海国和海洋国家制定法律，规定海峡航行的权利和义务。《海洋法公约》第三部分规定了海峡航行的权利。

首先，《海洋法公约》规定，所有船舶飞机在公海或专属经济区的一个部分和公海或专属经济区的另一部分之间的海峡享有过境通行权（第 38 条）。但除海峡外另有可替代的公海航道，则无权通行（第 36 条）。除非海峡基线包含历史上用于过境的水域，否则在内水无过境通行权（第 35 条）。《海洋法公约》第二部分所规定的用于国际航行海峡的通过制度，不应影响海峡沿岸国行使其海洋管辖权（第 34 条）。未经海峡沿岸国许可，不得进行海洋科学研究和水文测量等与过境无关的活动。若这些活动得到海峡沿岸国允许，则应遵守《海洋法公约》的相关规定（第 38 条和第 40 条）。船舶在过境通行时要毫无迟延地通过海峡，避免任何与过境通行无关的活动，不对海峡沿岸国进行任何武力威胁或使用武力（第 39 条），并遵守关于国际航运和污染的规章。只要符合国际规章并妥为公布，海峡沿岸国可以建立海道和分道通航制（第 41 条）。在不妨碍无害通过权的前提下，海峡沿岸国可以制定保障航行安全、防止污染、管制捕鱼和贸易的规定（第 42 条）。海峡沿岸国应将其所知的海峡内或海峡上空对航行或飞越有危险的任何情况妥为公布，但不得停止过境通行（第 44 条）。

《海洋法公约》中群岛国的权利

《海洋法公约》中第四部分规定了群岛国的独特性质，并将其定义为"……全部由一个或多个群岛构成的国家，并可包括其他岛屿"（第 46 条）。《海洋法公约》进一步将群岛定义为若干社会、政治和地理上相连的岛屿。包括印度尼西亚（17 500 个岛屿）、菲律宾（6800 个岛屿）和斐济（300 个岛屿）在内的许多国家在性质上完全属于群岛国，绘制专属经济区时，群岛国的领海是非常庞大复杂的。这导致管辖权重叠，难以解释其内水和领海以及造成航运上的政治不确定性。

早在 1888 年就已经有人提出了群岛国权利与义务这一议题。当时有人提议，由岛屿构成的国家应该有一个单独确定领海的方法（IDI，1891）。在 1958 年和 1960 年分别制定的两个《海洋法公约》文本中，印度尼西亚和菲律宾拥护将群岛国与其他沿海国（如加拿大）和海洋国家（如德国）区分看待这一观点（Coquia，1983）。

不过，直到《海洋法公约》（1982）后，群岛国的权利才被纳入国际法。群岛国可划定连接群岛最外缘各岛（以及低潮时暴露的礁石）和各干礁的最外缘各点的直线海峡基线，用以确定群岛水域（大部分相当于内水）（第47条），只要：

- 在此区域内，水域面积和包括环礁在内的陆地面积的比例应不超过9：1。
- 这种基线的长度不应超过100海里。但围绕任何群岛的基线总数中至多3%可超过该长度，最长以125海里为限。
- 这种基线的划定不应偏离群岛的一般轮廓。
- 基线不能阻碍他国进入公海。
- 基线不得侵犯或阻断进入另一个国家的领海。
- 基线须标明海图或坐标表并交存给联合国秘书长。

领海、毗连区、专属经济区的宽度，应从按照第47条划定的群岛基线量起（第48条）。群岛国对群岛水域、群岛水域的上空、海床和底土的资源拥有管辖权（第49条）。但是，与内水不同，《海洋法公约》规定所有国家的船舶均享有通过群岛水域的无害通过权（第52条）。如为保护国家安全所必要，群岛国可暂时停止外国船舶在其群岛水域特定区域内的无害通过，但这种停止仅应在正式公布后发生效力（第52条）。此外，群岛国必须承认传统捕鱼权和与毗邻国的现有协定。与其他沿海国一样，它们也必须尊重海底电缆穿越群岛水域的权利。根据国际规定，群岛国可以指定通过其群岛水域的海道和航线（第53条）。

未经群岛国许可，不得进行海洋科学研究和水文研究等与过境无关的活动。若群岛国允许此类活动，则应遵守《海洋法公约》相关规定（第38条和第40条）。过境通行船舶要求：毫不迟延过境，避免任何与过境无关的活动，不要对群岛国产生任何武力威胁或使用武力（第39条）。群岛国应将其所知的海峡内有危险的任何情况妥为公布，但不得停止通行（第44条）。

《海洋法公约》对内陆国、地理不利国家和发展中国家权利的规定

与国际法律文件相比，《海洋法公约》以独特的方式规定了无法通过贸易、捕鱼或开发不可再生海洋资源利用海洋的国家的权利（图2.4、图2.5和表2.3）。《海洋法公约》肯定了这些国家参与海洋经济并规定了参与的方式（如区域内经济活动产生的财富再分配，分享剩余捕捞能力）和机制（如负责监督财富重新分配的管理局）。具体来说，《海洋法公约》规定了内陆国家、地理不利

国家和发展中国家的权利，还规定了其他国家维护这些权利的义务，参见下文论述（Vasciannie，1990）。

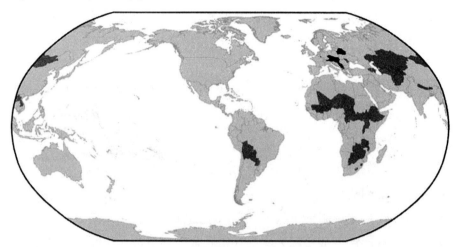

图 2.4　内陆发达国家（深色阴影）和内陆发展中国家（浅色阴影）

来源：www. un. org/special-rep/ohrlls/lldc/list. htm

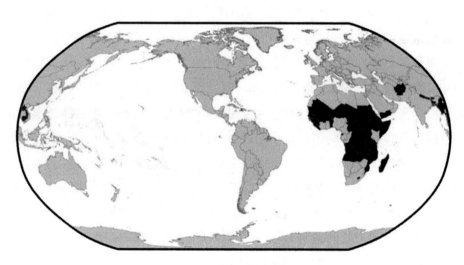

图 2.5　最不发达国家

来源：www. unohrlls. org/en/ldc/25/

《海洋法公约》规定内陆国享有的权利　内陆国是指那些没有任何临海岸线，或者不能直接进入海洋的国家。目前，内陆国家有 48 个，主要由非洲和亚洲欠发达的国家组成（被称为"内陆发展中国家"或联合国的最不发达国家），其中 22 个国家是海洋法公约的缔约方（UN，2012）（图 2.4）。因为过境费用繁琐，过境时间长以及通过港口时需要与沿海国家就相差手续进行烦锁协商等问题，大多数内陆国家，除卢森堡和瑞士这样的欧洲国家外，皆处于经济不利地位（Bowen，1986）。内陆国家，特别是 31 个内陆发展中国家，皆谋求参与海洋开发的机会，尤其是在运输、渔业和海底采矿方面的机会。

针对内陆国的这些诉求，《海洋法公约》赋予了内陆国特定的权利。内陆国有权参与海洋开发，包括"区域"内的活动（第 140 条）。基于和沿海国的双边谈判和多边协议，沿海国被要求将专属经济区内（基于可利用性，环境问题和营养需求）部分剩余的鱼类捕捞量分配给内陆发展中国家（第 69 条）。第 87 条规定，公海对所有国家开放，沿海国或海洋国家不享有任何特别权利和特权。第 125 条规定，内陆国应享有利用一切运输工具通过过境国领土的过境自由，但行使过境自由的条件和方式，应由内陆国和有关过境国通过协定予以议定。第 148 条和第 160 条也规定，沿海发达国家应帮助内陆发展中国家参与"区域"内活动，包括海洋科学和研究（第 143 条、第 256 条）。第 82 条规定，考虑到欠发达国家的需要和利益，200 海里以外的大陆架上所获财富将与发展中国家分享。第 266~278 条规定，发达国家应与内陆国家合作，实现海洋技术的发展和转让。

《海洋法公约》允许内陆发达国家（安道尔、捷克共和国、匈牙利、卢森堡、塞尔维亚和瑞士），参与开发在同一地理区域的沿海国专属经济区海洋资源（第 69 条）。 75

《海洋法公约》对地理不利国权利的规定　地理不利国（GDSs）指依赖于开发同一分区或区域的其他国家专属经济区内的生物资源，以满足其营养需要的沿海国，包括闭海或半闭海沿岸国在内（第 70 条）。

《海洋法公约》规定地理不利国有权利用同一地理区域或分区域内的其他沿海国家的剩余渔获量部分，并通过与沿海国签订双边或多边协定确定这一权利。《海洋法公约》还推动地理不利国参与"区域"的开发，并意识到这些国家在分享广阔海洋地区的经济利益时面临的独特挑战。另外，《海洋法公约》通过技术转让，使发展中国家能够参与"区域"活动（第 150 条）。此外，地理不利国有权得知和参与邻近沿海国家所进行的海洋研究（第 254 条）。

《海洋法公约》对欠发达国家权利的规定　《海洋法公约》并没有界定何为"欠发达国家"（联合国称之为"最不发达国家"），并将其界定为国民总收入（GNI）3 年平均值低于 750 美元的国家，且人力资产指数（HAI）和经济脆弱性指数（EVI）低于阈值的国家（United Nations，2004）（图 2.5）。2012 年，有48 个国家符合联合国对最不发达国家的标准，其中 16 个是内陆国家，11 个是小岛屿国家（United Nations，2012）。这 48 个国家共有 8.332 亿人，平均年龄在 25

岁以下（United Nations，2012）。

还有一组国家与最不发达国家相关但未在《海洋法公约》中体现，被称为小岛屿发展中国家（SIDSs），该概念在《海洋法公约》中特别有用（表2.3）。由于小岛屿发展中国家面临共同挑战（资源少、经济单一、进入国际市场困难、易受灾害影响、人口增长过快，能源、基础设施和通讯成本高昂），其在1992年6月被联合国环境与发展大会首次视为一个独特的国家集团（第5章）（United Nations，2010）。联合国最不发达国家、内陆发展中国家和小岛屿发展中国家高级代表办公室目前确定了41个小岛屿发展中国家（United Nations，2010）。

《海洋法公约》规定发展中国家与地理不利国家享有相同的权利，包括：利用其他沿海国剩余渔获量的权利（第62条）；在公海航行和过境通行的权利（第38条、第87条）；包括通过技术转让以参与区域开发，从而获得区域的经济收益的权利（第148条）。

此外，较发达国家有义务协助欠发达国家提高与海洋环境保护相关的科学研究能力（包括确保发展中国家优先获得此类科研项目的资助）。他们也有义务让欠发达国家意识到其活动对海洋环境质量的影响（第202条、第203条）。第266~278条规定发展中国家与内陆国家进行合作以发展和转让海洋技术。

表2.3　小岛屿发展中国家名单

联合国成员	
安提瓜和巴布达	密克罗尼西亚联邦
巴哈马	毛里求斯
巴林	瑙鲁
巴巴多斯	帕劳
伯利兹	巴布亚新几内亚
佛得角*	萨摩亚*
科摩罗*	圣多美和普林西比*
古巴	新加坡
多米尼克	基茨和尼维斯
多米尼加	圣卢西亚
斐济	圣文森特和格林纳丁斯
格林纳达	塞舌尔
几内亚比绍*	所罗门群岛*

续表

圭亚那	苏里南
海地 *	东帝汶 *
牙买加	汤加
基里巴斯 *	特立尼达和多巴哥
马尔代夫 *	图瓦卢 *
马绍尔群岛	瓦努阿图 *
非联合国成员	
美属萨摩亚	关岛
安圭拉	蒙塞拉特岛
阿鲁巴	荷属安的列斯群岛
英属维尔京群岛	新喀里多尼亚北
马里亚纳自由邦	纽埃
库克群岛	波多黎各
法属波利尼西亚	美属维尔京群岛

注：* 也是欠发达国家

来源：www.unohrlls.org/en/sids/46/

海洋科学研究

《海洋法公约》第十三部分规定了如何在领海内外进行海洋研究活动。首先，《海洋法公约》规定，所有国家，包括最不发达国家、内陆发展中国家和地理不利国，都有权进行科学研究（第238条），但须专为和平目的而进行（第240条），海洋研究不应构成主张领土主权的手段（第241条）。各国有义务在海洋研究方面进行合作，包括协助最不发达国家（第242条、第243条），并传播海洋科学研究的成果（第244条）。所有国家都可以在"区域"内或专属经济区以外的水体内开展科学研究（第256条①）。

沿海国对其领海、专属经济区和大陆架上的研究活动具有完全控制权（第246条、第247条）。其他国家在这些海域开展研究之前必须获得沿海国的同意。但是，只要研究可以使人类受益并符合国家程序，沿海国家应允许其他国家在其专属经济区和大陆架上进行海洋研究。海洋研究过程中不得建造建筑物、钻探大陆架或开发生物和非生物自然资源（第246条）。

---

① 除第256条外，还涉及第257条。——译者注

《海洋法公约》的成功和挑战

总的来说，《海洋法公约》被视为最成功的国际公约之一，因而被冠以"海洋宪法"之称，这充分说明了《海洋法公约》的重要性。考虑到议题的范围和规模，参与起草《海洋法公约》的国家没有预料到他们可以一次获得成功。迄今为止，大多数国家都尊重和遵守《海洋法公约》，而且《海洋法公约》所规定的大部分程序都在有序进行（Freestone，2013）。

然而回顾过去 30 多年，在起草《海洋法公约》过程中忽视了一些问题，《海洋法公约》制定后也出现了一些问题。弗里斯通（Freestone）（2012）总结了这些问题，包括：

● 《海洋法公约》没有涵盖水下文化遗产议题，后来教科文组织制定的《水下文化遗产保护公约》对其进行了规定。

● 管理以实现最大持续产量（MSY）的概念是《海洋法公约》（第 6 章）中的核心概念，但作为渔业管理工具，其一再遭到置疑。

● 《海洋法公约》没有对海洋科学研究进行明确界定，导致在他国专属经济区内开展研究活动（如水文调查，海洋施肥）的国家间出现分歧和冲突。

● 《海洋法公约》关注国家间的关系，而非人权等与个人相关的问题。

● 起草《海洋法公约》时从未设想气候变化（第 5 章）也会成为议题。

● 虽然《海洋法公约》涉及公海和深海海底区域，但该公约并非是关于国家管辖范围以外地区的综合性协定，因而并不涉及生物勘探和海洋保护区等议题（第 5 章）。

此外，丘吉尔（Churchill）（2012）明确指出，160 多个《海洋法公约》缔约国中至少有三分之一以下列方式违反了《海洋法公约》的一项或多项规定：

● 一些国家建立了与《海洋法公约》导向相反的基线、领海和专属经济区。

● 《海洋法公约》第 94 条规定了悬挂船旗国旗帜船舶的适航性，但并非所有国家都遵守了这一规定。

● 许多国家违反了第 61 条第 2 款规定的在其专属经济区内维持生物资源的义务以及第 117~119 条养护公海生物资源的义务。

● 一些国家未能养护或保全稀有或脆弱的海洋生态系统（第 194 条第 5 款）。

78

制定和监督国际海洋法的国际组织

海牙常设仲裁法院

海牙常设仲裁法院（Permanent Court of Arbitration）（PCA）是根据 1899 年《和平解决国际争端公约》（Convention for the Pacific① Settlement of International Disputes）设立的。海牙常设仲裁法院最初的任务是帮助解决各国间的纠纷，并逐渐发展为向各国、国家实体、政府间组织和私人部门提供争端解决服务。海牙常设仲裁法院位于荷兰海牙，目前有 100 多个成员国。

1910 年英美北大西洋海岸渔业纠纷是海牙常设仲裁法院审理的首个海洋仲裁案。该争端的最关键部分是如何确定海湾的 3 海里领海边界。英国（现加拿大）主张，"海湾"无论大小其边界都是两个海岬之间的连线，因而美国渔民不应在加拿大大部分近岸水域捕鱼。美国反驳称，离入口处不到 6 海里的"海湾"才属于领海范围。海牙常设仲裁法院裁定，入口处两个海岬之间的宽度大于 3 海里的海湾，应根据海岸线的地形界定领海的 3 海里边界。

海牙常设仲裁法院在有关《海洋法公约》的争端解决中扮演了重要角色。《海洋法公约》第十五部分规定了争端解决方案。然而，若一个国家没有明确表示倾向于不同意使用某一特定争端解决方式，则仲裁庭（根据海洋法公约的附件七组建）就成为解决纠纷的默认手段。自 1994 年《海洋法公约》生效以来，解决的大多数争端都涉及海上边界，附件七中所列六项争端解决方案中已有五项由海牙常设仲裁法院进行仲裁，具体如下（www.pca-cpa.org）：

• 孟加拉国与印度（海洋划界），2009 年 10 月启动，目前仍在审理中。

• 爱尔兰与英国 [爱尔兰诉英国在爱尔兰海造成放射性污染的"混合氧化物燃料（MOX）工厂案"]，于 2001 年 11 月启动，并于 2008 年 6 月 6 日作出裁决而终止。

• 圭亚那与苏里南（海洋划界），于 2004 年 2 月启动，并于 2007 年 9 月 17 日形成最后裁决。

• 巴巴多斯与特立尼达和多巴哥（海洋划界），于 2004 年 2 月启动，并于 2006 年 4 月 11 日作出最后裁决。

---

① 应为 Peaceful。——译者注

● 马来西亚与新加坡（新加坡在柔佛海峡的土地开发活动），于 2003 年 7 月提出，并于 2005 年 9 月 1 日作出裁决终止。

国际法院

国际法院（International Court of Justice，ICJ）于 1945 年根据《联合国宪章》成立，并于 1946 年开始运行。国际法院是联合国的六个主要机构之一，总部和常设仲裁法院一样都设在海牙。国际法院由联合国大会和联合国安理会选出的 19 名法官组成，任期为 9 年。国际法院负责解决各国提交的法律争端（称为"诉讼案件"），并就联合国授权机构和专门机构提交的法律问题提供咨询意见（称为"咨询程序"）。国际法院审理的第一个案例是科孚海峡案（Corfu Channel Case），此后裁定了许多海洋纠纷（参见专栏 2.3）。

79

专栏 2.3　国际法院裁定的海洋相关案件

● "领土与海洋争端案"（尼加拉瓜诉哥伦比亚）：尼加拉瓜对加勒比海沿岸的海洋面貌（岛群）主张所有权，并于 2001 年对哥伦比亚提起诉讼。洪都拉斯和哥斯达黎加提交了介入争端的申请，但国际法院未予批准。

● 海洋争端案（秘鲁诉智利）：秘鲁于 2008 年对智利提起诉讼，以划定两国间的海洋边界。

● 南极捕鲸案（澳大利亚诉日本）：澳大利亚于 2010 年启动对日本的诉讼程序，认为日本持续无视《国际捕鲸管制公约》的全球商业捕鲸禁令。

● 黑海划界案（罗马尼亚诉乌克兰）：罗马尼亚于 2004 年开始对乌克兰提起诉讼，以划定两国间的海洋边界。

● 尼加拉瓜和洪都拉斯在加勒比海的领土和海洋争端案（尼加拉瓜诉洪都拉斯）：尼加拉瓜于 1999 年开始对洪都拉斯提起诉讼，以划定两国间的海洋边界。

● 渔业管辖权案（西班牙诉加拿大）：西班牙于 1995 年对加拿大提起诉讼，指控后者在其专属经济区以外的大陆架上扣押了一艘西班牙渔船。西班牙认为，没有任何国际法允许公海上适用国内法并扣押船只。在 1998 年，国际法院裁定其裁决没有对该争端的管辖权。

● 石油平台案（伊朗伊斯兰共和国诉美利坚合众国）：伊朗在 1987 年和 1988 年对美国提出诉讼，指责其违反 1957 年"友好条约"，且破坏伊朗国家石油公司拥有的海上石油和天然气平台。在 2003 年，国际法院对两国主张予以驳回。

专栏2.3　国际法院的海洋相关案件（续）

● 卡塔尔与巴林海洋划界和领土争端（卡塔尔诉巴林）：卡塔尔于1991年对巴林提起诉讼，以解决以下问题：哈瓦尔群岛主权问题，迪巴尔浅滩和哈特贾南岛的主权权利以及两国海域的划界。国际法院裁定：卡塔尔对祖巴拉、贾南岛和迪巴尔低潮高地拥有主权，巴林对哈瓦尔群岛和吉塔拉达岛拥有主权，并为两国进行了海洋划界。

● 几内亚比绍和塞内加尔海洋边界案（几内亚比绍诉塞内加尔）：几内亚比绍于1991年对塞内加尔提起诉讼，以划定两国之间的海上边界。当两国就管理有争议区域达成协议时，国际法院将案件从待判决诉讼事件表中删除。

● 格陵兰岛和扬马延岛的海域划界案（丹麦诉挪威）：丹麦于1988年启动了对挪威的诉讼，以划分两国间的海洋边界。国际法院为位于格陵兰岛和扬马延岛之间的大陆架和渔业区划定了界线。

● 缅因湾海域划界案（加拿大/美国）：1979年，加拿大和美国请求国际法院为缅因湾海域确定一条界线，以划定缅因湾的大陆架和200海里专属经济区。国际法院于1984年公布裁决。

● 大陆架案（突尼斯/阿拉伯利比亚民众国）：1977年，突尼斯和利比亚要求国际法院制定适用于确定其各自大陆架所有权的国际法原则和规范。国际法院于1982年作出裁决，使用"衡平法"原则确立了一条用于划定大陆架的分段界线。

● 爱琴海大陆架权利确认案（希腊诉土耳其）：希腊于1976年对土耳其提起诉讼，以明确两国间的海洋边界。国际法院裁定无权审理该申请。

● 渔业管辖权案（德意志联邦共和国诉冰岛）：冰岛将其渔业管辖权范围从12海里扩大到50海里后，德国于1972年对其提起诉讼。国际法院裁定，冰岛不能单方面将其他国家的渔业权排除在12海里以外水域，但鉴于其对捕鱼的依赖，冰岛对其沿海水域的鱼类享有优先权。

● 渔业管辖权案（大不列颠及北爱尔兰联合王国诉冰岛）：冰岛将其渔业管辖权范围从12海里扩大到50海里，英国对其提起诉讼。国际法院裁定，冰岛不能单方面将其他国家的渔业权排除在12海里以外，但鉴于其对捕鱼的依赖，冰岛对其沿海水域的鱼类享有优先权。

81

专栏 2.3　国际法院的海洋相关案件（续）

●　北海大陆架案（德意志联邦共和国/荷兰以及德意志联邦共和国/丹麦）：德国和荷兰以及德国和丹麦在 1967 年请求国际法院出台适用于解决其大陆架划界问题的国际法规定。1969 年，国际法院同时对两个案件进行了裁定：采用陆地间等距离中间线来划分大陆架海域在习惯法方面是没有依据的，因而要求三国在衡平原则的基础上进行划界。

●　政府间海事协商组织的海上安全委员会组成案：1959 年，政府间海事协商组织大会请求国际法院就政府间海事协商组织海上安全委员会的组成是否符合《政府间海事协商组织公约》发表意见。1961 年，国际法院裁定，由于《政府间海事协商组织公约》要求大会选出注册运输吨位最高的八个国家，但因该问题尚未解决，所以海事安全委员会的组成并不合理。

●　南极洲案（英国诉智利与英国诉阿根廷）：英国于 1955 年对智利和阿根廷发起了关于南极争议领土的诉讼。智利和阿根廷都拒绝由国际法院审理，该案件于 1956 年从国际法院待审诉讼事件表中删除。

●　英挪渔业案（英国诉挪威）：挪威对 10 海里基线外的海域主张专有捕鱼权，英国于 1949 年就此对挪威提起诉讼。国际法院裁定 10 海里基线并非国际法中确定的习惯，挪威的主张没有违反国际法。

●　科孚海峡案（大不列颠及北爱尔兰联合王国诉阿尔巴尼亚）：两艘英国驱逐舰在阿尔巴尼亚领海触发水雷，造成军舰受损，英国对阿尔巴尼亚提起诉讼，要求其赔偿损失。国际法院裁决阿尔巴尼亚 1949 年赔偿 84.3947 万英镑。

来源：www.icj-cij.org/docket/index.php? p1 = 3&p2 = 3

《联合国海洋法公约》下设立和监督国际海洋法的组织

国际海底管理局

国际海底管理局（ISA）是根据《海洋法公约》第十一部分和《关于执行 1982 年 12 月 10 日〈联合国海洋法公约〉第十一部分的协定》设立。该协定和《海洋法公约》第十一部分应共同作为一个法律文件进行解释和适用。

1994 年 11 月 16 日，《海洋法公约》生效，管理局也于当日宣布成立。管理局总部设在牙买加金斯敦，1996 年 6 月开始运行，是联合国系统内一个自治国际组织（www.isa.org）。管理局拥有诸多职权：在其职权范围内协调海洋科学研究（第 143 条）、技术转让（第 144 条）和保护海洋环境和人的生命（第 145~146 条）。

管理局理事会负责执行《海洋法公约》中有关海底的规定，包括分配地理区域勘探和开发权，批准工作计划和制定环境标准。管理局理事会设立了法律和技术委员会，并就申请、技术审查和环境评估向其提供意见。该委员会制定了《“区域”内多金属结核探矿和勘探规章》（Regulations on Prospecting and Exploration for Polymetallic Nodules in the Area）和《“区域”内多金属硫化物及富钴铁锰结壳探矿和勘探规章》（Regulations on Prospecting and Exploration for Polymetallic Sulphides and Cobalt-Rich Ferromanganese Crusts in the Area），对有关深海海床的习惯法内容进行了总结（www.isa.org）。

目前为止，代表 13 个国家的 10 个组织已获准对这些区域进行独家勘探，每个区域的面积多达 15 万平方千米，其中 7 个区域位于北太平洋南部，1 个区域位于印度洋。每个组织都与管理局签订一份为期 15 年的合同（工作计划），8 年后一半使用权面积会交还管理局。

目前尚不确定南大洋矿物资源是由管理局根据《海洋法公约》第十一部分和 1994 年的《关于执行 1982 年 12 月 10 日〈联合国海洋法公约〉第十一部分的协定》进行管理，还是根据《关于环境保护的南极条约议定书》（Protocol on Environmental Protection to the Antarctic Treaty）第 7 条由南极条约协商国进行管理（Vidas，2000）。除科学研究外，该议定书禁止任何与矿物资源有关的活动，因此与 1994 年的协定相冲突。但到目前为止，在南大洋并未发现深海矿物资源，因此这种冲突仍有讨论余地。

国际海洋法法庭

国际海洋法法庭是根据《海洋法公约》附件六设立，以裁决关于《海洋法公约》的争端。法庭由经成员国选举的 21 名法官组成，总部位于德国汉堡，但法庭认为合宜时可在其他地方开庭并执行其使命。法庭法官中不得有 2 人为同一国家的国民，联合国大会所确定的每一地理区域集团应有至少 3 名法官。法庭法官任期为 9 年，并可连选连任。一方当事国没有本国国籍的法官时，有权选派一名法官全权参与该案的审理。《海洋法公约》第十一部分和第十五部分规定了将争端提交国际海洋法法庭的程序。

虽然国际海洋法法庭的裁决为终审判决，但只对争端当事方具有约束力。重

82

要的法庭裁决将在专栏2.4中进行讨论。

83

专栏2.4　国际海洋法法庭裁决

● "塞加号（M/V 'Saiga'）"案（圣文森特和格林纳丁斯诉几内亚——第1号案）：1997年10月28日，因涉嫌参与走私活动，几内亚缉获了在圣文森特和格林纳丁斯注册的油轮"塞加号"。几内亚在几内亚海域进行追捕并在国际水域截获该船。圣文森特和格林纳丁斯于1997年11月13日就此事提起诉讼。几内亚认为，法庭没有对该案的管辖权。法庭（以12：9票的投票结果）裁决几内亚立即释放该船和拘押于几内亚科纳克里（Conakry）的船员。

● "塞加号"案（圣文森特和格林纳丁斯诉几内亚——第2号案）：1997年12月4日法庭命令几内亚释放"塞加号"后，几内亚起诉了该船船长，处1500万美元罚款，没收船舶，并判处6个月徒刑（所有判决已中止）。法庭裁决几内亚不能执行其国内法院的裁决。

● 南方蓝鳍金枪鱼案（新西兰诉日本和澳大利亚诉日本——第3号案和第4号案）：1999年7月30日，澳大利亚和新西兰请求法庭对日本采取临时措施（一项禁令），令其立即停止对南部蓝鳍金枪鱼的实验性捕捞。1999年8月9日，日本向法庭提出请求，拒绝接受任何对其捕鱼计划采取的临时措施。澳大利亚和新西兰请求根据《海洋法公约》附件七启动仲裁程序。法庭于1999年8月27日令三方恢复谈判，就南方蓝鳍金枪鱼的保护和管理措施以及限制捕捞量达成一致。法庭还下令停止实验性捕鱼计划，除非实验性捕鱼量已从总可捕捞量中扣除。

● "卡莫库（Camouco）号"案（巴拿马诉法国——第5号案）：1999年9月28日，在巴拿马注册的船只"卡莫库号"在法国南部和南极区领土的专属经济区捕捞巴塔哥尼亚齿鱼，被法国当局逮捕，并押送至留尼旺。2000年1月17日，巴拿马向法庭请求迅速释放该船及其船长。2000年2月7日，法庭裁决缴纳120万美元的保证金后立即释放该船只及其船员。

● "蒙特·卡夫卡（Monte Confurco）号"案（塞舌尔诉法国——第6号案）：2000年11月8日，在塞舌尔共和国注册的"蒙特·卡夫卡号"在南印度洋克尔格仑群岛（Kerguelen Islands）专属经济区采捕齿鱼时被法国一艘护卫舰逮捕。当地地方法院裁定，该船可在缴纳5640万法国法郎（FF）的保证金后释放。塞舌尔向法庭申请释放船只和船长，并将保证金下调至980万法郎。最终，在缴纳1800万法郎的保证金后，法庭于2000年12月18日下令立即释放该船及其船长。

专栏2.4　国际海洋法法庭裁决（续）

● 关于在太平洋东南部保护和可持续开发旗鱼种群的案件（智利/欧洲共同体——第7号案）：2000年12月20日，智利和欧盟请求法庭裁定欧盟各成员国是否履行了《海洋法公约》规定的保护南太平洋旗鱼义务，以及《海洋法公约》是否允许智利在公海适用其国内旗鱼保护措施。2009年12月17日，当事方已经解决了他们之间的争端，法庭应当事方要求不再继续审理该案件。

● "大王子（Grand Prince）号"案（伯利兹诉法国——第8号案）：2000年12月26日，在伯利兹注册的渔船"大王子号"在南印度洋克尔格仑群岛专属经济区采捕齿鱼时被法国护卫舰逮捕。2001年3月21日，伯利兹向法庭申请释放该船只及其船长，并将保证金下调至206 149欧元。2001年4月20日，法庭裁定，其对该案件没有管辖权，因为无法证明提出申请时伯利兹是船只的船旗国。

● "查西里·瑞芙（Chaisiri Reefer）2号"案（巴拿马诉也门——第9号案）：2001年5月3日，也门逮捕了据称违反也门渔业法律的渔船"查西里·瑞芙2号"。巴拿马请求法庭裁决也门立即释放该船。2001年7月3日，巴拿马和也门就释放该船及其船员达成协议，该案件从法庭案件清单中移除。

● 混合氧化物燃料（MOX）工厂案（爱尔兰诉英国——第10号案）：2001年10月25日，爱尔兰请求法庭裁定其与英国之间关于在爱尔兰海塞拉菲尔德开设混合氧化物燃料（MOX-再加工的已废核燃料）工厂的争端。2001年12月3日，法庭裁定：①其对争议具有管辖权；②无需采取临时措施（禁令），因为工厂到2002年才能运行；③指示双方在信息交换和监测混合氧化物燃料工厂的环境影响方面开展合作。

● "伏尔加号"案（俄罗斯联邦诉澳大利亚——第11号案）：2002年2月7日，澳大利亚军方在南大洋公海上逮捕了渔船"伏尔加号"，据称是因其在澳大利亚专属经济区内非法捕捞巴塔哥尼亚齿鱼。俄罗斯请求法庭裁定澳大利亚释放"伏尔加号"，并将保证金定为50万澳元。2002年12月23日，法庭裁定俄罗斯缴纳192万澳元的保证金后释放"伏尔加号"。

● 关于新加坡在柔佛海峡内及附近进行土地开发的诉讼（马来西亚诉新加坡——第12号案）：2003年9月5日，马来西亚称新加坡的土地开发活动侵犯其领土主权，请求法庭对其采取临时措施。2003年10月8日，因为马来西亚未能证明新加坡的填海活动会造成不可挽回的损害，法庭裁定无需采

85

专栏 2.4 国际海洋法法庭裁决（续）

取临时措施，裁定双方展开合作，共同研究和共享信息，并责令新加坡保证其开发活动不要损害海洋环境或影响马来西亚的权利。

- "朱诺商人（Juno Trader）号"案（圣文森特和格林纳丁斯诉比几内亚比绍——第 13 号案）：2004 年 9 月 26 日，几内亚比绍以渔船"朱诺商人号"涉嫌非法在其国内水域捕鱼为由逮捕了该船。圣文森特和格林纳丁斯请求法庭责令几内亚比绍立即释放该船及其船员。2004 年 12 月 18 日，法庭裁定圣文森特和格林纳丁斯向几内亚比绍交付 30 万欧元保证金后，几内亚比绍立即释放"朱诺商人号"船。

- "宝伸丸（Hoshinmaru）号"案（日本诉俄罗斯联邦——第 14 号案）：2007 年 6 月 1 日，日本渔船"宝伸丸号"因涉嫌在俄罗斯专属经济区违反俄罗斯渔业规定被捕。日本请求法庭判令俄罗斯在法庭认为合理的条款和条件下释放该船。2007 年 8 月 7 日，法庭判令日本缴纳 1 千万卢布保证金后，俄罗斯释放该船。

- "富丸（Tomimaru）号"案（日本诉俄罗斯联邦——第 15 号案）：2006 年 10 月 31 日，日本渔船"富丸号"因涉嫌在俄罗斯专属经济区违反俄罗斯渔业规定被捕。日本请求法庭判令俄罗斯在法庭认为合理的条款和条件下释放该船只。2007 年 8 月 7 日，法庭裁定，由于俄罗斯法院裁定没收该船，此案已经失去了诉讼标的物（成为了一项毫无意义的诉讼请求）。法庭指出，没收船只可能会破坏沿海国和船旗国之间的平衡。

- 孟加拉国与缅甸孟加拉湾海洋划界案（孟加拉国/缅甸——第 16 号案）：孟加拉国与缅甸是最早一批向国际海洋法法庭提交海洋边界争端的国家。国际海洋法法庭于 2012 年公布结果，裁定《海洋法公约》第 15 条规定了该争议的边界划分方法，并称根据相关情况调整后的等距线是该案领海划界的指导原则。

- 国家有责任和义务支持个人和实体在"区域"内活动（请求海底争端分庭发表咨询意见——第 17 号案）。

- "路易莎（M/V Louisa）号"案（圣文森特和格林纳丁斯诉西班牙王国——第 18 号案）：2006 年 2 月 1 日，西班牙逮捕了在圣文森特和格林纳丁斯注册的船舶"路易莎号"，称其违反了西班牙的国内海洋环境法律，因为其对加斯湾海床进行声呐和铯磁测量，这些会支持石油和天然气勘探活动。圣

专栏 2.4 国际海洋法法庭裁决（续）

文森特和格林纳丁斯请求法庭裁令西班牙按照临时措施释放该船。2010 年 12 月 23 日，法庭裁定双方的权利没有面临实质的和迫在眉睫的风险，且西班牙保证该船在西班牙羁押期间只是接受环境影响监测。

• "弗吉尼亚 G（M/V 'Virginia G'）号"案（巴拿马/几内亚比绍——第 19 号案）：2009 年 8 月 21 日，几内亚当局逮捕了在几内亚比绍专属经济区内给渔船加油的"弗吉尼亚 G 号"油轮。这艘油轮在几内亚拘押了 14 个月后释放，但巴拿马声称该船在扣押期间受损，并向法庭申请赔偿。

来源：www. un. org/depts/los/convention_ agreements/texts/unclos/annex6. htm

此外，国际海洋法法庭还负责下述讨论的其他一些分庭。

海底争端分庭 海底争端分庭根据《海洋法公约》附件六第四节第 35 条设立，并受《海洋法公约》第十一部分第五节和第十五部分约束。海底争端分庭在国际海底区域（即区域）内有管辖权，由法庭每三年选定的 11 名法官组成。区域内的任何矿产争端都必须由分庭解决，各方不得选择其他类型的法院或法庭。分庭对如下争端拥有管辖权（《海洋法公约》第十一部分第五节第 187 条）：

• 缔约国之间关于本部分及其有关附件的解释或适用的争端。

• 缔约国与管理局之间关于管理局职能和行为的争端。

• 合同当事各方对合同的解释或在区域内活动的各方间冲突。

• 国家资助的承包商和管理局的争端。

• 当事方和管理局在行使管理局权力和职能时因错误行为而引起的任何损害。

关于非合同事项，争议的当事各国可以向海底争端分庭召集的三人特设分庭或者国际海洋法法庭特别分庭提交案件。对于合同事项，包括工作计划、技术转让和财务等事项的争议，缔约方可提交具有约束力的商业仲裁。

迄今为止，分庭已对一起重大案件作出裁决。2008 年，管理局收到瑙鲁海洋资源公司（Nauru Ocean Resources Inc.）（由瑙鲁共和国担保）和汤加海上采矿有限公司（Tonga Offshore Mining Ltd）（由汤加王国担保）提交的申请，请求批准一项深海海底矿产勘探工作计划。2010 年，瑙鲁请求管理局就"国际水域海底采矿"担保国所负责任和义务的若干具体问题征求了国际海洋法法庭海底

86

争端分庭的咨询意见。瑙鲁和汤加都担忧，进行区域采矿担保时可能承担的责任和义务可能大大高出国家的国内生产总值（GDP），致使发展中国家无法参与海底采矿活动。

2011年，分庭发表了一份咨询意见（国际海洋法法庭第17号案），题为《支持个人和实体在"区域"内活动的国家的责任和义务》。咨询意见指出，如担保国在其国内制定确保被担保实体履行其义务的法律、法规和管理措施，就可免责于所担保的承包商所造成的损害（Plakokefalos，2012）。

简易程序分庭 法庭每年应设立以其选任法官五人组成的简易程序分庭，以迅速处理事务，而不需要履行大量的手续或程序。

渔业争端分庭 渔业争端分庭于1997年设立，由9名法官组成，根据《国际海洋法法庭规约》第15条（特别分庭）设立，旨在解决有关海洋生物资源保护和管理的争端。

海洋环境争端分庭 海洋环境争端分庭于1997年成立，由7名法官组成，根据《国际海洋法法庭规约》第15条（特别分庭）设立，旨在解决有关海洋环境保护的争端。

海洋划界争端分庭 海洋划界争端分庭于2007年成立，由11名成员法官根据《国际海洋法法庭规约》第15条（特别分庭）设立。

特别分庭 《国际海洋法法庭规约》第15条第2款规定可设立特别分庭。2000年，为处理"关于在太平洋东南部保护和可持续开发旗鱼种群的案件（智利/欧洲共同体）"首次组建了一个特别分庭。2007年成立了解决海洋划界争端的特别分庭。

大陆架界限委员会 大陆架界限委员会（"委员会"）是根据《海洋法公约》第76条规定并依《海洋法公约》附件二设立，负责为沿海国提供建议，协助沿海国撰写将大陆架外部界限扩展到200海里以外的申请，并提交委员会审查（第3条）。该委员会由21名具有海洋测绘/地质背景的委员组成，由《海洋法公约》缔约国选出，任期5年，可连选连任（第2条）。各缔约国应在批准《海洋法公约》10年内提交支持其大陆架界限的证据（第4条）。

本章总结

- 在人类大部分历史中，海洋作为"无主财产"来管理。
- 国际法是各国如何在国家层面上行事的框架。
- 国际法的目的是在各国间建立可接受的惯例实践或行为规范，以便国际交往有法可依且可预测国际互动。

- 国际法是通过国家间协议、惯例、一般法律原则和司法判决等形式而制定的。
- 国内法和国际法的主要区别在于：制定主体（立法机构与国家）、适用对象（个人与国家）、解释主体（法官/司法机构与国家）、国际体系几乎没有制裁条款以及法院（国际法中几乎没有相关规定）。
- 《海洋法公约》是管理国家间行为的主要法律协议。
- 《海洋法公约》界定了国家对其领土相邻海域的权利，将部分海洋界定为"人类的共有遗产"，并要求各国保护海洋并满足其他国家的需要。
- 《海洋法公约》设立了国际海底管理局和国际海洋法法庭。

参考文献

Anand, R.P. (1983) *Origin and Development of the Law of the Sea*, Martinus Nijhoff, The Hague.

Bezpalko, I. (2004) 'The deep seabed: Customary law codified', *Natural Resources Journal*, 44, 867–887.

Bowen, R.E. (1986) 'The land-locked and geographically disadvantaged states and the law of the sea', *Political Geography Quarterly*, 5(1), 63–69.

Boyle, A. (1999) 'Some reflections on the relationship of treaties and soft law', *International and Comparative Law Quarterly*, 48, 901–913.

Brown, E.D. (1994) *The International Law of the Sea*, 1–2, Dartmouth, Aldershot.

CEPAL (United Nations Economic Commission for Latin America and the Caribbean) (2004) *Major Issues in the Management of Enclosed or Semi-enclosed Seas, with Particular Reference to the Caribbean Sea*, LC/CAR/L.24, www.eclac.cl/publicaciones/xml/1/20811/L0024.pdf, accessed 13 February 2013.

Cho, D. (2010) 'Limitations of 1992 CLC/FC and enactment of the special law on M/V Hebei Spiritincident in Korea', *Marine Policy*, 34(3), 447–452.

Churchill, R. (2012) 'The persisting problem of non-compliance with the Law of the Sea Convention: Disorder in the oceans', *The International Journal of Marine and Coastal Law*, 27, 813–820.

Coquia, J.R. (1983) 'Development of the archipelagic doctrine as a recognized principle of international law', *Philippine Law Journal*, 58, 143–171.

De Mestral, A. and Fox-Decent, E. (2008) 'Rethinking the relationship between international and domestic law', *McGill Law Journal*, 53, 573–648.

EIA (Energy Information Adminstration) (2012) World Oil Transit Chokepoints, US Energy Information Administration, www.eia.gov/countries/regions-topics.cfm? fips = WOTC # hormuz, accessed 14 January 2013.

Freestone, D. (2012) 'The law of the sea convention at 30: Successes, challenges and new agendas', *The In-

88

ternational Journal of Marine and Coastal Law, 27, 675-682.

Freestone, D. (ed.) (2013) *The 1982 Law of the Sea Convention at 30: Successes, Challenges and New Agendas*, Martinus Nijhoff, The Hague.

Grotius, H. (1633) *Freedom of the Seas or the Right which Belongs to the Dutch to Take Part in the East Indian Trade*, Oxford University Press, New York.

Hattendorf, J.B. (2007) *The Oxford Encyclopedia of Maritime History*, Oxford University Press, Oxford.

Higgins, R (2005) *Problems and Process: International Law and How We Use It*, Oxford University Press, Oxford.

ICJ (International Court of Justice) (1949) *Corfu Channel Case (United Kingdom of Great Britain and Northern Ireland v. Albania)*, ICJ Reports, www.icj-cij.org/docket/index.php? p1 = 3&p2 = 3&k = cd&case = 1&code = cc&p3 = 4, accessed 13 February 2013.

ICJ (1951) *Fisheries Case (United Kingdom v Norway)*, ICJ Reports, www.icj-cij.org/docket/index.php? p1 = 3&p2 = 3&code = ukn&case = 5&k = a6&p3 = 0, accessed 13 February 2013.

IDI (Institut de Droit International) (1891) 'Règlement international des prises maritimes', ANNU-AIRE Hamburg Session, 1891, 11, 37, www.idi-iil.org/idiF/resolutionsF/1882_turin_01_fr.pdf, accessed 10 February 2013.

International Tribunal for the Law of the Sea (2011) 'Case no. 17', www.itlos.org/fileadmin/itlos/documents/cases/case_no_17/adv_op_010211.pdf.

Juda, L. (2002) 'Rio plus ten: The evolution of international marine fisheries governance', *Ocean Development & International Law*, 33(2), 109-144.

Law Society of New South Wales (2010) *The Practitioners Guide to International Law*, www.lawsociety.com.au/idc/groups/public/documents/internetyounglawyers/065481.pdf, accessed 19 February 2013.

League of Nations (1930) *Convention on Certain Questions Relating to the Conflict of Nationality Law*, Treaty Series, 179(4137), 89.

LeGresley, E. (1993) *The Law of the Sea Convention*, publications.gc.ca/Collection-R/LoPBdP/BP/bp322-e.htm, accessed 14 February 2013.

Malanczuk, P (1997) *Akehurst's Modern Introduction to International Law*, Routledge, Oxford.

Marean, C. W., Bar-Matthews, M., Bernatchez, J., Fisher, E., Goldberg, P., Herries, A. I., Jacobs, Z., Jerardino, A., Karkanas, P., Minichillo, T., Nilssen, P. J., Thompson, E., Watts, I. and Williams, H. M. (2007) 'Early human use of marine resources and pigment in South Africa during the Middle Pleistocene', *Nature*, 449(7164), 793-794.

McDorman, T.L. (2008) *Salt Water Neighbors: International Ocean Law Relations Between the United States and Canada*, Oxford University Press, New York.

Plakokefalos, I. (2012) 'Seabed disputes chamber of the international tribunal for the law of the sea: Responsibilities and obligations of states sponsoring persons and entities with respect to *Journal of Environmental Law*, 24(1), 133-143.

Rothwell, D.R. and Stephens, T. (2010) *The International Law of the Sea*, Hart Publishing, Oxford, Oregon.

Selden,J.(1635) *Mare Clausum, Seu, de Dominio Maris Libri Duo: Primo, Mare, Ex Iure Naturae, Seu Gentium, Omnium Hominum Non Esse Commune, sed Dominii*, Proquest, Ann Arbor, MI.

Tanaka,Y.(2012) *The International Law of the Sea*, Cambridge University Press, Cambridge.

Tetley,W.(2000) 'Uniformity of international private maritime law — the pros, cons and alternatives to international conventions — how to adopt an international convention', *Tulane Maritime Law Journal*, 24, 775-856.

United Nations(1982) *United Nations Convention on the Law of the Sea of 10 December* 1982, http://www.un.org/depts/los/convention_agreements/texts/unclos/UNCLOS-TOC.htm, accessed 14 February 2013.

United Nations (2004) United Nations, *Committee for Development Policy Report on the sixth session (29 March-2 April 2004)*, Economic and Social Council Official Records, Supplement No.13, www.un.org/special-rep/ohrlls/ldc/E-2004-33.pdf, accessed 10 February 2013.

United Nations(2005a) *Vienna Convention on the Law of Treaties* 1969, United Nations, Treaty Series, 1155, 331, untreaty. un. org/ilc/texts/instruments/english/conventions/1 _ 1 _ 1969. pdf, accessed 14 February 2013.

United Nations(2005b) *Convention on the Territorial Sea and the Contiguous Zone*, Treaty Series, 516, 205, untreaty. un. org/ilc/texts/instruments/english/conventions/8 _ 1 _ 1958 _ territorial _ sea. pdf, accessed 13 February 2013.

United Nations(2005c) *Convention on the Continental Shelf*, Treaty Series, 499, 311, untreaty. un. org/ilc/texts/instruments/english/conventions/8_1_1958_continental_shelf.pdf, accessed 13 February 2013.

United Nations(2005d) *Convention on the High Seas*, Treaty Series, 450, 11 and 82, untreaty. un. org/ilc/texts/instruments/english/conventions/8_1_1958_high_seas.pdf, accessed 13February 2013.

United Nations(2005e) *Convention on Fishing and Conservation of the Living Resources of the High Seas*, Treaty Series, 559, 285, untreaty.un.org/ilc/texts/instruments/english/conventions/8_1_1958_ fish-ing. pdf, accessed 13 February 2013.

United Nations(2010) *Official Development Statistics for Small Island Developing States*, www.unohrlls.org/UserFiles/File/Elle% 20Wang% 20Uploads/ODA% 20for% 20Sids% 2006 - 08. pdf, accessed 11 February 2013.

United Nations(2012) *Least Developed Countries(LDCs) Fact sheet*, www.unohrlls.org/UserFiles/File/UN_LDC_Factsheet_053112.pdf, accessed 10 February 2013.

Vasciannie S.C.(1990) *Land-Locked and Geographically Disadvantaged States in the International Law of the Sea*, Oxford University Press, New York.

Vidas,D.(2000) 'Emerging law of the sea issues in the Antarctic maritime area: A heritage for the new century?' *Ocean Development and International Law*, 31(1-2), 197-222.

Watson,A.(2009) *The Digest of Justinian*, Volume 1, University of Pennsylvania Press, Philadelphia, Pennsylvania.

3 政策简介:
海洋法律手段和政策手段

引言

"法律"在国内或国家层面被广泛认为是社会必须遵循的标准、原则和程序,并通过司法系统加以管理。"国际法"的定义不太精确,但被广泛认为是由各国可接受的做法或行为规范编纂成文。

目前,对于"政策"一词,尚无公认定义。但广义来讲,"政策"可定义为影响和决定决策、行动和其他事项的计划或行动方案。"政策"一词来源于希腊语"polis",意为"城市",可见政策类似于"公民身份(或义务)",或者以某种方式属于一个群体。在早期希腊,"*nomos*"与"法律"一词相近。然而,这个概念比当今对法律的定义还要广泛,包括惯例、原则,还要使"*nomos*"被政治组织(公民及其政府)理解,从而使法律得到理解。柏拉图是"政策"这一概念的先驱,并提出认为政策是公民理解制定法律的理据,有助于其理解法律。

一人或多人参与共同活动,或参加某个独特群体或文化,凡此种种情况,均可制定政策。学校、教堂、运动俱乐部、产业界、志愿者团体和政府都能制定政策。

无论是政府组织或非政府组织,每天都会做无数决策,大部分决策(如是否颁发建筑许可证)是符合政策的事务决策,而非政策决策。因此,政策是制定战略方向、意图和目标的方式,用以解决复杂和有争议的问题。有研究指出,需要制定出台政策的问题具有以下特点(Patton and Sawicki, 1993):

- 问题定义不清。
- 执行前,通常不能明确判断解决方案是否正确。
- 解决方案可能无法达到预期的结果。
- 最佳解决方案不能实现最低成本,且差强人意。
- 解决方法的适当性往往难以用"公共物品(public goods)"来衡量。

- 解决方案的公正性无法客观衡量。

在社会经济体系中，政策措施通过改变经济主体的行为发挥作用。这些主体可能是生产者、消费者或服务提供者。一般而言，公共政策旨在改变社会经济事件和自然事件的进程（改编自 FAO，2009）：

- 直接提供货物、服务或购买力（如提供公共或优质货物，渡轮服务、管理泥沙沉积和海岸线，资助海运业的发展）。 91

- 促进/鼓励/支持（如鼓励采用可改进渔具的新技术，促进出口海产品，支持渔业的可持续发展）。

- 强加/强制执行（如船舶污染，船舶安全）。

- 保留/保存（如恢复沿海栖息地，保护珊瑚礁）。

- 预防（如外来入侵物种的扩散）。

- 阻止（如减少海洋垃圾）。

针对政府行为的政策叫作"公共政策"（public policy）。公共政策是由政府制定或倡议，表明政府的意图，表现为法律、法规、决定和政府行为。公共政策由公共主体和个人主体来解释和实施（Birkland，2011）。

关于公共政策的范围存有一些争议。某些法律制定者认同公共政策是所有政府活动的总和，而另一些人则认为公共政策是政府行为及政府做出这些行为的动机。最近关于公共政策的讨论倾向于下述定义，认为公共政策通常指的是预期的变化或实施的早期阶段，而不是已有的变化。从这一定义来看，公共政策是一种"意图声明"，在本质上不同于可操作的协议或程序。

公共政策可进一步细分为不同类型。为达到特定目的，"监管政策"（Regulatory policies）规定了具体行为或受限制行为的类型。监管政策通常与执法、商业规章（如商业惯例）、控制公共物品（如空气和水）的获取以及健康和安全（如工作场所安全和药物审批）相关。监管政策通常具有法律效力，对受监管对象几乎无益。

"分配或再分配政策"（Distributive or redistributive policies）为某些人分配利益和好处，以解决一个或多个公共问题。这些福利的成本由适用该政策辖区的所有成员共同分摊。分配政策应用广泛，特别受民主社会政治家的青睐。因此，分配政策是一个可以提高政治家连任机会的工具［"猪肉桶"（porkbarrel）政治］，也可能导致政府陷入赤字，为新的政策举措筹措资金（Stein and Bickers，1995）。分配政策包括：增加教育经费、补贴农业、支持科研，收集和传播信息或建设基础设施项目。

再分配政策对社会的部分群体征税，以给另一部分群体带来福利。再分配政策通常以社会计划的形式，通常用于将资源从富人转移到穷人，包括：稳定的收入（如失业救济和退休金）、福利、医疗卫生、住房和收入分配。但是，一些政府也利用再分配政策，支持旨在减少财富从富裕阶层流向贫困阶层的政策［如"涓滴经济学"（trickle down economics）］。为减少全球化对欧洲国民的影响，欧盟制定了一些国家间再分配计划，包括：欧洲社会基金（European Social Fund）、欧洲农业指导和保证基金（European Agricultural Guidance and Guarantee Fund）和欧洲区域发展基金（European Regional Development Funds）。目前，这些计划占欧盟30%以上的预算（Burgoon，2010）。

因总收入和总支出不变，所以再分配政策是一种"收入折中"（revenue neutral），这产生了一个赢家和输家的动态变化，因此再分配政策可能有强烈的政治色彩，且极易引起纷争。

"制宪政策"（Constituent policies）使公众受益或为政府服务。制宪政策可以建立政府架构，记录政府行为规则（包括：财务和人事管理），并加强政府组织的角色和责任。政府新职能（如20世纪70年代的环境监管机构）的建立或政府做法的变化（如采用新的会计做法）是制宪政策的典型代表。

"象征性政策"（Symbolic policies）（有时称为伪政策）既不会给任何特定的群体带来经济利益，也不会带来成本，但会凝聚集体的价值观、信仰和信念。典型的象征性政策包括：禁止武装冲突，禁止焚烧国旗，甚至为迫使不愿减少温室气体排放的国家妥协而与他国签署的国际公约（Böhringer and Vogt，2003）。

法律与公共政策的关系

法律与公共政策之间的关系介于"几乎无联系"（如刑法和预防犯罪计划都可处理犯罪问题，但彼此间无联系）和"彼此联系不可分割"（如金融法律与金融政策相互重合）。如果把公共政策定义为政府的行为，那么政策可推动法律的制定。反之，法律可推动政策的制定和实施。

但是，法律与政策之间有明确的界限：法律与政策都是由政府制定的，法律问题的陈述与分析须遵循法律制度的流程与程序。根据法律制度的类型，法律问题的评估完全基于成文法、过去的先例，或综合二者进行。法律评估关注的是一项行动的合法性，除处罚阶段外，概不考虑情有可原的情况、伦理和道德因素以及广义上的社会利益。相反，政策关注的是行动的有效性，并采用行政管理原则进行评估。政策事项需权衡公民和利益相关者的投入、科学、社会利益、价值体系以及公民的可接受性。

法律和公共政策之间的其他主要区别在于，公共政策的制定要让利益相关方及没有法律专业背景的人理解，并易于向其传播。公共政策的制定和实施比大多数法律快得多。当今社会，技术可能迅速导致不可预见的困境，如生物伦理问题、个人隐私问题和传染病。政府可利用政策方法迅速解决新出现的问题，如果非要用法律手段来解决，很可能被制定新法的复杂程序所耽误。最后，政策可用于检验新想法新观点，从而确定新想法新观点是否应该适时纳入法律。

制定海洋政策的必要性

因海洋的独特结构和功能，其管理方式必然与陆地环境不同（参见第 1 章）。为有效探讨各种海洋管理法律和政策手段的功效，必须考虑海洋的以下独有特征：

公共财产

93

正如第 2 章所述，大部分海洋环境是共同财产资源（可开放获取），因此就其本身而言，可以被所有人免费获取和使用（Hardin，1968）。以往在管理公共财产资源（如空气和水污染）方面的经验反复证明，当无人拥有这些资源时（没有消费权），资源就会管理不善（退化、消耗）。由于"淘金热"行为，以及资本过剩和成本过高导致的低利润，海洋资源遭到无节制的开发，导致资源的迅速枯竭。低利润又会造成工作条件危险和产品质量低劣（Deacon，2009）。

绝大多数关于开放获取风险的讨论，均与渔场的迅速枯竭相关。之所以会导致资源枯竭，是因为缺乏鼓励渔民考虑鱼类资源长期可持续性利用的经济激励措施。然而，包括运输、能源开发和采矿等在内的其他海洋产业，也没有虑及将环境危害降至最低、将长期机遇增至最高。

无法估价的正外部性

海洋环境为人类提供了诸多社会和环境利益。这些公共利益被称为"生态产品和服务"，是支持社会经济活动的必备资源，已受到了广泛的重视，但对其仍无法估价（也就是没有直接的经济价值）。正外部性包括：生物多样性和生态价值（如养分循环）、美学和娱乐设施、健康、文化衍生品以及水和空气质量。

海洋环境提供许多重要服务，但通常却被认为不具有经济价值：海洋吸收来自陆地和淡水中的人类废弃物，并通过吸收大气中的二氧化碳来缓解气候变化的影响。另外，海洋含有不可估量的原料，可以提供新的食物、纤维、药物和技术资源。因此在目前和未来，人类会对陆地和海洋环境产生负面影响。保护海洋环境举措的有效运行，是抵抗这些负面影响的"保险"。同时，前瞻性的海洋政策可将无法估价的正外部性转化为社会和环境利益。例如，可对退役船舶和海上平台进行战略性处置，人造珊瑚礁来造福鱼群，并为渔业或旅游业创造机会。

污染和其他负外部性

海洋资源的价值和生产力也可能面临以下威胁：污染、海洋变暖和酸化（由于气候变化引起）、栖息地丧失、外来物种入侵等，其会产生无法在市场活动中反映出来的成本。正如在拥有正外部性时，市场结构可能会低估资源（因为未体现出使所有人受益），在拥有负外部性时也会导致市场高估某种商品或活动的价值（从而导致过量生产）（Davis and Gartside，2001）。

94 海洋政策的特点

国家沿海水域（领海和专属经济区）内的公共政策和法律之间的关系，类似于国家主权领土内政策和法律之间的关系。主要区别在于，相较于国家领海，国际法对国家沿海水域的管辖范围更广，具体实例包括：领海无害通过权和满足其他国家需要（如捕鱼权和进行研究）的要求。

对于国家管辖范围以外的地区，公共政策和法律的关系迥然相异。根据国际公约和协定，公海和深海海底作为公地进行管理。因此，关于国家管辖范围以外的地区的国际法基本上是自愿的，在司法系统之外运作（有争议的情况除外），不具有惩罚性（参见第 2 章）。因此，公海法律制度与通常被广泛接受的国内政策有许多相似之处。

国家管辖范围以外的地区受象征性和规制（自愿）性政策综合体管辖。尽管国家管辖范围以外的地区的规制政策具有自愿性质，似乎表明这些政策可能不如国内规章有效，但事实并非如此。国家管辖范围以外的地区协议的自愿性质，催生了一些最具创新性和合作性的公约。尽管污染和倾倒废物类公约等许多公约的合规遵守率超过了类似的国内法，但是环境保护类公约等其他公约本质就只是一些期望，因此本身只是象征性政策。

　　鉴于国际组织的预算有限、几乎没有税收权力，分配和再分配政策仅限于呼吁那些具有较大象征意义的国家，以确保通行权，保障发展中国家捕鱼权利，并限制污染。随着海洋治理的不断完善，制宪政策也常被用于建立和完善治理机制。

海洋政策工具简介

　　目前，没有一个类似于民族国家的单一权威机构来制定关于世界海洋水体和海底活动的总体规则。如前述章节所述，政府对海洋资源的法律权力包括从近岸主权到海上区域"经济"权利下的各种权利。海洋管理的主要目的是维持经济、文化和环境生产力的长期持续发展。这样说虽有些过于简略，但其目的正是如此，这正是可持续性的本质。只能通过纠正效率低下的消费和负外部性政策来实现。因此根据具体情况，众多类型的政策——就是"政策工具"应运而生。

　　政策工具通常大致分为监管型（regulatory）（法律）、经济型（economic）（基于市场）或信息型（informational）（劝说）三类。一些著述将合作型（co-operative）（自愿）工具归纳为第四类。政策工具通常归类为"软硬兼施或说教"，随着时间的推移而演变。"第一代"工具解决了需要政府干预的当务之急（如社会衰败、公地悲剧）。"第二代"工具通过市场来纠正人类行为，限制外部性，或者在政府监管失败的情况下实施。"第三代"工具是"劝说"，是受监管方为了自己的最大利益而制定的自律性规定（表 3.1）。

表 3.1　政策工具的类型　　95

监管型工具	经济型工具	合作型工具	信息型工具
命令与控制	环境税/收费	自愿协议信息	环境
基于绩效	可交易许可证	圆桌会议	教育
基于过程	补贴	调解	意识（例如生态标签）
共同监管	财政资助	认证	

高 ◄──────────────────────────► 低
国家干预程度

来源：改编自 Böcher（2012）

这些政策手段并不相互排斥。例如，对政策受影响方来说，标准和税收之间的差异可能并不明显（Bemelmans-Videc et al.，1998）。世界银行（1997，表3.2）提出了四类环境政策：利用市场、创造市场、监管或信息工具（包括公众参与）。这里所介绍的方法强调个别情况的重要性。表3.3列出了对海洋环境适用政策手段的一些例子。

表3.2　政策工具的分类

监管	利用市场	创造市场	信息型工具
标准	责任	财产权	信息推送
禁令	补贴减免	许可证交易和权利	研究
许可证和配额	环境费/税		教育和公众外展服务
分区/计划		国际补偿体系	
	用户收费		透明度机制
	押金制度		产品认证
	有针对性的补贴		绩效评估
	保险		协作治理
	拨款和贷款		直接介入

来源：改编自 World Bank（1997）

监管工具

监管的目标是多方面的。此工具是为了尽量减少对自然资源的破坏，确保公平获取有价值的资源，并监测这些资源的使用情况，以及鼓励或限制某些行为以维持竞争并产生积极的社会成果。换言之，监管将理性的个人行为与更广泛的社会利益相平衡，以维护"公地"的经济和环境完整性。

尽管监管广义上是指管理活动的过程，但监管作为法律框架确立了许可或禁止特定活动的法定义务。能够规制可控风险，并减少危害。如国内法可能允许设定污染限制。然后，规章制定具体限制条件，并规定如何满足这些限制条件（如科技类型）。因此，在国内法层面监管工具属于一种传统的政策形式。国家（或次国家政府）作为受托人，控制环境资源的获取和使用。规范可包括标准、禁令、许可证或配额，还可（通过分区）限制活动的时间或空间范围。

96

表 3.3 海洋管理政策工具示例

政策工具	海洋应用示例
直接规定	设立海洋公园
	废水处理
	建立航道
详细规制	空间分区和规划
	捕捞业规制（按日期、设备、地点）
	禁止贸易以保护生物多样性（例如：海马）
	禁止倾倒
	低硫燃料标准
灵活规制	水质排放标准
	船舶压载水处理
可转让配额或权利	个体可转让捕捞配额
	排放许可证
税收、费用或收费	捕捞许可证
	公园费用
	工业污染费
补贴和补贴减少	渔业
押金返还制度	危险废物管理
建立财产权	私人所有的海洋公园
	专属捕鱼权
共同财产资源	基于社区的管理
法律机制、责任	石油、天然气运输、开采及危险废物管理的责任契约
自愿协议	海洋生态旅游经营者标准
	共享跨界鱼群
信息推送、标签	海洋管理委员会可持续性认证
国际条约	国际海洋法条约

来源：改编自 Sterner and Coria（2012）

　　国际法中也使用监管。有关污染物、温室气体、海洋倾倒和濒危物种的国际公约是以规制方法为基础制定的。因预测准确且行之有效，这些监管方法很常用。另外，监管者和被监管者都明确自己的义务范围。因为船舶、飞机和平台等点源排放都是已知的，都可被监测，因此监管在国家管辖范围以外地区和各国的专属经济区水域特别有效（参见专栏 3.1）。但是，监管手段在领海则不 太有效。这些地区的非点源污染（即包括陆源在内的多种来源）严重，难以寻找排放的具体肇事者。

专栏 3.1 监管渔业丢弃物

丢弃的非目标捕获物（副渔获物）称为丢弃物。目前，全球大约有 8% 的渔获物被丢弃，总计约 700 万吨，其中一半为虾和底拖网渔获。尽管大多数丢弃物回到大海后会死亡或无法继续生存，但某些类型的丢弃物（如海洋哺乳动物、海龟）回到大海后，存有生存的可能性。丢弃物导致经济低效率以及生态系统受到影响。因此，这是一个重要的渔业管理问题，可通过更好的监管政策加以改善。产生丢弃物的因素有很多，包括：

- 生物学上（空间和时间上一致的鱼群，大小和栖息地方面相似）；
- 技术上（渔具无法区分物种）；
- 行为上（便于捕捞副渔获物的习惯或做法）；
- 经济上（无力或不愿意采用有选择性的渔具）；
- 体制上（缺乏禁止副渔获物的规定）。

监管渔业丢弃物的主要方法是通过以下类型的监管工具实现：

- 输入端控制：
  - —强制适用选择性渔具以避免副渔获物；
  - —空间和临时性渔业关闭；
  - —限制船舶的数量和大小；
  - —副渔获物规则。
- 输出端控制：
  - —对副渔获物的比例和总量设限；
  - —强制登临，以完善副渔获物信息，激励渔民和加工者利用副渔获物。
- 监测和报告：
  - —捕捉日志记录和控制；
  - —上岸报告和控制；
  - —海上检查；
  - —监测渔场。

非监管工具包括如激励采用某些渔具的经济举措，可转让配额集中于装备精但数量少的船舶上，通过教育改变渔民和消费者行为。

来源：改编自 Johnsen and Eliasen (2011)

虽然所有的监管方法本质上都是强制性的，但可以采取多种形式实施： 　

• 强制性或命令控制性监管设定一个详细可测量的活动水平（如最高污染限度），"控制性规定"明确实现该活动水平的方式（如技术）。命令控制方法源于工程政策，20世纪70年代初通过《清洁空气法》（Clean Air Act）和《净水法案》（Clean Water Act）在美国首先得到广泛应用。

• 绩效监管具体规定了目标成果（"产出标准"），而不是取得目标成果的手段。因起草目标/结果类规定相对容易，所以绩效监管对监管者有利，对被监管者而言也有一项重要好处：能够选择最有效的流程和技术来满足监管要求。不利的一面是绩效监管也面临困难，其中包括监管机构验证合规遵守的额外成本；另外，如果预期效果不明显，绩效监管可能难以进行。大多数使用绩效监管的国家都采用了"安全港"（"视为遵守"）规定，以限制责任并鼓励被监管者尝试创新做法（OECD，2002）。

• 流程监管是一种以激励为主的方法，要求受监管者制定流程以减少风险。该方法的前提是，企业具有一定的逃避监管经济诱因，因而会制定出较低成本的风险降低解决方案，其成本低于命令控制或绩效监管。流程监管在海洋领域最常见的应用是管理海产品安全。澳大利亚、加拿大和美国允许海产品生产者/加工者制订管理计划，以发现和解决生产周期中关键点的风险。

• 共同监管是监管者和受监管者之间的一种合作关系，把识别和减轻风险的责任转移给受监管者。在这种模式下，由行业或行业协会而不是国家或国际组织共同制定行为守则。对监管者而言，共同监管有利于降低成本（如监督、执行）、自愿参与和较高合规遵守度。对受监管者而言，共同监管有利于降低传统监管的成本，促进全行业的合规遵守，并向消费者展示其责任感。然而，共同监管面临一个难题：行业自我监管可能导致反竞争行为，如将新进入者排除在行业之外（OECD，2002）。

规章通过处罚、罚款、责任规则和履约保证等法律工具来实施，其关注违反条件准入或滥用的处罚性后果。监管或其他市场手段必须以某种威胁为支持：如遇不合规，一般采取金融惩罚，对违法行为处以罚款，以抵消不守法所带来的好处。虽然定罪量刑时可适用从罚款到监禁的一系列处罚，但在实践中很少适用法定最高刑。因此，违规者经常会评估被捕风险，并将潜在罚款作为一项经营成本来计算。

但是，如果犯罪情节严重（如影响公共安全），且罚款或其他制裁措施过轻，则违法者可能受到刑法处罚。损害赔偿责任和索赔者的相关风险也会影响

99　环境责任。若因疏忽或缺乏有效预警措施而造成损害，需承担部分责任，而在无论已采取何种预警措施受害方都有权获得赔偿的情况下，需承担全部责任。虽然这两种责任形式都应能推动必要的环境预警措施，但受害人往往会因诉讼费而放弃索赔，部分责任后果也会减少公司的预警措施。例如，环境绩效报告认定产品或行为可能有害，无罪辩护就不成立。

当事方之一能最好地采取预警措施时（以及大量第三方受害者使当事方之间很难或不可能讨价还价时），则应适用严格责任或全部责任①（专栏3.2）。严格责任赋予索赔人更多的权利，但广受批评，因其对法院系统的需求不断上升，且其会阻止有这种风险的经济活动。然而，严格责任可能并非是一种十分有力的手段：某些情况下，在过失行为和已有的环境成本之间存在一连串的因果关系，且在空间或时间上存在相当大的距离。另外，严格责任可能会牵涉多个当事方，但一些当事方可能不复存在，令人混淆。在这种情况下，责任必须是联合和可追溯，使得所涉各方均承担后果，才能有效。（Sterner and Coria，2012）。

监管标准　规范性监管标准是自然资源管理中最常用的手段，可能是因为其原理简单（如污染者付费），且申请时间短。监管标准可采取以下三种形式之一：环境标准限制地理区域内的污染物（如污染物、噪音）总浓度；排放标准限制某类型的来源（如船舶、平台）；设计标准明确指定了一种特定类型的污染控制技术或生产过程（如商船溢油处理）。

然而，设计标准受到广泛批评，因为其缺乏激励，无法达到相同期望结果所制定的替代解决方案（如生命周期或"从摇篮到坟墓"的方法）。但是，需视情况而定，适用设计标准的理由有很多，包括（Sterner and Coria，2012）：技术和生态信息复杂；只有少数技术，其中只有一个是更胜一筹；监测成本高，或监测污染困难。

具体强制技术的一个例子是《国际防止船舶造成污染公约》附件 I 所述的防止油污规则（Lagring et al.，2012，第7章）。该公约不仅包括建设技术标准（如石油和化学品船的双壳）和设备（如油水分离器）要求，还有检查（包括对现有油轮加强检验）、记录保存（如石油记录簿、货物记录簿）和港内程序（如废物岸边排放、接收设施、港口油舱清洗的收据）（Faure and Wang，2006）。

---

①　全部责任也可译为完全责任。——译者注

专栏 3.2　发生海上溢油事故及其责任归属（美国）

　　如发生海上石油泄漏，美国有一系列法律用于处理复杂的责任归属问题。1990 年《石油污染法》（Oil Pollution Act of 1990）的颁布主要是为了应对 1989 年"埃克森·瓦尔迪兹"号油轮搁浅所致的阿拉斯加威廉王子湾地区重大溢油事故。《石油污染法》让当事方对溢油事故造成的损害承担严格责任。它通过明确指出哪方应被视为责任方来为石油"泄漏"负责。如发生船舶泄漏事故，船舶所有人/经营人是责任方。对"深水地平线"钻井平台（2010 年世界第二大海上漏油事故——第 7 章）等海上设施，责任方为钻井许可证持有人（如英国石油公司）。

　　《石油污染法》还包括传统的海事法律中的责任上限，其规定了一些例外情况（如重大过失），并根据溢油的类型和造成的损害而有所不同。在《石油污染法》颁布之前，在大多数情况下责任仅限于船舶的价值。然而，《石油污染法》并没有优先考虑刑事法或州法，因此可供选择的法律制度（民法或刑法）和司法管辖权（州和联邦）使损害赔偿诉讼变得更加复杂和不确定。"埃克森·瓦尔迪兹"号油轮泄漏事故后，联邦政府要求对威廉王子湾的损害进行赔偿，其根据《候鸟条约法案》（Migratory Bird Treaty Act，MBTA）对事故造成受保护鸟类死亡提起刑事指控，并根据《垃圾法》（Refuse Act）起诉其倾倒"垃圾"的行为。由于《候鸟条约法案》是严格责任规定，检方不必证明被告有意损害野生动物，或证明被告知道自己的行为会导致漏油事件。违反这些法律的行为将受到惩罚，并要赔偿，以补偿对自然环境的损害。由于民事和刑事指控，"埃克森·瓦尔迪兹"号油轮接受处罚，并达成解决方案：向联邦政府支付大笔款项用于清理和损害赔偿。在一个单独的集体诉讼中，索赔人最初获赔 50 亿美元，但埃克森花了 20 年时间对该裁决提出申诉。最后，最高法院在 2008 年将评估损害赔偿降为 5 亿美元。对"深水地平线"钻井平台事故引发的原油泄漏，个人诉讼的损害赔偿是否适用《石油污染法》的上限（目前为 7500 万美元）尚不明确。

来源：Faure and Wang（2006，2008）

　　监管方法可能会限制活动的地点或时间（如海洋保护区和禁采区）或禁止特定的产品或工艺（如渔具限制）（Pauly，1997；Johnstone，1999；Agardy，2010）。海洋领域的应用案例包括：禁止为活鱼贸易而采用炸药捕鱼、使用氰化物捕鱼、禁止使用诸如菲律宾"hulbot-hulbot"（一种围网捕捞方式，将一块大石头绑在渔网上抛入海中，以将渔网拖到水下）等渔具（White et al.，2002）。由于这些行为会对珊瑚礁产生破坏性影响，而珊瑚礁是鱼类的重要栖息地和产卵场，禁止这些行为是合理的。

海洋环境中成功的监管方法 针对监管政策，有一种主流的批评意见认为：只有无限期地进行监督和执法，才能保证监管政策的有效实施。如监测遇到问题（包括排放物很小、分散且移动的非点源污染）就很有必要规范预防性设计标准。在处理危险废弃物时，主要关注问题可能不在于产品的使用，而是其处理方法。

此外，监管方法在发展中经济体的使用经常面临挑战：监管机构可能效率低下、资金不足或腐败，且规章的监督和执行几乎是不可能的。此外，由于经济建设或养活人口的直接压力，发展中经济体常常无力进行投资，以维护其最宝贵资源的可持续性（Sterner and Coria，2012）。

下面案例说明了领海和国家管辖范围外的地区受监管海洋活动的种类。

一项对62个国家领海内海参业管理情况的审查发现，枯竭和过度开发的渔业平均受到2.6项监管措施管理（Purcell et al.，2013）。相比之下，管理较好的渔业一般受到4.7项监管措施管理。最成功的监管措施包括船队（船舶）控制、限制准入控制和禁捕（参见第6章）。然而，执法能力和贫困与全球海参业的可持续性密切相关。

艾伯特（Albert）等（2013）审查了用于管理压载水（外来入侵物种的来源之一）的国内（包括次国家主体）和国际监管方法（参见第7章）。他们得出结论认为，一些管辖组织（如国际海事组织）制定了强调国际共识、实用性和处置费用的监管标准，却使生物入侵风险更高。同时，其他管辖组织（如美国）也质疑现有的压载水标准是否足以防止入侵物种。令人担忧的是，该项研究得出结论认为，如果没有更好地科学认识需要什么标准来防止或减少入侵，那么规章大体上只是猜测而已。

有研究评估了国际海事组织《国际防止船舶造成污染公约》（MARPOL）附则VI（参见第7章）使用低硫燃料（减少船舶推进系统的硫氧化物排放量）的要求对国际航运所造成的经济影响（Schinas and Stefanakos，2012）。目前，硫黄排放控制区域（SECA，目前为波罗的海和北海以及北美沿海地区）内外的监管标准分别为3.5%和1.5%。这些标准预计分别调低至0.5%（2020年）和0.1%（2015年）。那么，船舶可能会发现在不同海域要求适用不同的燃料标准，这就

108

要求其在整个航程中要么不断切换燃料，要么使用更昂贵的燃料。由于这些监管的变化，估计硫黄排放控制区域内外的燃料成本分别上涨约 20% 和 90%。这些增长可能会影响短途运输的竞争力，因为托运人往往还可以选择铁路或卡车运输。

自 20 世纪 60 年代以来，三丁基锡（TBT）一直用作海洋涂料的常用防污剂（Gipperth，2009），但三丁基锡化合物会危害海洋生物，并可能进入人类食物链。国内和国际对有机锡化合物（包括三丁基锡）采取了双重应对措施：首先，许多国家已经制定了海域和沉积物中最大浓度的环境标准；其次，自 20 世纪 80 年代各国开始禁止或监管有机锡化合物。国际海事组织 2001 年的防污公约于 2008 年生效（参见第 7 章），规定公约缔约方必须禁止和/或限制在悬挂其旗帜的船舶上使用有害的防污系统。该条款也适用于无权悬挂缔约方旗帜但在其授权下运营的船舶以及进入一个港口、船厂或离岸码头的所有船舶。

虽然禁止使用有机锡化合物并制定环境标准的做法初衷很好，但是它们造成了可预期和不可预期的后果。因防污公约没有将有机锡化合物的替代品纳入监管范围，市场上出现了许多与三丁基锡类似的全新化学品。为了控制成本，可以将船舶注册于非公约缔约方船旗国或没有国内有机锡管理规章的船旗国（即"竞次"）。而且，拥有机锡化合物存货但不能使用的国家可能会以不安全的方式对其进行处理。也许更有讽刺意味的是，禁止这些物质可能会在无意中增加物种的入侵（Gipperth，2009）。

经济工具

监管方法的批评者提出将经济工具作为实现公共政策目标的补充或替代方法。基于市场的方法不是通过监管来规定行为，而是依靠响应市场价格信号的消费者来改变行为和实现政策目标。通过扩展"污染者付款"原则，经济工具将"用户/受益人付款"原则和完全收回成本的原则结合起来。如果一项政策改变了商品、服务、活动、投入或产出的成本，那么这是一种基于市场的工具（MBI）。

基于市场的工具有很多定义，这取决于其应用状况。通常，基于市场的工具指通过市场信号和市场激励来鼓励特定行为的政策，而非通过对机制、层次或方法的明确指令。虽然规章也能影响市场，但其在实现目标的手段方面几乎没有灵活性。此外，规章不直接影响成本或价格。因此，基于市场的工具在实

102

现政策目标上，可能比监管机制更具成本效益。尽管如此，基于市场的工具和监管工具并非相互排斥，因为任何政策都需要适当的立法或监管来支持。

基于市场的工具也可为社会带来各种利好，包括：向本地人民支付保护产品和服务的费用，在农村/偏远地区开发替代收入来源，或创造收入多样化的机会（Greiner，2013）。然而，通常情况下，基于市场的工具与解决环境或公共卫生问题有关，包括污染（如废物管理、温室气体）、资源利用（如渔业）或保护环境产品和服务（如传粉、接收废物）。

基于市场的工具最早的应用是法国（1968 年）、荷兰（1969 年）和德国（1981 年）建立的排污收费（污染者付款）制度。燃油税是基于市场工具的最广为人知的应用之一，通过提高驾驶成本，可以催生更多的节能汽车。例如，在欧洲，40%~60% 的燃料成本是税收。因此，欧洲汽车的二氧化碳排放量比美国相同车型少 2~3 倍。

基于市场的工具一般分为以下几类：

● 基于价格的工具：对被认为具有社会或环境成本的资源或产出，使用税收、收费或补贴等手段，设定（或帮助设定）特定的价格。有利的是，它们可用作积极或消极的激励。例如，可为每一单位污染设定一个价格。

● 基于数量的工具：也称为"基于权利"的工具，对资源利用（或环境产品和服务）的数量设置限制，优点是权利和义务往往是相关的。例如：许可交易系统和抵消机制创造一个可转让或可出售的污染"权利"。

● 市场增强工具：也被称为"市场摩擦"工具，包括从补贴到建立财产权的一系列政策行动和方法，旨在纠正会导致资源不良利用的现有市场缺陷或"摩擦"。例如，生态标签项目使消费者更容易选择符合其环保偏好的产品和服务。

基于市场的工具最终旨在确保资源使用得更加有效。不过，基于市场的工具也提供了创收机会。要使市场更为有效地运作，无论是外部化的成本还是价格偏低的资源，都需建立应对市场失灵的价格机制。税收收入可用于提供更多的环境补贴，减少征收更广泛的所得税或者用于监测和执行等建设性项目。

采用基于市场的工具需满足以下条件（Stavins，2003）：

● 拥有创造或授予财产权利的既存市场或能力。

● 拥有可衡量且受成本和收益因素影响的目标资源。

● 若应用基于市场的工具，可使用目标资源来实现公共政策目标。

● 有可用作该工具关注的同质度量标准（指标）。度量标准应与资源管理目标一致并促进行为变化。

重要的是，基于市场工具的有效性通常取决于上述条件得以满足的程度。对量化指标的关注意味着基于市场的工具通常已经确定了可衡量的目标，如捕捞限额、排放量或生产收益。基于市场的工具在海洋资源管理方面的潜在应用包括：收费和税收、补贴和税收减免、财产权和市场支持以及可交易许可证和配额（Greiner et al.，2000）。表3.4是适用于海洋管理中基于市场工具的总结。

表 3.4　海洋环境中应用基于市场的工具的优缺点总结　　　　　　104

工具类型	优点	缺点	相关性
排放和污水收费/税收	公司或个人的交易成本和合规遵守成本较低	设定合理的收费/税收标准	从点源排放
	促进技术创新	需要监控	当监测可行且成本合理
	创造长期激励		当减少污染可行时
	提高收入		
	为污染者创造灵活性		
	当每一单位污染损害随污染量变化不大时有效		
产品/用户收费	减少有害产品的使用（产品收费）	设定正确的收费标准	产品大量使用
	提高收入	需要监控	当监测个体污染源不可行的地方时
	为使用者创造灵活性	往往是污染的薄弱环节	对产品而言，其需求或产出对价格变动敏感
	易于管理		当污染源很多且每一单位污染损害随污染量变化不大时有效
押金返还制度	减少废物/污染的数量	交易成本可能高	应用于有现有配送系统的产品以及再利用、再循环在技术上和经济上可行时，最为有效
	鼓励安全处置、再利用和回收	产品回收市场可能不易开发	当问题与废弃物处理相关时
	为用户创造灵活性		

续表

工具类型	优点	缺点	相关性
交易许可证	将资源分配给最高价值用途	建立高效的市场	当环境影响与污染源不相关时
	减少监管者的信息需求	设定许可证的总体水平和初始分配	当环境影响与生产时间不相关时
	污染或资源使用水平的确定性	贸易中的交易成本	当有足够的资源来建立一个市场时
	降低合规遵守成本		每一单位污染损害随污染量变化时有效
	为污染者创造灵活性		
	创造长期激励		
补贴和税收减免	鼓励采取行动克服环境问题	污染者没有将外部性内化	其他工具不起作用或太昂贵时
		支援环境绩效较低者	
		即使没有补贴也愿意补偿环保行动者	
		预算成本	
		可能刺激太多活动	
财产权/市场支持	使货物/服务能够被识别，从而增加附加值，进而促进交易	存在环境效益导致付款不可提取时，不可行	当"环境"的所有权不确定或不存在时
	提高市场效率	可能会出现管辖权问题。如海洋或大气等国际"公地"向拥有财产权利的所有用户提供了有限机会	当存在重大信息不对称时
			当环境与社会价值未定价时

来源：改编自 UNEP（2004）

基于价格的工具：税收和收费

可以将费用或税收视为在使用环境时支付的"价格"。该"价格"可对生产者或消费者征收，是一种非常有效地改变行为的手段。对私人第三方造成的外部性征收用于内化社会或环境成本（如污染）的税收被称为庇古税。庇古税的征收旨在通过确保进一步生产的经济效益超过与之相关的环境成本，以降低污染输出。用户收费是一种相关联方法，却不是对生产水平或特定行为征税，而是对环境服务的使用收取固定费用，通常被视为使用费或许可费。产品费用或税收适用于产品从生产到消费的任何环节都会产生环境影响的货物。可以对产品进行评估，如石油的使用，也可以根据产品特性进行评估，如石油中的碳含量（Sterner and Coria，2012）。

税收和收费适合于问题责任人容易识别的情况。然而，由于需要确保所有此问题责任人都缴纳税收，监督和执法成本可能很高。进行征税和收费时，环境损害责任方承担改变资源使用或管理实践的全部费用。 105

更复杂的基于价格的工具包括综合战略，如生态财政改革（EFR）或生态税改革（ETR）。这些手段可以调整现有税收，以逐步淘汰产品，并禁止某些惯例实践，或者通过新的生态税提供激励，以减少对环境的影响，并从新税收中"回收"收入。进行收入回收的方式很多，包括降低现有税率、提供新的信用或补贴项目、为纳税人提供退税以鼓励积极行为或支持绿色技术的开发与升级。虽然很难预测推动行为改变所必需的税收水平，但补充性减税通过确保不增加总体税收负担来增强政治可接受性（Bernow et al.，1998）。

有研究认为，在以下情况，税收和收费是合适的（Sterner and Coria， 106 2012）：

• 人们对不充分环保行动相关的潜在成本有关注，而"经济成本过高"的风险是主要担忧点。

• 被征税行为或商品直接造成了目标的负面外部性，或与之密切相关。

• 受影响各方理解收取税收/费用的原因，并了解这些收入的用途。

• 改变行动所需的税收/费用比率较为明确，这样外部性就会减少或消除。

• 避免不公平的竞争优势。

• 想要降低回收成本或增加收入。

基于数量的工具：交易许可证/权利

交易许可证可对原先作为共同财产的资源分配财产权。这项财产可以以空运或海运渔业的形式存在。许可证的目的是降低风险和减少影响。许可证制度大致可以分为两种：第一，"限额和交易"制度。其确立一个总体污染或开发允许水平，并颁发有限数量的许可证允许某项活动，然后由市场决定许可证的经济价值。低于规定标准的用户可以向他人出售多余的许可证，或将其用于抵消其业务的其他活动。第二,"基线和信用"制度。这两种制度并不限制绝对污染量或开发量。相反,每个用户(如设施拥有者、土地所有者)都拥有基线补贴,且用户可将未使用的信用额出售给他人。这两个制度的运行前提是,奖励那些能够以最低成本减少外部性并从所有许可证中获取最大限度经济价值的人。这两个制度还包括"银行"和"借贷"(跨时间交易)机制,可使排污者自愿通过彻底关闭低效率的污染源头或加装设备来减少排污。从这些举措所获的信用额可以应用于未来项目中,反过来也促进排污者的减排行动。另外,银行可以抑制价格波动。

交易许可证源于如果允许许可证买卖则效率更高的监管许可方法。一旦法规完全分配了可接受的最大污染或可开发利用资源,通常就可以使用可交易许可证。美国的二氧化硫(SO_2)限额和交易制度也许是最成功的许可证制度。2001年,该制度实施仅六年后,二氧化硫的排放量便减少了40%,合规遵守成本降低了43%~55%(Burtraw and Palmer,2003)。

目前,许多渔场采用交易许可证(个别可转让配额——参见第6章和第10章),此外国际海事组织正在研究是否应将交易许可证用于航运事业,以减少二氧化碳排放。技术进步促进了许可证交易的增长,使环境质量使用和变化的监测在经济上成为可能。该信息可为经济权衡和替代资源使用方案的决策提供参考(Johnstone,1999;Salzman and Ruhl,2000)。

有研究认为,交易制度可适用于以下情况(Stavins,2003):

- 同意授予共同财产资源的私有财产权或独占权。
- 交易的商品是同一种类(如二氧化碳和鱼类种群)。
- 以保护资源或环境为主要目标。

交易许可证已在理论上(通过经济模型)和实践上证明有效。这个制度的优点包括:确保不会超过环境或资源使用阈值,不会影响环境质量或资源产量就可实现经济持续增长,并找到了减少外部性的最经济有效方法。该制度的缺点主要在于初始分配成本和运营交易成本。交易成本包括:获取市场相关信息,协商交易,合规遵守和验证成本。专栏3.3总结了设计许可证交易制度需要考虑的因素。

市场增强工具

只要减少市场活动中现有的摩擦（低效率），就可以在环境保护方面取得实质性的成果。如前所述，市场增强工具是纠正现有市场缺陷或"摩擦"的手段。大多数市场增强工具有两种操作方式：首先，完善向消费者、投资者或生产者提供的信息，使其能够对采购、投资或生产的环境或社会后果作出更全面（有效的）决策；其次，降低交易成本，从而提高环境效益和社会效益。下面将讨论一些减少市场摩擦的例子。

补贴和税收优惠

补贴是政府为支持鼓励某些活动而支付的费用。税收优惠减少了从事此类活动参与者的征税估值。补贴和减税措施旨在减少成本和推广解决环境和社会问题的活动。从经济角度来看，补贴和税收优惠之间有很多相似之处，相较于税收和费用，它们一般被认为是"负数税收"。

以下是几种不同类型的补贴：

生产补贴：政府向生产者支付，以增加商品或服务的产量（如渔业、海上风能）或降低（减少）生产的某些外部性（如污水处理）。

出口补贴：为进入国际市场，政府向生产者支付的费用。

就业补贴：政府为减少失业、培训工人或鼓励某些领域的就业增长而支付的费用。

实物补贴：政府提供的非货币支持。实物补贴包括：基础设施，协助出口商的服务，自然资源优先获取权或责任限制。

采购补贴：为支持国内生产商或某些部门的政府采购行为（如造船业）。

市场价格支持：为保护某些生产者，政府设定最低价格、设置关税和贸易壁垒的行为。

108

专栏3.3 建立许可证交易制度需要考虑的因素

定义将进行交易的商品：绝大多数许可证交易制度规定了数量，如污染物（如二氧化硫、二氧化碳）吨数或鱼类等资源收获量。然而，如果这些数量难以测量和实施，可能更为可行的措施是测量诸如燃料等的购买量，而非测量排放量。

定义将进行交易的行业：许可证交易（即使是单一污染物）也适用于某些行业（如火力发电）或所有行业（如所有工业设施皆排放二氧化硫）。由于减排成本涉及的经济部门更为广泛，采用涵盖所有部门的计划更经济有效。

确定商品交易的地点：就污染物而言，其影响和减排成本（缓解措施）可能因地理位置而异。因此，考虑到这些差异，可能需要调整许可证的分配和价格。

确定实现目标所需采取的其他措施：单凭许可证交易可能不足以将污染或开发利用量降低到预期程度。为使该制度获得成功，可能需要其他补充措施，如监管计划，补贴和纳税信用（以促进创新和技术变革）。

确定许可证合法持有者：许可证可直接分配给"下游"用户（如污染者、渔民），或"上游"用户（如燃料的生产者或加工者），或向两者（"混合系统"）发放。

确定许可证分配方式：许可证可以通过授予现有用户（祖父条款）或通过竞争程序（拍卖）来分配。因为现有的资源用户已被授予可根据每个用户排污量来调整分配的许可证，所以祖父条款是简单直接的。此外，当用户退出市场时，他们的配额可以重新分配给新进入者。祖父条款的不利之处在于，这种做法使获得免费配额的用户立即获得意外之财，并且政府丧失了（通过拍卖）增加收入的机会。相反，拍卖确定了排放/资源收益的真实市场价格，且并不限制新成员进入市场。拍卖也提供了一个获得可观收入的机会，并可以使当地/原住民参与者获得参与分配的机会。

制定参与规则：可以制定以下方面的规定，即谁被允许参与（如第三方经纪人、小规模用户），参与者是自愿参与还是强制参与，交易的最小规模和交易是否需要政府批准。

专栏 3.3　建立许可证交易制度需要考虑的因素（续）

　　建立合规遵守和惩罚机制：合规遵守制度规定用户必须报告其实际分配情况的截止日期，而这往往并不简单直接。集中交易往往发生在这些日期之前，因为赤字用户会试图向拥有富余信用额度的用户购买信用额度。惩罚制度规定违规用户的处罚措施（如罚款）。

来源：改编自 OECD（2004，2008）

　　所有这些补贴可能有时间限制，以鼓励经济的某一部分，或者可能成为经济的永久部分。如果补贴用于对社会或环境有益的活动，那么补贴可能是适当的。产生利益通常不等同于停止产生成本。例如，海上风电场可能会得到补贴或税收优惠，因为"绿色能源"是实现温室气体减排目标的必要条件。在这种情况下，补贴要么是用以支持开创业务的一次性付款，要么是差额补贴，即产品或服务的目标价格与实际市场价格之间的差额。然而，补贴经常会产生意想不到的影响，往往成为"不正当补贴"。例如，许多能源出口国大量补贴国内能源使用（这使得节能工作失去作用），许多农业国补贴农业产业（可能引起消费价格上涨并导致生产过剩）。

　　海洋捕捞补贴政策由来已久。目前，全球渔业船队每年获得的补贴高达190亿美元，其结果是捕捞能力极度过剩，达40%~60%，或多达260万艘非必要捕鱼船（Sumaila et al.，2012）。这些补贴降低了零售价格（同时增加了消费需求），并引发了"捕鱼竞赛"，导致渔获量不可持续和渔民安全措施不完善等不良后果。

　　税收优惠与补贴相似，都旨在发展目标经济产业。优惠是用于减轻生产者税收负担的补贴。税收优惠可以采取多种形式：免税（不征税）；税收减免（减少税收）或税收延期（延迟纳税）。因透明度不如补贴，且一旦通过难以废除，税收减免受到批评。

财产权和市场支持

　　开放获取的危险（由格劳秀斯提出，第2章）是一个全文且经常被探讨的主题。在与他人共享的海洋区域，个人、企业和国家几乎没有激励机制，以生产、规制、管理或监督海洋衍生产品和服务的生产。哈丁（Hardin）（1968）用"公地悲剧"来描述这个问题，由于"淘金热"行为和"共有财产就是无主财产"理论，海洋开放获取往往导致资源的快速枯竭。"公地悲剧"体现在：过度资本化和成本过高导致利润率偏低，而利润率低和产品质量差又造成工作环境危险（Deacon，2009）。虽然大多数关于开放获取的危险都聚焦渔业资源的迅速枯竭，但运输、能源开发和采矿等其他行业，也缺乏将环境损害降到最低和将长期机遇最大化的激励机制。

从世界来看，全球海洋公地正在逐渐缩小。过去几十年来，专属经济区主张数量激增，导致世界上95%的渔业资源和几乎所有的近海油气资源（只有存在于大陆架上）都归于国家政府。专属经济区的建立是实现经济理性和公地缩小的重要一步。尽管如此，全球许多最重要的渔业资源（包括金枪鱼）都主要存在于专属经济区之外。

因此，海洋财产权主要归属于各国，然后各国又将所有权赋予次区域政府、土著群体或私人团体。但是，各国可能允许其辖区内某些资源的开放获取，或者他们不能控制和监管资源的获取（如失败国家）。然而，在某些情况下将资源留在公地可能更为有益。控制力弱和公民贫困的国家可能受益于保留的共同财产制度（Sterner and Coria，2012）。

财产权确立和交易的一个新趋势是将权利和价值分配给环境服务（例如：固碳和生物多样性保护）。基于以下两个原因，海洋环境中此类服务的市场开发会面临挑战：首先，不同地理区域内生态系统服务的多样性导致计量和核算困难；其次，对行动与其环境后果之间的关系了解甚少。这种误解因涉及的时间滞后以及洋流、温度等变量的不可预测性而变得复杂，因而几乎不可避免地产生一个问题：谁是承担环境改善费用的法律责任主体（Davis and Gartside，2001）。

信息手段

信息对政策制定环境具有重大影响，所以信息本身也可以被认为是政策工具。信息为所有工具提供了基础，因为通常每项政策都需要有关技术和生态方面的数据。基于明确教育和信息的政策工具多种多样，可作为独立的工具或用以补充其他机制并增强其有效性。在海洋政策环境方面，主要信息分类有：供给、研究、教育和公众宣传活动，透明度机制和产品认证。

信息供给

信息供给对于改变态度和行为至关重要。研究表明，环境方面的不适当行为往往不是因为自私，而是因为无知。实施对环境负责的行为与了解环境问题、保护环境活动之间有着显著的关联。这与对资源使用者的调查和社区商讨一致，其认为落实基于研究的建议是改善管理的一个主要需要。承认信息供给的核心作用，有助于制定有效的环境政策。

如果了解各类信息的资源使用者在保护生物多样性方面有自我的切身利益，恰当的信息项目可为其带来实质性的利益。例如，开明和自身利益足以鼓励传统渔民自愿停止使用破坏鱼类种群并最终影响其生计的渔网种类。在这种情况下，渔民将被介绍一种排除性装置，可以减少副渔获物，还可将分拣渔获的劳动量和耗时降到最低（Clucas，1998；Kelleher，2005）。虽然预警原则在影响缺乏基本科学或经济认知的政策决定方面已取得了较大进步，但在建立与任何科学关联之前设置严格限制通常被认为是过度限制。然而，信息匮乏通常是导致一系列政策失败的原因。提供信息是政府促进市场运作和改善作为参与者的决策的有力手段。

研究

111

当提供有关不同环境活动造成的影响和后果信息时，需要进行研究以获得基于证据的理解。资助旨在了解生态系统和经济系统动态关联和相互关系的科学和经济研究，有助于确定自然资源管理目标的价值和风险，并将其反映在公共政策中。一些研究是私人受益的，或者至少可以通过销售商品和服务来有效地获取利益，而其他的益处则有"公益"性质。当科学家或专业组织与具有当地专业知识的资源使用者（代表政策制定者来）联合开展研究时，研究通常最具效益。（Greiner et al.，2000）。

教育和公众宣传

宣传和奖励采用最佳管理方法的人，可能为改变公众对环境问题的看法提供强有力的激励（专栏 3.4）。明确的广告活动可以在提供信息的同时影响行为。还有证据表明，奖品和奖励可以在提高对环境问题的认识和改变态度方面发挥重要作用。在成本效益方面，奖品和奖励的设立和维护通常非常便宜，但它们产生的效益却影响深远。如在多个层面上进行深化，奖励可以吸引社会上大部分人的关注，通常可以获得免费宣传，并以最小的代价提高意识和影响动机。但必须承认这种活动并非总能成功，很大程度上取决于所采用的策略（McKenzie-Mohr and Smith，1999）。

环保教育和环境意识增强活动，如自愿性举措，从根本上被视为软政策选项。这类活动着眼于鼓励变革，而非要求采取行动或为之提供广泛的财政支持，它们通常作为更大战略性手段方法的一部分，才可发挥最佳作用。教育行动在激励参与和维持个人、家庭、行业的行为改变方面发挥着重要的作用。雄心勃勃的教育和意识增强活动也被证明有效地减少了对经济激励和监管执法的需求。

透明度机制：企业和国家环境状况报告

为寻求推动可持续发展，政府越来越多地采取鼓励、支持、强制执行或直接展示更加环保的商业实践。信息公开旨在支持基于市场的激励措施（如产品差异化）、公众意识、压力和政府执法。透明度机制至少可以在两个层面上推进：公开政府检查和工厂审计报告，或披露企业环境责任（CER）做法，包括商业运营对一系列环境问题的正面和负面影响（专栏3.5）。要求行业跟踪，并透明地传播其环境实践质量的信息，可通过问责制鼓励采取行动（Wahba，2008）。澳大利亚、中国、丹麦、欧盟、法国、印度、德国、挪威、西班牙、瑞典和美国已制定政府政策举措来鼓励可持续发展报告或环境、社会和治理（ESG）信息公开。在要求或推荐上市公司披露可持续发展绩效信息方面，巴西、

专栏3.4　世界自然基金会赞助的国际智能渔具大赛

世界自然基金会（WWF）赞助的国际智能渔具大赛是设立海洋保护奖的一个实例。首届比赛于2005年举办，汇集了渔业、研究机构、大学和政府，以激励和奖励实用的、创新的渔具设计，从而减少副渔获物（指海龟、鸟类、海洋哺乳动物、鲸类动物和非目标鱼类的意外捕获及因此导致的死亡）。世界自然基金会相信，国际智能渔具大赛将通过鼓励各地有创意的人士分享改良渔具和流程的创见，从而提高捕获目标鱼种的准确性并减少副渔获量，进而引起多学科的广泛响应。该比赛向符合参赛要求且具有各种职业背景的参赛者开放。参赛者包括：渔具技师、渔民、工程师、化学家和发明家。

专栏3.4　世界自然基金会赞助的国际智能渔具大赛（续）

世界自然基金会提供超过 5 万美元的奖金，以吸引创新想法，这可能被证明是解决副渔获物问题（是全球渔业面临的最紧迫的问题）的有效方法。国家海洋和大气管理局（National Oceanic and Atmospheric Administration）（NOAA）、加拿大渔业和海洋部（DFO）等多个政府部门为比赛提供了资金支持，多家基金会和企业也为比赛提供了支持。

参赛作品的评委由渔具技术专家、渔业专家、海产品行业代表，渔民、科学家、研究人员和自然保护主义者组成的国际专家组担任。

2011 年获得大奖（50 000 美元）和金枪鱼特别奖（7500 美元）的是一位日本金枪鱼捕鱼船船长的作品，名叫"山崎双权支线（Yamazaki Double-Weight Branchline）"，可提高渔具的下沉速率，使海鸟追逐带饵鱼钩更加困难，与其他设备配合使用可将海鸟死亡率降低近90%。荣获亚军的作品包括：旨在降低休闲渔业鱼类死亡率的"海水均衡器（Sea Qualizer）"，以及旨在减少刺网中海龟捕获量的"刺网龟灯（Turtle Lights for Gillnets）"，每项获得 1 万美元奖金。在不影响目标捕捞率或捕获量的情况下，刺网龟灯可将海龟捕获量减少达60%。颁奖后，世界自然基金会与发明人合作，将他们的想法变成可用的产品，使捕捞更加智能。

来源：www.smartgear.org

中国、马来西亚、巴基斯坦、新加坡和南非的证券交易所也起着举足轻重的作用。毕马威（KPMG）公司最近的一项研究表明，2011 年，拥有95%全球财富的 250 强企业自愿提供有关其可持续发展政策和业绩的信息，比 2008 年的 50%有所提高。研究还发现，企业管理层对环境因素重要性的认识与环境报告实践显著相关，表明环境披露会影响企业活动（Marshall，2003）。尽管透明度的影响难以与其他监管政策的效果分开，但有些监管机构对排名或公开报告的义务已做出了回应。最终，通过互联网公开污染物登记册、清单、落实知情权的出版物或报告，提高了社区和设施主体对排放的认识，使得环境污染源评估和政策工具有效性分析变得更加容易。

专栏 3.5　生物多样性审计

　　在工业领域成功应用透明度机制的基础上，生物多样性审计成为新兴的激励策略。该创新方法由一个小型审计小组实施，其中包含科学领域和其他专业的专家，以及在当地社区享有盛誉的人，负责评估特定地区的生物多样性和重要性。审计工作定期进行，并在当地公布结果，提高公众对生物多样性问题的认识，并对生物多样性特征进行纵向比较。如果审计与奖励制度相结合，其增强意识和影响态度的能力可通过一种具有较高效益且有效的方式进一步提高。

来源：Hill（2005）

产品认证

　　环境产品认证也被称为生态标签，由大量的食品和消费品标签体系构成。生态标签根源于全球公众、企业和政府对环保问题日益增长的关注。经认证的生态标签可标识于符合特定环境绩效标准的产品。是否标识生态标签通常是自愿的，但是也可以通过法律强行披露某些产品对环境的影响。认证和标签的目标对象是消费者，其目的是在购物时使其更容易考虑到环境问题。一些标签通过指数得分或计量单位来量化污染或能耗；其他标签只能肯定产品是否与既定标准或认证相符（Salzhauer，1991）。

　　国际标准化组织（ISO）制定了一系列标准和指导方针，用于各种项目，其中就包括生态标签。Ⅰ类环境标签或 ISO 14024 标准，涉及与产品或服务相关的各种环境议题。认证标准基于产品生命周期因素（即从原材料提取到生命周期结束全过程对产品的评估），由第三方制定。Ⅰ类认证仅限于既定产品或服务类别中的环保领导者。

　　目前，生态标签指数（www. ecolabelindex.com）已跟踪 217 个国家的 432 个生态标签，涵盖 25 个产品领域。海洋生态标签可分为四大类：

　　● 海产品标签：该类标签都基于商定的标准、第三方认证、监管链和个体种群认证来进行独立认证。在大多数情况下，该类产品都贴上标签，供消费者选择时参考。如海洋管理委员会（Marine Stewardship Council）（参见专栏 3.6）、海洋之友（Friend of the Sea）等。

114　　● 消费者意识倡议：这些标签根据当前鱼类种群总体现状和捕捞方法的信

息，向消费者推荐购买什么类型的渔产品。个别产品没有标签，但餐馆可以合作展示相关标签，如海鲜观察（Seafood Watch）。

• 生态运输标签：该类标签相对较新，其中最有名的当属目前的德国蓝色天使（German Blue Angel）项目。该类标签的推出恰逢欧盟委员会公布欧盟全新的船舶空气污染治理战略，旨在短期内减少二氧化硫和微粒污染物的排放，长期意在解决氮氧化物和其他问题（ED 21/11/02）。

• 旅游生态标签：该类倡议旨在通过旅游服务加强可持续性做法。随着加拿大清洁海洋绿叶生态评估计划的实施，运营商采用对环境无害的码头工作流程。加拉帕戈斯品质（Galapagos Quality）是向自愿遵守环境标准和要求的加拉帕戈斯群岛旅游企业授予的质量合格标志。

专栏 3.6　产品认证示例：海洋管理委员会

海洋管理委员会的渔业认证项目和海产品生态标签认可并奖励可持续捕鱼。海洋管理委员会是一个全球性组织，致力于与渔业、海产品公司、科学家、保护团体和公众合作，共同推广最环保的海产品。海洋管理委员认证向世界各地的消费者保证，具有海洋管理委员会生态标签的海产品都来自已通过的有关环境和管理做法的严格、科学、独立评估。为了获得认证，渔业必须符合委员会制定的可持续渔业环境标准。

委员会有三项重要原则，各渔场都必须证明其合规：

• 原则 1：鱼群可持续性。捕鱼活动必须保证鱼群的可持续开发。任何获认证的渔场必须保证捕鱼活动的可持续性，不可过度开发资源。

• 原则 2：尽量减少对环境的影响。渔业应该管理捕捞活动，以维持其发展所依赖的生态系统的结构、生产力、功能和多样性。

• 原则 3：有效管理。渔场必须遵守所有地方、国家和国际法律，并且必须有适当的管理制度来应对不断变化的环境并保持可持续性。

这在实践中意味着什么？

根据海洋管理委员会的这个项目，对所有渔场都依照这些原则进行衡量，以判断其是否符合原则。考虑到特殊性，每个渔场采取不同的行动来证明它们符合这三项原则。

例如，海洋管理委员会要求渔场证明：

• 原则 1：为防止捕获过多的幼鱼，渔场拥有关于鱼群年龄和性别分布的可靠数据，并考虑非法捕鱼等影响鱼类健康生长的其他因素。

专栏 3.6　产品认证示例：海洋管理委员会（续）

● 原则 2：渔场具有适当的措施来限制副渔获物。这意味着可能要改变鱼肉屑的丢弃方式，使海鸟不会被吸引到危险的渔具上。

● 原则 3：船东签署了行为准则，共享全球定位系统（GPS）数据，或进行研究以确保其渔场管理良好。有效管理还可确保所有船舶更换渔具或在必要时遵守禁渔区规则。

认证资格由第三方认证机构评估并授予。当某渔场符合海洋管理委员会的可持续捕鱼标准时，就会获得有效期为五年的证书。在此期间，此渔场的表现至少每年审查一次，以确保其能一直达到标准。五年后，如果该渔场希望再次获得认证，须重新通过全面评估。一旦某渔场获得认证，想出售该渔场带有海洋管理委员会蓝色生态标签的海产品的供应链中的所有公司（从船舶到饭店）都必须经过认证，确保其符合海洋管理委员会的监管链标准。

抛开其初衷不谈，海洋管理委员会的项目未能对诸多渔场产生积极环境影响，且对非可持续的渔业进行认证，因而遭到批评（Jacquet et al., 2010）。

绩效评估

绩效评估可以是环境报告或认证过程的一部分，也可以是评估现有政策是否达到目标的一项独立机制。绩效评估用以确立战略目标、跟踪进度、并确定应作出调整的地方。绩效评估也是改善问责制，为决策者提供信息参考，展示项目有效性，增加政治支持和财政资源的重要政策性工具。绩效评估可以对产量、成果或过程进行定性或定量评估。但是，确定一整套正确措施和适当目标难度很大，并且随着时间的推移，管理复杂成果需要专业知识和财政方面的支持。此外，目标的实现可能会受到政策过程之外因素的影响，使得高阶目标难以在内部分配并对其负责（Mazur, 2010; Shaw et al., 2010）。

自愿工具

建立激励最有效的方法之一就是追求可确立社区和产业所有权的结构。自愿倡议可替代更昂贵的立法政策工具或计划。自愿工具和机制既不依靠威胁，也不依靠持续大量的财政激励；相反，他们依靠自愿和自律。这些机制包括：

行业自律，非政府组织、社区组织或利益相关者支持的项目以及与利益相关方直接相关的合同（如资源使用合同）。自愿工具还可能涉及具有挑战性的商业、行业或政府，以改善其环保标准或做法，作为回报会获得公众的认可或避免未来的监管。虽然自愿倡议的发起和管理成本较低，但若缺乏监管对其效力如何的争议很大。

自愿倡议特别容易受"搭便车"的影响，让那些选择不参与的人可以避免支出改善成本并应对竞争对手。另外，并非所有的资源使用者都会作出合理的选择。政策还必须考虑到可能不合理、不称职或不灵活的少数群体，表明建立一个监管安全网的必要性。如缺乏报告或监测，就难以评估是否取得进展、在哪里取得进展。自愿项目的支持者表示，他们提倡资源管理的道德准则和通过合作模式实现环境目标。然而，有人担心与工业界密切合作会降低标准，并会妨碍更宏伟目标的制定。因此，政府为应对环境问题而提出的自愿倡议提案往往被认为缺乏必要的或严肃的行动。

自愿和自律在实现目标环境成果方面是否可靠，取决于公众对环境保护的利益与资源使用者私人利益之间的差距大小。如果社会对保护资源的利益和资源使用者的利益契合度很高，那么自律可能是一种恰当的高效益、不干预的策略。一般来说，两者利益越契合，自愿性机制就越可靠。

遗憾的是，在许多情况下，公众对资源保护的利益与个人消费者的私人利益之间存在着相当大的差距。例如，虽然许多渔民可能认同自愿保护幼鱼培育场的养护目标，但他们自己在短期内对资源保护并没有明显利益。更为普遍的是，在最大限度利用资源和保护幼鱼群之间存在明显张力。虽然保育场可能会为用户提供长期利益（提高幼鱼的存活率，减少对鱼类栖息地的干扰），但这些益处短期内不如在保育场捕鱼可能带来的捕捞量增加那么直接和明显。有证据表明，对处于经济边缘地位的资源使用者而言，短期生产的收益通常被认为超过了长期保护的收益，这是自律和其他基于激励的资源保护方法的主要限制。

在小规模已实施或各当事方已参与自律且更具强制性的政策没有必要的情况下，自愿工具可能最为有效。由于自愿工具存在风险且可靠性不高，只有当资源使用者认识到保护的价值，并理解保护工作如何服务于自身利益，作为环境保护唯一手段的自愿工具才能发挥作用。信息和教育激励措施在这方面极其重要。但是，几乎在所有情况下，自愿性项目都需要价格、财产权和监管等其他机制的支持。尽管如此，自愿主义仍然很重要，特别是在环境威胁需要社区 117 积极参与的情况下。自愿主义面临的挑战包括：建立资源管理道德规范、规范必要的保护措施和发扬无私行为。

政策制定者也需认识到，利用财政激励来启动自愿项目存在陷阱。如果保护费用随后被撤回，那么这些保护工作带来的利好也可能不复存在。此外，取消财政支持可能会将精心构建的监管道德规范对保护成本产生消极影响。应对被动行为风险有一种方法：强调任何补贴本质上都只是过渡性的。

虽然认可和设计保护自身利益的政策很重要，但这并非是对个人行为的完整解释。相反，利他主义和对广泛保护目标的遵守也可驱动个人行为。同时，试图支持和利用此类动机的机制也可纳入到政策方法中。例如，如果有限的资源被用于鼓励和支持那些愿意加入自愿性协议的资源使用者，可能会产生一个高效益的机制，尽管这仅适用于少数人。如果辅以适当的税务减免，可能会鼓励更多的用户参与。成功的项目也可能会提高公众对资源保护的认识，从而促成动机目的变化，而这正是《生物多样性公约》所承认的一个因素。

总之，只有在保护生物多样性的公众利益和私人利益基本契合，且生物多样性可以恢复的特定情况下，且用于其他工具的补充以避免不可逆转的损失时，自愿性机制才能大获成功。在大多数情况下，需要制定能确保可靠性并认识到预警措施必要的政策，以支持这些机制（Boardman，2009）。

本章总结

- 目前，没有一个类似于民族国家的单一权威机构来制定关于世界海洋水体和海底活动的总体规则。
- "政策"可定义为影响和决定决策、行动和其他事项的计划或行动方案。
- 政策工具通常大致分为监管型（法律）、经济型（基于市场）或信息型（劝说）三类。一些著述将合作型（自愿）工具归结为第四类。

参考文献

Agardy, T. (2010) *Ocean Zoning: Making Marine Management More Effective*, Earthscan, London.

Albert, R.J., Lishman, J.M. and Saxena, J. (2013) 'Ballast water regulations and the move towards concentration-based numeric discharge limits', *Ecological Applications*, 23(2), 289-300.

Bemelmans-Videc, M., Rist, R. and Vedung, E. (1998) *Carrots, Sticks & Sermons: Policy Instruments & Their Evaluation*, Transaction Publishers, New Brunswick, NJ.

Bernow, S., Costanza, R., Daly, H., DeGennaro, R., Erlandson, D., Ferris, D., Hawken, P., Horner, J. A.,

Lancelot, J., Marx, T., Norland, D., Peters, I., Roodman, D., Schneider, C., Shyamsundar, P. and Woodwell, J. (1998) 'Ecological tax reform', *BioScience*, 48, 193–196.

Birkland, T(2011) *An Introduction to the Policy Process: Theories, Concepts, and Models of Public Policy Making*, M.E.Sharpe, Armonk, NY. 118

Boardman, R. (2009) *Canadian Environmental Policy and Politics: Prospects for Leadership and Innovation*, Oxford University Press, Don Mills Ontario.

Böcher, M. (2012) 'A theoretical framework for explaining the choice of instruments in environmental policy', *Forest Policy and Economics*, 16, 14–22.

Böhringer, C.and Vogt, C. (2003) 'Economic and environmental impacts of the Kyoto Protocol', *Canadian Journal of Economics*, 36(2), 475–494.

Burgoon, B. (2010) 'Betwixt and between?: The European Union's redistributive management of globalization', *Journal of European Public Policy*, 17(3), 433–448.

Burtraw, D.And Palmer, K. (2003) *The Paparazzi Take a Look at a Living Legend: The SO2 Cap-and-Trade Program for Power Plants in the United States*, Resources for the Future, Washington, DC.

Clucas, I. (1998) 'A study of the options for utilization of bycatch and discards from marine capture fisheries', *FAO Fisheries Circular* 928, FAO, Rome.

Davis, D., and Gartside, D.F. (2001) 'Challenges for economic policy in sustainable management of marine natural resources', *Ecological Economics*, 36(2), 223–236.

Deacon, R.T. (2009) *Creating Marine Assets: Property Rights in Ocean Fisheries*, PERC Policy Series, 43, Bozeman, Montana.

FAO(Food and Agriculture Organization) (2009) *Quantitative Socio-Economic Policy Impact Analysis: A Methodological Introduction*, FAO, Rome.

Faure, M.and Wang, H. (2006) 'Economic analysis of compensation for oil pollution damage', *Journal of Maritime Law and Commerce*, 37, 179–217.

Faure, M., and Wang, H. (2008) 'Financial caps for oil pollution damage: A historical mistake?', *Marine Policy*, 32(4), 592–606.

Gipperth, L. (2009) 'The legal design of the international and European Union ban on tributyltin antifouling paint: Direct and indirect effects', *Journal of Environmental Management*, 90, 86–95.

Greiner, R. (2013) 'Social dimensions of market-based instruments: Introduction', *Land Use Policy*, 31, 1–3.

Greiner, R., Young, M.D., McDonald, A.D.and Brooks, M. (2000) 'Incentive instruments for the sustainable use of marine resources', *Ocean Coastal Management*, 43(1), 29–50.

Hardin, G. (1968) 'The tragedy of the commons', *Science*, 162(3859), 1243–1248.

Hill, D. A. (2005) *Handbook of Biodiversity Methods: Survey, Evaluation and Monitoring*, Cambridge University Press, Cambridge.

Jacquet, J., Pauly, D., Ainley, D., Dayton, P., Holt, S. and Jackson, J. (2010) 'Seafood steward ship incrisis', *Nature*, 467, 28–29.

Johnsen, P. and Eliasen, S. Q. (2011) 'Solving complex fisheries management problems: What the EU can learn from the Nordic experiences of reduction of discards', *Marine Policy*, 35(2), 130–139.

Johnstone, N. (1999) 'The compatibility of tradable permits with other environmental policy instruments', in OECD(ed.) *Implementing Domestic Tradable Permits for Environmental Protection*, OECD, Paris.

Kelleher, K. (2005) 'Discards in the world's marine fisheries: An update', *FAO Fisheries Technical Paper* 470, FAO, Rome.

Lagring, R., Degraer, S., de Montpellier, G., Jacques, T., Van Roy, W. and Schallie, R. (2012) 'Twenty years of Belgian North Sea aerial surveillance: A quantitative analysis of results confirms effectiveness of international oil pollution legislation', *Marine Pollution Bulletin*, 64(3), 644–652.

Marshall, R. S. (2003) 'Corporate environmental reporting: What's in a metric?', *Business Strategy and the Environment*, 12(2), 87–106.

Mazur, E. (2010) 'Outcome performance measures of environmental compliance assurance', *Environment Working Papers*, 18(18), OECD, Paris.

McKenzie-Mohr, D. and Smith, W. (1999) *Fostering Sustainable Behaviour: An Introduction to Community-Based Social Marketing*, New Society Publishers, Gabriola Island, British Columbia.

OECD(Organization for Economic Co-operation and Development) (2002) *Regulatory Policies in OECD Countries – From Interventionism to Regulatory Governance*, Annex 2, OECD, Paris.

OECD(2004) 'Political economy of tradable permits – competitiveness, co-operation and market power'. in F. J. Convery, L. Dunne, L. Redmond and L. B. Ryan (eds) *Greenhouse Gas Emissions Trading and Project Based Mechanisms*, OECD, Paris.

OECD(2008) *Environmentally Related Taxes and Tradeable Permit Systems in Practice*, OECD, Paris.

Patton, C. V. and Sawicki, D. S. (1993) *Basic Methods of Policy Analysis and Planning*, Prentice Hall, Englewood Cliffs, New Jersey.

Pauly, D. (1997) 'Points of view: Putting fisheries management back in places', *Reviews in Fish Biology and Fisheries*, 7(1), 125–127.

Purcell, S. W., Mercier, A., Conand, C., Hamel, J.-F., Toral-Granda, M. V., Lovatelli, A. and Uthicke, S. (2013) 'Sea cucumber fisheries: Global analysis of stocks, management measures and drivers of overfishing', *Fish and Fisheries*, 14, 34–59.

Salzhauer, A. L. (1991) 'Obstacles and opportunities for a consumer ecolabel', *Environment*, 33, 10–37.

Salzman, J. and Ruhl, J. B. (2000) 'Currencies and the commodification of environmental law', *Stanford Law Review*, 53(3), 607–694.

Schinas, O. and Stefanakos, Ch. N. (2012) 'Cost assessment of environmental regulation and options for marine operators', *Transportation Research Part C*, 25, 81–99.

Shaw, S., Grant, D. B. and Mangan, J. (2010) 'Developing environmental supply chain performance meas-

119

ures', *Benchmarking：An International Journal*, 17(3), 320-339.

Stavins, R.N. (2003) 'Experience with market-based environmental policy instruments', in K. Mälerand J. R. Vincent (eds) *Handbook of Environmental Economics*, Elsevier, Amsterdam.

Stein, R.M. and Bickers, K.N (1995) *Perpetuating the Pork Barrel：Policy Subsystems and American Democracy*, Cambridge University Press, Cambridge.

Sterner, T. and Coria, J. (2012) *Policy Instruments for Environmental and Natural Resource Management*, RFF Press, New York.

Sumaila, U.R., Cheung, W., Dyck, A., Gueue, K., Ling, H., Lam, V., Pauly, D., Srinivasan, T., Swartz, W., Watson, R. and Zeller, D. (2012) 'Benefits of rebuilding global marine fisheries outweigh costs', *PLoS ONE*, 7(7), 1-12.

UNEP (United Nations Environment Programme) (2004) *Economic Instruments in Biodiversity-Related Multilateral Environmental Agreements*, UNEP, Nairobi, Kenya.

Wahba, H. (2008) 'Does the market value corporate environmental responsibility? An empirical examination', *Corporate Social Responsibility and Environmental Management*, 15(2), 89-99.

White, A.T., Courtney, C.A. and Salamanca, A. (2002) 'Experience with marine protected areaplanning and management in the Philippines', *Coastal Management*, 30(1), 1-26.

World Bank (1997) *World Development Report 1997：The State in a Changing World*, Oxford University Press, Oxford.

4 制定和分析政策：政策分析简介

引言

第3章介绍了各种政策手段及其在海洋环境中的潜在应用。本章将探讨政策的制定与分析，重点是：政策制定的特点、政策选择中的考虑因素；选择和分析政策的方法。

政策分析这一话题涉及内容非常广泛，并且没有明确界定，广义上包括发现问题、作出决定、实施政策和衡量成果等各环节的方方面面。简言之，政策分析就是为决策提供参考。政策分析（通常为政策分析者）往往需符合一定的期待。他们应该熟稔其所在业务领域的晦涩语言、复杂性和政治背景。在制定可行的备选方案时，他们需要清楚并传达所提方案的影响。此外，他们必须对这些备选方案进行成本效益分析，然后向决策者推荐一个可行的方案。政策分析是所有政府的核心职能之一，同时也适用于任何设立项目以解决社会、经济或环境问题的组织，且可由组织内外的任何成员施行。

政策分析与政策规划和管理的区别在于：政策分析是为解决某一特定问题而制定战略方向、意图和目标的战略工具，而政策规划和管理则是用以执行一系列政策。例如，某地方政府可能会决定增加居民人口密度，以保护绿地并践行智慧增长原则。之后，规划者和管理者将负责政策的执行。他们可能会制定程序来修订分区规章制度、铺设自行车道，并确定支持高人口密度所需的附加基础设施。

政策过程参与方或受影响方通常被称为"主体"或"代理人"，一般分为以下三类：

- 公民（公众）主体：可能包括科学家和研究人员、媒体和非政府组织，代表环境、健康、休闲娱乐、不同性别者、原住民等方面的利益。
- 市场主体：代表公共产品生产和服务供应的相关利益，可能包括产业界、说客、智库、有组织的劳工等。
- 国家主体：当选的政府官员、任命的政府官员以及行政、立法、司法系统的管理人员。其中可能包括负责保护公民或市场利益的政府科学家、研究人员或公务员。

政策分析方法

政策分析有多种分类方法，本书并不深入探讨有关分类方法的各种学术观点。然而，我们应考虑广泛使用的两类政策分析方法：

（1）前瞻性政策分析，也称作事前政策分析，是一种先验、事前的政策分析方法，用于在政策制定前或过程中为政策的制定、选择并向决策者推荐提供参考。前瞻性政策分析约定俗成地会推荐潜在解决方案。同时，前瞻性政策分析旨在预测各个政策选择的可能后果，并通过定量和定性分析使用现有数据为决策提供参考，因而这种分析方式还具有预测性。

（2）回顾性政策分析，又称事后政策分析，是一种后验、事后的政策分析方式，用于在政策通过并实施后进行。该分析是评估性的，用于评估政策是否达到预期目标。通常情况下，该分析需要收集数据并进行研究，以描述或解释政策是否达到预期的特定产出和成果。在某些情况下，回顾性政策分析用以评估政策目标的现况（如鱼群数量），并重建过去的历史背景，以确定该政策是否有效。具体政策与观察结果之间的因果关系极其纷杂，因此大多数复杂政策难以用回顾性政策分析进行分析。

政策周期

许多政策分析者和政府使用广义的"政策周期"来指导政策制定和评估。拉斯威尔（Lasswell）（1951）最早指出，有序的决策方法可改善政府决策的质量、持久性和透明度，后来梅（May）和瓦尔达沃夫斯基（Wildavsky）（1978）也提出同样观点。政策周期是一个兼具描述性和规范性的学术概念，它体现了谨慎决策的过程，并为政府决策提供了指导框架。它试图提供对政治现实的一个敏感原型——这种现实政治包括外部影响，迅速决策的需要以及通过政策以符合选民的需要。过去数十年中，政策是通过封闭的精英流程制定，只有少数人能够接触到决策者。最近几十年来，选民、利益相关者和非政府组织更多地参与到政策的制定。最近，至少在民主国家，开放的政府举措、参与式民主和信息公开获取使得政策周期早期阶段在一定程度上被忽视的公民也能参与其中。

目前并没有单一、一致同意的政策制定模式。但是，许多对政策周期的解释具有相同因素，共同形成对政策制定和实施的共识（表4.1和图4.1）。此外，对周期的所有描述都涉及有多个主体和机构离散型国家问题解决过程。同时，所有模型也都提出了反馈机制，在这个机制中，政策得以改善或者演变成新的政策。政策周期各阶段总结如下：

表4.1　政策制定阶段（"政策周期"）的不同解释/定义示例

	巴顿（Patton）和萨威基（Sawicki）（1986年）	豪利特（Howlett）和拉梅什（Ramesh）（1995年）	布里奇曼（Bridgeman）和戴维斯（Davis）（2000年）	芒格（Munger）（2000年）	巴达赫（Bardach）（2011年）
政策周期各阶段					
问题认知	核实、定义及细化问题	设置议题	识别问题	问题形成	定义问题
方案建议	设定评估标准	政策制定	政策分析	标准选择	搜集证据
选择方案	确定备选政策	作出决策	政策工具	备选比较	明确选项
实施方案	评估备选政策	政策实施	磋商	政治和组织约束	选择评估标准
监测结果	展示并区别备选政策	政策评估	协调	实施和评估	项目结果
	实施、监测和评估政策		决策		权衡
			实施		决策
			评估		故事分享

界定问题

政策周期始于界定问题（problem definition），即议题引起政府关注。在这个阶段，问题还没有被很好地界定。各政策主体（如上文所定义）在所议问题上可能会有不同的看法，政府可能会提出或接收许多不完整的问题解决建议。该阶段界定了问题的严重程度和范围，将其与其他类似问题进行比较以确定是否已有解决方案，利用数据和信息进一步界定问题；并对解决问题所需资源进行估计。当问题得到合理阐述、受影响各方明确，且了解问题的重要程度后，问题的界定阶段也就完成了。在界定问题时，主要考虑的因素包括：

- 该问题是否完全或部分在该组织的职责范围/权限内？
- 综合考虑历史背景、文化环境和现代价值观等因素，该问题是否可以

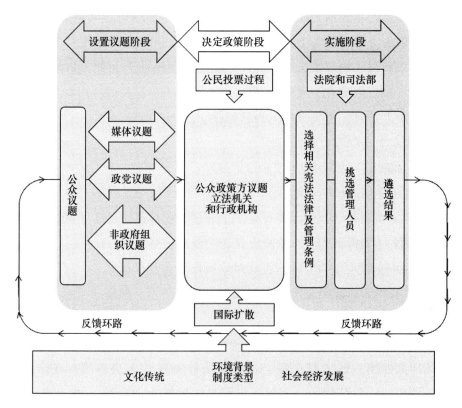

图 4.1　政策周期以及相关的主体和机构

来源：得到 Norris（2011）允许并进行再次完善

解决？

- 该问题是否是由之前政策（或政策缺乏）造成，在中短期内是否难以处理（如气候变化)？
- 该问题是否是由数据或信息不足造成的？
- 是否需要增量变化或转型变革来影响预期结果？

方案建议

政策周期的第二阶段（存在的不同看法参见表 4.1）是提出方案建议或政策制定，在此阶段政策将被明确阐述。这通常由政府部门进行，涉及海洋环境则由政府间组织（如国际海事组织）进行。这一阶段制定了风险、机遇、收益和成本并存的多种解决方案。其中，解决方案草案可由政府"内部"拟定，也可经利益相关方磋商或公开程序制定。解决方案通常会考虑包括维持现状和"全力以赴"选项在内的广泛替代/备选政策。对于每一选项，除评估备选方案解决问题的可能性之外，还应评估预期效果和影响，并预测最佳和最坏状况。许多复杂的政策解决方案还须考虑到历史背景和文化习俗（包括原住民的实践），并对比价值体系和以往的政策决定。此外，他们须预测社会（如人口统计、技术）和自然环境（如气候变化）变化。

制定解决方案时，主要考虑的因素包括：

- 管理方便（如改变法律）。
- 成本和收益（如确定支付方和受益方）。
- 有效性（如成功的可能性）。
- 公平（如相对于其他团体，某一个或多个团体是否处于不利地位）。
- 合法性（如解决方案在法庭上是否会受到质疑）。
- 政治可接受性（如公民是否会对政策作出有利反馈）。
- 可测量性（如能测量产出和结果）。

决策

政策周期的第三阶段是决策，政府将采取特定的解决方案。在全球层面，决策往往出现于国际公约中，因此决定同义词被称为"公约"或"协议"（参见第 2 章）。对于重要的引入，决策者可能不会接受所推荐的解决方案，并可能会合并、更改各选项，或要求工作人员做进一步分析，并将经修订后的解决方案反馈。这是制定国内和国际政策中的常见情况。大多数解决方案被政府决策者拒绝的原因在于这些方案在现实或认知中：

- 费用过于昂贵；
- 难以实施；
- 对某些部门（如渔业）或国家（如欠发达国家）具有惩罚性；
- 与既定的商业惯例相背离太多（如设置新先例）；
- 难以被公众理解；
- 难以解决问题；
- 可能会导致意外的后果；
- 具有政治风险。

政策实施

政策周期的第四个阶段是政策实施，往往是政策制定中最具挑战性的一环。实施复杂政策可能要求大规模改变业务流程和惯例、人类行为、基础设施和技术，并可能大幅调整改变费用和税收、重新分配用户间资源、修订规则或规章以及变更政府的构架/组织。虽然不是大多数，但也有很多决策者会低估政策实施中的困难，且希望新政策能够迅速且顺利推行。然而，海洋政策的全面实施可能需要很多年，特别是当政策要求改换基础设施（如双壳油轮）或技术（如用于排除海龟的捕鱼装置）时。

实施政策时，主要考虑的因素包括：

- 确定适当的试点项目；
- 为决策者制订实施计划与宣传计划并向其展示；
- 制订用于评估政策实施及其有效性的监测计划；
- 确定未来审查政策的日期。

125

政策评估

政策周期的最后阶段是政策评估。在这一阶段，实施监测计划，并定期进行政策审查，以确定其进展情况。但需指出的是，政策评估可以在政策周期内的任意时间进行，且界定问题阶段与评估政策阶段有很多共同之处。有研究者将政策评估定义为（Theodoulou and Kofinis，2004）：

- 评估特定政策所实施的系列活动是否达到了既定目标；
- 努力就项目质量提供一种判断；
- 为未来项目决策的目的收集信息；
- 使用科学方法估计该政策实施的成功率及其成果。

学界现已提出了几种类型的政策评估，但方法和标准方面还未达成共识。然而，在不同政策周期阶段的评估可能是以下两种类型之一：当政策正在制定或政策取得阶段性成果时，进行形成性评估（formative evaluations）。形成性评估可在政策周期的前四个阶段进行和不断改进。相反，总结性评估（summative evaluations）用于评估成熟政策的有效性，并确定是否需要修订政策（Smith and Larimer，2009）。

根据受评估政策的不同方面，有研究提出了以下四类政策评估（Theodoulou and Kofinis，2004）。过程评估（process evaluations）确定受评估政策（或政策创设的项目）的管理情况如何，很少关注政策是否会达到预期结果。过程评估通常由直接参与项目的工作人员进行，以评估项目实施过程中的管理效率。结果评估（outcome evaluations）旨在衡量产出（如符合授权技术的船舶数量），以证明政策的合规程度。换句话说，结果评估通常用于在政策成熟之前衡量政策的实际和可用成果，为政策是否有效提供一项参考指标。因此，结果评估不是用于确定政策在实现既定目标过程中是否有效，而是衡量在这些目标实现过程中的切实进展。影响评估（impact evaluation）用以评估政策是否达到了决策者预期的既定目标。当考查政策评估时，影响评估会考虑最多的因素，其会评估政策是否起作用且/或是否产生了意料之外的效果。成本效益分析（cost-benefit analysis）用以评估政策（或政策创设的项目）的财务成本与社会效益。成本效益分析常用于成熟的计划，并对其加以修改。此外，还可以根据项目形成阶段的经济分析对其进行评估，以明确成本效益预测性模型与实际情况的一致性程度。

126　　　　无论采用何种类型的政策评估，政策评估都存在四个驱动因素（改编自 Mark et al.，2000）：

- 优点和价值评估；
- 项目改进，组织扩展；
- 监督和合规性；
- 知识的发展。

政策评估可进一步分为过程评估和结果评估。评估过程中提出的具体问题包括（改编自 Smith and Larimer，2009）：

- 该政策是否按照相关规则/法律/责任义务执行；
- 该政策是否服务于目标人群；
- 过程是否与该政策目标相符。

结果评估中三个常见的具体问题（改编自 Smith and Larimer，2009）：

- 该政策是否有作用？
- 该政策有多大作用？
- 该政策若没有产生作用，失败原因何在？

面临的挑战

　　虽然政策周期已应用数十年，也提供了一个用以解决复杂问题的结构化方法，但仍存在一些问题。政策周期存在的首要问题在于，此模式假设任一阶段的行为都是合理的，且政府会遵循此模式。但在现实中，往往出于非常正当的理由，政治、选举、紧急情况和很多事件都会致使政策周期遭受规避甚至孤立。例如，为抓住政治机遇，决策者往往会草率地制定政策。出于权宜之计，而偏离该结构化方法。此外，政策工作人员、项目管理人员或第三方（如非政府组织和工业界）经常制定政策，为决策者提供政策周期之外的政策解决方案。最后，周期的顺序很少与现实情况相一致。决策者通常会同时考虑多个相互关联的政策，在未经分析或经验证据不足的情况下，就临时改变政策。

有研究者采访了澳大利亚高级公务员在政策周期方面的相关经历（Howard，2005）。其希望查明，政策周期是否足以代表目前的政策制定，政策框架是否对公务人员有利以及该模式（Bridgeman and Davis，2000）是否正确阐述了决策过程。在他的众多发现中，他发现政策周期的顺序有时会改变。例如，发现问题之前就时常提出解决方案，否则工作人员必须反向推导证明政策的正确性。他还发现，民选官员倾向于关注政策的公布和实施，而将政策周期的其他方面视为不必要的"过程"。他总结说，政策周期并非该模式所述的那样线性化，在实践中其实经常是迭代的。

选择公共政策时的考虑因素

选择公共政策可能很简单，就如同在已知鱼类种群数量趋势、生活史和捕捞强度后，设定限制捕捞特定鱼群。然而，大多数公共政策都较为复杂，只能大致预测其直接影响，间接影响则可能完全预测不到。所以政策制定时需认真考虑制定备选政策。因此，本节概述了制定公共政策时的一些考虑因素。在充满政治、利益集团及机会争夺的真实世界中，政策仅是知情选择的必要"台架测试（bench tested）"。但是，下述考虑因素应会引导政策制定者在向决策者提出备选方案之前提出一些问题。

选择政策主要侧重于若干方面，并以此提供不同的备选（解决方案），其中可能包括：

- 需要干预的环境、地理和社会经济方面；
- 可适用于产生所预期变化的现有政策措施；
- 政策变化的预期效果；
- 若政策措施得以落实，谁是受益者以及受益多少；
- 若政策措施得以落实，谁将遭受损失以及会损失多少；
- 政策措施效果的预期持续时间；
- 政策措施的财政预算影响；
- 政策措施如何获取资助；
- 政策措施是否合法、是否与现行法律相符；

- 政策措施是否需要变更法律或修订国际公约；
- 该政策受众是否理解政策的意图及后果；
- 如果政策有用，是否要进行衡量。

虽然政策决策并非简单的理性讨论，但高层级决策标准通常可以按照政策工具的有效性、效率或公平性分类。然而，尽管标准严格，但即使是最合理、最有效的选项，仍可能因政治或行政阻力而无法实施。因此，政治支持和行政管理可行性是成功政策的重要标准。针对具体问题，还可参照其他标准，包括：行动的科学或技术方面的影响、社会或文化可接受性、法律的影响以及相关不确定性（Loomis and Helfland，2001）。

一项政策工具可能不适合所有情况。要实现更深层次的结构性变革或经济变革，可能需要采取综合多种政策工具的多路径方法。在考虑工具选择和设计问题时，打下坚实的信息基础至关重要。审查过程应在政策行动之前进行，其在调整和监测基于激励措施和透明度使用的方法时至关重要。环境管理及相关实例的政策工具选择与设计的考虑因素如表 4.2 所示。

128

表 4.2　不同种类的政策工具的选择标准应用

标准	环境法规	使用市场	创造市场	信息工具
有效性（即时性和确定性）	高	中	中-低	低
效率（资金成本）	行政及执法成本一般较高	除业务合规和收入汇总外的执行成本低	设置及分配成本复杂且具有相关性	研究和宣传成本高，透明度机制成本低
公平（成本和效益）	阻力取决于监管目标，处理工业违规行为的正面公众形象以及"污染者付费"原则	只要按比例地分配成本以及支付能力相当，阻力就很小	出于公共物品（如公园）准入限制的公平性考虑，在区域贸易制度下，地方影响仍然很大	低阻力，伴随透明度增加问责，会产生正向效应，这对于那些没有参与的能够提供短期的有利条件
政治因素	由于执法和行政管理需求，政府会抵制；产业会延迟成本或限制技术创新	通常更受青睐，但也取决于收费的先例，会冒被公众视为"另一种税"的风险；经济抑制常会遭遇基于外部性获益的产业界阻力	理论上有吸引力，但执行起来复杂，需要政府间合作才能应用于跨国贸易机制	通常被视为软政策选项，但具有低成本，正面信息以及高问责度优点

来源：改编自 Sterner and Coria（2012）

在选择恰当政策工具来处理某一特定问题时，虽然有很多考虑因素，但评估标准一般可分为以下几大类，其中包括有效性、效率、成本效益、益处以及政治的可接受性。虽然不同的手段方法各有优劣，但应强调的是，管理问题的特定情况和先存条件会决定政策工具的适用性和成功可能性。考虑到可能涉及政策问题国家的潜在数量，这在海洋环境中尤为重要。不强调使用一种特定工具，而是把关注点放在政策目标上，可能是达到预期结果的最佳途径。

有效性

考虑公共政策在制定阶段的潜在有效性，可为备选方案提供参考，这也是提交给决策者解决方案的关键组成部分。有效性不仅在于政策能否达到预期结果，而是关注政策何时生效、对政策受众的风险大小、政策能否实现其预期目标、政策受众的认同以及政策"成功"的要素。例如，要对比监管工具及市场方法的有效性，就需要考虑以下二者谁更重要：使用监管工具的即时效果及高成本，与市场工具的延迟效果及经济灵活性（参见第 3 章）。

有效性分析会用到其他学科和行业部门的测定、评估技术。此外，有效性分析可能会利用循证技巧，并考虑对其他政策和项目的直接和间接反应。如前所述，有效性常常分为制度有效性和影响有效性。制度有效性（institutional effectiveness）（产出有效性）指具备有效性的政策/项目，而影响有效性（impact effectiveness）（成果有效性）指政策/项目是否达到其目标。例如，肯尼亚的政策足以解决海洋石油污染管理问题（制度有效性），但尚不能确定这些政策能否避免石油污染（影响有效性）（Ohowa，2009）。

评估政策有效性的关键是确定绩效标准（指标），以此来支持政策实施前对替代解决方案的评估，并评估政策实施后的有效性。评估政策有效性应选用绩效标准，该类标准可定期监测，且与政策的一个或多个目标相关（Mazur，2010）。表 4.3 概述了政策绩效标准的主要类型，表 4.4 阐述了选择绩效标准的关键考虑因素。

欧洲环境局（European Environment Agency）（2005）对政策评估提出了以下观点：

- 治理可使政策成功，也可使之失败：若无恰当的治理，政策毫无效果。
- 要从根本上解决问题，经济工具可能是政策组合中富有成效的部分：有效的政策会利用经济激励来阻止高成本外部性（如污染）的产生。
- 评估政策的目标达成时，区分不同类型的目标很重要：政策评估须认识

129

到多个目标的存在，且一些目标可达成，而一些目标不可能达成。

- 数据限制要求很高，但并非不可克服：政策评估常常受限于数据缺乏。尽管如此，通过获得足够的数据，通常也可以理解政策。
- 有效性评估很复杂，需要多学科的共同努力。
- 有效性评估有助于能力建设和共同学习政策。

130　　　　　　　　表4.3　政策评估绩效标准的主要类型及其在海洋法方面的应用实例

标准类型	实例
基准	与另一实体或辖区相同变量的最佳绩效的比较，例如：辖区内获海洋管理委员会认证的渔业数量
阈值	使系统行为发生不可逆转的根本变化的一个关键变量值。任何给定时期内政策在使系统接近或远离阈值方面所扮演的角色，例如：渔业的最大持续产量
原则	宽泛界定且通常被正式采用的规则。原则应该有相关的执行措施，例如：所有港口都应该有溢油应急方案和对策
标准	性能、程序或环境质量的最低要求，例如：舱底水质量标准
具体政策目标	根据以往绩效表现和目标成果通过政治和/或技术程序来确定，例如：设定海上油气生产目标

来源：改编自 Pintér et al.（2000）

表4.4　绩效标准选择的关键考虑因素

透明度	外行人可以理解相关政策
政策相关度	与政策目标的相关性
分析相关度	对问题进行准确分析
回应度	对管理变化作出回应
时间范围	预计获得结果的时间
问责制	确定责任
稳健度	不能被操纵/窜改
可衡量性	在实施政策过程中可以被评估

来源：改编自 Jesinghaus（1999）

效率

在选择一项政策时还需考虑：财务成本以及影响社会福利总体水平的其他非市场产品和服务。以最小成本达到目标的策略，可最大限度地利用有限的资源来解决其他问题。成本因素可在其应用于社会、政府机构以及目标个人和组织时加以考虑。涉及成本的政策工具包括低成本自愿项目以及高管理成本的监

管手段。从经济角度界定环境成本和相关健康成本具有局限性，已使效率观点 131
（比较监管费用与经济总成本）产生争议（参见专栏 4.1）。通常情况下，这些
负成本在很大程度上被外化或忽视，对规范性监管政策的批评集中在政策制定、
政策管理、政策执行的实际财务成本以及对业务创新的潜在限制。外部性不仅
可能导致资源的不充分利用，还会为他人带来被人们广泛认为不公平的成本。
（Stavins，2003）。

经济或市场工具通常与较低的财务成本呈正相关。然而选择合适的市场工具
（第 3 章），仍需考虑效率因素，比如：数量、价格或者市场促进政策。许可证或
执照的分配已应用于从渔业到水污染控制的各类资源。实施基于数量的贸易工具
需要大量的前期政策制定成本，以协商交易合同，并支付律师费、经纪人佣金和
保险费用。贸易制度的制定也可能耗费政府部门大量的时间和精力，同时还需适
当考虑所涉及的潜在效率和公平影响。对希望建立国内温室气体排放许可证交易
制度的决策者来说，这是一个复杂而漫长的过程。对于价格或市场增强方法，交
易成本是可以避免的，但仍然存在合规成本，以及政府征税或补贴分配的成本。
效率影响也与以价格为基础的规避方法相关。这与贸易制度不同。在贸易制度中，
税收或收费被商品化并转换成一种可交易的"资产"（Johnstone，2003）。

专栏 4.1　魏茨曼理论

　　1974 年，马丁·魏茨曼（Martin Weitzman）探讨了两种减少某些形式污
染的方式，即制定排放标准（直接规范数量）和收取适当的污染税（通过价
格间接控制），并比较了哪种方式更有效。他指出，当边际收益和减排有关
成本不确定，但经济成本可能比环境收益增长更快时，造成整体福利损失更
少的很可能是定价机制，而非严格的数量限制。所谓"效率规则"，魏茨曼
认为，如果决策者无法确定可选污染水平，最好规制数量目标（即使增加减
排成本）。但是，如果环境影响逐步上升，而增加的合规成本更令人担忧，
那么价格方法是更有效的选择。因此，管理有害污染物排放或保护受威胁物
种或栖息地的最有效政策可能是采取配额或限制获取的形式。同时，税收评
估是处理相对良性污染物或缓慢积累的环境威胁的合适工具。

　　40 年后，大多数经济学家继续支持魏茨曼的结论。

来源：Weitzman（1974）

成本和效益的公平

选择政策工具时，公平是一个重要问题。公共政策可能对不同的人产生不同的影响，这些影响因地区、种族、收入或职业而异。政策的分配结果通常在很大程度上表明谁支持政策以及谁反对政策。虽然"污染者付费"是一个被普遍接受的原则，但强制策略往往难以实施。当一个小团体或部门承担一项政策的成本时，该团体或部门就会有抵制政策实施的强烈动机，而获益的大多数常因分散过广而没有一致的声音。任何政策都会在成本和效益之间进行权衡。然而对于影响成本效益关系条件的变化，政府机构的反应可能并非最敏感。政策如何符合比例地影响弱势群体或富裕群体，也会影响公众对政策的社会平等性看法。自愿工具所面临的目标部门阻力通常较小，相对容易实施，但可能不会被严肃对待，从而受"搭便车"的困扰。更大的环境问题，如大范围的污染，一般最好通过经济或监管的方法来缓解。在分配与这些资源相关的财富方面，基于市场的方法（参见第3章）一直存在争议。虽然基于市场的方法通常不会像传统观点所认为的那样对资源进行私有化，但在某种程度上，它们会对这些资源的获取（和使用）进行私有化。由于获取权限很有价值，这些权限即代表大量财富。虽然回收再利用和保护共有资源的能力会促进行为可持续进行，但由相互竞争主张者间的资源分配而产生的伦理问题仍是一个相当大的挑战（McCay，2000）。

政治因素

通过民选政治家和非民选政治家的意愿表达的政治环境驱动了绝大部分公共政策的分析和行动，因此公共政策经常遭遇失败。政府授权会对工具的选择有重大影响，对公众接受性的认识也会有重大影响。由于政策动态往往遵循政治议程，自愿或非监管方法的经济以及精简或放松现行政策的做法往往受到青睐。尽管有强有力的证据证明它们可能是有效的，但因不间断反对，许多对经济起抑制作用的政策很难实施（Greiner et al.，2000）。由于实施和执行政策的政治和行政管理负担增加，额外监管常常受到抵制。

政策制定过程中，具体的政治考虑因素包括：

- 确保具有关键影响力的人士不会影响结果，导致结果对某些团体更为有利。
- 确保该政策工具不会造成公平问题和为"搭便车者"带来好处。

- 确保公众理解和接受政策。税收、补贴和贸易制度等特定工具可能会引起争议。政策工具的组合也更复杂。相反，公众普遍理解"污染者付费"等更简单的政策工具。

- 确保政府机构的政策执行能力。

- 保持与地方各级政府的关系。例如，比起国家控制，地方政府在制定污染标准时往往偏好基于市场的方法。

- 保持与其他国家的关系。跨境政策往往会面临更多的政治和外交因素。另外，国际协议往往限制使用某些政策工具。　　　　　　　　　　133

- 为准确有效地传达政策意图，应保持与媒体的联系。

其他评估标准

本章前面提到的有效性、效率、公平和政治等因素为评估政策提供了一些一般标准。然而还有其他各类评估过程也提出了详细的政策选择评估标准清单。表 4.5 列出了一些附加标准和选择环境政策的相关示例。

表 4.5　选择和设计政策工具的标准及考虑因素　　　　　134

所有权/权利	若权利受到影响，则政策工具需要对潜在的补偿保持敏感
分散源/点源	特定政策工具（如可交易的许可证或基于承载力的许可来源问题系统）需要了解污染根源才能发挥效用。否则，其他工具（如环境标准）可能更加恰当
单一问题多项效益	通过结合各种灵活的工具，有很多可很好处理单一议题（如水质）带来多重效益的实例
可用信息	市场工具通常需要有关可持续产量的可靠数据，以及对合规成本等问题的理解。在信息匮乏的环境下，规章制度和财务激励措施可能更适合
工具的成本比例	税收、罚款和许可证价格必须足够高，以便改变行为和激励变革
预期的环境结果	政策工具应推动行为朝清晰的、以科学为基础的、符合质量或数量标准的方向发展
提升效率	因权益往往移至边际收益最高的生产者，政策手段应尝试实现效率提升
持续激励措施	通常情况下，提供产业自我管理激励的经济工具，比如许可证制度，偏向适用于依靠行政和执法资金支持的产业
时机	环境威胁迫在眉睫时，相较于耗时的工具，可迅速制定的工具更可取
灵活性	政策工具可能需适应性地对科学研究和监测所产生的新知识作出回应
平等方面	应审查政策工具对受政策影响者的全面影响。考虑因素应包括：对"公共权利"的指控；对类似实体的差别待遇；使最少支付者受影响，统一收费或征收反倾销税；对产业结构调整的过高收费或过高补贴
交易成本	对于市场工具，可能需要考虑交易成本对效率的影响

所有权/权利	若权利受到影响，则政策工具需要对潜在的补偿保持敏感
社区认可	如果该工具要有效，则须先被视为合法工具。一些政策工具，包括税收和征税，如果公众相信其目的是使某些特定群体受益或承受苛捐杂税，则可能无法获得公众的支持
透明度	透明度提高了政策工具的社会认可度，并通过最大限度地降低欺诈、腐败和公共资金管理不善的风险，以改善政策结果，并为企业提供公平的竞争环境
行政可行性和成本	理想的工具应该是对行政管理而言最具成本效益的。确定支出成本有效的考虑因素应包括执行成本和监督成本以及政府管理计划项目的能力
可靠性或确定性	即使知道可能的回应是不确定的，政策工具仍会推动所期盼的改变实现，对此应该很有把握
预警	工具应体现预警方法，即缺乏科学信息不能作为不采取行动或削弱政策的理由

来源：改编自 Robinson and Ryan（2002）

¹³³ 用于选择和分析政策的方法和工具

根据标准对每个备选方案进行分析后，仍需作出决定。政策决定通常符合逻辑、井然有序，且基于绩效。虽然有许多分析工具有助于综合相关信息，并有助于确定最合适、最具战略性的政策方法，但在选择过程中存有多种途径。

在"理性模型"中，理想的政策制定基于一个层级规范过程（Fischer et al.，2006）。通常，先明确需要解决的问题，并阐明政策的目标。此时需审视历史背景和问题的严重性。依优先事项、备选选择和公众期望而定，政府可能会选择不去解决问题。若政府需要采取行动，则应评估现有政策以避免重叠。这包括指导适当级别政府（国家或地区）的政策，并吸引负责管理和实施政策的员工参与其中。应与公众和利益相关者进行磋商，因为磋商会为他们提供了一个可提出备选方案、确定影响并确保解决担忧的好参考。政策选择也可能有法律影响和需求，例如：确定政策的宪法和法律基础，并明确其适用的法律实体。存在类似问题的其他管辖区的备选应对方案示例和案例研究可为最佳行动方案提供更多洞见。成本效益分析或其他政策选择工具可用于支持最终决策。最后，应确立明确的适用范围和沟通策略，以确保目标明确、一致且易理解，这将确保政策在执行过程及之后的成功。

尽管高效的理性决策过程是选择最好政策选项的有效方式，但是政策变更很少产生于有序的成本效益分析。批评人士认为，绩效标准和机构管理过程无法充分解释这样的现实问题：一些问题一夜之间便"火"了起来，引发大幅变化，而非缓慢而有节奏的改善，因而政府决策并非都严格遵循合理程序。因此，许多新的备选政策决策模式应运而生（参见表4.6）。

表4.6　用于描述公共决策决定如何做出的常用模型/方法/路径/理论 135

模型	描述
理性主义者	决定基于最全面的信息，以获得最大的社会利益
有限理性主义者	认为决策中不存在完全理性
渐进主义	随着时间的推移逐步改进政策
群体理论	各群体相互竞争以影响决策
精英理论	精英们为了自身利益影响政府
公共选择理论	政府为了自身利益而运作
规范性	决定基于价值判断，而非经验
可估价性	审查政策以确定其价值

来源：改编自 Fischer et al.（2006）

政策选择过程中的决策往往存在高度不确定性，或只为权宜之计，或基于信息不足下的政治本能。另一种理性选择模式是把政策源流比作由专家、研究人员、政策分析人员和政治家等主要参与者随意发表、交换、综合意见的"原始的政策鲜汤"。此种决策方法包含复杂的争辩讨论，导致某些观点的流行度上升或下降。虽然提出的观点很多，但只有一些符合当代政策环境标准的观点最终被接受。在这种决策模式中，衡量决策成功与否的最基本标准是技术上是否可行、政治上是否可接受以及是否具有前瞻性。

然而，手握最终决策权的却是决策者。但是，已有很多技术方法可综合所 133
有政策选项来协助挑选可选政策。有必要进行多种形式分析，以评估优先政策选项是否取决于所选的决策方法。这些方法在接下来的部分将予以概述。

优势

在优势规则下，对备选方案没有任何优势的政策选项将被淘汰。若政策选项不符合或超过既定标准，理论上也不应纳入进一步考虑。虽然如此，因某一选项完全被另一个选项完全支配的情况很少，决策标准的排序应取得共识。通常来说，一种客观分析方法不是被用于发现政策选项的机会。事实上，若一项备选方案在每项决策标准上都占明显优势，则该标准可能不够完善，或者是有意凸显该优势方案。优势方案可用来排除不达标准的备选方案，并减少需要进一步考虑的选项方案，或者突出该决策标准的不足（Loomis and Helfland，2001）。

标准排序

在优势比较后，标准排序会优先考虑一个或多个标准。承认一些标准比其他标准更重要，当然这并不代表其他标准无关紧要，只是在确定适当政策时，这些标准的重要性不应过高。额外标准可用于次级决策过程，或作为可比备选方案的最终决定因素起作用。标准排序要求主次极为分明，这种方法通常灵活性不足（Loomis and Helfland，2001）。

成本效益分析

使用成本效益标准时，经济效益成为了指导基准。最好的政策应将对社会的净收益最大化，且通常不考虑谁得谁失。由于收益大于损失，因此损失有可能得到补偿。魏茨曼（1974）强调了将自然资本（环境）纳入经济增长核算的重要性（参见专栏4.1）。但是，利用环境资源会造成负面的环境外部性——实质上是无形成本，如自然资源枯竭或环境退化。为了充分分析涉及自然资本管理政策的成本收益，必须赋予无形变量以价值或"影子价格"。例如，在允许海上风电场运营的成本效益分析中，与风景相关的无形价值损失必须定价并计入成本。有批评认为，成本效益分析将主观的价值评估伪装成经济方程式。但在确定环境损害和减排成本的实际估计方面，成本效益分析已被证明是行之有效的。另外，有研究者提出成本效益估算有助于（Schulz and Schulz，1991）：

- 使环境退化的经济方面更为清晰；
- 使环境辩论更加客观；
- 将紧缺的财政资源用于最紧迫的环境问题；
- 使污染者意识到污染行为的成本；
- 进一步开发福利的统计措施。

近几十年来，许多研究已估算了各种生态系统服务的价值。从经济角度看，生态系统服务的价值是无限的，没有它们，人类就不会存在。有人怀疑，由于赋予公共产品价值这一普遍问题，成本效益方法有几个结构上的限制（Costanza et al.，1987；Navrud and Pruckner，1997）。衡量任何政策带来的有形利益，就须以现有水平为起点评估生态系统服务变化的速度，并且还要避免损害以评估这些服务所带来的收益。估算生态系统服务的价值可有助于说明环境的潜在损

害程度，但从本质上而言，估算是不确定的。例如，如需计算由于沿海水质退
化而造成的货币价值损失，就必须估算多个不确定因素的短期和长期价值损失，
包括：海岸线财产价值、鱼类损失、健康和娱乐休闲损失（Freeman 1985；
Pearce，1993；Pearce and Moran，1994；OECD 1995）。考虑如下问题时，成本
效益分析法也面临着诸多难题（改编自Hanley，1992）：

- 公民和消费者之间的价值观差异；
- 详述生态系统的复杂性；
- 不可逆转和唯一性；
- 代际公平和贴现。

虽然我们承认这类估算在许多概念和经验方面存在固有问题，但经济估算
过程却已被证明很具指导意义，且具有如下益处：

- 使生态系统服务的潜在价值范围显而易见；
- 确定全球生态系统服务相对量的第一近似值；
- 为进一步分析建立一个框架；
- 指出这些领域中最迫切需要的补充研究；
- 推动进一步的研究和辩论。

科斯坦萨等（Costanza et al.）（1987）提出了最早一批中的一个生态系统服
务价值估算方面的国际综合报告。他们估算了每单位面积生物群落提供的生态
系统服务价值，然后乘以该生物群落在地球上的总面积，最后算出地球上所有
生态系统服务和生物群落的价值总和。他们在工作中碰到的大多数问题和不确
定因素表明，估算得到的只是一个最小估计值，可能由于下述原因而增加：对
更广泛的生态系统服务进行的进一步研究和估价；更真实地反映生态系统的动
态和相互关系；未来生态系统服务因受到更大的压力而变得"稀少"。

人们付费改善环境质量的意愿——环保产品和其他产品之间的权衡——取
决于社会偏好和对后代偏好的测定。在实践中，这些问题只能通过政治过程来
明确。但是，收益评估可以增加过程的合理性和透明性。

国家研究是成本效益分析的另一种形式。为描绘一个更全面的政策图景，
国家研究会对提高税收和增强监管的后果，以及市场效率和净收入的增加，来
进行权衡。国家研究往往采用独立的第三方分析来评估管理问题。在海洋环境
中，这种分析可能会研究把沿海水域污染限制在目标水平的潜在影响和政策选
项。全面的环境政策计划会设定在未来某一日期前的排放、废弃物和资源开采
目标值，并估计不同政策方案的实施成本以及对宏观经济的影响。深入的分析

会考虑立法、监管、收费和税收的重要性并增加投资。各政策方案通常会就所需采取的措施和为实现严格目标、稳定排放或保持现状而不采取任何行动进行比较（Loomis and Helfland，2001）。

多标准决策分析

138

人们早已认识到，政策决定基于社会经济、环境、文化、政治和道德层面的考虑形成。因此，人们花相当大的功夫去研究出可以整合不同数据集的工具，利用其来制定政策方案，并从质量或数量方面对其排序。多标准决策分析（multi-criteria decision analysis，MCDA）方法是综合利用利益相关者录入的不同输入数据和效益/成本分析对政策备选方案进行排序的系统方法（Huang et al.，2011）。多标准决策分析通过量化公共反馈和非货币因素，来实现政策选项的比较。例如，购买新车的人都有更为重要的特定偏好（如价格、可靠性、风格、燃油经济性）。其中一些偏好可以量化（如燃料经济性），而有的则是主观的（如风格）。多标准决策分析方法则通过量化主观因素，以确定最佳的备选方案。

这些方法已广泛应用于多个领域，例如：减少进入水生生态系统的污染物、优化水资源和沿岸资源、可持续的能源和交通政策等。主要的多标准决策分析方法有三种：多属性效用理论（multi-attribute utility theory，MAUT）、级别优先排序和层次分析法（analytic hierarchy process，AHP）。这些方法通过为每个变量分配权重，并对每个选项方案的权函数求和，从而建立在级别优先排序（参见上文）的基础之上。每种方法都将备选方案的值乘以权函数得出每个选项的总分；然而，这些方法之间存在一些差异，下文将进行讨论。

多属性效用方法 跟多标准决策分析方法一样，多属性效用理论为每个变量分配权重，并算出每个政策选项方案的加权标准得分总和。然而，多属性效用理论包括一个效用函数，它对各属性的重要性或影响打分（1分或0分），0代表最坏的表现，1代表最好的表现（Loomis and Helfland，2001）。权重的绝对数并不重要，但相对值却凸显了多属性效用理论的主观部分。权重的确定和分配可能颇具争议，对每项标准相对重要性看法的不同，得出的结果则完全相同。这一问题可以通过灵敏度分析来协助解决：改变各个不确定参数，看结果是否也随之改变。如果只对权重进行微小的调整，政策选项方案的顺序就会改变，那么确定赋予权重更重要。另外，多属性效用理论方法面临两大难题：一是不确定性或信息模糊；二是通过数量而非份额或区间尺度来表达信息。

级别优先排序法 级别优先排序法以"投票理论"为基础；若表明备选方

案 a 多（优）于 b 的得票数（或标准）那么方案 a 优于方案 b，反之亦然。单一、正确的备选方案制定并非是依据级别优先排序法，而是依据一个方案对另一方案而言所占优势地位的程度。级别优先排序法可用于价值信息不完整的情况，并仅适用于数量有限的独立备选方案可供选择的情况以及输入信息本质是描述性的情况。常用的级别优先排序法包括：偏好顺序结构评估法（PROMETHEE）、消去与选择转换法（ELECRE）。

层次分析法 层次分析法使用两两比较来求证标准 a 是否优于标准 b，然后 139根据重要性将对这些标准进行加权和求和。与级别优先排序法相似，层次分析法并非明确"正确"的备选方案，而是反映了在过程中参与者的偏好。该方法适用于包括专家知识和主观偏好组成的输入信息情况。除此之外，该类评估中也可使用定性标准。

筛选

依具体情况而定，一套标准可对任何政策提出明确要求。法律义务或"阈值"给出了一些示例，筛选的方法有助于确定优选政策方法。在某些不确定的情况下，达到目标或满足"阈值"可能需要更多的分析，但筛选依然能确保选定的政策得到认可并满足关键要求。如果没有或只有少数政策方案符合筛选标准，则可能需要更多替代方案。此外，筛选并不提供从通过筛选的多个政策方案中进行选择的方法。

成本效益分析

成本效益分析（也称为最低成本分析）用于确定实现目标最为有利的财务行动方针。一旦实现目标的政策方案得以确定，就会将成本最低的方法选定为最具成本效益的方法。成本效益分析默认收益大于成本，而不会试图确定和评估收益。在对备选方案的收益进行有效且可靠的估算不可行情况下，成本效益分析在以下情况是适用的。例如，成本效益分析适用于环境目标明确（可以根据最低水质标准等生物物理单位来衡量）且合理的情况，也可用于确定为实现政策目标而分配固定数额资金的最有效方案分析。成本效益分析的一个不足在于，它无法确定具体行为带来的益处，也无法衡量社会为改善环境质量而付出代价的意愿；在许多决策过程中这些都是重要的考虑因素。尽管如此，在实际过程中成本效益分析依然是决策支持的首选根据。

反事实分析

反事实分析（counterfactual analysis）是一种影响分析。简而言之，该分析试图在政策缺乏的情况下确认将来会发生什么，从而分析干预措施和结果间的因果联系。这在政策分析中非常必要，因为对政策实施前后的结果进行简单比较并不能说明政策的效果。反事实分析可以运用实验设计（如将与不受政策影响的对照组或比较组的结果进行比较）或假设性预测（如对专家进行访谈来确定没有政策干预下的结果）进行。

140　　　反事实分析遵循以下逻辑步骤（图4.2）：建立一个基本假设，用来描述没有政策（WoP）干预（如一个政策措施没有得到执行，则状态属于此情况）下

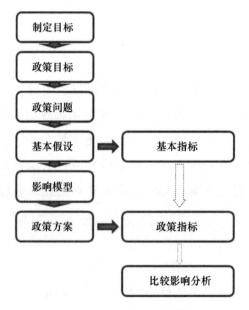

图4.2　反事实分析过程流程图

来源：改编自 Bellù，and Pansini（2009）

141　的当前体制。这将成为政策影响分析的参照假设，也称为基准或基线。然后，基于人们将要分析的政策类型选择一些指标，以描述参照情景。例如，若政策措施旨在保护海洋哺乳动物和濒危海洋物种，则选用鲸目动物死亡率、人口增长率、栖息地需求及其分布等指标。这些指标将作为参照假设的参考指标。建立并描述参考假设后，该分析将重点构建一个纳入政策选项预期影响的情景。这是有政策（WiP）干预的假设。如需分析多个政策选项，分析者可构建多个"有"政策干预的不同情景。有政策干预的场景通常是作为没有政策干预场景的修正。

定量分析与定性分析

政策分析采用了一系列定性、定量的研究方法来分析和比较现有的政策和可能的修改。许多方法具有混合性质，因此不可能将定性分析和定量分析完全分离，但本质上政策影响分析的定性方法是基于非数字信息的利用。定性研究往往可获得对现象的总体认识，然后形成可以用定量研究来检验的理论。定性研究包括：主要信息提供者的价值判断，利益相关者的非结构式访谈，焦点小组（focus groups）、小组讨论等。这些方法通常对公众看法的有关定性结果进行比较，非常详细且有特定的上下文，以便为决策过程提供支持。这些方法中很多是来源于民族学，其是一门通过实地考察对人类社会进行描述性研究的学科。

与之相反，定量方法根植于经验的实验方法。该方法侧重于对数值数据进行无偏差测量，这些数据通常通过由封闭式问题构成的结构式问卷调查来收集，或从其他统计来源（如国家人口普查、国民账户、海关数据、国际数据库）中获取。接着，研究人员通过数学方法处理信息，以推知政策干预影响下对变量的预期反应。定量方法可处理物理数据（如投入和产出的物理量、某渔业的上岸吨数、漏油事故数量），并向决策者提供与物质层面有关的实际政策的影响信息。

作为定量分析的一个子集，货币化评估常将货币作为一种常用的计量单位，通过将物理量转换为以货币单位表示的价格，以体现出的货币价值。在许多情况下，决策者得到以货币形式或货币变量的百分比变化表达出的概要信息（如各个群体的收入或支出、国内生产总值增长率、增值变化、预算影响）（Costanza et al.，1987）。

环境指标的使用

指标可以将定性方法和定量方法联系起来，将经济发展和环境保护联系起来，这有助于将环境政策和经济政策一体化（参见专栏 4.2）。环境指标对于监测满足环境目标的实际进展与目标间的差异很有必要，且指标被计算出来之后用于政策调整。相较于调查得出的结果，记录市场上因环境退化、减排支出、废物处理和环境费用而导致的产出减少，可以更准确地比较环境政策的相关经济成本（Schafer and Stahmer，1989；Dahl，2000）。 142

┌───┐
│ 专栏 4.2　构建绿色国内生产总值（GDP）   │
│   │
│ 　　将环境退化的成本考虑在内，能更好地反映国家福利的衡量标准。例 │
│ 如，已经出现了大量 GDP "绿色" 计算方法。绿色 GDP 的概念得到了大力 │
│ 支持，但批评人士认为 GDP 等指标需要对环境质量有一个标准的评判。但因 │
│ 多个原因，这些指标可能无法涵盖各国国情的方方面面。一些批评人士还认 │
│ 为，目前的 GDP 测量旨在监测事实上的市场活动，而非总体的福利水平，因 │
│ 此并非是纳入环境状态测量的适当指标类型。因此，环保支出和环境退化的 │
│ 应对成本可能不会明确纳入 GDP 计算。尽管存在不完善之处，了解环境政策 │
│ 目标，就可能计算实现这些目标所需措施的成本，从而构建一个 "更绿色" │
│ 的 GDP。   │
│   │
│ 来源：Navrud and Pruckner（1997）   │
└───┘

　　关于环境状况的可用信息可转换成用于环境服务流动的措施，也可用于估计因环境资源退化而造成的损失。有一种综合手段可将资源的实物库存与国家资产负债表挂钩，也可将资源利用与国民经济核算联系挂钩，而使用卫星监测等技术也是该手段的组成部分。考虑到机会成本可使用有针对性的减排成本来计算，因此机会成本可能与实际污染或一定实物单位资源储备的信息有关。但是，实物存量的实际计量和其转换为货币价值的过程仍然存在许多现实困难（Pearce，1993）。

科学在决策中的作用

　　科学在政策和政治中的作用是一个复杂话题，探讨该话题的学术文献越来越多（Ezrahi，1980；Coppock，1985；Barke and Jenkins-Smith，1993；Dietz and Stern，1998；Andresen et al.，2000；Hagendijk and Irwin，2006；Pielke，2008）。有效的环境政策会考虑一系列投入问题，但也需要依靠科学实现诸多功能。政策制定过程的许多阶段都会用到科学知识——发现新问题、助力政策制定、评估其影响、评估自然资源状况、为解决冲突提供合理的量化框架。在一个有理想、健康的民主国家中，政策制定者和公民需要准确、相关、无偏见的科学来决定处理问题的最佳形式。科学在政策制定中发挥的根本作用之一就是为形成政策决定提供 "原材料"（Margules and Pressey，2000）。

152

科学家和科学在政策和民主政治中可以且经常发挥重要的作用，但也可能混淆或甚至妨碍合理的决策。科学对高效的领导至关重要，但充分的证据表明，还需要改进科学家和决策者之间的双向信息流动。用于政策的科学信息需要是准确的、相关的、可信的以及在政治上合法。然而，有许多因素，包括：政治干预、互相冲突的解释、资金波动、迫切的经济要求、新信息更新速度、甚至缺乏基础研究，都可能影响科学在政策过程中的作用。

143

在决策中为成功和有效地运用科学建议，需考虑以下因素：

- 充分考虑了现有最先进的科学知识；

- 所使用的科学知识健全（成体系、同行评议、独立、不带偏见或已表露偏见）；

- 考虑到相关学科科学思想的丰富多样性；

- 明确将风险和不确定性因素考虑在内；

- 承认"最佳可用"科学不包括所有可能的知识；

- 决策透明、公开——所有相关的信息、数据、假设、价值观和兴趣均已识别且易获取；

- 重大决策理由对所有相关方提供/可用；

- 已纳入适应性管理原则，且决策需接受持续审查；

- 有正式的制度流程来确保问责制。

受社会、经济和政治因素影响，科学建议会有所修正（Margules and Pressey，2000）。承认这一点，同时对于有多少科学家将"事实"与"价值"对立尚存在争议，因此需明确指出：除现有的线性模型之外，科学家可选择以其他方式参与政策和政治。科学家有两种极端：一种是纯粹的科学家，他们尽可能地远离并独立于政策和政治，只在学术刊物上发表研究报告，不参与解决当前社会存在的政策难题。另一种是议题倡导者，他们利用他们的科学和科学资历来倡导他们所支持的政策。

本章总结

- 政策分析涵盖问题界定、决策、政策执行以及产出结果衡量的所有方面。政策分析是形成决策的参考。

- 政策分析可能具有前瞻性，它试图预测各种政策选择的可能结果，并使用现有数据或回顾性数据来评估政策是否能达到目标。

- 政策周期指界定问题、制定政策、评估成果和修订政策的过程。

参考文献

Andresen, S., Skodvin, T., Underdal, A. and Wettestad, J. (2000) *Science and Politics in International Environmental Regimes: Between Integrity and Involvement*, Manchester University Press, New York.

Bardach, E. (2011) *A Practical Guide for Policy Analysis: The Eightfold Path to More Effective Problem Solving*, CQ Press, Washington, DC.

Barke, R.P. and Jenkins-Smith, H.C. (1993) 'Politics and scientific expertise: Scientists, risk perception, and nuclear waste policy', *Risk Analysis*, 13, 425-439.

Bellù, L.G. and Pansini, R.V. (2009) *Quantitative Socio-Economic Policy Impact Analysis: A Methodological Introduction*, FAO, Rome.

Bridgeman, P. and Davis, G. (2000) *Australian Policy Handbook*, Allen & Unwin, Sydney.

Coppock, R. (1985) 'Interactions between scientists and public officials: A comparison of the use of science in regulatory programs in the United States and West Germany', *Policy Sciences*, 18, 371-390.

Costanza, R., d'Arge, R., de Groot, R., Farber, S., Grasso, M., Hannon, B., Limburg, K., Naeem, S., O'Neill, R.V., Paruelo, J., Raskin, R.G., Sutton, P. and van den Belt, M. (1987) 'The value of the world's ecosystem services and natural capital', *Nature*, 387, 253-260.

Dahl, A.L. (2000) 'Using indicators to measure sustainability: Recent methodological and conceptual developments', *Marine and Freshwater Research*, 51, 427-433.

Dietz, T. and Stern, P.C. (1998) 'Science, values, and biodiversity', *BioScience*, 28, 441-444.

EEA (European Environment Agency) (2005) *Policy Effectiveness Evaluation: The Effectiveness of Urban Wastewater Treatment and Packaging Waste Management Systems*, www.eea.europa.eu/publications/brochure_2006_0305_111039, accessed 19 April 2013.

Ezrahi, Y. (1980) 'Utopian and pragmatic rationalism: The political context of scientific advice', *Minerva*, 18(1), 111-131.

Fischer, F., Miller, G.J. and Sidney, M.S. (2006) *Handbook of Public Policy Analysis: Theory, Methods, and Politics*, Marcel Dekker, New York.

Freeman, A.M. (1985) 'Supply uncertainty, option price and option value', *Land Economics*, 6, 176-181.

Greiner, R., Young, M.D., McDonald, A.D. and Brooks, M. (2000) 'Incentive instruments for the sustainable use of marine resources', *Ocean & Coastal Management*, 43(1), 29-50.

Hagendijk, R., and Irwin, A. (2006) 'Public deliberation and governance: Engaging with science and technology in contemporary Europe', *Minerva*, 44, 167-184.

Hanley, N. (1992) 'Are there environmental limits to cost benefit analysis?', *Environmental and Resource Economics*, 2(1), 33-59.

Howard, C. (2005) 'The policy cycle: A model of post-Machiavellian policy making?', *Australian Journal of Public Administration*, 64(3), 3-13.

Howlett, M. and Ramesh, M. (1995) *Studying Public Policy: Policy Cycles and Policy Subsystems*, Oxford University Press, Toronto.

Huang, I.B., Keisler, J. and Linkov, I. (2011) 'Multi-criteria decision analysis in environmental sciences: Ten years of applications and trends', *Science of the Total Environment*, 409, 3578-3594.

Jesinghaus, J. (1999) *Indicators for Decision-Making*, European Commission, Joint Research Centre, Brussels.

Johnstone, N. (2003) *The Use of Tradable Permits in Combination with other Environmental Policy Instruments*, OECD, Paris.

Lasswell, H. (1951) 'The policy orientation', in D. Lerner and H. Lasswell (eds) *The Policy Sciences*, Stanford University Press, Stanford, CA.

Loomis, J. and Helfland, G. (2001) *Environmental Policy Analysis for Decision Making*, Kluwer Academic Publishers, Dordrecht, The Netherlands.

Margules, C.R. and Pressey, R. (2000) 'Systematic conservation planning', *Nature*, 405, 243-253.

Mark, M., Henry, G. and Julnes, G. (2000) *Evaluation: An Integrated Framework for Understanding, Guiding, and Improving Public and Non Profit Policies and Programs*, Jossey-Baso Inc., San Francisco, CA.

May, J.V. and Wildavsky, A. (1978) *The Policy Cycle*, Sage, London.

Mazur, E. (2010) 'Outcome performance measures of environmental compliance assurance', *OECD Environment Working Papers*, 18(18).

McCay, B.J. (2000) 'Resistance to changes in property rights or, why not ITQs?', in R. Shotton (ed.) *Use of Property Rights in Fisheries Management*, FAO Fisheries Department, Rome.

Munger, M. (2000) *Policy Analysis*, W.W. Norton and Co, New York.

Navrud, S. and G.J. Pruckner (1997) 'Environmental valuation – to use or not to use? A comparative study of the United States and Europe', *Environmental and Resource Economics*, 10, 1-26.

Norris, P. (2011) 'Cultural explanations of electoral reform: A policy cycle model', *West European Politics*, 34(3), 531-550.

OECD (organization for Economic Co-operation and Development) (1995) *The Economic Appraisal of Environmental Projects and Policies. A Practical Guide*, OECD, Paris.

Ohowa, B.O. (2009) 'Evaluation of the effectiveness of the regulatory regime in the management of oil pollution in Kenya', *Ocean and Coastal Management*, 52(1), 17-21.

Patton, C. and Sawicki, D. (1986) *Basic Methods of Policy Analysis and Planning*, Prentice-Hall, NJ.

Pearce, D. (1993) *Economic Values and the Natural World*, Earthscan, London.

Pearce, D. and Moran, D. (1994) *The Economic Value of Biodiversity*, Earthscan, London.

Pielke, R.A. (2008) *The Honest Broker: Making Sense of Science in Policy and Politics*, Cambridge University

Press, Cambridge.

Pintér, L., Zahedi K. and Cressman, D. (2000) *Capacity Building for Integrated Environmental Assessment and Reporting*.Training Manual, International Institute for Sustainable Development for the United Nations Environment Programme, Winnipeg.

Robinson, J. and Ryan, S. (2002) *A Review of Economic Instruments for Environmental Management in Queensland*, www.ozcoasts.gov.au/pdf/CRC/economic_instruments.pdf, accessed 19 April 2013.

Schafer, D. and Stahmer, C. (1989) 'Input-output model for the analysis of environmental protection activities', *Economic Systems Research*, 1(2), 203-228.

Schulz, W. and Schulz, E. (1991) 'Germany', in J.P.Barde and D.W.Pearce (eds) *Valuing the Environment: Six Case Studies*, London: Earthscan.

Smith, K. and Larimer, C. (2009) *The Public Policy Theory Primer*, Westview Press, Boulder, Colorado.

Stavins, R.N. (2003) 'Experience with market-based environmental policy instruments', in K.Malerand J. R.Vincent (eds) *Handbook of Environmental Economics*, Elsevier, Amsterdam.

Sterner, T. and Coria, J. (2012) *Policy Instruments for Environmental and Natural Resource Management*, RFF Press, New York.

Theodoulou, S. Z. and Kofinis, C. (2004) *The Art of the Game: Understanding. American Public Policy Making*, Thomson/Wadsworth, Belmont, CA.

Weitzman, M. (1974) 'Prices vs.quantities', *Review of Economic Studies*, 41(4), 477-491.

5 海洋环境保护政策：国际社会应对海洋生物多样性威胁的努力

引言

数世纪以来，人们一直这样认为：海洋永恒不变、不受人类活动影响。鱼类资源丰富，海洋被认为具有无限吸收人类废物的能力。胡果·格劳秀斯的《海洋自由论》（参见第 2 章）使这一观念持续存在，直至今日仍是许多国家及其国民行为的精神支撑。海洋自由论创造了不受规制的环境，这不可避免地导致资源的迅速衰竭和大肆开发以及沿海国并吞沿海区域作为其领海或专属经济区（Hardin，1968）。

海洋自由论导致人们长达四个世纪忽视海洋、对海洋不加管理。在生态和商业方面，世界上曾经资源丰富的鳕鱼、鲱鱼和金枪鱼等鱼类种群已濒临灭绝。仅在过去短短的一个世纪里，就捕获了一百多万头鲸鱼。迄今为止，只有东太平洋的灰鲸恢复到捕捞前的近似水平。大多数的海洋物种，甚至是那些生活在极地地区的海洋物种体内的污染物浓度都在升高。由于化石燃料燃烧，温室气体增加加剧了海水温度的不断上升，许多有害影响随之而来。仅举其中的一个例子，数万平方千米的珊瑚礁白化，且近年来大量珊瑚礁死亡。迁徙物种的繁殖、喂食、交配和栖息地都受到人类活动的影响。这仅是对海洋系统持续退化的简要总结。对有关人类活动对海洋环境影响的详细内容感兴趣的读者可以阅读相关著作（Norse，1993；NRC，1995；Roberts，2013）。

直至 20 世纪 60 年代，从蕾切尔·卡森（Rachel Carson）（1962）和雅克·库斯托（Jacques Cousteau）等人的呼吁才开始探讨人类对海洋健康的影响。在此期间，绿色和平等多个组织也开始就具体问题（如捕鲸）开展活动，创设了"海洋伦理"的开端，后来还包含了污染、栖息地丧失、引进物种以及最近的气候变化。

不幸的是，随着时间的推移和新一代人与海洋的互动，我们对海洋"自然状态"的记忆和期待也在改变。两句难忘的名言彰显了我们对于海洋状态看法中的年代变化——"移动基线综合征"和"捕食海洋食物网"（Pauly et al.，1998）。第一种说法认为，尽管海洋逐渐退化，但每一代人开始接受已恶化的状态为常态。第二种说法反映了这样一种事实，海洋资源供给了越来越少的生物体；渔业正试图利用曾经数量庞大，现在急剧减少的物种以及曾经被渔民忽略或低估的较少物种。罗伯茨（Roberts）（2007，第6章）记载了我们海洋观点变化的历史，特别是捕捞船队的历史。由于减少物种数量，影响栖息地和生物群落，甚至破坏整个生态系统，我们毫无疑问加剧了海洋生物多样性的减少。

　　本章回顾了全球海洋环境的现状和影响。接下来的讨论与管理保护和养护海洋的主要国际机制有关。对重要的区域公约以及双多边协定案例也进行了回顾。

对海洋生物多样性的威胁

　　对海洋生物多样性威胁的分类，存在多种方法。但威胁大致可以归结为过度捕捞、海洋污染、生境丧失、物种引入和全球气候变化/海洋酸化（参见例如：NRC，1995；Gray，1997；Thorne-Miller and Earle，1999）。以下部分简要讨论了这些因素对海洋环境的影响。许多海洋区域的生物种群丰富性可以与热带雨林相媲美，甚至比热带雨林还要丰富。然而，受急剧增加且可能无法挽回的人类活动影响，海洋生物的多样性发生了明显变化。虽然人们对沿海和海洋生物多样性现存和潜在的威胁有不同看法，但是表5.1中所示的是最为重要事项。

过度捕捞

　　海洋生物的不可持续捕捞可能是全球海洋环境面临的最严重威胁。在海洋中，过度捕捞并非新现象。许多传统文化抑或是从当地的海洋环境中去除可利用的物种，抑或是转移到其他区域进行捕捞，抑或是对某些地区的捕捞时间和数量加以调整规制以避免过度开发。随着工业革命的来临，渔业捕捞机械化日益普遍。大型鲸鱼和上层鱼类等以前难以捕获的物种，现在都可以在无所有权的公共区域中捕捞。绝大多数鲸鱼种类的数量已经降至濒危或受威胁的水平。大部分美味的鱼类种群已严重枯竭，目前有证据表明人类仍将继续捕食食物网（例如：Pauley et al.，1998，第6章）。

海洋污染

毫无疑问，无数来源的污染已经影响到地球上的每一个海洋系统。北极地区海洋鱼类和哺乳动物营养价值高，当地的土著居民经常食用导致摄入了生物累积毒素，因此，他们体内比地球上其他地区人类体内的污染物含量都要高，

表 5.1 威胁海洋生物多样性的示例 148

生物多样性退化的风险或速度	威胁过程
高 ↑	栖息地破坏（开垦、挖掘）
	使用爆炸物、撬除 * 等炸捕鱼（可以毁坏珊瑚礁）
	有毒物质污染（化学品泄漏）
	化学捕鱼（氰化物）
	引入外来物种
	生物入侵
	过度开发/过度捕捞
	间接污染（农药、径流中的除草剂）
	疾病/寄生虫感染
	对生命历史阶段中至关重要栖息地的损害
	意外捕获/副渔获物
	破坏毗邻流域
	毗邻土地利用的影响（水产养殖）
	废水排放（污水、纸浆/纸张）
	自然灾害（飓风、海啸）
	直接海洋污染，海洋倾废
	疏浚物倾倒
	水坝、堤坝等的下游影响
	网/碎片纠缠
	淤积
	噪声污染
	热污染
	气候变化-海水温度升高
	海平面上升
	盐度改变
低 ↓	土著捕获

注：* 撬除是一种新威胁，包括用金属撬棍不加区别地去除所有生物，去除珊瑚覆盖物以收获鲍鱼和蛤等无脊椎动物。本表左侧的"高↔低"只是近似值；它只是想表明一些威胁过程比其他威胁过程对海洋多样性的风险和/或速度更高。在这一范围内，各种威胁过程的相对顺序均为猜测

来源：Roff and Zacharias（2011）

据估计，污染物主要从河流径流汇入海洋。在一些沿海地区，情况确实如此，总体而言，污染物通过大气汇至海洋更为明显。污染物种类多样：如人造放射性核素、石油烃、氯化碳氢化合物、金属物质、致癌物质、诱变剂、杀虫剂、引起损害和有毒藻华的过量营养素、内分泌干扰物、物质碎片等。此外，海洋环境中污染物的持久性、长期性以及它们对海洋生物和最终对人类在生态系统层面的影响正日益受到关注。

148

栖息地丧失

栖息地丧失——由于许多物种依赖于食物和住所，较大的维管植被遭到破坏——可能是对陆地生物多样性的最严重威胁。海洋栖息地的丧失主要是一个存在于沿海近岸和潮间带的海洋环境问题。海岸系统与日俱增的压力来自于航运及其相关基础设施、自然岸线的改变、底部接触捕鱼（如拖网捕鱼）、休闲活动和不断增多的陆地径流（包括营养物质和悬浮固体）。这些地区的栖息地可能"消失"，类型包括海洋大型水生植物（海带）、红树林、海草、珊瑚和其他生物群落（如海绵动物、海鳃、海扇、无色珊瑚）。非生物栖息地也会消失，如潮间带和河口泥滩及其他被疏浚或倾倒的区域。栖息地丧失主要由与人类活动有关的海洋学（如水流、旋流、锋面）或地形学（如海床组成）结构和过程造成，其结构和过程对人类活动而言更易恢复，或很少当即受到影响，所以在深海环境和远洋海域中，栖息地丧失的结构和过程更为模糊。海洋栖息地的丧失不仅从生态角度来看非常重要，而且从社会经济角度来看亦是如此。在沿海水域，人为影响与自然海洋进程的相互作用最为明显，海岸带管理措施将防止栖息地丧失或恢复栖息地的策略纳入其中（参见第10章）。

149

引入的物种

自人类首次利用海洋进行勘探和贸易以来，物种引入（也称为侵入、外来和非本土物种）可能已经出现。有证据表明，许多被认为是土生土长的物种实际上是在工业化时代之前通过海洋运输引入的。最近，船舶压载水中的交通运输似乎成为其主要的旅行方式（媒介），其影响主要出现在沿岸水域和河口。较大物种的引入，如青蟹（*carcinus maenas*）、杉叶蕨藻（*calaupera taxifolia*）和淡海栉水母（*mnemiopsis leidyi*）已被广泛周知。然而，大多数物种的引入不太明显，会在浮游植物和浮游动物中发现。其中一些侵入物种可能在当地产生剧烈的社会经济影响。不同种类的水母对渔业乃至沿岸人民娱乐休闲都产生了重大

160

影响。现在，世界各地都在报道水母泛滥。随着物种的侵入，过度捕捞（驱逐海蜇掠食者）、营养物质丰富（增加初级生产导致可用食物增加）以及当地水温升高都可能是生物多样性威胁的罪魁祸首。

全球气候变化

毫无疑问，地球气候随着时间而变化，在人类统治地球之前，周期性变化就已经消失了。过去，全球气候变化已经造成大规模物种灭绝，地球气候将持续变化，可能导致在未来更大规模的灭绝。第四纪时期，海平面偏差达 85 米，抑制了已建立的海洋群落在海岸和陆架环境中的演化。毋庸置疑，人类已经影响了全球温度，自 20 世纪 80 年代以来，就区分气候变化是受自然影响还是受人类影响展开了激烈辩论。然而，最近的数据表明，20 世纪以来的气候变化是人为诱发的（Hansen et al.，2012）。影响气候变化的人类活动包括燃烧化石燃料和大面积砍伐森林而释放二氧化碳，这增加了大气层中二氧化碳含量。海水温度的变化以各种方式影响海洋生物群落，包括地理分布、行为和生命历程（如繁殖、生长和扩散）的变化。例如，珊瑚礁极易受到海洋变暖的影响，即使微小的温度升高也可能导致许多珊瑚物种失去能通过光合作用供给能量的藻类共生虫（俗称"白化"）。还有证据表明，随着赤道和温带水域温度的升高，一些物种的范围已向南北两极转移。

150

国际海洋环境法律和政策简史

第一个海洋环境条约是为防止过度开发鱼类资源而签订的。英、法两国（1839 年）和北海国家（1882 年，比利时、丹麦、法国、德国、荷兰、英国）间的早期条约为各国间解决海洋环境问题进行谈判奠定了基础（表 2.2）。相关公约有北太平洋海狗（1911 年）、鲸类（1946 年）和渔具限制（1946 年）等。第一部具体提到保护生物资源的公约是 1958 年的海洋法公约（参见第 2 章）。为阻止和清理石油污染（1971 年），禁止倾倒（1972 年）和处理区域海洋环境问题（1974 年，波罗的海），其他公约也随之被制定。

海洋环境法是国际法宽泛主题的一个组成部分，国际法是通过国际法院裁决、条约和惯例而形成的（参见第 2 章）。直到 1972 年，在瑞典斯德哥尔摩举行了联合国人类环境会议（UN Conference on the Human Environment，UNCHE）后，国际环境法的几个关键原则才成为全球共识，正式得到承认。共有来自 113

个国家的代表出席本次会议，会议通过了《斯德哥尔摩宣言》，其中就 26 项原则达成共识。

该宣言承认人类对自然环境的影响，产生这些影响的一些原因（如发展不足、人口过剩、教育缺乏）以及解决这些问题而进行全球合作的必要性。虽然所有原则都广泛适用于海洋环境，但原则 7 特别要求各国防止海洋污染。另外，联合国人类环境会议制定了一项由 109 项决议和一项宣言组成的行动计划。成立联合国环境规划署也许是联合国人类环境会议最显著的成就。之后，联合国人类环境会议成为 1992 年、2002 年和 2012 年联合国环境会议的范本。

1987 年世界环境与发展委员会（World Commission on Environment and Development，WCED）的成立是开展接下来国际环境合作的一个重大进步。其又被称作"布伦特兰委员会（Brundtl and Commission）"，其主张是联合各个国家共同追求可持续发展。委员会的主要成果是将可持续发展定义为"既能满足当代人的需要，又不对后代人满足其需要的能力构成危害的发展"（WCED，1987）。此外，报告还建议每个国家 12% 的海洋资源应当受到保护。以《我们共同的未来》（WCED，1987）名义出版的委员会报告，其中包含了一个章节，概述了对海洋地区的威胁和改善海洋管理的机会。具体而言，委员会提出了以下举措：

- 加强国家，特别是发展中国家的行动能力；
- 改善渔业管理；
- 加强半闭海和区域海洋方面的合作；
- 加强对有害废物和核废物海洋倾倒的管理；
- 实施海洋法。

尽管世界环境与发展委员会的工作并没有建立新的国际法，但《我们共同的未来》中的许多概念已被纳入 1992 年联合国环境与发展大会（UN Conference on Environment and Development）之中（参见下文）。世界环境与发展委员会正是通过这一途径成为当前国际环境法的重要贡献者。以下部分概述了为管理海洋生物多样性而建立的关键协定、公约和条约。

151

有关海洋环境保护的公约

《海洋法公约》

《海洋法公约》第十二部分（参见第二章）涉及保护和保全海洋环境。它重申了 1958 年《公海公约》（第 116~120 条）早期的海洋保护承诺。促进生物资源的"最佳利用"，响呼应该公约中要求的以基于可得到最可靠的科学证据为捕捞限额，并确保渔业不会对其他物种产生负面影响（第 61 条）。《海洋法公约》确认各国有权利开发其主权水域中的海洋生物资源，但必须以保护和保全海洋环境的方式进行（第 192~193 条）。具体而言，《海洋法公约》就四项具体海洋保护议题提供指导：

第一，各国必须"……减少并控制任何来源的海洋环境污染……"，并确保其活动不会因其他管辖区域污染而受到损害（第 194 条）。《海洋法公约》（第 194 条）确定了国家有义务处理的四种污染来源：

• 从陆上来源、从大气层或通过大气层或由于倾倒而放出的有毒、有害或有碍健康的物质。

• 来自船只的污染。

• 来自用于勘探或开发海床和底土自然资源的设施装置的污染。

• 来自其他设施的污染。

各国不得通过将污染运送到其他管辖区域以减少其管辖范围内的污染（第 195 条）。

第二，各国必须保护和保全稀有或脆弱的生态系统，并保护已经衰竭，濒危或受威胁海洋生物的生存环境（第 194 条）。

第三，国家必须防止外来物种（引进）的扩散（第 196 条）。

第四，《海洋法公约》制定全球合作制度，确保各国合作保护海洋环境。尤其是各国必须合作制定符合科学规范和标准以保持环境质量（第 197 条和第 201 条），通知其他受污染或可能受到污染影响的国家（第 198 条），共同制定应对环境紧急状态计划（第 199 条），联合进行科学研究（第 200 条），并在监测和环境评估方面进行合作（第 204~206 条）。

此外，较发达国家有义务协助欠发达国家提高有关海洋环境保护的科学研究能力（包括确保计划优先资助欠发达国家）。也有义务向欠发达国家通报其活 152

动对海洋环境质量的影响（第 202 条和第 203 条）。

然而，第十二部分主要论述各国制定国家（国内）法律以满足第十二部分目标的要求。《海洋法公约》中具体的指导方针包括通过和执行法律，跨管辖区合作以达到防止或尽量减少污染的要求。第十二部分提到的污染相关的具体问题为陆源污染（第 207 条和第 213 条），国家管辖的海底活动（第 208 条和第 214 条），"区域"内活动（第 209 条和第 215 条），倾倒（第 210 条和第 216 条），船只（第 211 条）和大气层（第 212 条）。

此外，《海洋法公约》明确了船旗国需要执行的要求。各国必须确保悬挂其旗帜的船只遵守为保护海洋环境而制定的所有必要的国际和国家规章制度（参见第 7 章）。船旗国还被要求确保悬挂其旗帜的船只携带必要的证明文件证明其遵守规定，并在必要时与其他国家进行检查和调查，以保证遵守（第 217 条）。

如果有证据表明公海上作业的船舶违反了《海洋法公约》第十二部分的国际规章制度，则港口国有权调查在其领海或专属经济区内自愿运营的船只（第 218 条）。如果认为船只不适航并且对海洋环境构成风险，港口国也可以禁止船只在其国家水域内作业（第 219 条）。同样，如果有证据表明船只违反了《海洋法公约》第十二部分的国际规章制度，沿海国可以进行检查，提起诉讼或拘留经过其领海或专属经济区的船只（第 120 条[①]）。

在下列条件下，港口国和沿海国可根据《海洋法公约》第十二部分行使其权利：

- 船旗国及其船只能在调查或听证会期间提交证据（第 223 条）。
- 对外国船只的执行权力，只有军舰、军用飞机或其他有清楚标志可以识别为政府服务并经授权的船舶或飞机才能行使（第 224 条），执行权力不得造成对船只及其船员的危险（第 225 条）。
- 必须毫不拖延地释放所羁留的外国船只，如需修理，可驶往最近的修船厂（第 226 条）。
- 外国船只不得遭受歧视（第 227 条）。
- 如果船旗国启动司法程序，将暂停对指控违反港口国或沿海国领海法律的外国船只的司法程序。在港口国或沿海国的专属经济区造成重大损害除外（第 228 条）。
- 从违反行为发生之日起满三年后，对外国船只不应再提起加以处罚的司

[①] 应为《海洋法公约》第 220 条，原书有误。——译者注

法程序（第 228 条）。在沿海国或船旗国领海内，外国船只违反国内或国际法律的，只能对其进行罚款（第 230 条）。

- 将立即通知船旗国对悬挂其旗帜的船只所采取的一切措施（第 231 条）。
- 军舰或其他国家船只免于执行义务，但需符合《海洋法公约》第十二部分的精神和意图（第 236 条）。

尽管《海洋法公约》明确了来自海陆空的污染，但显而易见，关于海洋环境保护的其他方面，《海洋法公约》却闭口不谈。《海洋法公约》的最初意图便是规范海底采矿，所以，《海洋法公约》忽视了栖息地丧失、气候变化和过度捕捞问题，这些威胁在 1982 年后才开始出现，因此忽视了这些问题也可以理解。

《生物多样性公约》

《生物多样性公约》（Convention on Biological Diversity）于 1992 年 6 月举行的联合国环境与发展大会（又称"里约热内卢地球高峰会"或 UNCED）上签署，并于 1993 年 12 月正式生效（UN，1992）。《生物多样性公约》是第一项旨在保护生物多样性和可持续利用生物多样性以及利用遗传资源的全球协定。《生物多样性公约》将生物多样性定义为："……所有来源的形形色色生物体，这些来源除其他外包括陆地、海洋和其他水生生态系统及其所构成的生态综合体；这包括物种内部、物种之间和生态系统的多样性。"

《生物多样性公约》也在生物多样性保护中认清了土著文化、妇女和减贫的作用。《生物多样性公约》规定较发达国家有义务协助欠发达国家以进一步强化落实公约目标。此外，《生物多样性公约》授权附属机构提供科学、技术上的意见。

虽然《生物多样性公约》中的文本并未具体处理海洋环境，但它确实考虑到海洋环境是生物多样性的一个组成部分（第 2 条），《生物多样性公约》也适用于符合海洋法的海洋环境（第 22.2 条）。然而，公约缔约方将"海洋和沿海生物多样性"作为其专题领域之一，海洋和沿海生物多样性是缔约方会议的早期优先事项。在 1995 年第二届缔约方大会上，第 II/10 号决定（CBD，1995）提出签字国需应对海洋生物多样性问题，并对该方案的架构提供了一些总体指导意见。此外，第二届缔约方会议就海洋和海岸生物多样性的重要性达成了全球共识。又称"关于海洋和海岸带生物多样性保护的雅加达授权（Jakarta Mandate on Marine and Coastal Biological Diversity）"，重申"……缔约方会议迫切需要解决保护和可持续利用海洋和海岸带生物多样性的问题，并敦促各缔约

153

方立即采取行动实施这一问题上通过的决定。"（CBD，2000a）

"雅加达授权"要求进一步明确以下六个实施原则：

- 应用生态系统方法；
- 运用预警原则；
- 认识到科学的重要性；
- 利用专家名册；
- 使土著和当地社区参与，将传统知识纳入决策考虑之中；
- 在国家、地区和全球各层级执行方案。

1998 年在斯洛伐克布拉迪斯拉发（Bratislava）召开的第四次缔约方大会上，双方通过了第Ⅳ/5 号决定，保护和可持续利用海洋和海岸带生物多样性，包括出台海洋和海岸带生物多样性多年工作方案。本次会议聚焦于珊瑚礁和由气候变化引起的珊瑚礁白化问题（CBD，1998）。

154　　　　2006 年巴西库里蒂巴（Curitiba）召开的第八次缔约方大会上，缔约方通过了第Ⅷ/21、Ⅷ/22 和Ⅷ/23 号决定。这些决定强调了研究和保护海底栖息地的价值，海洋和海岸地区综合管理的引入，以及承认保护区是保护海洋生物多样性的必要工具（CBD，2006）。与会代表为保护包括海岸和海洋区域在内的世界生态区域设定保育 10%海洋的目标。

2008 年德国波恩召开的第九次缔约方大会上，双方通过第Ⅸ/20 号决定，编制和综合海洋施肥对海洋生物多样性影响的科学信息（隔绝二氧化碳，应对气候变化）（CBD，2008）。缔约方还确定了划定生态和生物上意义显著的海洋区域的标准，建立海洋保护区网络的标准（参见第 10 章）。

《生物多样性公约》中涵盖了以下一些协定：

《卡塔赫纳生物安全议定书》（Cartagena Protocol on Biosafety）（2000 年通过，2003 年正式生效）旨在确保在利用现代生物技术从事任何改性活生物体的安全处理、运输、使用时，要采取防止或减少其对生物多样性构成的不利影响，同时还需顾及对人类健康构成的风险（CBD，2000b）。

《名古屋议定书》①（Nagoya Protocol on Access and Benefit Sharing）（2010 年通过，尚未生效）旨在管理遗传资源获取和利益分配。它特别强调同生活在（或管理着）含有遗传资源的陆地和沿海地区的人们一同勘探遗传资源（生物勘探）（CBD，2010）。

---

① 全名为《生物多样性公约关于遗传资源获取及公平和公正地分享其利用所产生惠益的名古屋议定书》。——译者注

可持续发展世界首脑会议和海洋环境保护　　关于可持续发展的首脑会议（WSSD）于 2002 年 8 月 26 日至 9 月 4 日举行。此次会议又名为"2002 年地球峰会"或"里约+10 峰会"，首脑会议的目的是通过多边合作解决抑制可持续发展的全球性问题（如贫穷、冲突、疾病、歧视）。会议发表了"《约翰内斯堡可持续发展宣言》（Johannesburg Declaration on Sustainable Development）"，该宣言提供了一个渴望成功、无约束力的决议（定义为可持续发展的成果），深化了联合国人类环境会议和联合国环境与发展大会的宗旨。该宣言按照可持续发展世界级首脑会议的《执行计划》实施。

《执行计划》制定了一些与海洋有关的目标。在重申以前的国际协议中的一些有约束力行动的同时，还提出了一些新的承诺和实施日期。具体而言，各国同意到 2015 年恢复枯竭的鱼类种群［第 31（a）部分］，到 2012 年时建立一个具有代表性的海洋保护区全球网络［第 32（c）部分］（参见第 10 章），并建立在 2004 年报告海洋环境状况的进程［第 36（b）部分］。

2012 年，紧随"里约+10 峰会"的是"里约+20 峰会"。会议的参会者通过了题为《我们希望的未来》文件，其中重申了以前各次会议作出的承诺，更新其目标来反映技术变革（如互联网连接的重要性）和全球经济状况（如解决青年失业的问题）。第 158～177 部分强调海洋问题，并按照前述部分重申过去作出的承诺。文件中提出的新问题包括塑料海洋垃圾的威胁以及海洋施肥可能造成的意外后果。

威胁内容特定的公约和海洋环境保护

有约束力的公约

现有一些国际法律协议保护海洋免受特定的人为影响。表 2.2 提供了所有关于海洋条约和协议目录，最重要的公约下述已列明。

《防止倾倒废物及其他物质污染海洋的公约》　　在《国际防止船舶造成污染公约》（第 7 章）之后，《防止倾倒废物及其他物质污染海洋的公约》（1972 年）［The Convention of the Prevention of Marine Pollution by Damping of Wastos and Other Matter（1972），又称《伦敦公约》或《伦敦倾倒公约》，简称为"LDC"］有可能成为接下来的有关海洋环境保护最有力的国际法。国际海事组织于 1972 年通过《伦敦公约》，并于 1975 年生效。《伦敦公约》规定禁止从船舶、飞机和平台（包括船只、飞机和平台本身）故意倾倒不同种类的有害物质（IMO，1972）。《伦敦公约》不适用于：陆源排放的废物（如排污口）；船舶正常运行产生的废物，有意放置而非故意倾倒的废物（如在海堤上放置）以及作为生产的副产品；在鱼加工或海底采矿产品过程中产生的废料。如果人类或建筑物的安全受到不可预见事件（如暴风雨）的危害，《伦敦公约》中的条款可以被违反。《伦敦公约》包含22项条款和3个附件，已得到81个国家批准。它适用于所有领海和公海，但不适用于内水。

《〈防止倾倒废物及其他物质污染海洋的公约〉1996年议定书》（又称《伦敦议定书》）于2006年获得批准并生效。此议定书打算最终取代1972年的《伦敦公约》（IMO，1996）。《伦敦议定书》引入了海洋废物管理的新方法，并引入了"预警原则""污染者付费"原则的概念，并强调需要避免将废物从一种接收环境（如海洋）转移到另一种环境（如土地）。虽然《伦敦公约》规定了禁止倾倒的物质和化合物（如有机卤素化合物），但《伦敦议定书》因为认识到新化合物的开发进程可能对海洋和人类健康产生负面影响，所以禁止倾销所有材料，附件一所列的除外。因此，《伦敦议定书》彻底转变了举证责任，在海洋治理演变中迈出了关键一步。

《伦敦议定书》包括3个附件。在此须指出，《伦敦议定书》的附件与《伦敦公约》附件无关。《伦敦议定书》的附件如下：

- 附件一规定了可考虑倾倒的废物或其他物质。《伦敦议定书》禁止倾倒除疏浚物、污泥、加工鱼废物、人工构造物、惰性或无机地质材料，不会妨碍航行或捕鱼的惰性物质和在具有地质特征（如禁止在深海底表层倾倒废物）的海底封存二氧化碳以外的所有废物。《伦敦议定书》规定任何倾倒活动都需要许可证。

- 附件二概述了在倾倒之前必须进行的评估考虑。具体而言，附件二的目的是防止产生废物（如产品生命周期管理），一旦废物产生，要考虑海洋倾倒的替代方案（如回收），并确保海洋倾倒的材料不含或含有有限的有害物质（如废物处理）。附件二描述了在颁发倾倒许可证之前要考虑的过程和选项。

- 附件三概述了缔约当事国之间使用的仲裁程序。

许可证由批准《伦敦公约》国家颁发。要求各国建立发放许可证的适当机构，并记录相关许可倾倒材料的位置、性质和数量，确保向国际海事组织提供。许可证应由物料装入船舶的港口国签发，如果物料从非《伦敦公约》缔约港口国装载到船上的话，船旗国将签发许可证。

156

禁止焚烧工业废物和污泥。其他废物可以在特许情况下在海上焚烧。禁止倾倒低放射性废物。

《伦敦公约》的签署方同意与国际海事组织和其他国际组织（例如：联合国环境规划署）合作，协助缔约国接受培训，提供符合《伦敦公约》必要的设备，并协助管理废物以避免其在海上进行处置。

《国际船舶压载水和沉积物控制和管理公约》   压载是一个在船舶广泛应用的术语，指船舶携带任何液体或固体，以增加吃水能力，改变船舶的纵倾、横倾，调节船舶稳定性或保持船舶的结构完整性。现代钢铁船舶包括游船，油轮和散货船，根据船舶的货物、预期的天气、海况、使用压载水进出分隔舱。大多数现代化船舶建造时都会使用压载水舱，这些舱的载重量为 25% ~ 30%。最大的散货船可容纳 10 万吨以上的压载水（Branch，2007）。

使用水作为压载水，对环境、经济和公共健康意义重大。虽然世界的各大洋是单一大型水体的一部分，但是海洋生物群落却受到某些地理区域的限制。这种分离是由陆地、洋流，以及不友善的温度机制或生物控制造成的（竞争和掠夺）。这种地理隔离导致了过去几百万年来无数的独特海洋物种的演变。如果这些物种能够通过自己的运动而移动，或者被水流、风暴平流输送，或作为一种物种的宿主能够长距离移动，那么它们在其他大洋就会一直繁衍下去（Carlton，1996；Davidson and Simkanin，2012）。

然而，现代海洋运输提供了将这些物种运输到其他海洋地区的另一种手段（称为"载体"），否则这些物种达到其他海区的机会极小。物种附着于船体时，船舶可能无意间将其运走，压载舱或船舶的船舷水管［船上用于压舱水和其他目的（如冷却）的管道舱室］泵入压载水时，将捕获该物种。现代船舶的速度与现代压载水舱相结合形成的现代压载水舱增加了在航行过程中有机体在压载舱生存的可能性。此外，当前世界上每年的航运承担了超过 80% 的国际货运，航运的压载水量 30 亿 ~ 50 亿吨。这为物种在海洋中的迁徙提供了充足的机会（Endresen et al.，2004）。据估计，至少有三分之一的船舶导致了海洋入侵，而且在任何时候，全球船舶压载舱中至少有 7000 种不同的物种被运载（Davidson and Simkanin，2012）。

虽然现代船舶在进水口有滤网以阻止较大物种进入压载舱，但这些防护措施不能排除病毒、细菌、微生物和较小的浮游动物进入。此外，大多数海洋生物（即使是附着在海床上的无生命物种）都有浮游生命周期，卵、幼虫和幼体可以进入压载舱，一旦在船的目的地被释放，就可以进入它们固定的成年阶段

（第 1 章）。由航运引进的物种对环境和经济的影响是巨大的：或许最著名的入侵是北美栉水母（Mnemiopsis leidyi）入侵黑海和亚速海，欧亚斑马贻贝（Dreissena polymorpha）入侵了（北美）圣劳伦斯五大湖区。20 世纪 80 年代，栉水母被引入黑海，密度达到每立方米 1 千克（每立方米 400 只），并导致黑海商业性渔业的崩溃。斑马贻贝 1998 年被偶然引入五大湖区，目前在美国约有 40% 的内部水道受其影响，每年需要花费高达 1 亿美元进行管理和控制（globallast. imo. org）。

目前，国际海事组织最关心的是下列入侵者：

- 霍乱（霍乱弧菌）（各种菌株）；
- 水蚤（鱼钩水蚤）；
- 中华绒螯蟹（*Eriocheir sinensis*）；
- 有毒藻类（红潮/棕潮/绿潮）（种类繁多）；
- 圆虾虎鱼（*Neogobius melanostomus*）；
- 北美栉水母（*Mnemiopsis leidyi*）；
- 北太平洋海星（*Asterias amurensis*）；
- 亚洲海带（*Undaria pinnatifida*）；
- 欧洲青蟹（*Carcinus maenas*）。

国际海事组织关于控制和管理压载水的初步指南于 1991 年出台，随后在 1997 年进行了修订，2004 年 2 月 13 日通过了《国际船舶压载水和沉积物控制和管理公约》（International Convention for the Control and Management of Ships' Ballast Water and Sediment）（IMO，2004）。75 个国家，1 个国际海事组织准会员，2 个政府组织和 18 个非政府组织参加了会议。《国际船舶压载水和沉积物控制和管理公约》将在公约签署之日起 12 个月后生效，要求至少 30 个国家签署，其占世界船队吨位至少要达 35%。迄今为止，已有 37 个国家签署了该公约，占世界船队吨位的 30. 32%（Wright，2012）。

《国际船舶压载水和沉积物控制和管理公约》的目的是通过船舶压载水和沉积物控制和管理来防止、尽量减少和最终消除有害水生物和病原体的转移（第 2.1 条）。其重要条款包括：

- 第 3 条：概述公约的适用情况和哪些情况不适用。
- 第 4 条：要求公约当事国遵守附件中所列标准和要求。还要求当事国制定压载水管理的国家政策、战略和方案。
- 第 5 条：要求当事国在压载水舱清洗和修理的地方建立沉淀物接收设备。
- 第 6 条：要求各当事国在科学技术研究和监测方面进行合作。

158

- 第 7 条：要求各当事国对悬挂其国旗或在其管辖下营运的船舶进行检验，以确保遵守附件中的规定。

- 第 8 条：违反公约的由船旗国负责调查和追究。

- 第 9 条：港口国可以检查访问船只，但检查仅限于验证有效证书，检查压载水记录簿和对船舶压载水取样。

- 第 10 条：港口国可警告、扣押或驱逐违反公约的船舶。

附则包括船舶压载水和沉积物控制规定。主要规定包括：

- 第 B.1 条：要求每一船舶有一个压载水管理计划。该计划包括压载水管理的安全程序，船舶是否符合附则中规定，以及处理海上和岸上沉积物的详细程序。

- 第 B.2 条：要求每一船舶都应保存一份两年期的压载水记录簿。

- 第 B.3 条：建立一个分层的实施时间表，根据船舶的建造日期执行规定。

- 第 B.4 条：概述压载水更换的标准，明确只要可能的话，压载水至少要在离最近陆地 200 海里、水深至少为 200 米的地方进行更换。

- 第 C.1 条：各当事国可单独或联合制定超出附则规定的措施。

- 第 C.2 条：允许港口国明确不准加装压载水的区域。

- 第 D.1 条：要求船舶更换压载水过程中要达到压载水容积的 95%。

- 第 D.2 条：要求船舶的排放，应达到每立方米中最小尺寸大于或等于 50 微米少于 10 个可生存生物，每毫升最小尺寸小于 50 微米但大于或等于 10 微米的可生存生物少于 10 个。还列出了排放需符合人体健康标准的微生物指标（有毒霍乱弧菌、大肠杆菌、肠道肠球菌）。

- 第 D.3 条：使用活性物质处理压舱水必须得到国际海事组织的批准。

- 第 E.1 条：为公约适用的 400 总吨或更大的船舶制定检验时间表。

- 第 E.5 条：压载水证书有效期最长为五年。

《控制危险废物越境转移及其处置巴塞尔公约》 《控制危险废物越境转移 [159] 及其处置巴塞尔公约》（Basel Convention on the Control of Transboundary Movements of Hazardous Wastes and their Disposal）（以下简称《巴塞尔公约》）于 1989 年 3 月 22 日通过，并于 1992 年 5 月 5 日生效。《巴塞尔公约》目前有 175 个缔约方（UNEP，1989）。

《巴塞尔公约》的制定是由于在 20 世纪七八十年代越来越多的公众意识到将会有更多的发达国家将其有毒废物倾倒到能够缺乏有效存储和处理这些废物能力的欠发达国家。尤其值得注意的是，这些废物中的大部分目的地是非洲。

20 世纪 80 年代，危险废物出口受到公众关注，"有毒贸易商"的船舶将废弃物运往非洲、东欧和其他地区。或许最有名的是"希安海"号，它在 1986 年装载了大约1200 万千克市政焚烧炉灰烬和含有大量有毒化合物的灰烬。在 18 个月的时间里，这艘船更名两次，仍被至少 11 个国家拒绝进入，并在海地沙滩倾倒大约 1800 吨灰烬。在新加坡时，最终发现这艘船是空的（Jaffe，1995）。

《巴塞尔公约》的目的是 "保护人类健康和环境免受危险废物的不利影响"。这主要是通过控制危险废物的越境转移来实现的。《巴塞尔公约》的目标是：尽量减少危险废物的生产和有害可回收的材料；并确保在处理有害物质时本着对环境负责的方式进行处理，最好靠近生产来源地。

《巴塞尔公约》于 1995 年 9 月 22 日在缔约方大会第三次会议上进行了修正（UNEP，1995a）。它定义了 "禁止修正案"，禁止从较发达国家（经合组织、欧共体、列支敦士登）向欠发达国家出口《巴塞尔公约》所涵盖的所有危险废物。在签署 "禁运修正案" 的 90 个国家中，有 68 个国家须在成为缔约方之前批准，但这并未发生。然而，许多国家都赞同 "禁运修正案" 的原则，欧盟完全遵守其《废物运输法规》（Waste Shipment Regulation）中的修正案。

《巴塞尔公约》被认为是非常成功的。具体成就是为全世界制定了具体废物问题的技术准则。即使它们不具有国际法律约束力，当前在大多数国家也都将其接受为国家政策。

无约束力的协议

《保护海洋环境免受陆源污染全球行动计划》

《保护海洋环境免受陆源污染全球行动计划》（Global Programme of Action for the protection of the Marine Environment from Land-based Activities，以下简称《全球行动计划》）是由 108 个国家于 1995 年 11 月 3 日通过由环境署所领导的计划。即 "华盛顿宣言"，全球行动计划（GPA）不具有法律约束力，而是一个防止陆地污染源威胁沿海和海洋环境健康、生产力和生物多样性的框架（UNEP，1995b；Osborn and Datta，2006）。《全球行动计划》关于对沿海和海洋环境的 9 个具体影响：污水、持久性有机污染物、放射性物质、重金属、油类（碳氢化合物）、营养物质、沉积物迁移、垃圾和生境的物理改变/破坏。该计划没有确定各国应采取的具体政策或立法工具，也没有制定全球 "一刀切" 解决各种来自于陆地威胁的方案。相反，《全球行动计划》旨在帮助各国努力保护和恢复沿海和海洋环境。该计划的 5 个主要目标是：

172

- 确定陆源海洋污染的来源和影响。
- 确定需要采取行动的优先考虑问题。
- 为这些问题领域设定管理目标。
- 制定实现这些目标的战略。
- 评估这些策略的影响。

具体来说，《全球行动计划》鼓励各国和地区制定国家行动计划（NPAs），确定优先事项，制订行动计划并监督实施。国家行动计划是专门针对个别国家或地区量身定制的，可以利用监管、基于市场、自愿或其他手段来减少对海洋环境的影响。迄今为止，有 72 个国家正在制定或已制定完成其国家行动计划。

《全球行动计划》于 2001 年进行了审查，成果是发表了《保护海洋环境免受陆地活动影响的蒙特利尔宣言》（Montreal Declaration on the Protection of the Marine Environment from Land-based Activities）。该宣言重点关注市政废水、沿海和海洋生态系统治理的方法以及《全球行动计划》的资金筹措。《全球行动计划》的第二次审查于 2006 年完成。审查建议，国家行动计划包括对生态系统产品和服务的估值、整合淡水和海岸管理、处理废水问题，把《全球行动计划》活动与脱贫挂钩。在 2012 年的第三次审查中，营养物、废水和海洋垃圾是主要议题。

有关气候变化的国际法

由于海洋覆盖地球表面的 73%，面积达 13 亿平方千米，毫无疑问，海洋在构造和调节全球气候方面十分重要。除了储存和交换二氧化碳等气体外，海洋储存和释放热量，水平和垂直传热，为大气提供水（Rahmstorf and Richardson，2009）。每年人类活动释放到大气中的 26.4 千兆吨二氧化碳中约有 40% 被海洋吸收，使其成为对人为气候变化的一个整体缓冲（IPCC，2007）。

虽然气候变化对海洋环境的影响尚未得到充分的认识，但气候变化对沿海和海洋环境具有重大的潜在影响，其中包括：

- 海平面上升（到 2100 年为 0.09~0.88 米）及其对沿海地区和岛屿国家的影响。
- 极地海冰融化导致海洋营养结构发生变化。另外，海冰的损失降低了反照率效应（其将太阳辐射反射回太空）。
- 全球海洋环流模式的变化及其对陆地气候、海洋营养结构和商业性渔业的影响。

161

- 海洋酸化增加，导致钙质生物（带壳生物）壳层减少。
- 由于海洋变暖，极端天气事件的发生频率和严重程度增加。
- 由于海水温度升高，生物群落向极地地区迁移。
- 由于海水温度升高，释放海床甲烷沉积物。

缓解气候变化（减少人为温室气体排放）和（应对气候变化影响）适应的全球应对沿海、渔业、公共安全和生物多样性管理对海洋有重要的政策性影响。因此，对缓解和适应气候变化的国际方法以及对这些方法如何影响海洋环境的认识至关重要。

《联合国气候变化框架公约》

联合国大会早在 1989 年就认识到气候变化对全球环境和人口的潜在威胁（UN，1989），《联合国气候变化框架公约》（United Nations Framework Covention of Climate Chang）是第一份卓越的国际协议。它于 1992 年 5 月 9 日在里约热内卢联合国环境与发展大会开放签署，并于 1994 年 3 月 21 日生效（UNFCC，1992）。目前，该公约有 195 个缔约方。

该公约的目标（第 2 条）是"将大气中温室气体的浓度稳定在防止气候系统受到危险性人为干扰的水平上"。此外，第 2 条规定，"应在足以使生态系统自然适应气候变化的时限内实现这一水平，确保粮食生产不受到威胁，并使经济发展以可持续的方式进行"。

该公约第 3 条概述了指导各方的原则，其中包括：

- 更加发达的国家将带头减缓和适应气候变化（第 3.1 条）。
- 欠发达的国家，特别是那些易受气候变化影响的国家，将受到特别考虑（第 3.2 条）。
- 不应该用科学的不确定性来推迟决策（第 3.3 条）。
- 缔约方有权实现可持续发展，应该利用经济合作和贸易促进可持续发展并应对气候变化（第 3.4 条和第 3.5 条）。

该公约第 4 条第 1 款要求所有各方采取以下关键行动：

- 建立温室气体排放来源清单（第 4.1a 条）。
- 处理和报告人为排放（第 4.1b 条）。
- 发展和分享减排技术和做法（第 4.1c 条）。
- 促进汇和库的保护和加强（第 4.1d 条）。

- 准备气候变化适应计划（第 4.1d 条[①]）。
- 将气候变化考虑纳入国家政策（第 4.1e 条[②]）。
- 促进和分享有关气候科学的知识（第 4.1f 条和第 4.1g 条）。 162
- 促进并加强有关气候变化的教育和提高公众意识（第 4.1i 条）。

该公约第 4 条第 2 款承诺《公约》附件一所列发达国家缔约方开展具体战略行动：

- 制定和实施限制温室气体排放的国家政策，保护和增强其温室气体库和汇（第 4.2a 条）。
- 将温室气体排放量降低到 1990 年的水平（第 4.2b 条）。
- 使用最佳的科学信息（第 4.2c 条）。

第 4.3~4.10 条明确概述了发达国家在协助欠发达国家减轻和适应气候变化的努力中的具体责任。

该公约的其余部分概述如下：

- 第 5 条：承诺各方进行研究和监测，并协助发展中国家直到结束。
- 第 6 条：各方提供教育、培训和提高公众意识。
- 第 7 条：设立缔约方会议（COP）并概述缔约方会议的职责。
- 第 8 条：设立秘书处及明确其职能。
- 第 9 条：建立一个附属机构，提供科学和技术咨询建议。
- 第 10 条：设立一个附属机构履行该公约。
- 第 11 条：建立资金补助或技术转让的资金机制。
- 第 12 条：确定本公约缔约方的报告要求。
- 第 13~16 条：规定了大多数国际协议的共通细节。

《联合国气候变化框架公约京都议定书》　　《联合国气候变化框架公约京都议定书》（Kyoto Protocol to the United Nations Framework Convention on Climate Change）（以下简称《京都议定书》）于 1997 年 12 月 11 日通过，并于 2005 年 2 月 16 日生效。虽然《联合国气候变化框架公约》只鼓励各方稳定和减少温室气体排放，但《京都议定书》规定 37 个发达国家缔约方在 2008—2012 年期间将温室气体排放量比其 1990 年时的水平降低 5%（UNFCC，1997）。某些国家的温室气体减排目标超过 5%，其中包括冰岛（10%）和澳大利亚（8%）。

欠发达国家不受《京都议定书》约束，相较于多数较发达国家，其排放的

---

① 应为 4.1e，原书有误。——译者注
② 应为 4.1f，原书有误。——译者注

较少温室气体无法相提并论。《京都议定书》将这一原则称为"共同但有区别的责任"。美国尚未批准议定书，加拿大于2011年退出议定书。

《京都议定书》有两个方面的作用：第一，通过限制一国可能排放的温室气体总量，将排放货币化（创造经济价值）。以前不受管制的排放现在具有了经济价值。这为《联合国气候变化框架公约》的工业化缔约国创造了在国内购买和销售排放的机会。第二，《京都议定书》提供了基于市场的机制，各国可通过其他国家减少排放量来达到排放目标。这些机制的目的是减少欠发达国家的温室气体排放，其减排成本可能低于发达国家，并且对欠发达国家的利益可能更大。

《京都议定书》包含三个基于市场的机制：

- 排放贸易（第17条）：允许超过温室气体减排目标的国家将目标和实际排放之间的差额出售给其他国家。被称为"碳市场"的排放贸易也使得各国可以考虑将土地使用/土地覆盖或减少二氧化碳排放量做法的变化等同于直接减排；

- 清洁发展机制（CDM）（第12条）：允许各国在其他国家减少排放项目，以帮助实现自己的温室气体排放目标（如投资帮助从化石燃料发电转向可再生能源发电）；

- 联合执行（第6条）：允许具有减排目标的国家之间相互交换排放量。

《京都议定书》所涵盖的温室气体包括：

- 二氧化碳（CO_2）；

- 甲烷（CH_4）；

- 一氧化二氮（N_2O）；

- 氢氟碳化合物（HFCs）；

- 全氟化碳（PFCs）；

- 六氟化硫（SF_6）。

一些国家已经探索了海洋施肥和将二氧化碳直接注入深海作为隔离二氧化碳并实现温室气体减排目标的潜在方法。海洋施肥通常建议增加生物可利用的铁或尿素（氮）以增加初级生产，而深海注入则建议将液态二氧化碳注入深海或地质结构（Freestone and Rayfuse，2008）。对于一些研究人员/立法者而言，《联合国气候变化框架公约》通过使用下沉来考虑稳定气候的方向表明，海洋施肥可能是各国实现减排目标的一个途径。然而，海洋施肥可能被认为是最不发达国家的"污染"，如果施肥潜在危害海洋生物资源，则可能会与《海洋法公约》冲突。

重要海洋区域协议

20世纪国际法数量激增表明，各国可以毫不费力地与他国就多个问题达成协议。虽然大多数国家与邻接管辖国签署了许多双边协议（表2.2），但直到20世纪70年代，在欧盟以外地区，各国在一个确定的地理区域内签订解决一个或多个问题的行动计划仍很少见。

联合国环境规划署区域海洋项目

164

联合国环境规划署区域海洋项目于1974年启动，旨在解决沿海和海洋地区退化问题。位于肯尼亚内罗毕的联合国环境署海洋和沿海地区项目活动中心（Oceans and Coastal Areas Programme Activity Centre，OCA/PAC）负责实施本项目。项目目标（www. unep. org/regionalseas/default. asp）是：

- 通过推进区域公约、准则和行动计划，控制海洋污染，保护和管理水生资源；
- 了解和监测污染及其对人类健康和海洋资源的影响；
- 通力合作，实现沿海和海洋资源可持续发展；
- 支持发展中国家海洋和沿海资源的保护、开发和管理。

本项目考虑到一个地理区域内的社会经济和环境两个方面，因此是最早尝试通过国际合作以区域为基础的可持续发展项目之一。

早期的区域海洋协议几乎完全侧重于海洋污染、倾倒、科学研究和大规模监测。虽然在陆间海（如地中海）中发现了各种污染物且含量较大，但是一般来说，人们发现公海更干净一些，到了20世纪90年代，大部分海域的污染水平趋于稳定。这表明侧重点的不同会让项目受益。因此，环境规划署于1983年修订了区域海洋政策，重点关注沿海地区综合管理（参见第10章），特别强调治理陆源污染和造成沿海环境恶化的人类活动。修订后的项目还侧重于各管辖区之间采取污染控制措施，进行环境影响评估，组织培训，提升公众意识和协作能力（Akiwumi and Melvasalo，1998）。《保护海洋环境免受陆源污染全球行动计划》（上文讨论过）进一步推动了区域海洋项目的变革。其目的在于减少、控制和/或消除陆源的海洋退化。

各国向环境规划署提出正式请求后，区域海洋项目方可启动。国家和技术专家的任务是制定一项行动计划，通过签订区域公约和相关的特定区域问题议定书来确保（在大多数情况下）能够实施这一行动计划。因此，区域海洋公约及其议定书属于法律协议。许多公约有多个议定书来应对不同的威胁，在许多情况下，设立区域海洋项目始于区域公约和随后的议定书同时应用。尽管各国可以要求环境规划署根据《联合国财务条例和细则》（Financial Rules and Regulations of the United Nations）管理资金，但行动计划是由参与国提供资金。环境规划署环境基金还筹措基金来支援承担启动成本（Verlaan and Khan，1996）。

目前，共计143个国家参与了13个区域海洋项目（或紧密相关的伙伴项目），这些项目代表了世界上所有人口密集的海洋海岸（图5.1）。本项目是唯一一个具有区域自治机制的联合国机构，因此在联合国中可谓独树一帜。此外，还有由南极、北极、波罗的海、里海和东北大西洋区域组成的五个伙伴项目，其并非有环境规划署的支持，但也被认为是区域海洋项目的一部分。一些区域海洋项目值得进一步讨论。

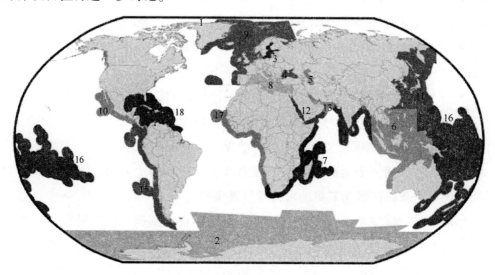

图5.1　环境规划署区域海洋项目

1. 北极；2. 南极洲；3. 波罗的海；4. 黑海；5. 里海；6. 南亚海域；7. 东非；8. 地中海；9. 东北大西洋；10. 东北太平洋；11. 西北太平洋；12. 红海和亚丁湾；13. 保护海洋环境区域组织海域；14. 南亚海域；15. 东南太平洋；16. 太平洋；17. 西非；18. 大加勒比区域

环境规划署区域海洋项目：地中海　地中海连接直布罗陀海峡（14千米宽）和苏伊士运河（不到1千米宽）（海上贸易历史可能已远远超过了一个世纪）与全球海洋相通。面积约达250万平方千米，平均深度约1500米，海岸线约长46 000千米。虽然地中海仅占世界海洋表面积的0.82%、海水体积的0.32%，但据估计，地中海至少含有世界上7%的已知海洋物种。此外，该地区约有30%的特有动物群（UNEP，2012）。与此同时，4.6 亿人居住在地中海沿岸地区，到 2025 年，人口预计将增至 5.2 亿。

1974 年，环境规划署理事会批准将地中海作为保护生物资源和防止污染的高级优先区域。一年后，《地中海行动计划》（MAP）启动。其要求统筹规划和发展，协调污染研究与监测，构建强有力的筹资机制，创设公约及相关议定书（Vallega，2002）。

《保护地中海免受污染公约》(Convention for the protection of the Mediterranean Sea Against Pollution)（又称《巴塞罗那公约》）于 1976 年 2 月 16 日正式通过，并于 1978 年 2 月 12 日生效。14 个地中海国家和欧盟签署了《巴塞罗那公约》。《巴塞罗那公约》于 1995 年 6 月 9 日至 10 日进行了修订，即《海洋环境和地中海沿岸地区保护的巴塞罗那公约》，但尚未生效。此外，《地中海行动计划》再次修订，称之为《地中海行动计划第二阶段》，21 个参与国侧重于海岸管理和生物多样性保护（Vallega，2002；UNEP，2005）。

此公约的主要目的是通过一系列议定书保护地中海免受污染（第 4 条）。尽管《巴塞罗那公约》里涵盖了所有来源类型的污染，但具体有关污染的条款主要是针对：船舶和飞机倾倒（第 5 条），船舶排放（第 6 条），大陆架、海床及底土勘探和开采（第 7 条）和陆源污染（第 8 条）。在不同的条款中还规定了通力合作应对污染紧急情况（第 9 条），进行监测（第 10 条）和开展科学合作（第 11 条）。

以下七项议定书修订了本公约：

● 倾倒（1976 年通过，1978 年修订，1995 年再次修订）。

● 预防和紧急情况（1976 年通过，1978 年生效；2002 年修订通过，修订版 2004 年生效）。

● 陆基污染（1980 年通过，1983 年生效；1996 年修订通过，修订版 2008 年生效）。

● 特别保护区和生物多样性（1982 年通过，1986 年生效；1995 年修订通过，1999 年修订版生效）。

● 海底开发和海上勘探（1994 年通过，2011 年生效）。

● 危险废物（1996 年通过，2008 年生效）。

● 海岸带综合管理（2008 年通过，2008 年生效）。

通过联合各国面对共同的问题，该公约取得了成功，现有 18 个签署国。主要成就包括：制定环境与发展相结合的《地中海可持续发展战略》

（Mediterranean Strategy for Sustainable Development）（UNEP，2005）和《保护地中海海洋和沿海生物多样性战略行动计划》（Strategic Action Plan for the Conservation of Marine and Coastal Biodiversity in the Mediterranean）（SAP BIO）（sap-bio. rac-spa. org/）。

环境规划署区域海洋项目：科威特/保护海洋环境区域组织　1978 年 4 月 23 日，在科威特召开的区域会议通过了《关于合作防止海洋环境污染的科威特区域公约》（Kuwait Regional Convention for Cooperation on the Protection of the Marine Environment from Pollution）（以下简称《科威特公约》），巴林、伊朗、伊拉克、科威特、阿曼、卡塔尔、沙特阿拉伯和阿拉伯联合酋长国出席了此次会议。本公约涵盖波斯湾和阿曼湾。这些海域周边 8 个国家的石油产量占世界石油总量的 25%，在过去的 25 年中经历过三次大战，直到深水地平线事故前，其发生了世界上最大的原油泄漏事故（de Mora et al.，2010）。此外，波斯湾海水非常浅，平均深度仅为 36 米，大部分海洋生物群生活在能够容忍其盐度和温度的上部水域。因此，波斯湾在区域海洋之中地位独一无二。该区域还面临着人为威胁——包括石油和天然气生产和运输的外部效应——外来物种和海洋资源的过度利用。波斯湾的另一个独到之处便是提高海水质量的关注度，其中一个很重要理由就是沿海居民利用海水淡化获得了淡水供给（Hamza and Munawar，2009）。

伴随《科威特公约》通过的还有《保护巴林、伊朗、伊拉克、科威特、阿曼、卡塔尔、沙特阿拉伯和阿拉伯联合酋长国沿海地区与海洋环境行动计划》（Convention is the Action Plan for the Protection of the Marine Environment and the Coastal Areas of Bahrain，Iran，Iraq，Kuwait，Oman，Qatar，Saudi Arabia and the United Arab Emirates）。《在紧急情况下消除油类及其他有害物质造成污染的区域合作议定书》（Protocol concerning Regional Cooperation in Combating Pollution by Oil and other Harmful Substances in Cases of Emergency）进一步加强对该地区的保护。其他议定书涉及海底开发和海上活动（1989 年通过，1990 年生效）、陆源污染（1990 年通过，1993 年生效）和危险废物（1998 年通过，2003 年生效）。

1979 年，《科威特公约》第十六条设立保护海洋环境区域组织，以执行"行动计划"，并于 1982 年在科威特建立保护海洋环境区域组织秘书处。保护海洋环境区域组织是区域海洋项目的一部分，独立于环境规划署而运作。广义看，《科威特公约》的目标是在可持续背景下，防止损害海洋环境、保护人类健康。

环境规划署区域海洋项目：西非和中非　《合作保护和开发西非和中非区域

海洋和沿海环境公约》（Abidjan Convention for Cooperation in the protection and Development of the Marine and Coastal Environment of the West and Central African Region）（又称《阿比让公约》，WACAF）于 1981 年通过，1984 年生效（UNEP，1981a）。《阿比让公约》共有 23 个缔约方和 10 个额外批准缔约方。此外，还通过了《关于保护和开发西非和中非区域海洋环境和沿海地区的行动计划》（Action Plan for the Protection and Development of the Marine Environment and Coastal Areas of the West and Central African Region）（以下简称《行动计划》）和《关于为在西非和中非地区处理污染紧急情况而开展合作的议定书》，并与《阿比让公约》同时生效。

《行动计划》的主要目标：
- 对沿海和海洋地区进行环境评估和科学研究（第 4.1 条）；
- 鼓励可持续发展的方法（第 4.2 条）；
- 促进签订保护和开发海洋和沿海地区的区域协定（第 4.3 条）；
- 为实施《行动计划》进行财务和体制安排（第 4.4 条）。

在 1982—1998 年间，《阿比让公约》签署地区获资 56 万美元开展《行动计划》。环境规划署募捐款减少，各国无法为参与《行动计划》募集资金。到 1993 年，只完成了"陆源污染物研讨会"和"为三国制定海岸带综合管理"两个项目（Peart et al.，1999）。

环境规划署区域海洋项目：东南太平洋　《保护东南太平洋海洋环境和沿 168 海地区公约》（Convention for the Protection of the Marine Environment and Coastal Area of the South-East Pacific）（又称《利马公约》）和《保护东南太平洋海洋环境和沿海地区行动计划》（Action Plan for the Protection of the Marine Environment and Coastal Areas of the South-East Pacific）于 1981 年 11 月 12 日通过，1986 年生效（UNEP，1981b）。随后的议定书和协议包括：

- 《关于在紧急情况下利用碳氢化合物和其他有害物质防治东南太平洋地区污染的区域合作协定》（Agreement on Regional Cooperation in Combating Pollution in the South-East Pacific by Hydrocarbons and other Harmful Substances in cases of Emergency）（1981 年签署）。

- 《关于在紧急情况下进行区域合作对付碳氢化合物和其他有毒物质对东南太平洋污染的协定的补充议定书》（Complementary Protocol on the Agreement for Regional Cooperation in Combating Pollution in the South-East Pacific by Hydrocarbons and other Harmful Substances in Cases of Emergency）（1983 年通过，1987 年生

效）。

- 《保护东南太平洋免受陆源污染议定书》（Protocol for the Protection of the South-East Pacific Against Pollution from Landbased Sources）（1983 年通过，1986 年生效）。

- 《养护和管理东南太平洋海洋和沿海地区保护区的议定书》（Protocol for the Conservation and Management of Protected Marine and Coastal Areas of the South-East Pacific）（1989 年通过，1995 年生效）。

- 《保护东南太平洋免受放射性污染的议定书》（Protocol for the Protection of the South-East Pacific from Radioactive Pollution）（1989 年通过，1995 年生效）。

- 《东南太平洋厄尔尼诺现象研究区域项目议定书》 （Protocol on the Regional Program for the Study of the El Niño phenomenon in the South-East Pacific）（ERFEN）（1992 年通过）。

- 《拟议的东南太平洋海洋环境和沿海地区环境影响评估议定书》（Proposed Protocol on the Assessment of the Environmental Impact on the Marine Environment and Coastal Areas the South-East Pacific）（已签署）。

- 《拟议的禁止将有害废物及其处置越境转移到东南太平洋的议定书》（Proposed Protocol to Prohibit Transboundary Movements of Hazardous Wastes and their Disposal to the South-East Pacific）（已签署）。

《利马公约》涵盖了南美洲所有太平洋沿岸国家，包括巴拿马、哥伦比亚、厄瓜多尔、秘鲁和智利。其目标如下：防止各种来源的污染（第 4 条）；防止、减少和控制沿海地区的侵蚀（第 5 条）；合作应对海洋污染突发事件（第 6 条）；监测污染（第 7 条）；进行环境保护影响评估（第 8 条）；交换信息（第 9 条）以及合作进行科学调查（第 10 条）。南太平洋国家常设委员会（简称 CPPS）负责执行《利马公约》和《保护东南太平洋海洋环境和沿海地区行动计划》，其秘书处总部设在厄瓜多尔的基多。

环境规划署区域海洋项目：红海和亚丁湾　1974 年，保护红海和亚丁湾环境区域组织（PERSGA）启动，旨在解决海岸开发、过度捕捞、海上运输和海上突发事件等问题，其秘书处总部设在沙特阿拉伯的吉达。

《保护红海和亚丁湾环境区域性公约》（Regional Convention for the Conservation of the Red Sea and Gulf of Aden Environment）（又称《吉达公约》）于 1982 年 2 月 15 日通过，1985 年 8 月 20 日生效（UNEP, 1982）。公约缔约方包括吉布提、埃及、约旦、沙特阿拉伯、索马里、苏丹和也门。除《吉达公约》

182

外，制定《吉达公约》的区域会议还通过了《保护红海和亚丁湾海洋环境和沿海地区行动计划》（Action Plan for the Conservation of the Marine Environment and Coastal Areas in the Red Sea and Gulf of Aden）和《合作防治在紧急状况下石油及其他有害物质污染的议定书》（Protocol Concerning Regional Cooperation in Combating Pollution by Oil and Other Harmful Substances in Cases of Emergency）。1985 年 9 月，保护红海和亚丁湾环境区域组织批准以下附加议定书：

- 《保护生物多样性议定书》和《建立红海和亚丁湾保护区网络》。
- 《保护红海和亚丁湾海洋环境免受陆源活动影响议定书》。
- 《海上紧急情况下人员和设备交换议定书》。

2005 年通过了两项新议定书，主要关于保护海洋环境免受陆基活动影响和生物多样性；设立海洋保护区议定书（www. persga. org）。

环境规划署区域海洋项目：大加勒比区域 《保护和开发大加勒比区域海洋环境公约》（Convention for the Protection and Development of the Marine Environment of the Wider Caribbean Region）（又称《卡塔赫纳公约》）于 1983 年 3 月 24 日通过，并于 1986 年 10 月 11 日生效（UNEP，1983）。《卡塔赫纳公约》缔约方共有 28 个岛屿国家和大陆国家，本公约的建立以联合国环境规划署的加勒比环境项目（CEP）和 1981 年通过的《加勒比行动计划》为基础。《卡塔赫纳公约》包括《关于合作防治大加勒比区域漂油的议定书》（Protocol concerning Cooperation in Combating Oil Spills in the Wider Caribbean Region），由牙买加金斯顿加勒比环境项目进行管理。由《关于特别保护区域和野生生物的议定书》（Specially Protected Areas and Wildlife Protocol）（1990 年）、《陆源海洋污染议定书》（Land-based Sources of Marine Pollution Protocol）（1999 年）和《关于特别保护区域和野生生物的议定书》（Specially Protected Areas and Wildlife）（2000 年）等进行补充。

环境规划署区域海洋项目：东非 《保护、管理和开发东非地区海洋及沿海环境公约》（Convention for the Protection, Management and Development of the Marine and Coastal Environment of the Eastern African Region）（又称《内罗毕公约》）于 1985 年 6 月 21 日在内罗毕通过，1996 年 5 月 30 日生效（UNEP，1985）。同时通过《保护、管理和开发东非区域海洋和沿海环境行动计划》（Action Plan for the Protection, Management and Development of the Marine and Coastal Environment of the Eastern African Region）（EAP）、《关于东非区域保护区和野生动植物的议定书》（Protocol Concerning Protected Areas and Wild Fauna and

Flora in the Eastern African Region）、《关于东非区域在紧急情况下合作防治海洋污染的议定书》（Protocol Concerning Cooperation in Combating Marine Pollution in Cases of Emergency in the Eastern African Region）同时生效。需要 6 个国家批准或加入《内罗毕公约》才能生效。环境规划署指导了本项目的最初进展。

《内罗毕公约》是一个涵盖海洋和沿海环境保护、管理和开发的法律文件。优先目录由 9 个项目组成：包括控制船舶污染在内相关污染承诺（第 5 条）、倾倒（第 6 条）、陆源污染（第 7 条）、海底活动（第 8 条）、机上污染源（第 9 条）和紧急情况（第 11 条）。附加承诺涉及特别保护区（第 10 条）、工程活动造成的环境损害（第 12 条）、环境评估（第 13 条）和科学合作（第 14 条）。

尽管意图合理，但《内罗毕公约》却被批评为侧重于防止污染和单一物种管理，而不顾海岸带综合管理。1985 年成立了支持实施《保护、管理和开发东非区域海洋和沿海环境行动计划》的区域信托基金；然而，在后来十年中，各方捐款的 70 万美元只占初始承诺总额的 25%（Peart et al.，1999）。瑞典和比利时政府也在财政上支持方案实施。

170　　　2010 年全权代表大会和第六次缔约方大会为《内罗毕公约》通过了一项接替性公约，名为《关于保护、管理和开发西印度洋海洋和沿海环境的内罗毕公约（修订版）》（Amended Nairobi Convention for the Protection, Management and Development of the Marine and Coastal Environment of the Western Indian Ocean）。此外，还制定了《保护西印度洋海洋和沿海环境免受陆地来源和活动影响议定书》（Protocol for the Protection of the Marine and Coastal Environment of the Western Indian Ocean from Land-based Sources and Activities），缔约国包括科摩罗、法国、肯尼亚、马达加斯加、毛里求斯、莫桑比克、塞舌尔、索马里、坦桑尼亚和南非共和国。

环境规划署区域海洋项目：南太平洋　《保护南太平洋地区自然资源和环境公约》（Convention for the Protection of Natural Resources and Environment of the South Pacific Region）（又称《努美阿公约》）于 1986 年 11 月 24 日通过，1990 年 8 月 22 日生效（SPREP，1986）。《努美阿公约》包括 24 个缔约国的领海和专属经济区，其包括 7500 个岛屿和世界语言的约三分之一（表 5.2）。《努美阿公约》还包括倾倒和紧急情况应对污染的议定书。《努美阿公约》由太平洋共同体秘书处管理，其总部设在努美阿的安塞瓦塔。

其重要条款包括：

- 第 3 条：在北回归线与南纬 60 度之间，东经 130 度与西经 120 度之间的太平洋范围内，任何一方均可增加其辖区内的保护面积。

- 第 4 条：各方将就海洋和沿岸环境的保护、开发和管理达成双边或多边协议——包括区域或次区域协议。包括保护区（第 14 条）、污染突发事故（第 15 条）和环境影响评估（第 16 条）。

- 第 5 条和第 8~11 条：各方将致力于预防、减少和控制污染，确保环境的良好管理和利用。

- 第 13 条：缔约方将致力于控制开发所带来的海岸侵蚀。

- 第 17~18 条：各方将分享信息，合作研究方案，并为发展中岛屿国家和领地提供援助。

表 5.2　《南太平洋区域自然资源和环境保护公约》[《努美阿公约》
缔约方（含域外缔约方）]

缔约方		
美属萨摩亚	澳大利亚	库克群岛
密克罗尼西亚联邦	法属波利尼西亚	斐济
关岛	基里巴斯	马绍尔群岛
瑙鲁	新喀里多尼亚	新西兰
纽埃	北马里亚纳群岛	帕劳
巴布亚新几内亚	皮特凯恩群岛	萨摩亚
所罗门群岛	托克劳	汤加
图瓦卢	瓦努阿图	瓦利斯和富图纳群岛
海外缔约方		
法国	美国	

《努美阿公约》还为 1993 年设立的《南太平洋区域环境项目》（South Pacific Regional Environmental Programme）（SPREP）奠定了基础。2004 年，该项目更名为《太平洋区域环境项目》（Pacific Regional Environment Programme），但缩写不变。《太平洋区域环境项目》分为 4 个专题领域：生物多样性和生态系统管理；气候变化；环境监测和治理；废弃物管理和污染控制。

环境规划署区域海洋项目：黑海　位于黑海沿岸 20 个国家每年共计 350 立方千米河水汇入黑海。黑海仅通过 35 千米宽的伊斯坦布尔海峡与世界各大洋相连。由此可知，黑海属于高度传导水域，对一些人为影响很敏感。该地区的重大威胁为富营养化/营养富化、化学和石油污染、过度捕捞、栖息地丧失、生物多样性变化和物种引入。黑海的独特性需要一个侧重于解决其问题的公约；然

171

而那些黑海沿岸国家——保加利亚、格鲁吉亚、罗马尼亚、俄罗斯联邦、土耳其和乌克兰——仍须遵守 1976 年的《巴塞罗那公约》。

《保护黑海免受污染公约》（Convention on the Protection of the Black Sea Against Pollution）（又称《布加勒斯特公约》）于 1992 年 4 月 21 日通过，1994 年 1 月 15 日生效（BSC，1992）。《布加勒斯特公约》缔约国包括保加利亚、格鲁吉亚、罗马尼亚、俄罗斯联邦、土耳其和乌克兰，本公约由常设秘书处管理，其总部位于土耳其伊斯坦布尔。它包含 3 个关于控制陆源污染、倾倒和污染突发事故的议定书。本公约的主要目的是减少黑海的污染，本项目制定了《保护和恢复黑海战略行动计划》（Strategic Action Plan for the Environmental Protection and Rehabilitation of the Black Sea）（1996），该计划于 2009 年再次修订（BSC，2009）。

本章总结

- 对海洋生物多样性威胁的分类，存在许多种方法。但威胁大致可以归结为过度捕捞、海洋污染、生境丧失、物种引入和全球气候变化。
- 通过了第一批国际海洋条约，以期解决鱼类种群和海洋哺乳动物的开发问题。
- 《海洋法公约》确认各国有权利开发其主权水域的海洋生物资源，其也要求各国保护和保全海洋环境。
- 《海洋法公约》要求各国：全面控制任何来源的海洋环境污染；保护稀有或脆弱的生态系统；保护衰竭、濒危或受威胁的海洋生物的生存环境；并防止外来物种（引进）的扩散。
- 143 个国家参与了 13 个区域海洋项目，以解决沿海和海洋地区退化问题。

172 **参考文献**

Akiwumi,P.and Melvasalo,T.(1998) 'UNEP's regional seas programme:Approach,experience and future plans', *Marine Policy*, 22(3),229–234.

BSC(Black Sea Commission)(1992) *Convention on the Protection of the Black Sea Against Pollution*, Istanbul, Turkey, www.blacksea-commission.org/_convention-fulltext.asp, accessed 10 December 2012.

BSC(2009) *Strategic Action Plan for the Environmental Protection and Rehabilitation of the Black Sea*, Istanbul,Turkey,www.blacksea-commission.org/_bssap2009.asp,accessed 10 December 2012.

Branch,A.E.(2007) *Elements of Shipping*,Routledge,Milton Park.

Carlton,J.T.(1996) 'Marine bioinvasions:The alteration of marine ecosystems by nonindigenous species', *Oceanography*,9(1),36-43.

Carson,R.(1962)*Silent Spring*,Houghton Mifflin,NY.

CBD(Convention on Biological Diversity)(1995)*Conservation and Sustainable Use of Marine and Coastal Biological Diversity*, Montreal, Canada, www. cbd. int/decision/cop/? id = 7083, accessed 7 December 2012.

CBD(1998)*COP 4 Decision IV/5:Conservation and Sustainable Use of Marine and Coastal Biological Diversity, including a Programme of Work*, www. cbd. int/decision/cop/? id = 7128, accessed 7 December 2012.

CBD(2000a)*The Jakarta Mandate - From Global Consensus to Global Work*,Montreal,Canada,www.cbd.int/doc/publications/jm-brochure-en.pdf,accessed 7 December 2012.

CBD(2000b)*Cartagena Protocol on Biosafety*,Montreal,Canada,bch.cbd.int/protocol/text/,accessed 7 December 2012.

CBD (2006) *COP 8 Decision VIII/22: Marine and Coastal Biological Diversity: Enhancing the Implementation of Integrated Marine and Coastal Area Management*,Montreal,Canada,www.cbd.int/decision/cop/? id=11036,accessed 7 December 2012.

CBD(2008)*COP 9 Decision IX/20:Marine and Coastal Biodiversity*,Montreal,Canada,www.cbd.int/decision/cop/? id=11663,accessed 7 December 2012.

CBD(2010)*Nagoya Protocol on Access and Benefit-sharing*,www.cbd.int/abs/,accessed 7 December 2012.

Davidson,I.C.and Simkanin,C.(2012)'The biology of ballast water invasions 25 years later', *Biological Invasions*,14,9-13.

de Mora,S.,Tolosa,I.,Fowler,S.W.,Villeneuve,J.-P.,Cassi,R.and Cattini,C.(2010)'Distributionof petroleum hydrocarbons and organochlorinated contaminants in marine biota and coastal sediments from the ROPME Sea Area during 2005', *Marine Pollution Bulletin*,60(12),2323-2349.

Endresen,O.,Behrens,H.L.,Brynestad,S.,Andersen,A.B.and Skjong,R(2004)'Challenges in global ballast water management', *Marine Pollution Bulletin*,48(7-8),615-623.

Freestone,D.and Rayfuse,R.(2008)'Ocean iron fertilization and international law', *Marine Ecology Progress Series*,364(213-218),227-233.

Gray,J.S.(1997)'Marine biodiversity:Patterns,threats and conservation needs', *Biodiversity and Conservation*,6,153-175.

Hamza,W.and Munawar,M.(2009)'Protecting and managing the Arabian Gulf:Past,present and future', *Aquatic Ecosystem Health & Management*,12(4),429-439.

Hansen,J.,Sato,M.and Ruedy,R.(2012)'Perception of climate change', *Proceedings of the National A-

cademy of Sciences, 10.1073/pnas.1205276109.

Hardin, G. (1968) 'Tragedy of the commons', *Science*, 162(3859), 1243–1248.

IMO(International Maritime Organization) (1972) Convention on the Prevention of Marine Pollutionby Dumping of Wastes and Other Matter, IMO, London, treaties. un. org/doc/Publication/UNTS/Volume% 201046/volume–1046–I–15749–English.pdf, accessed 7 December 2012.

IMO(1996) 1996 Protocol to the Convention on the Prevention of Marine Pollution by Dumping of Wastes and Other Matter, 1972, IMO, London, www.imo.org/OurWork/Environment/SpecialProgrammesAndIniti-atives/Pages/London–Convention–and–Protocol.aspx, accessed 25 October 2013.

IMO(2004) *International Convention for the Control and Management of Ships' Ballast Water and Sedi-ments*, IMO, London, www. ecolex. org/server2. php/libcat/docs/TRE/Multilateral/En/TRE001412. pdf, ac-cessed 7 December 2012.

IPCC(Intergovernmental Panel on Climate Change) (2007) *Climate Change* 2007: *The Physical Science Ba-sis, Contribution of Working Group I to the Fourth Assessment Report of the Intergovernmental Panel on Cli-mate Change*, Cambridge University Press, Cambridge.

Jaffe, D. (1995) 'The international effort to control the transboundary movement of hazardous waste: The Ba-sel and Bamako Conventions', *ILSA Journal of International & Comparative Law*, 123, 123–137.

Norse, E. A. (ed.) (1993) *Global Marine Biodiversity: A Strategy for Building Conservation into Decision Making*, Island Press, Washington, DC.

NRC(National Research Council) (1995) *Understanding Marine Biodiversity*, National Academy Press, Washington, DC.

Osborn, D. and Datta, A. (2006) 'Institutional and policy cocktails for protecting coastal and marine environ-ments from land–based sources of pollution', *Ocean & Coastal Management*, 49(9–10), 576–596.

Pauly, D., Christensen, V., Dalsgaard, J., Froese, R. and Torres F. (1998) 'Fishing down marine food webs', *Science*, 279(5352), 860–863.

Peart, R., Rich, J. and Masia, M. (1999) 'Sub–Saharan African multilateral programmes for coastal manage-ment: How well have they performed?', *Ocean & Coastal Management*, 42(9), 791–813.

Rahmstorf, S. and Richardson, K. (2009) *Our Threatened Oceans*, Haus Publishing, London.

Roberts, C. (2007) *The Unnatural History of the Sea*, Island Press, Washington, DC.

Roberts, C. (2013) *The Ocean of Life: The Fate of Man and the Sea*, Penguin Books, New York.

Roff, J. C. and Zacharias, M. A. (2011) *Marine Conservation Ecology*   Earthscan, London.

SPREP(Secretariat of the Pacific Regional Environment Programme) (1986) *Convention for the Protection of the Natural Resources and Environment of the South Pacific Region*, Apia, Samoa www.sprep.org/attach-ments/NoumeConventintextATS.pdf, accessed 8 December 2012.

Thorne–Miller, B. and Earle, S. A. (1999) *The Living Ocean: Understanding and Protecting Marine Biodiversi-ty*, Island Press, Washington, DC.

173

UN(United Nations)(1989)'Protection of global climate for present and future generations of mankind', United Nations General Assembly, A/RES/44/207, www.un.org/documents/ga/res/44/a44r207.htm, accessed 25 October 2013.

UN(1992) Convention on Biological Diversity, treaties.un.org/doc/Treaties/1992/06/19920605%200844% 20PM/Ch_XXVII_08p.pdf, accessed 7 December 2012.

UNEP(United nations Environment Programme)(1981a) *Convention for Cooperation in the Protectionand Development of the Marine and Coastal environment of the West and Central African Region and protocol*, Nairobi, Kenya, abidjanconvention.org/index. php? option = com_content&view = arti − cle&id = 51&Itemid = 169, accessed 7 December 2012.

UNEP(1981b) *Convention for the Protection of the Marine Environment and Coastal Area of the South−East Pacific*, Nairobi, Kenya, sedac.ciesin.org/entri/texts/marine.environment.coastal.south.east.pacific.1981. html, accessed 8 December 2012.

UNEP(1982) *Regional Convention for the Conservation of the Red Sea and Gulf of Aden*, Nairobi, Kenya, www.unep.ch/regionalseas/main/persga/convtext.html, accessed 7 December 2012.

UNEP(1983) *Convention for the Protection and Development of the Marine Environment in the Wider Caribbean Region.* Nairobi, Kenya, www. cep. unep. org/cartagena − convention/cartagena − convention. pdf, accessed 8 December 2012.

UNEP(1985) *Convention for the Protection, Management and Development of the Marine and Coastal Environment of the Eastern African Region*, Nairobi, Kenya, www.unep.org/NairobiConvention/docs/English_ Nairobi_Convention_Text.pdf, accessed 8 December 2012.

UNEP(1989) *Basel Convention on the Control of Transboundary Movements of Hazardous Wastes and their Disposal*, Nairobi, Kenya, treaties.un.org/doc/Treaties/1992/05/19920505%201251%20PM/Ch_XXVII _03p.pdf, accessed 7 December 2012.

UNEP(1995a) *Amendment to the Basel Convention on the Control of Transboundary Movements of Hazardous Wastes and their Disposal*, Nairobi, Kenya, treaties.un.org/doc/Treaties/1995/09/ 19950922%2012−54%20PM/Ch_XXVII_03_ap.pdf, accessed 7 December 2012.

UNEP(1995b) *Global Programme of Action for the protection of the Marine Environment from Land−based Activities*, Nairobi, Kenya, www.gpa.unep.org/downloads/doc_download/55−gpa−full−text.html, accessed 7 December 2012.

UNEP(2005) *Mediterranean Strategy for Sustainable Development: A Framework for Environmental Sustainability and Shared Prosperity*, Nairobi, Kenya, 195. 97. 36. 231/acrobatfiles/05WG270_Inf13_Eng. pdf, accessed 7 December 2012.

UNEP(2012) *State of the Mediterranean Marine and Coastal Environment* 2012 *Highlights for Policy Makers*, Nairobi, Kenya 195.97.36.231/publications/UNEPMAP_SoEhighlights_2012_ENG.pdf, accessed 7 December 2012.

174

UNFCC(United Nations Framework Convention on Climate Change)(1992) *United Nations Framework Convention on Climate Change*, Bonn, Germany, treaties. un. org/doc/Treaties/1994/03/ 19940321%2004-56%20AM/Ch_XXVII_07p.pdf, accessed 8 December 2012.

UNFCC(1997)*Kyoto Protocol to the UN Framework Convention on Climate Change*, Bonn, Germany, unfccc. int/resource/docs/convkp/kpeng.pdf, accessed 8 December 2012.

Vallega, A. (2002) 'The regional approach to the ocean, the ocean regions, and ocean regionalisation? A post-modern dilemma', *Ocean & Coastal Management*, 45(11-12), 721.

Verlaan, P.A. and Khan, A.S. (1996) 'Paying to protect the commons: Lessons from the Regional Seas Programme', *Ocean and Coastal Management*, 31(2-3), 83-104.

WCED(World Commission on Environment and Development)(1987)*Our Common Future*, Oxford University Press, Oxford.

Wright, D.A. (2012) 'Logistics of compliance assessment and enforcement of the 2004 ballast water convention', *Journal of Marine Engineering and Technology*, 11(1), 17-23.

6 国际渔业政策——维持长期全球渔业

引言

海洋渔业的重要性常常被忽视。从西方的角度来看，海产品只是可供消费者选择的另一种蛋白质来源。然而，目前有 10 亿多人依靠海产品作为其主要蛋白质来源，30 亿人依赖海产品作为其至少 15% 的蛋白质来源（Davies and Range-ley，2010；FAO，2011）。据一项研究估计，2009 年有 3400 万人从事与渔业相关的全职或兼职工作，生产了 8000 万吨海产品（FAO，2011）。说渔业是"大买卖"是一种严重的低估：在 2004 年，全球渔业的第一销售（first-sale）价值估计为 849 亿美元（Sinclair et al.，2002；Davies and Rangeley，2010）。

然而最近，海洋捕捞业的可持续性已呈危险之势。粮农组织报告认为 28% 的世界渔业资源是处于过度开发、耗竭或恢复状态。事实上，57.4% 的资源已被充分开发利用，只有 20% 的资源是属于低度开发或适度开发（FAO，2009b）。全球渔获量在 1996 年达到顶峰，自那时以来已下降了约 10%（FAO，2011）。就背景数据而言，1974 年过度开发、充分利用和低度开发的渔业资源分别为 10%、50% 和 40%。欧洲共同体委员会（Commission of the European Communities）已确定，就已知种群状况的欧洲鱼类种群而言，目前仅有三分之一是在为持续的未来生产而管理（CEC，2008）。在美国，有 188 种鱼类或鱼类种群已有足够的信息来确定过度捕捞是否正在发生，其中 47% 要么是已过度捕捞，要么目前正在被过度捕捞（NMFS，2009）。在新西兰，已明确状况的 101 种鱼类或鱼类种群，有 29% 低于其管理目标（New Zealand Ministry of Fisheries，2009）。

公海鱼类的状况更是鲜有人知。在北大西洋渔业组织（North Atlantic Fisheries Organization）（NAFO）管理的 17 个大西洋鱼类种群中，有 6 个已耗竭，只有 3 个被认为是可持续的（NAFO，2008）。大西洋鳕鱼的生物量估计为历史水平的 6%，北海鳕鱼种群被压低到多年来渔民无法捕捞到其可被允许的捕捞量的程度。

通过对 2005—2009 年以区域为基础的平均捕捞量的评估，下列区域贡献了全球捕捞量的最大比例（FAO，2011）：

- 西北太平洋（25%）；
- 东南太平洋（16%）；
- 中西太平洋（14%）；
- 东北大西洋（11%）；
- 东印度洋（7%）。

176   仔细观察海洋捕捞业的某些方面，可以发现，50%~70%的中上层鱼类（如金枪鱼、箭鱼）已被捕捞（Myers and Worm，2003）。随着顶端捕食者数量的减少，渔业的压力持续传导到较低的营养水平，这被称为"捕捞降低食物网"（Pauly et al.，1998）。此外，全球捕鱼船队规模远远大于需求量，尤其是因为技术创新增加了捕捞能力。这一过剩捕捞能力由大多数捕鱼国每年补贴的 300 亿~400 亿美元资助，因此并无降低捕捞力量的动机（Sumaila et al.，2010）。此外，有证据表明在过去 30 年里，以港口为基础的渔业的捕捞力量每 10 年增加了 3%（Watson et al.，2012）。因此，越来越多的渔民正在追逐更少的鱼，如果把全球捕鱼船队想象成一个国家，其将是地球上排名第 18 的石油消费国（Tyedmers et al.，2005）。

另一个严重的问题是非目标物种的捕捞。估计全球渔业捕捞量的 20% 都是不必要的副渔获物，并遭到丢弃。虾类渔业生产的副渔获物量最大，而小型远洋渔业的副渔获物量则最小。副渔获物还包括偶然捕获的濒危海洋哺乳动物、海龟和海鸟，尽管最近在渔具技术方面的进步正在减少这些影响。最后，全球每年捕捞量的约 35% 是在非热带大陆架上捕获的，而这在海洋总面积中仅占 5%。据估计，目前非热带大陆架上的捕捞量需要该地区总初级生产力的 36% 来维持这些渔业（Frid et al.，2005）。

本章首先简要概述了如何管理海洋渔业，接着讨论了国际渔业的法律和政策，以及监督海洋渔业的组织。

渔业管理概况

20 世纪之前，人们认为几乎不需要渔业管理。海洋渔业（包括海洋哺乳动物）被认为是取之不尽的，因此，很少有动力将资源分配给渔业管理。大多数渔业（包括近岸捕捞）都是"公地"资源，任何人都可以使用设备来开发利用它们。随着内燃机的出现，容易获得的渔业资源迅速枯竭，各国开始意识到需要对其进行管理，并制定了一系列国家和国际立法和公约，以执行渔业规范。其中包括《国际捕鲸管制公约》（International Convention for the Regulation of Whaling）（1946）和《海洋法》（Law of the Sea）（1958）（第 2 章）。一些（第 5 章中所讨论的）其他公约，包括《国际防止船舶造成污染公约》（International Convention for the Prevention of Pollution from Ships）（MARPOL73/78）和《伦敦倾废公约》（London Dumping Convention）（1972），则旨在保护海洋环境免受陆地和海洋污染物的污染，并因此使渔业受益。

　　然而，本节的目的不是要记录具体渔业的困境，也不是详述渔业管理的失败。相反，本节将介绍渔业管理的一些原则，以及自 20 世纪早期有渔业管理以来的发展状况。人类利用了几乎所有的海洋生物类群，用于食物、燃料和药品。捕捞力量传统上是针对有鳍鱼类、甲壳类、软体动物和海洋哺乳动物。海洋藻类相关的渔业在许多地区也很重要，许多其他海洋生物类群的物种（如棘皮动物门）也遭到大量捕捞（参见第 1 章）。

　　渔业采用多种技术，可按多种方式进行分类（专栏 6.1）。然而，公认的四种渔业类型是"食品""工业""贝类"和"休闲"。食品渔业一般由当地居民经营，消费对象也是当地居民，虽然在过去 30 年中有所下降，但它们对发达国家和发展中国家而言仍至关重要。食品渔业一般捕捞近岸鱼类和贝类，北极地区的原住民仍保留一些维持生计的捕鲸活动。由于船舶、渔具和技术（如卫星图像、全球定位系统）的改进，工业渔业在最近几十年中增长最快。工业

专栏 6.1　基于不同渔具的渔业类型

　　曳绳钓：使用一个或多个诱饵钓线，常常在船后的水中缓慢地拖动。曳绳钓的目标是中上层物种，例如长鳍金枪鱼。

　　流刺网：流刺网是一组底部有重量的垂直悬浮在水中的网，用以缠住鱼类。流刺网渔具固定在船舶上，随水流漂移。通常用来捕捞箭鱼和一些鲨鱼种类。

　　鱼叉：一种较大的矛，可能含有炸药，投掷或发射到个体动物身上。鱼叉渔业主要针对箭鱼和海洋哺乳动物。

　　漂浮延绳钓：漂浮延绳钓渔具由一条干线组成，干线上系结许多带诱饵钩的支线。该渔具可根据目标物种在不同的深度和一天的不同时间使用。

　　绞线延绳钓：该渔具的主绳由粗钢丝而不是单丝组成。用于捕捞灰鲭鲨和蓝鲨。

专栏 6.1 基于不同渔具的渔业类型（续）

海岸围网：围网是一个包围一周的网，通过收拢网具底部的穿过底环的括纲来收网。这种渔具能有效地捕捉到成群的金枪鱼。"海岸"围网渔船是靠近岸边的较小的捕鱼船舶。主要捕捞沿岸中上层物种（沙丁鱼、凤尾鱼、鲭鱼），但也用于捕捞蓝鳍金枪鱼和其他金枪鱼。

大型围网：大型围网渔具主要用于公海渔业。

休闲渔业：休闲渔业是捕捞定居种和移栖种鱼类，由使用钩、线等渔具的私人船舶和租用船只组成。

底拖网：渔网在海底拖曳（底栖拖网）或临海底拖曳（底层拖网）。底拖网捕捞的目标是虾、鱿鱼和各种类型的底栖鱼类，也称为"底接触捕捞"。

中层拖网：一种悬浮在中上层的渔网，目标是金枪鱼和小型的成群鱼类。

炸药：用来震击脊椎动物以便于捕捞。最常用于热带珊瑚礁环境。

毒药：通常是氰化钠或漂白剂，用来杀死或迷晕鱼类。最常用于热带珊瑚礁环境。

178

渔业是公海上的主要捕捞方式，且越来越多地捕捞中上层无脊椎动物（如鱿鱼、磷虾）。相比之下，贝类渔业是针对主要生活在海底或底土的无脊椎动物。最后，休闲渔业在全世界范围内都有运营，而这类渔获的总数量仅有有限的统计数据。

迄今为止，渔业管理基本上仅限于评估个别物种的数量或种群。渔业管理的基本目标是估计可捕捞的鱼类数量（总可捕捞量–TAC），以实施捕捞限额（专栏 6.2），同时维持可生存的鱼群数量。这些估量可通过政治、经济和社会考虑加以修改。过度保守的管理可能导致低利用率的渔业生产（捕捞不足），而过于宽松的管理则可能导致过度捕捞和鱼类数量严重减少。

专栏 6.2 捕捞限额

总可捕捞量制度是一种管理措施，通过设置在一段时间内可捕捞的最大重量或鱼的数量来限制某种渔业的总产量。总可捕捞量制度的管理要求监测上岸量，并在完成总可捕捞量后停止捕鱼作业。总可捕捞量的确定是基于对鱼类种群的评估（下文将讨论）和其他生物生产力指标，通常来自渔业（捕捞）和非渔业（生物调查）数据。从渔民、加工者或码头取样所收集的数据

专栏6.2　捕捞限额（续）

可以与海上观测和独立的渔业调查巡航相结合，提供有关总生物量、年龄分布和渔获量的信息。通常，总可捕捞量是按年确定的，但需要按季节进行分配。如果总可捕捞量能得到很好的估计和执行，则可以控制某一鱼类种群的整体捕捞死亡量（如太平洋大比目鱼）。

行程限制和渔获量限制是通过限制某一物种在任何特定行程中的捕捞量来调节上岸量。当有意拉长上岸时间或想要规定最大上岸规模时，会在商业捕鱼中适用行程限制，其通常伴随着对上岸次数的限制。

个体捕捞配额制度（IFQs）是一种渔业管理工具，其基于最初的合格标准（参见第10章），将总可捕捞量的某一部分分配给单个船只、渔民或其他符合条件者。个体捕捞配额制度在世界各地均有使用，在美国该工具用于管理阿拉斯加比目鱼、银鳕鱼、美洲多锯鲈、碎浪蛤蜊/海洋圆蛤。

个体渔船配额制度（IVQs）用于世界各地的许多渔业，包括一些加拿大和挪威渔业。个体渔船配额制度与个体捕捞配额制度类似，只不过前者把总可捕捞量划分给在某一渔业产业登记的各个船只，而不是个人（参见第10章）。

渔业管理一般由已捕捞的鱼类、未捕捞的物种、鱼类赖以生存的环境或栖息地、人类对鱼类及其栖息地的利用，以及他们之间的相互作用等四个部分组成（Lackey and Nielsen，1980）。渔业管理的每个方面都有自成的一套理论、概念和方法来解决这些问题。虽然理想的渔业管理生态单元是鱼类种群，但由于实际原因，渔业是基于亚种群进行管理的。有时，一个亚种群可以包括多个物种，因为它们就像一个物种一样总是被一起捕获。在其他情况下，基于便利需要，不同的物种可以一起管理。

自20世纪初起，渔业管理一般使用最高持续产量（MSY）的概念。巴拉诺夫（Baranov）（1918）的早期努力是将鱼的生长速率和自然死亡率相结合，以确定一个种群的最大生物量。罗素（Russell）（1931）将鱼的补充率和基于捕捞及自然原因的死亡率结合起来。格雷厄姆（Graham）（1939）研发的模型表明低捕捞率即意味着体积较大的鱼的捕捞量较小，而高捕捞率即意味着体积较大和体积较小的鱼的捕捞量类似。因此，格雷厄姆得出结论认为，捕获量低于最大限度是对鱼类的不充分利用，捕获量超过最大限度是在浪费捕捞力量。由于这些原因，从20世纪40年代到70年代，最高持续产量被视为主要的渔业管理工

179

具。除最高持续产量外，许多渔业管理人员认为，由于捕捞少量剩余鱼类种群的成本较高，渔业将转移到其他更容易获得的物种上，所以这些鱼类种群就不会灭绝。然而，经济理论并没有反映出现实状况，因为渔民还是继续捕捞这些种群，导致生态和经济方面的毁灭（Taylor，1951）。

随着最高持续产量作为渔业管理工具的失败，最佳可持续产量（OSY）的概念被提出。最佳可持续产量从本质上来说是对最高持续产量的修订，以反映相关经济、生态或社会考量，更多的是一个管理结构而不是一个经验性的数字。然而，最佳可持续产量的模糊性导致了许多困难，以及关于如何应用这个概念的讨论。

渔业管理人员有许多管理鱼类种群的工具和技术。这些技术大体上可以划分为投入控制（一种间接的控制形式，因为其不限制捕捞量）和产量控制（直接限制捕捞量）。

投入控制旨在限制捕鱼者的数量或捕鱼的效率。在最初管理某种渔业时通常采用投入控制，包括对渔具类型、船只数量和大小、捕鱼区域、捕鱼时间或渔民数量的限制。投入控制可适用于商业和游钓渔业，并可适用于部分或整个渔业。两种普及的投入控制分别是许可证制度和执照许可制度，用于证明渔民或船只是合法的，或作为管理措施以限制参与渔业的渔民或船只的数量和类型。许可证制度旨在限制捕捞能力和捕捞强度，但影响都是间接的。例如，如果许可证没有规定最大船舶体积或对捕捞能力的其他限制，船队的捕捞能力会因为小型船只被替换为较大型船只而有所增加。问题之所以出现，是因为船只大小只是捕捞能力的一个方面。此外，控制船舶大小可能导致适应能力不足或不适航。

产量控制直接限制捕捞量，因此是捕捞死亡率的一个重要组成部分（捕捞死亡率也包括因副渔获物、幽灵捞捕及捕鱼造成的生境退化所导致的死亡率）。产量控制可用于限制整个舰队或渔业的渔获量，如总可捕捞量（参见关于总可捕捞量制度和其他类型限制的专栏6.2）。产量控制还可用于限制特定船只（行程限制、个体渔船配额）、所有者或运营者（个体捕捞配额）的渔获量。在这种情况下，个人或船只渔获量限额的总和等于整体渔业的总可捕捞量。产量控制依赖于监管总捕捞量的能力，具体措施如下：根据可靠的上岸记录、港口抽样数据和对一些丢弃或未报告的渔获量进行估计，来估量总上岸量；用海上观察员的报道或可核实的航海日志等数据来估量实际总渔获量。

渔业管理最重要的一个方面是描述一个种群的状况或状态的能力，也称为种群评估。种群评估不仅提供了关于种群的规模、年龄结构和健康状况的信息，而且还提出了对种群管理的建议。种群评估有两个组成部分：一是研究物种的生物学和生活史；二是了解捕捞对该种群的冲击和影响。对于全球许多种群来说，很少有关于物种生活史的信息，因此渔业管理决策往往是根据上岸后（渔获物）得到的信息做出的。这是渔业管理的一个典型难题：由于从该种群捕鱼之前往往没有关于种群自然状态和可变性的基准信息，因此，管理决策必须基于鱼上岸后的状况，或必须尝试在开发之前确立种群的"情况"。

然而，在一个拥有完善信息的完美世界中，将可使用以下信息进行全面和准确的种群评估：渔业中渔民数量和使用的渔具种类（如延绳钓、拖网、围网等）；每种渔具的年渔获量；每种渔具的年捕捞强度；每种渔具捕获的鱼的年龄结构；渔获物的雄雌比例；鱼的销售方式（大小偏好等）；对不同渔民群体而言鱼的价值；最佳渔获量的时间和地点。

生物信息包括：种群的年龄结构；第一次产卵的年龄；繁殖力（每个年龄段的鱼可生产的平均鱼卵数）；种群中的雌雄比率；自然死亡率（由于自然原因导致的死亡速率）；捕捞死亡率（缘于捕捞的鱼死亡速率）；鱼的生长速率；产卵行为（时间和地点）；最近孵化的鱼类（鱼苗）、幼鱼和成鱼的栖息地；迁移习惯；种群中所有年龄的鱼的食性。

当收集上述信息时，其被称为渔业相关数据。当生物学家通过调查渔民渔获抽样方案收集信息时，被称为非渔业相关数据。这两种方法都为种群评估提供了宝贵的信息。

然而，在现实世界中，很少有上述信息可供使用，尤其是针对了解较少（通常是公海物种）的新鱼类。根据可获得种群信息的多少，可有许多方法来管理渔业，其中包括根据捕鱼的难易程度来估计种群数量，保护还无法产卵的鱼，确保种群适当的年龄结构，开发种群生存能力的模型。以下各段简要讨论了其中的一些方法。

最简单的种群评估方法是计算单位努力渔获量（CPUE），结合种群上岸量（渔获量）的历史记录和捕获该种群时的捕捞强度。因此，单位努力渔获量本质上是一种种群丰度指标。在建立新的渔业时，单位努力渔获量往往比较高，这是由于捕捞量高，但同时需要的捕捞努力强度比较低。随着越来越多的渔民从事该种渔业，或者技术进步导致有能力捕捞更多的鱼，单位努力渔获量通常会在管理良好的渔业中稳定下来，或者在管理较差的渔业中持续下降。单位努力渔获量是一种相对简单和直观的渔业管理方法。然而，单位努力渔获量也有一

181

些严重的局限性，因此不再单独作为管理工具。此评估方法的主要不足是，在对单位努力渔获量做出可靠估计时，渔业就已经开始衰退。此外，上岸量和捕捞强度的信息不足，以及因技术进步导致与过去的做法相比较时存在偏差等问题，也会影响单位努力渔获量的准确性。

一种更可靠的种群评估方式是确定鱼在什么年龄产卵，并确保不捕捞还没有繁殖能力的鱼，以这种方式来量化评估渔业产业。其目的是保护鱼类，直到能产卵的鱼龄。在繁殖之前就加以捕捞，即所谓的补充型过度捕捞，对许多渔业都产生了重要影响。一旦确定了产卵年龄，就可以通过限制渔具类型的规格（如渔网尺寸）或大小来进行渔业管理。然而，防止补充型过度捕捞发生并不能保护种群不被过度捕捞，因为捕捞量仍可能大于补充量。最近的证据表明，相较体型较小的鱼而言，较大的鱼的繁殖力更为旺盛。

另一种种群评估的方法是估计死亡率和产卵潜在比值（SPR）。产卵潜在比值是当种群被捕捞时，种群生命周期里平均补充量产卵数，除以当种群不被捕捞时，种群生命周期里平均补充量产卵数。换言之，产卵潜在比值比较了在被捕捞的情况下和不被捕捞的情况下一个种群的产卵能力。产卵潜在比值也可以利用整个成年种群的生物量（重量）、种群中成熟雌性的生物量或其产卵的生物量来计算。这些被称为产卵亲体生物量（SSB），当其被置于一个单位补充基础上时，则被称为单位补充量产卵亲体生物量（SSBR）。产卵潜在比值是基于对种群年龄结构的认知，而鱼龄则是通过对鱼长度和重量或者对鱼耳骨的测定（即鱼耳石，类似于树木，可根据每年成长年轮来计算）来估算的。

当前渔业管理的方法和难点

"渔业管理"存在许多定义，但粮农组织将渔业管理定义为一个综合过程，包括信息收集、分析、规划、协商、决策、资源配置，以及渔业活动条例和规则的制定和实施，必要时还包括执法过程，以确保资源的持续生产力和其他渔业目标的完成（FAO，1997）。

182   人类的捕鱼史相对比较简单，并会不断重演。当人类开始过度开发一个物种时，他们会在别处开发同一物种，在当地开发次优选物种，并通过水产养殖增加当地的资源产量（Lotze，2004）。因此，如果某种渔业资源有限，捕捞强度不受控制，鱼的死亡率将增加，直到该渔业在经济上无利可图或种群数量枯竭。

之前的部分概述了渔业的运作以及限制渔获量的方法。本节将探讨目前渔业是如何管理的以及这些管理方法的影响和局限性。

单一物种渔业管理方法 纵观历史，大多数渔业都是按照单一物种管理原则经营的，该原则是指每个目标种群或数量独立于其他可能在空间或时间上重叠的目标种群进行管理（Larkin，1977）。因此，这一模式下的渔业管理建议是根据具体种群具体提出的——这是目前继续管理绝大多数物种的模式。在适度的渔业捕捞压力下，单一物种管理方法是一种可接受的管理策略；这种管理策略已被证明可很好地用于陆地野生动物管理，如果应用适当，也可以很好地适用于某些海洋物种（如鲸类，详见下文）的管理。但是，正如之前部分所讨论的，全球捕鱼压力目前处于这样一种水平，即分开管理各个物种的方式可能会严重地破坏整个海洋生态系统的结构和功能。

本节的目的是检视单一物种管理方法及其优缺点，并说明过去20年来是如何改进这一方法以囊括各个群落和生态系统的。

单一物种渔业管理的目的是控制捕捞强度，以避免过度捕捞某一种群，并确保渔民获得适当的投资回报。单一物种管理的一种可能的结果是渔民很少或根本没有收益。同时，渔业因为过度捕捞成为生物学意义上的过度开发，导致鱼在充分发育和获得生殖潜能之前就被捕捞。因此，单一物种管理的目标是依赖技术保护措施防止过度开发。具体措施是保护幼鱼或繁殖期鱼类，或使渔业效率足够低，使得种群在被过度开发之前，仅达到零收益水平（Larkin，1977；Cochrane，2002）。

传统的单一物种管理的基本目标是管理某种渔业以实现最高持续产量，其假设每个鱼类种群都存在"生产过剩"，且这种生产能力可以通过捕捞减少到维持种群处在可持续水平的必要的生物量。因此，最高持续产量的传统应用通常会导致目标种群生物量减少捕捞水平的30%~50%（Mace，2001，2004）。鉴于在同一地理（食物网）区域管理水平的多个种群达到最高持续产量将不可避免地影响到食物网结构，渔业管理人员已经开始认识到最高持续产量是一个不应超过的上限门槛。因此，他们规定捕捞死亡率要低于最高持续产量，这通常被重新表述为"F_{MSY}"。

多物种渔业管理方法是对单一物种管理方法的进一步改进，前者在作出决定时，会考虑同一地区的其他目标物种，并在管理决策中考虑营养级因素。自20世纪30年代引入最高持续产量概念以来，无论如何改进，以下假设都支撑了单一物种管理方式（由Babcock and Pikitch，2004总结）：

- 管理的目标是最大限度地提高渔业的长期平均产量；
- 种群生物量水平的确定，将最大限度地提高长期平均产量；

- 鱼的生长、自然死亡率和繁殖力是恒定的，不会随着时间的推移而改变，与其他物种的丰度、环境变化或捕鱼影响无关；
- 总捕捞死亡率可通过对渔业的规范来得到控制。

目前大多数国家和国际机构的渔业管理做法都是以单一物种管理方法为基础，且一般遵循以下模式（改编自 Hilborn，2004）：

- 单一物种种群评估是针对单一物种或物种复合体，以确定最高持续产量或其他最高阈值，如 F_{MSY}；
- 渔业管理人员对关于可捕捞的时间、区域、渔具和渔获量限制的规定提出建议。这些规定最终是通过政治程序得以制定；
- 负责科学、决策和执行的中央管理机构也负责渔业的运营；
- 利益相关者通过政策、法律或政治手段参与决策。

实际上，支撑单一物种管理模式的传统假设导致了以下特征（改编自 Pavlikakis and Tsihrintzis，2000；Marasco et al.，2007）：

- 对短期经济目标和单一物种维护的关注不成比例；
- 不考虑作为生态系统组成部分的人类在渔业模型和决策中的作用；
- 政治、经济和社会价值要么被打折扣，要么被忽视；
- 商业捕鱼的利益相关者的需要优先于公共利益；
- 科学和管理仅发生在地方范围内，很难按比例扩展到区域、国家或国际利益中；
- 关注种群生态学而非群落生态学以及海洋学、渔业经济、生态学和渔业生物学；
- 没有适用现代工具，如地理信息系统、海洋学模型和经济技术。

184　　单一物种渔业管理的基础是开发种群评估模型，根据模型来确立控制点，即在（产卵）种群生物量和捕捞死亡率的基础上确定过度捕捞限制（Link，2005）。当超过过度捕捞限制时，就会触发协议，通过投入控制（如船只的数量和大小、捕鱼时间、渔具限制）或产量控制（如可捕获的鱼量）来减少捕鱼活动。

如果适用得当，单一物种管理方法将是管理某些渔业的可行模式，并可以为渔业的可持续管理提供重大的经济和生态价值（Marasco et al.，2007）。种群状况确定，生活史众所周知，环境变化对种群的影响已有了解，相应法规可以执行，在这样的情况下，单一物种管理方法才可以发挥作用。用单一物种管理方法来管理物种的知名例子包括某些海洋哺乳动物，如国际捕鲸委员《修订管理程序》（International Whaling Commission's Revised Management Procedure）（详见下文）所涵盖的那些动物，以及种群状况和环境条件可以很容易确定的近岸贝类种群。

然而，大多数渔业都不符合单一物种管理方法的条件。在某些情况下，单一物种管理方法将导致对某一物种的过度捕捞，或者渔业的运营失败（Mace，2004）。一般而言，这种管理方法的失败并不是科学和管理上的缺点，而是数据的限制和缺乏政治意愿（Marasco et al.，2007）。例如，回顾 2002 年向欧洲决策者提供的关于 18 个鱼类种群的科学咨询意见时发现，科学家当时提供的正确建议占 53%，造成渔业损害的错误建议占 23%，另有 24% 的建议包含"错误警告"，即建议减少渔获量，但后来发现是不必要的（Frid et al.，2005）。因此，当时对单一物种的科学建议有 77%，对种群健康而言，要么是正确的，要么是中立的。

也许单一物种管理方法最具争议的方面是依赖最高持续产量或其变体来确定渔获量。许多管辖区继续使用种群评估模型，试图确定最高持续产量，或能够维持一个种群捕捞死亡率的 F_{MSY}（Symes，2007）。正如本章前面所讨论的，世界近 30% 的渔业处于过度捕捞，这表明试图达到最高持续产量是错误的。这一失败可能的原因包括，最高持续产量是如何如何计算的，对海洋生态系统运作的认识具有不确定性，或是政治干预使得资源分配量超过最高持续产量。许多用于计算最高持续产量的种群评估模型导致典型生物量比未捕捞水平减少 50%~70%，这已被证明对诸如鲨鱼和鳐鱼等生长缓慢、晚熟的物种来说是不可行的（Hirshfield，2005）。因此，设置低于最高持续产量的渔获量应会产生更大的种群规模，并反过来产生更少的种群枯竭和更有利的结果（Hillborn，2004）。此外，最高持续产量概念的传统应用已导致这样的假设，即所有成熟雌性鱼都同等重要。事实上，年长的雌鱼的产卵潜力是不成比例的，因此其对维持种群的生存能力具有至关重要的作用。此外，最高持续产量的概念忽略了高捕捞率对生长快速、高生物量物种的生态效应，这些种群似乎能够适应高强度的捕捞（Hirshfield，2005）。

设法达到最高持续产量的难点在于单一物种评估模型的不确定性。已知的不确定性已使得政府忽视这些模型。在一些关键情况下，不正确的评估导致了渔业的快速下降，这动摇了人们对这些模型的信心。这些模型也没有考虑到的会对种群产生潜在负面影响的生态系统和食物网效应。这些模型的另一个困境是，它们在政府试图制定规范制度以实现渔业目标方面，并没有提供协助

185

(Pauley et al.，2002）。资金方面的限制进一步加剧了不确定性：模型缺乏新数据的输入、缺乏科学分析以及跨空间尺度和时间尺度的应用。

最近对单一物种管理模型提出了一些改进建议，其中一些已载入国内法和国际法。大多数建议可归纳为建立海洋保护区或应用生态系统管理方法（参见第10章），以及完善渔业管理法规。这些方法虽然有用，但通常是在特定情况下使用，而且范围有限，无法解决海洋养护和管理方面更广泛的挑战（Day et al.，2008）。对单一物种管理方法的根本性改善还可从以下这些方面进行考虑（改编自 Hilborn，2004；Symes，2007）：

- 消除每年对捕鱼船队约300亿美元的补贴。
- 通过采取预警性做法来确定捕捞水平，减少目标种群的捕捞死亡率。
- 通过海洋保护区（MPAs）或其他手段，在世界海洋的重要地区（20%或超过20%）建立全面禁渔区。
- 消除破坏性捕捞方式，包括禁止在之前未实施拖网的地区进行底拖网捕捞和减少副渔获物。
- 减弱目前的指挥型和控制型渔业管理模式，形成共同管理制度，由利益相关者分担责任。
- 建立新形式的海洋保留区，确保个体渔民或渔民群体在未来的捕捞中得到一定的份额，从而消除过度投资的动机，并使经济利益与长期养护目标相一致。
- 建立基于激励的管理方式以及与之相对的基于规制的管理方法。

对单一物种管理方法的进一步完善可能还包括在更广泛的生态系统范围内考虑有相关利益的物种。最近为这些目的做出的努力包括：修订种群评估模型，以阐释目标物种的密度依赖于另一物种的捕食（群落效应）；在模拟自然死亡率时考虑与时间有关的疾病和捕食效应；在确定生物参考点时结合已认识到的机制变化；考虑种群模型中目标种群的捕捞可能会影响低生产力或濒危物种（Marasco et al.，2007）。

总之，尽管单一物种管理方法拥有良好的初衷且适用良好，但仍受制于政府的政治冲动，政府很少愿意从根本上改革渔业政策（Symes，2007）。对单一物种管理方法的改进——包括导致物种和群体动态存在不确定性（如补充失败）的最高持续产量，将其重新表达为更具预警性的表达方式——是朝着正确方向迈出的一步；但是，这些改进尚未被证明能获得更可持续的渔业管理成果。这很可能是缘于政治干预和非法捕鱼。同样，多物种管理方法也不太可能成为渔业管理的可持续工具。自 1986 年以来，美国东北部多物种底栖鱼类管理计划已共同管理了 24 个目标物种。对该计划的 20 年期回顾认为，种群和生物群落的健康指标（例如产卵种群生物量）并没有如预期的那样得到改善，而且非法捕捞占总捕捞量的 12%~24%（King and Sutinen，2010）。国家和国际渔业养护法律、公约、协定和政策应足以控制过度捕捞，并确保在决策时考虑生物群落和生态系统要素（详见下文）。然而，基于上述原因，渔业继续被过度开发，因此需要采取新的办法来管理渔业和海洋。

盖瑞（Guerry）（2005）总结了传统的基于物种的管理方法之所以失败的原因：海洋治理碎片化，作为共同资源的渔业导致资源管辖权的争夺；无法维持生态系统要素，如维持成功渔业所必需的水质或产卵栖息地；无法管理各种非渔业相关影响，包括污染、生境损失、过度捕捞、气候变化和外来物种；以及缺乏对生态系统结构、功能和服务之间联系的认识。

渔业生态系统管理方法 渔业生态系统管理方法（EAF）源于渔业管理的单一物种（和多物种）管理方法，不论为何种原因，已导致世界上大多数鱼类种群都被充分利用或过度捕捞（FAO，2009b）。本书之所以使用渔业生态系统管理方法这一术语，是因为在反复讨论之后，粮农组织得出结论认为，这一术语比基于生态系统的渔业管理更为合适，因为渔业生态系统管理方法在制定管理措施时明确地考虑了生态系统过程。本节探讨了适用于渔业的生态系统管理方法。

虽然渔业生态系统管理方法的概念相对较新，但其从根本上而言，是对可持续发展原则的重新表述，自 1972 年联合国人类环境会议（UNCHE）以来，其已载入各项国际公约（Scandol et al.，2005，第 5 章）。渔业生态系统管理方法的概念和定义一般围绕两种需求：改变现有实践或制定一种新渔业管理方式——明确承认食物网和人类活动存在相互关系和依赖性（Pitcher et al.，2009）。渔业生态系统管理方法的前提假设是，更加了解种群相互作用、种群-猎物关系和种群生境需求，并完善相关管理，将建立更准确的渔业评估模型（Christie et al.，2007）。渔业生态系统管理方法的活动和概念包括：为子孙后代建立可持续的渔业资源，将人类纳入生态系统组成部分，强调生态系统的可持续性更胜于生态系统产品；理解海洋系统的动态性；建立明确的管理目的和目标；预警性管理和适应性管理。

因此，渔业生态系统管理方法的总体目标是实现生态上整体平衡的资源保护，对生态系统过程的实际情况能迅速积极的反应（Marasco et al.，2007）。具体目标包括（改编自 Pikitch et al.，2004）：

- 以环境质量和系统状况的指标来衡量，避免生态系统退化，并恢复生态系统；
- 在生物群落和生态系统层面维护生态系统的结构、过程和功能；
- 在不损害生态系统可持续性的前提下，获得和维持长期的社会经济利益；
- 产生关于生态系统过程的知识，足以理解人类行动可能产生的后果。

渔业生态系统管理方法的要素总结如下（改编自 Marasco et al.，2007，Sissenwine and Murawski，2004）：

- 确保考虑更广泛的社会目标，并平衡各个社会目标之间的关系；
- 应用地理（空间）表征；
- 承认气候-海洋条件的重要性；
- 强调食物网的相互作用，并追求生态系统的建模和研究；
- 将改进的（针对目标和非目标物种）生境信息纳入其中；
- 扩大监测和生态系统评估；
- 承认更大的不确定性，并作出反应；
- 应用适应性管理；
- 对生态系统知识和不确定性作出解释；
- 考虑多种外部影响。

对渔业生态系统管理方法的看法有很多，从只是扩展了当前的渔业管理方法，到海洋管理的全面重新设计（Pitcher et al.，2009）。无论采用哪种观点，渔业生态系统管理方法都必须因渔获量的减少而降低短期社会经济利益。这是由于适用了预警原则，并考虑到渔业的生态效应（Marasco et al.，2007）。此外，不能将不确定性作为维持现状的借口。

渔业生态系统管理方法也得到了很多批评。也许，渔业生态系统管理方法最重要的问题是，鉴于人类在单一物种管理方法上惨淡的表现，成功实施渔业生态系统管理方法的可能性很小，特别是考虑到对单一物种的减少负有责任的渔业科学家、政治家和利益相关者，现在也正负责实施渔业生态系统管理方法（Mace，2004；Murawski，2007）。使这一问题更复杂的是，缺乏关于海洋生态系统运作的一般理论，这限制了人们的能力，无法解释、预测即使是简化的单一物种对海洋系统的影响。因此，由于需要额外考虑群落和生态系统，期望渔业生态系统管理方法能够应付日益增加的不确定性，将严重限制工具的有效性（Valdermarsen and Suuronen，2003；Curry et al.，2005）。另一些人则认为，单一物种管理方法的改进，例如 F_{MSY} 的应用，消除了实施渔业生态系统管理方法的需求。虽然这些批评是合理的，但渔业生态系统管理方法还要处理许多重要问题，其中一些问题正在得到解决，包括副渔获物、捕捞所产生的间接影响，以及生态系统的生物和物理成分之间的相互作用（Sissenwine and Murawski，2004）。

除下文讨论的少数例外情况外，迄今为止的渔业生态系统管理方法包括海洋保护区的少量应用、破坏性捕捞方式的限制，以及为限制副渔获物所做的努力（Shelton，2009）。渔业生态系统管理方法相对较新，尚未实现其潜力，主要是因为大多数渔业尚未明确阐明其可持续发展目标，最高持续产量概念（或 F_{MSY}）尚未定量地纳入生态系统目标的范畴内。因此，大多数渔业还未设定基于渔业生态系统管理方法的最高持续产量。此外，渔业生态系统管理方法若应用得当，并以预警为主，其通常会导致渔业捕捞目标的降低，认识到这一点已导致官僚惰性，且利益相关者团体也不愿接受渔获量分配的减少（Shelton，2009）。

在如何实施渔业生态系统管理方法方面存在着许多观点。一些人认为渔业生态系统管理方法只是考虑了渔业对当地和区域生态系统的直接或间接影响，重新计算了目标渔业的最高持续产量。调整最高持续产量以限制已知的渔业影响（例如副渔获物、底栖扰动）是直接的方式，且很可能将渔获量限制在 F_{MSY} 水平或低于该水平（Link，2005；Shelton，2009）。这种方法类似于单一物种管理方法中使用的"弱势种群管理"。按此种方法，所有渔业都得到管制，以防止任何一个种群被过度捕捞，且目标渔业可生产单物种最高持续产量（Hilborn，2004）。与更加雄心勃勃地适用渔业生态系统管理方法相比，这种方法仅需要最低限度的新数据收集，并能避免额外的科学研究，就能充分理解种群减少和对更广泛生态系统的影响之间的关系。简单重新计算最高持续产量以减少已知影响的一个缺点是，在这种管理方案下，仍可能导致对生物群落和生态系统产生重要影响。这就需要改进渔业生态系统管理方法，主要是因为这些有限的方法并没有带来可持续发展的渔业或稳定的生态系统。

渔业生态系统管理方法有一个更强有力的应用，即明确体现生态系统的相互作用。其涉及为目标种群和非目标种群及群体确立生态目标。这种应用考虑了在遗传、群体和生物群落层面的多样性、生产力和恢复力（Rogers et al.，2007）。然而，形成目标需要充分了解鱼类种群动态以及生活史的结构和功能等方面，这些都需要以与在单一物种管理方法中设定最高持续产量相关的方式，

188

205

定义生态系统过度捕捞。因此，设置目标可能是实施渔业生态系统管理方法中更为困难的一个方面（Link，2005；Rogers et al.，2007）。

渔业生态系统管理方法最全面的应用涉及在确定捕捞限额和管理措施之前，目标种群与生物群落动态和环境变量的整合。虽然这一方法要求目前可能尚不存在的种群水平和科学认知，但其确实试图确定满足生态系统需要的剩余产量（Goodman et al.，2002）。此种渔业生态系统方法的全面应用还存在其他挑战，即需要处理将生物和海洋学过程纳入种群评估模式所带来的高度的不确定性因素。鉴于目前绝大多数现有的数据和对海洋生态系统功能的了解，这些管理方法的预测力可能有限（Jennings and Revill，2007）。例如，位于北美东海岸的乔治海岸是世界上被研究最多的生态系统之一，但由于缺乏足够的数据，渔业生态系统管理方法的适当应用受到了阻碍（Froese et al.，2008）。

无论适用渔业生态系统管理方法时选择什么"偏好"，都面临着许多实施挑战。渔业生态系统管理方法需要发展完善的事项包括：生态系统相关的长期目标，可以证明何时超过了阈值的有意义的指标，以及为渔业生态系统管理方法的决策提供资料的强大科学基础（Cury et al.，2005）。

充分实施渔业生态系统管理方法的科学差距可以概括如下（改编自 Frid et al.，2006）：

- 对水文机制与鱼类种群动态之间关系的理解；
- 了解生境分布并有详细目录；
- 为海洋保护区制定"设计规则"；
- 了解海洋生物群落的生态依赖性；
- 在复杂系统中发展预测能力；
- 在管理建议和确定管理方向时考虑不确定因素；
- 了解目标和非目标种群、群落和物种的遗传学；
- 了解渔民对管理措施的反应。

无论如何适用渔业生态系统管理方法，许多实施工具已得到确认，其中许多工具正在被实践，并在本书的其他部分进行了讨论（改编自 Pikitch et al.，2004）：

- 在多重空间及时间尺度上划分海洋生境；
- 确认和保护重要鱼类栖息地；
- 海洋保护区；
- 海洋空间规划和分区制；

189

- 渔业对濒危物种的影响；

- 减少副渔获物；

- 管理目标物种；

- 预警性做法；

- 适应性管理；

- 新的分析模型和管理工具；

- 综合管理计划。

如前所述，虽然许多出版物和会议已探讨了渔业生态系统管理方法的原则和实施，但在现实管理决策中实际应用渔业生态系统管理方法的例子并不多。皮切尔（Pitcher）等人（2009）使用了许多标准来评估渔业生态系统管理方法的成效，只有两个国家被评为"优良"（挪威、美国），有四个国家（冰岛、南非、加拿大、澳大利亚）被评为"可接受的"，半数以上的国家则不及格。

然而，也有许多渔业生态系统管理方法获得了成功，包括阿拉斯加底栖鱼类管理和《南极海洋生物资源养护公约》（第8章）。《南极海洋生物资源养护公约》表明渔业生态系统管理方法和预警性方法可以适用于公海环境。根据该公约，科学委员会已经制定了许多创新性方法来管理被捕食物种，以便在开发新渔业之前保护相关捕食物种、限制副渔获物和制定预警性议定书。《南极海洋生物资源养护公约》科学委员会所提的建议科学含量很高，几乎总能得到遵循（Agnew，1997；Constable，2004）。根据公约实施渔业生态系统管理方法还存在持续的挑战，如数据限制、控制捕捞强度，以及将气候变化纳入生态系统评估和种群评估。

成功实施渔业生态系统管理方法的另一个例子是东北太平洋底栖鱼类的管理。虽然有四种蟹类被认为是过度开发，但目前并没有过度捕捞的底栖鱼类种群（Dew and Austring，2007）。作为该区域渔业生态系统管理方法的一部分，进行了全面的生态系统评估（PICES，2004），并开展了重要研究以解决一些特殊挑战。例如，该研究解释了阿留申群岛和阿拉斯加湾东部的捕捞、捕食、竞争和海洋生产力的联合效应对濒危的斯特勒（Steller）海狮有何影响（Christensen et al.，2007）。大部分在这一区域应用渔业生态系统管理方法获得的成功可归功 190 于东北太平洋主要是自下而上驱动的生态系统这一事实。这一区域的食物链更短，而且利用初级生产的估计值至少可以部分地预测生态系统的健康状况和渔获量限制的设置（Ware and Thomson，2005）。

总之，近20年来，渔业生态系统管理方法的概念已成为整套渔业管理工具的一部分。特别是其已成功地应用于具有某些特征的生态系统。那些结构通常是自下而上和那些专属经济区属于发达国家的（《南极海洋生物资源养护公约》除外）生态系统都状况良好。当有真正的利益相关者，且有摆脱传统的单一物种管理方法，而采用更整体的海洋保护方式的政治意愿时，也取得了成功。渔业生态系统管理方法的实施程度和速度，取决于捕捞业和政府的意愿，即愿意承担与降低捕捞强度和迈向可持续发展有关的高额短期成本。

国际渔业法律与政策史

规制渔业的国际努力并非新鲜事：法国和英国第一次共同尝试管理北海渔业是在 1839 年。然后是 1881 年多边北海渔业会议，该会议的焦点是对鳕鱼、黑线鳕和鲽鱼种群进行有序开发。虽然会议期间就存在过度捕捞的情况，但这并未成为会议的正式组成部分。相反，会议讨论了解决争端和避免渔具冲突的问题。

国际海洋考察理事会（ICES）成立于 1902 年，到 1934 年，其已对鱼体长度的限制、为促进渔业而设立的禁渔区，以及网眼尺寸提出了建议。

第一项以保护为基础的国际协定是《北太平洋保护海豹公约》（North Pacific Fur Seal Convention）（1911 年 7 月 7 日签署并于 1911 年 12 月 14 日生效）。在公约中，大不列颠（代表加拿大）、日本、俄罗斯和美国同意停止远洋捕捞北方海狗和海獭（表 2.2）。

1937 年，由于认识到自第一次世界大战以来欧洲近海渔业迅速枯竭，英国政府召开了关于过度捕捞的三次会议中的第一次。为执行 1934 年国际海洋考察理事会建议所举行的会议，由于第二次世界大战，从未生效。1943 年的第二次会议也未能就任何问题协商达成一致意见。然而，1946 年举办了伦敦国际过度捕捞会议（London International Overfishing Conference），由 12 个欧洲国家召集和参加，以解决北海和不列颠群岛附近海域的过度捕捞问题。由此缔结的《关于限制渔网网眼及鱼体长度的公约》（Convention for the Regulation of Meshes of Fishing Nets and the Size Limits of Fish）（以下简称《过度捕捞公约》）只适用于东北大西洋，且直到 1953 年才生效。然而，到现在，《过度捕捞公约》已不足以处理新出现的渔业问题（如鲱鱼），《过度捕捞公约》的缔约方（现在是 14 个）在 1959 年又签署了《东北大西洋渔业公约》（North East Atlantic Fisheries Convention），这反过来又成立了现存的东北大西洋渔业委员会（North East Atlantic Fisheries Commission）（NEAFC）（详见下文）。

西北大西洋领域则在 1950 年制定了《国际西北大西洋渔业公约》（International Convention for the Northwest Atlantic Fisheries）。该公约设立了国际西北大西洋渔业委员会（International Commission for the Northwest Atlantic Fisheries，IC-NAF），该委员会根据公约第 8 条有权规定"任何种群鱼类的总捕捞限额"。

20 世纪 70 年代中期，专属经济区概念的广泛引入和 1982 年《海洋法公约》的通过，为更好地管理海洋资源提供了一个新框架。最近，捕鱼技术（例如冷藏、全球定位系统、声呐）的发展，让渔船进入了以前无法进入的国家专属经济区之外 60% 的海洋。公海捕捞量在海洋总捕捞量中的比例从 20 世纪 50 年代的 9% 增加到 2003 年的 15%。这一增加使区域渔业管理组织的建立成为必需，下文将对这些组织进行讨论（Cullis-Suzuki and Pauly，2010）。此外，进入公海的能力已导致非法、不报告和无管制（IUU）捕捞的增加（Sumaila et al.，2006）。据估计，非法、不报告和无管制的捕捞活动可能达到全球渔业捕捞的 30%（Borit and Olsen，2012）。

监督国际渔业管理的组织

联合国粮食及农业组织

1945 年，联合国设立了粮食及农业组织（以下简称"联合国粮农组织"），作为提高农业生产率的一个专门机构。提高生产率将确保世界人口能够获得充足和有营养的食物，改善农村生活质量，并为世界经济做出贡献。目前，联合国粮农组织总部设在罗马，有 191 个成员国、2 个准成员和 1 个成员组织（欧盟）。联合国粮农组织的工作人员遍及 130 多个国家，由粮农组织理事会管理，监督粮农组织的活动并制定方案和预算。

联合国粮农组织渔业及水产养殖部是粮农组织 7 个部门之一。它的设立是为了改善全球内陆水域和海洋水域的渔业养护和利用。该部门全面负责下列活动：

- 报告全球范围内野生渔业和水产养殖运营的现况；
- 收集、分析和总结全球范围内野生渔业和水产养殖运营的环境和社会经济信息；
- 通过提供科学、政策、技术和法律咨询，支持国家和区域（多国）渔业管理组织。

渔业及水产养殖部由联合国粮农组织理事会的附属机构渔业委员会（COFI）负责监督。渔业委员会审查和核准粮农组织的渔业和水产养殖相关工作，并就相关的渔业和水产养殖问题提出建议。渔业委员会还为协议的谈判提供场所。

联合国粮农组织与渔业和水产养殖有关的主要长期活动包括：

● 执行《负责任渔业行为守则》（Code of Conduct for Responsible Fisheries）（详见下文）；

● 执行关于鲨鱼管理、意外捕获海鸟、捕捞能力过剩和非法、不报告和无管制捕捞的各项国际行动计划（详见下文）；

● 管理负责任渔业全球伙伴关系（FishCode），以改善发展中国家人民的社会经济和营养状况；

● 管理品种鉴定和数据计划（FAO FishFinder），以改进鱼类鉴定；

192

● 管理计算机化鱼品销售信息系统，该系统提供关于国际鱼类贸易和提高市场准入门槛的分析和信息，包括管理粮农组织渔业国家概况和粮农组织捕捞区（图 6.1 和图 6.2）；

● 编制全球渔船、冷藏运输船和补给船记录（Global Record），以便提供单独的全球渔船数据库，以威慑和消除非法、不报告和无管制捕捞。

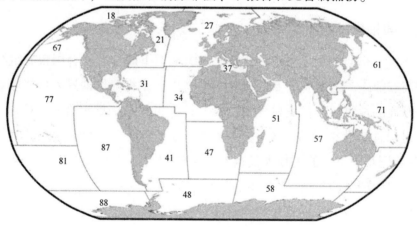

图 6.1　联合国粮农组织主要捕捞区

大西洋及周边海域：18. 北冰洋；21. 西北大西洋；24. 中东大西洋；27. 东北大西洋；31. 中西大西洋；37. 地中海和黑海；41. 西南大西洋；47. 东南大西洋；

太平洋：61. 西北太平洋；67. 东北太平洋；71. 中西太平洋；77. 中东太平洋；81. 西南太平洋；87. 东南太平洋；

印度洋：51. 印度洋；57. 印度洋；

南冰洋：48. 大西洋、南极地区；58. 印度洋、南极地区；88. 太平洋、南极地区

来源：www.fao.org/fishery/area/search/en

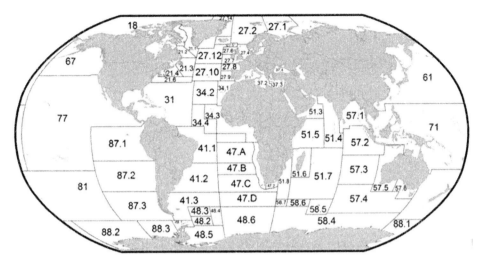

图6.2　联合国粮农组织主要捕捞分区

注：可参见图6.1主要区域名称

来源：www.fao.org/fishery/area/search/en

　　当今，联合国粮农组织的渔业及水产养殖计划得到了全球的尊重，并代表了世界上关于全球捕获统计和趋势的现有最佳资料。对联合国粮农组织渔业计划的批评并不是针对方法论，而是针对渔获量统计报告的解释和基本假设（Pauly and Froese，2012）。

区域渔业机构和区域渔业管理组织

　　在全球范围内都适用的协定对于确定渔业政策的总体方向十分重要，这些政策涉及渔业的获得、养护、权益和有益用途。然而，考虑到海洋生态系统的多样性和依赖这些海洋系统的国家，全球协定在为各个区域建立管理机制方面的作用有限。

　　这种限制在《海洋法公约》的谈判中得到承认，虽然《海洋法公约》保证所有国家都享有捕鱼自由（包括《海洋法公约》第87条和第116条所规定的内陆国），但这些权利受到保护公海资源需要（第117~120条）和要求设立区域或分区域组织的限制，后者所指组织是用以管理在两个或两个以上沿海国专属经济区发现的种群（第63~67条）。此外，国际法院（ICJ）在1974年"渔业管辖权案"中得出结论，认为捕鱼自由原则"……要被另一种认知所取代，即有义务适当考虑其他国家和为全人类的利益进行养护的需要"（Henriksen，2009）。随后的协定，尤其是《联合国鱼类种群协定》第8~13条（下文讨论），指导签署国设立区域渔业管理组织，作为实现《海洋法公约》、联合国环境与发展会议（UNCED）和《联合国生物多样性公约》（UNCBD）所概述的渔业目标的手段（第5章）。

虽然关于"渔业"（包括海洋哺乳动物）管理的条约可追溯到1911年，但1923年成立的国际太平洋大比目鱼委员会（International Pacific Halibut Commission，IPHC）（参见表2.2）是第一个真正意义上的区域渔业机构。随后在20世纪50年代，建立了许多以金枪鱼为对象的区域渔业机构（表6.1），以提供科学咨询和管理。虽然在1995年《联合国鱼类种群协定》之前设立的区域渔业机构可能有咨询和管理两种任务，但近期的"区域渔业机构"则被认定只有咨询任务。同时，区域渔业管理组织还负责设置对协定缔约国具有约束力的渔业配额（Drankier，2012）。

194

表6.1　按目的和设立时间分组的现有区域渔业管理组织名单

名称（按类型）	设立年份	鱼类种群范围	成员资格	决议对缔约方是否有约束力
区域管理				
国际太平洋大比目鱼委员会	1923	大比目鱼	不开放	是
亚洲及太平洋渔业委员会（Asia-Pacific Fisheries Commission，APFIC）	1948	所有	开放	否
地中海渔业总委员会（General Fisheries Council for the Mediterranean，GFCM）	1949	所有	开放	是
美洲间热带金枪鱼委员会（Inter-American Tropical Tuna Commission，I-ATTC）	1949	金枪鱼	不开放	否
南太平洋常设委员会（Permanent Commission on the South Pacific，CPPS）	1952	所有	不开放	是
国际大西洋金枪鱼保护委员会（International Commission for the Conservation of Atlantic Tunas，ICCAT）	1966	金枪鱼	开放	是
国际波罗的海渔业委员会（International Baltic Sea Fisheries Commission，IBSFC）	1973	所有	不开放	是
西北大西洋渔业组织（Northwest Atlantic Fisheries Organization，NAFO）	1978	所有	不开放	是
东北大西洋渔业委员会（North East Atlantic Fisheries Commission，NEAFC）	1980	所有	不开放	是
南极海洋生物资源养护委员会（Commission for the Conservation of Antarctic Marine Living Resources，CCAMLR）	1980	所有	开放	是
北大西洋鲑鱼养护组织（North Atlantic Salmon Conservation Organization，NASCO）	1983	溯河性鱼类	创始国	否

212

续表

名称（按类型）	设立年份	鱼类种群范围	成员资格	决议对缔约方是否有约束力
太平洋鲑鱼委员会（Pacific Salmon Commission，PSC）	1985	溯河性鱼类	创始国	是
北大西洋海洋哺乳动物委员会（North Atlantic Marine Mammal Commission，NAMMCO）	1992	海洋哺乳动物	不开放	否
北太平洋溯河性鱼类委员会（North Pacific Anadromous Fish Commission，NPAFC）	1993	溯河性鱼	创始国	否
南方蓝鳍金枪鱼养护委员会（Commission for the Conservation of Southern Bluefin Tuna，CCSBT）	1994	金枪鱼	不开放	是
中白令海峡鳕资源养护与管理公约（Convention on the Conservation and Management of the Pollock Resources in the Central Bering Sea）	1995	鳕鱼	开放	是
印度洋金枪鱼委员会（Indian Ocean Tuna Commission，IOTC）	1996	金枪鱼	开放	是
东南大西洋渔业组织（South East Atlantic Fisheries Organization，SEAFO）	2003	所有（金枪鱼除外）	开放	是
中西太平洋渔业委员会（Western and Central Pacific Fisheries Commission，WCPFC）	2004	金枪鱼和其他高度洄游类鱼类	开放	是
南印度洋渔业协定（South Indian Ocean Fisheries Agreement，SIOFA）	2006	所有（金枪鱼除外）		是
几内亚湾中西部渔业委员会（Fishery Committee of the West Central Gulf of Guinea，FCWC）	2006	所有	开放	是
南太平洋区域渔业管理组织（South Pacific Regional Fisheries Management Organization，SPRFMO）	2012	所有	开放	是
协调与开发				
中东大西洋渔业委员会（Committee for the Eastern Central Atlantic Fisheries，CECAF）	1967	所有	不开放	否
中西大西洋渔业委员会（Western Central Atlantic Fisheries Commission，WECAFC）	1973	所有	开放	否
南太平洋论坛①渔业局（South Pacific Forum Fisheries Agency，FFA）	1979	金枪鱼	不开放	否

195

① 现名为太平洋岛国论坛。——译者注

名称（按类型）	设立年份	鱼类种群范围	成员资格	决议对缔约方是否有约束力
拉丁美洲渔业发展组织（Latin American Organization for the Development of Fisheries, OLDEPESCA）	1984	所有	不开放	否
分区域渔业委员会（Sub - Regional Commission on Fisheries, SRCF）	1985	所有	不开放	否
大西洋沿岸的非洲国家间区域渔业合作公约（Regional Convention on Fisheries Cooperation among African States Bordering the Atlantic Ocean, ASBAO）	1995	所有	不开放	否
科学研究				
国际海洋考察理事会（International Council for the Exploration of the Sea, ICES）	1902	所有	不开放	否
北太平洋海洋科学组织（North Pacific Marine Science Organization, PICES）	1992	所有	不开放	否

注：区域渔业管理组织是指通过国际条约建立的组织机构，主要关注渔业问题。国际捕鲸委员会有时被认为是一个区域渔业管理组织，下文将对此进行讨论

来源：改编自 Sydnes（2001）

简单而言，区域渔业管理组织是根据协定性质，在专属经济区和/或国家管辖范围以外的地区运作的法定渔业管理机构（图 6.3）。区域渔业管理组织可以包括欧盟等"区域经济一体化机构"。除进行渔业管理外，区域渔业管理组织还收集和交流信息，解决具有重要意义的更广泛的资源管理问题，以及支持科学合作。区域渔业管理组织还为渔业管理的国际合作提供了一个平台，范围涉及在两个或两个以上国家的专属经济区或公海发现的渔业。

大多数区域渔业管理组织都遵循目前的国际协定组织模式，并有一个决策机构和秘书处。决策机构可以是委员会、组委会、理事会、部长会议或签署国选定的任何其他讨论会。

196　区域渔业管理组织缺乏超国家的权力，这意味着各国必须同意受区域渔业管理组织决定的约束。这就是为什么有些人质疑区域渔业管理组织是否能履行其保护责任（Cullis-Suzuki and Pauly，2010）。一些区域渔业管理组织，特别是为管理金枪鱼渔业而设立的组织，因忽视科学建议和设定不可持续的捕捞水平而受到批评（McCarthy，2013）。

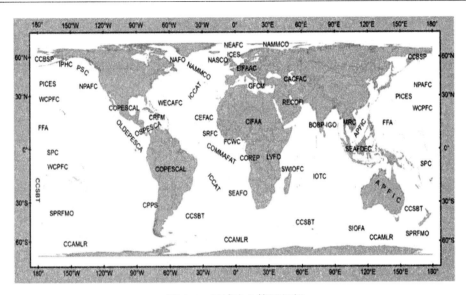

图 6.3 区域渔业管理组织

注：缩略语含义详见表 6.1

来源：www.fao.org/fishery/topic/14908/en

影响渔业的国际协定

国家间的渔业条约可追溯到 19 世纪 80 年代。考虑到有许多商业上的重要鱼类种群跨越了一个或多个专属经济区，以及管理有价值的公海种群的需要，国家间的渔业条约在世界各地普遍存在，这一点不足为奇。《海洋法公约》规定发展中国家和内陆国有权开发公海渔业，以及沿海国专属经济区的剩余产量。在《海洋法公约》建立的管辖架构内制定新国际协定有了紧迫性。

自 1982 年《海洋法公约》签署以来，谈判的国际渔业协定包括下列"软法"协定：联合国粮农组织《负责任渔业行为守则》及其相关的粮农组织国际行动计划（IPOAs），以及《生物多样性公约》缔约方制定的《雅加达宣言》（Jakarta Mandate）。

而"硬法"协定则包括（Juda，2002）：联合国粮农组织的《促进公海渔船遵守国际养护和管理措施的协定》（Agreement to Promote Compliance with International Conservation and Management Measures by Fishing Vessels on the High Seas）和《执行 1982 年 12 月 10 日〈联合国海洋法公约〉有关养护和管理跨界鱼类种群和高度洄游鱼类种群的规定的协定》（Agreement for the Implementation of the Provisions of the United Nations Convention on the Law of the Sea of 10 December 1982 Relating to the Conservation and Management of Straddling Fish Stocks and Highly Migratory Fish Stocks）。

以下各部分将讨论自第二次世界大战以来谈判的主要全球渔业协定。特别关注了《海洋法公约》下的渔业管理。虽然下列许多协定包括关于水产养殖的讨论，但因为这些活动主要发生在各国的内水，所以将不予讨论。

《国际捕鲸管制公约》

整个 19 世纪和 20 世纪，由于世界捕鲸船队进行的机械化和技术改进，导致许多鲸类物种濒临灭绝。例如，在 1986 年暂停捕捞之前，蓝鲸（*Balaenoptera musculus*）数量减少到只有历史水平的 1%，也许只有 5000 头存活。类似地，西太平洋灰鲸（*Eschrichtius robustus*）数量大约仍旧只有 130 头，被世界自然保护联盟列为"极危"（www. iucn. org/wgwap/）。

由于认识到许多鲸鱼（鲸类动物）的数量由于商业捕鲸而变得岌岌可危，1946 年在华盛顿特区通过了《国际捕鲸管制公约》（ICRW）以保护鲸鱼种群，确保有序开发捕鲸业（专栏 6.3）。

专栏 6.3　《国际捕鲸管制公约》所涵盖的鲸类物种

在 120 多种鲸类物种中，目前只有 21 种"大型鲸类"被《国际捕鲸管制公约》所涵盖。《国际捕鲸管制公约》所涵盖的鲸类要么在国家管辖范围以外地区，要么在国家之间迁徙，因此，被"各国共享"。

须鲸（须鲸亚目，用鲸须板过滤食物）：

· 蓝鲸（*Balaenoptera musculus*）

· 北极露脊鲸（*Balaena mysticetus*）

· 布氏鲸（*Balaenoptera edeni*，*B. brydei*）

· 长须鲸（*Balaenoptera physalus*）

· 灰鲸（*Eschrichtius robustus*）

· 座头鲸（*Megaptera novaeangliae*）

· 小鳁鲸（*Balaenoptera acutorostrata*，*B. bonaerensis*）

· 小露脊鲸（*Caperea marginata*）

· 露脊鲸（*Eubalaena glacialis*，*E. australis*）

· 塞鲸（*Balaenoptera borealis*）

专栏 6.3 《国际捕鲸管制公约》所涵盖的鲸类物种（续）

齿鲸（齿鲸亚目）：

- 柯氏喙鲸（*Ziphius cavirostris*）
- 谢氏塔喙鲸（*Tasmacetus shepherdi*）
- 贝氏喙鲸（*Berardius bairdii*）
- 阿氏贝喙鲸（*Berardius arnuxii*）
- 南瓶鼻鲸（*Hyperoodon planifrons*）
- 北瓶鼻鲸（*Hyperoodon ampullatus*）
- 虎鲸（*Orcinus orca*）
- 领航鲸（*Globicephala melaena*）（*G. macrorhynchus*）
- 抹香鲸（*Physeter macrocephalus*）

1956 年，《国际捕鲸管制公约》通过一项议定书，进行了唯一的一次修订，指定直升机或飞机为"捕鲸船"。该公约每年的"工作计划"会公布各物种和地理区域的年度捕捞限额。该工作计划还会规定捕获方法、捕获地点和国际捕鲸委员会（IWC）保护区规则，以及捕鲸国的申报要求。该工作计划每年在委员会会议上进行审查和批准。 198

目前，《国际捕鲸管制公约》有 89 个缔约国以及一些可能参加国际捕鲸委员会会议的非政府组织。公约设立了国际捕鲸委员会，其秘书处设在英国剑桥。委员会由科学、技术、财政、行政以及养护委员会组成。科学委员会对与捕鲸规定有关的必要研究作出建议，报告鲸类种群的状况和动态，并对可以增加鲸类数量的行动提出建议。委员会利用科学委员会的工作成果为成员国制定法规条例（Zacharias et al.，2006）。

对工作计划的修改需要四分之三个成员国的同意。这些修改的部分会在委员会年度会议批准 90 天后生效。如果在 90 天内有国家提出正式反对，该工作计划的修改则对签署国不具有约束力。如果在 90 天内有一个国家提出反对，则为其他国家提出反对提供了额外的时间。

国际捕鲸委员会最初的使命是规范捕鲸业，以促进捕鲸业的发展，但这在过去几十年发生了重大变化。国际捕鲸委员会虽然仍保留最初的使命，但却演变成一个保育组织，这令许多捕鲸国不悦。这一转变始于 1972 年，联合国人类环境会议呼吁国际捕鲸委员会设立暂停商业捕鲸十年的禁令，同时还建议进行更多的研究工作。在 20 世纪 70 年代初，这一呼吁契合了绿色和平组织和其他环保机构的全球反捕鲸运动。

1982 年，国际捕鲸委员会在其年度会议上同意"综合评估"或者暂停商业捕鲸。评估的目标是进行数量评估和其他研究，以完善渔获量限制的设定，避免捕捞对象数量的进一步下降。综合评估，就是我们所熟知的"商业捕鲸禁令"，后来被国际捕鲸委员会科学委员会定义为"……根据管理目标和程序，对所有鲸类种群的状况进行深度评估……包括考查当前的种群规模，最近的种群趋势，承载力和生产力"（www.iwcoffice.org/conservation/estimate.htm）。换句话说，商业捕鲸禁令（工作计划第 10e 段）将所有地区所有鲸类的商业捕捞限额设为零，不论其养护状况如何，并同时对种群状况进行综合评估。因此，1982 年通过，1985 年实施的商业捕鲸禁令事实上是建立了一个全球鲸类保护区。这项禁令只适用于商业捕捞活动，许多国家，包括日本、挪威和冰岛，根据科学研究许可证仍继续捕鲸，而这种"科研捕鲸"的产物却都用于商业化出售。挪威和冰岛分别于 1994 年和 2006 年恢复了商业捕鲸。

这项商业捕鲸禁令将被"修订管理程序"（Revised Management Procedure）（RMP）取代，这是在更广泛的"修订管理机制"范围内以科学为基础的捕捞框架。修订管理程序是一种保育的管理方法，它将科学不确定性明确地考虑在内。当鲸类种群满足某些条件时，它将允许有限的可持续性的捕鲸。在未开发水平低于 54% 的情况下不允许任何人进行捕捞，最终的总体目标是将种群数量稳定在其未开发水平的大约 72%（Young，2002）。

目前，国际捕鲸委员会中赞成和反对捕鲸的国家几乎各占一半。当然，这使得国际捕鲸委员会的事业几乎不可能完成。委员会目前正在检视发展其事业的机会，并提出了一些解决方案，大幅缩减科研捕鲸量，但允许有限的商业捕鲸。

《公海捕鱼和生物资源养护公约》

正如我们所看到的那样，1958 年日内瓦四公约①的主要目的在 1982 年《海洋法公约》中得到最高呈现：即编纂领海的地理界限和在领海的义务。然而，这些公约也为今后的渔业协定奠定了基础。特别是 1958 年的四公约，赋予沿海国完全控制其领海和大陆架内渔业的权利，却没有规定养护义务。在领海之外，"公海自由"主义也适用于渔业，唯一的规定（尽管很宏观）是各国在公海捕鱼

---

① 是指《领海及毗连区公约》《公海公约》《公海捕鱼和生物资源养护公约》《大陆架公约》。——译者注

时必须考虑到其他国家的利益。

1958 年《公海捕鱼和生物资源养护公约》（Convention on Fishing and Conservation of the Living Resources of the High Seas）（1958）（以下简称《捕鱼公约》，于 1958 年 4 月 19 日①签订，1966 年 3 月 20 日生效（UN，1958）。《捕鱼公约》是国际法上第一次承认渔业能够被并且已经被过度开发利用。《捕鱼公约》还承认，国际合作是可持续管理公海鱼类种群的适当工具。《捕鱼公约》的主要条款包括：

- 第 1 条：各国均有在公海捕鱼之权利，并须与他国合作养护公海生物资源。
- 第 2 条：本公约所称"养护公海生物资源"是指可使此项资源保持最适当而持久产量。
- 第 3 条：当一国在公海采捕鱼类种群，而该区域并无他国从事此种公海采捕时，该国应采行养护有关生物资源之措施。
- 第 4 条：如两国以上国民在公海采捕同一种群时，此等国家应举行谈判，以形成有关生物资源之养护措施。
- 第 5 条：第 3 条及第 4 条所称之措施采行后，如有其他国家国民采捕同一种群，对其他国家国民亦予适用。
- 第 6 条：沿海国国民纵不在邻接沿海国领海之公海捕鱼，亦有权参与关于该区域鱼类种群之谈判。
- 第 7 条：沿海国为邻接其领海之公海鱼类种群，可单方采行适当养护措施，但以与其他关系国家就此事举行谈判于六个月内未获协议之情形为限。
- 第 8 条：国民不捕捞特定种群的非沿海国，可请求有国民捕捞该种群之一国或数国分别依据第 3 条及第 4 条之规定采取必要养护措施。
- 第 9~12 条：纠纷解决程序应包括设立五人特设委员会来解决纠纷。 200

虽然《捕鱼公约》是第一次尝试管理公海鱼类种群，但普遍认为其有许多不足。该公约似乎支持捕鱼国的权利，而不是沿海国的权利，且无法适应越来越多的国家声称对 200 海里以外海域拥有主权。同样，为取代沿海国强制实施的能力，争端解决机制显得无可救药地错综复杂。因此，只有 38 个国家批准了《捕鱼公约》。此外，达成最大持续产量的概念已失败，导致渔业继续被过度捕捞。

---

① 正确时间应为 1958 年 4 月 29 日，原文有误。——译者注

最后，国际法院在 1974 年裁定，冰岛可以自海岸线向海主张 12 海里区域，在此区域内国家完全掌控捕鱼权。法院还承认，冰岛在 12 海里边界向海一侧的区域内（未明确距离）享有"优先捕鱼权"，由此保其渔业（ICJ，1975）。这一判决使安排海洋管辖权成为必要，并对《海洋法公约》的制定至关重要。

渔业管理和《濒危野生动植物种国际贸易公约》

《濒危野生动植物种国际贸易公约》（Convention on International Trade in Endangered Species of Wild Fauna and Flora，CITES，1973）于 1973 年 3 月 3 日签署，1975 年 7 月 1 日生效，并于 1979 年 6 月 22 日修订。该公约目前有 175 个缔约国（CITES，1973）。《濒危野生动植物种国际贸易公约》的目的是管制野生动物和植物的贸易，以防止其被过度开发。《濒危野生动植物种国际贸易公约》的运作是通过将关注的物种分别列入以下三个附录之一：

- 附录Ⅰ：所有受到或可能受到贸易影响而有灭绝危险的物种。
- 附录Ⅱ：所有受到或可能受到贸易影响而可能变成有灭绝危险的物种。
- 附录Ⅲ：任一成员国认为属其管辖范围内，应该进行管理以防止或限制开发利用，且需要其他成员国合作控制贸易的所有物种。

目前《濒危野生动植物种国际贸易公约》附录列出了 3 万多物种。虽然《濒危野生动植物种国际贸易公约》对海洋渔业的运作没有任何权力，但其能够通过列出具有商业重要性的物种，促进渔业管理目标的完成。目前或过去具有商业价值的附录Ⅰ所列海洋物种包括所有海龟、所有喙鲸、所有儒艮、所有腔棘鱼和其他一些海豹、海豚、鼠海豚、鲟鱼和鱼类。附录Ⅱ列出了数以千计的海洋物种，包括妇女王凤凰螺（*Strombus gigas*）、鲸鲨（*Rhincodon typus*）、大白鲨（*Carcharodon carcharias*）和姥鲨（*Cetorhinus maximus*）（Cochrane and Doulman，2005）。关于要求《濒危野生动植物种国际贸易公约》收录其他具有商业价值物种的建议，尚未成功，这些物种包括受威胁或濒危的鲨鱼、珊瑚和金枪鱼等。要求《濒危野生动植物种国际贸易公约》增加这些物种的压力不断增加。

201

渔业管理和《联合国海洋法公约》

值得注意的是，虽然《海洋法公约》不是一个关于渔业管理的规范性公约，但它从根本上改变了全球渔业的管理方式。例如，200 海里专属经济区的建立导致全球约 95% 的渔业产量都属于国家管辖范围，即处于内水、领海或群岛水域。

《海洋法公约》为养护、管理和研究海洋生物资源建立了法律框架，是之后的国际渔业管理协定的基础（Cochrane and Doulman，2005）。概括而言，《海洋法公约》试图平衡若干考虑因素，包括：沿海国管理其渔业的主权权利，并给其他国家在其领海和专属经济区捕鱼的机会；长期可持续发展与最适度利用；公海捕鱼自由，与要求同其他国家合作以避免过度捕捞。

下文概述与渔业管理有关的《海洋法公约》具体条款：

- 第二部分（领海和毗连区）

——第19条：捕鱼活动不被视为无害通过，只有获得沿海国同意才可进行。

- 第九部分（闭海或半闭海）

——第123条：协调海洋生物资源的管理、养护、勘探和开发。

- 第五部分（专属经济区）第61~68条

——第61条：沿海国决定其专属经济区内生物资源的可捕量，并确保这些生物资源不被过度开发。

——第62条：沿海国应促进专属经济区内生物资源最适度利用的目的，准许其他国家有机会捕捞可捕量的剩余部分；在专属经济区内捕鱼的其他国家的国民应遵守沿海国的法律和规章。

——第63条：如果鱼类种群出现在两个或两个以上沿海国的专属经济区内，这些国家应就这些种群的养护和发展进行合作。

——第64条：捕捞附件一所列的高度洄游鱼种的国家，必须通过适当国际组织进行合作，以确保在专属经济区以内和以外的这种鱼种的养护和最适度利用。

——第65条：各国应进行合作，以期养护海洋哺乳动物。

——第66条：有溯河产卵种群源自其河流的国家对于这种种群应有主要利益和责任。

——第67条：降河产卵鱼种在其水域内度过大部分生命周期的沿海国，应有责任管理这些鱼种，并应确保洄游鱼类的出入。

- 第七部分（公海）第二节，第116~120条

——第116条：所有国家均有权由其国民在公海上捕鱼。

——第117条：所有国家均有义务养护公海生物资源。

——第118条：各国应互相合作以养护和管理公海区域内的生物资源，包括设立分区域或区域渔业组织。

——第119条：各国根据最可靠的科学证据，达成公海的最高持续产量水

平。各国将共享信息，并不对任何国家的渔民有所歧视。

——第 120 条：所有国家将合作养护公海的海洋哺乳动物。

- 附件一高度洄游鱼类

——长鳍金枪鱼：*Thunnus alalunga*

——蓝鳍金枪鱼：*Thunnus thynnus*

——肥壮金枪鱼：*Thunnus obesus*

——鲣鱼：*Katsuwonus pelamis*

——黄鳍金枪鱼：*Thunnus albacares*

——黑鳍金枪鱼：*Thunnus atlanticus*

——小型金枪鱼：*Euthynnus alletteratus*；*Euthynnus affinis*

——麦氏金枪鱼：*Thunnus maccoyii*

——扁舵鲣：*Auxis thazard*；*Auxis rochei*

——乌鲂科：*Family Bramidae*

——枪鱼类：*Tetrapturus angustirostris*；*Tetrapturus belone*；*Tetrapturus pfluegeri*；*Tetrapturus albidus*；*Tetrapturus audax*；*Tetrapturus georgei*；*Makaira mazara*；*Makairaindica*；*Makaira nigricans*

——旗鱼类：*Istiophorus platypterus*；*Istiophorus albicans*

——箭鱼：*Xiphias gladius*

——竹刀鱼科：*Scomberesox saurus*；*Cololabis saira*；*Cololabis adocetus*；*Scomberesox saurusscombroides*

——鲯鳅：*Coryphaena hippurus*；*Coryphaena equiselis*

——大洋性鲨鱼类：*Hexanchus griseus*；*Cetorhinus maximus*；*Family Alopiidae*；*Rhincodon typus*；*Family Carcharhinidae*；*Family Sphyrnidae*；*Family Isurida*

——鲸类：*Family Physeteridae*；*Family Balaenopteridae*；*Family Balaenidae*；*FamilyEschrichtiidae*；*Family Monodontidae*；*Family Ziphiidae*；*Family Delphinidae.*

《促进公海渔船遵守国际养护和管理措施的协定》（Agreement to Promote Compliance with International Conservation and Management Measure by Fishing Vessels on the High Seas）（以下简称《遵约协定》——下文讨论）对《海洋法公约》进行了补充，其目的是通过加强"船旗国责任"来完善在公海渔船的管理。《遵约协定》缔约方必须确保其维持公海渔船的授权和记录系统，并确保这些船只不会破坏国际养护和管理措施。《遵约协定》旨在阻止船舶将船旗国更改为那些无法或不愿意执行这些措施的国家。

渔业管理和联合国环境与发展大会

如第 5 章所述，各国实施可持续发展的能力存在差异，在此背景下，1992 年联合国环境与发展大会的目的是协调环境和发展问题。会议发起了《21 世纪议程》，旨在让世界做好迎接下个世纪挑战的准备，并包含一个由世界各国实施的可持续发展行动计划。《21 世纪议程》第 17 章名为"保护海洋"，涉及：沿海区的综合管理和可持续发展；海洋环境保护；可持续地善用和保护公海的海洋生物资源；可持续地利用和养护国家管辖范围内的海洋生物资源；处理海洋环境管理方面的重大不确定因素和气候变化；加强国际，包括区域的合作和协调；小岛屿的可持续发展（UNEP，1992）。

第 17 章（17.45）也提出了与渔业有关的问题，包括：

- 需要有效养护措施的采行、监测和执行；
- 无管制的捕鱼；
- 资本过多；
- 渔船更改船旗国来避免管制；
- 没有充分地选择捕鱼器具；
- 不可靠的信息；
- 国家之间缺乏充分的合作。

此外，17.49 部分鼓励各国按照《海洋法公约》管理渔业，尤其应：

- 充分实施《海洋法公约》关于活动范围在专属经济区内外的鱼群（跨界鱼类种群）和高度洄游鱼类种群的规定；
- 就关于鱼类种群的有效管理和养护的国际协定进行谈判；
- 界定和指认适当的管理单位。

另外，第 17 章呼吁各国：

- 确保悬挂其国旗的船只进行捕鱼时将意外的鱼获减至最低限度（17.50①）；
- 采取行动以监测和控制悬挂其国旗的船只在公海的捕鱼行动，从而确保适用的养护和管理规则获得遵守（17.51②）；
- 威慑其国民不要借更换船只国旗，作为避免遵守公海养护和管理规则的

---

① 正确应为 17.51，原文有误。——译者注
② 正确应为 17.52，原文有误。——译者注

手段（17.52①）；

- 取缔引爆炸药、放毒和其他破坏性捕鱼做法（17.53②）；
- 充分执行联合国大会关于大规模远洋漂流网捕鱼的第 46/215 号决议（17.54③）；
- 减少浪费、收获后的损失和抛弃以及改善加工、分配和运输的技术（17.58④）；
- 与区域或全球渔业团体之间进行有效合作。如不存在此种团体，可进行合作设立此种组织（17.59⑤）；
- 若有意从事受到区域公海渔业组织管制的公海渔业活动，可加入该组织（17.60⑥）。

此外，联合国环境与发展会议还产生了《联合国气候变化框架公约》（UN-FCCC）和《生物多样性公约》，下文将予以讨论。

204
渔业管理和《生物多样性公约》

如第 5 章所述，《生物多样性公约》于 1992 年通过，1993 年生效，是保护陆地和海洋生物资源的总括公约（UN，1992）。该公约涉及遗传、物种和生态系统（或海洋）层面的生物多样性，指导缔约国建立保护区体系，并保护濒危物种。1995 年在印度尼西亚首都雅加达举行的会议通过了关于执行《生物多样性公约》的雅加达部长级宣言（Jakarta Ministerial Statement on the implementation of the CBD）（以下简称《雅加达宣言》），其中包括在可持续渔业实践范围内保护海洋生物多样性（Sinclair et al.，2002）。1998 年制定了《雅加达宣言》行动计划，重点是海岸和海洋综合管理、海洋资源的可持续利用、建立海洋保护区，以及应对外来物种（Cochrane and Doulman，1995）。

联合国粮农组织《促进公海渔船遵守国际养护和管理措施的协定》

《促进公海渔船遵守国际养护及管理措施的协定》于 1993 年 11 月 24 日由联合国粮农组织大会第二十七届会议第 15/93 号决议核准，2003 年 4 月 24 日生效。

---

① 正确应为 17.53，原文有误。——译者注
② 正确应为 17.54，原文有误。——译者注
③ 正确应为 17.55，原文有误。——译者注
④ 正确应为 17.56，原文有误。——译者注
⑤ 正确应为 17.60，原文有误。——译者注
⑥ 正确应为 17.61，原文有误。——译者注

该协定源于 1992 年联合国环境与发展大会关于有效执行《海洋法公约》的必要性讨论。该协定的起草是为了推动《海洋法公约》中海洋生物资源方面目标的落实，明确责任，特别是船旗国的责任，即确保悬挂其旗帜的船舶遵守区域和分区域公海渔业协定，并向联合国粮农组织提交公海渔船的资料（FAO，1995a）。该协定填补了一项法律漏洞，即船只可更改其登记国（"旗旗国"），以免受其之前船旗国签署的国际协定的约束。该协定的目的是促使缔约国将该协定转化为国内立法（Freestone et al.，2001）。

《促进公海渔船遵守国际养护和管理措施的协定》重要条款包括：

- 第二条：本协定适用所有用于或打算用于公海捕捞的船只。
- 第三条：每一缔约方均应确保有权悬挂其国旗的渔船不从事任何损害国际保护和管理措施效力的活动。任何缔约方均应确保悬挂其旗帜在公海捕捞的船舶均获得授权，并按照本协定的规定进行捕捞。每一缔约方对违反本协定的本国渔船采取执法措施。
- 第四条：每一缔约方均应对有权悬挂其旗帜并获得授权用于公海捕捞的渔船建有档案。
- 第五条：各缔约方应交流同渔船活动有关的资料，包括证据材料。以协助船旗国查明据报告悬挂其旗帜而从事损害国际保护和管理措施活动的那些渔船。
- 第六条：各缔约方均应向粮农组织提供在公海的各渔船资料。
- 第七条：各缔约方应支持发展中国家履行本协定。
- 第八条：各缔约方应鼓励非本协定缔约方遵守本协定。

205

《执行 1982 年 12 月 10 日〈联合国海洋法公约〉有关养护和管理跨界鱼类种群和高度洄游鱼类种群的规定的协定》

《执行 1982 年 12 月 10 日〈联合国海洋法公约〉有关养护和管理跨界鱼类种群和高度洄游鱼类种群的规定的协定》（1995 United Nations Agreement for the Implementation of the Provisions of the United Nations Convention on the Law of the Sea of 10 December 1982 relating to the Conservation and Management of Straddling Fish Stocks and Highly Migratory Fish Stocks）（以下简称《1995 联合国鱼类种群协定》或 UNFSA）于 2001 年 12 月 11 日生效（UN，1995）。除了确保在国家管辖范围以外区域的跨界鱼类种群和高度洄游鱼类种群的长期养护和可持续使用（第 2 条），《1995 联合国鱼类种群协定》还提供了与海洋环境保护有关的具体表述

（第5条和第6条）。与联合国粮农组织《负责任渔业行为守则》一样，协定的用意是缔约国将协定目标转化为国内立法（Freestone et al.，2001）。该协定载有与下文讨论的联合国粮农组织《负责任渔业行为守则》相同的一般措施，其目的是（改编自 Freestone et al.，2001）：

- 确保在专属经济区和公海发现的（跨界和高度洄游）鱼类种群保持一致的养护和管理措施；
- 对跨界和高洄游种群实行预警性做法；
- 明确船旗国在公海船舶操作方面的职责；
- 阐明区域渔业管理组织的义务与责任；
- 赋予非船旗国和港口国管制渔船的执法权力，并提供争端解决手段。

该协定的主要条款包括：

- 第3条：本协定适用于国家管辖地区外跨界鱼类种群和高度洄游鱼类种群（第3条第1款），要求各国应比照适用第5条所列举的养护原则（第3条第2款），要求缔约国应援助发展中国家执行协定（第3条第3款）。

- 第5条：要求缔约方可持续地管理跨界鱼类种群和高度洄游鱼类种群并促进最适度利用［第5（a）条］；确保管理决定所根据的是最佳科学证据，追求最高持续产量［第5（b）条］；适用预警性做法［第5（c）条］；评估捕鱼对生态系统的影响，以适当方式管理其他鱼类种群［第5（d）、（e）条］；尽量减少污染、废弃物、遗弃渔具所致的资源损耗量、非目标种的捕获量［第5（f）条］；保护海洋生物多样性［第5（g）条］；防止过度捕捞和捕捞能力过大［第5（h）条］；考虑个体渔民和自给性渔民［第5（i）条］；收集和共用数据［第5（j）条］；进行科学研究［第5（k）条］；进行监测并执行协定［第5（1）条］。

- 第6条：要求缔约方对跨界鱼类种群和高度洄游鱼类种群适用预警性做法，以保护海洋生物资源和保全海洋环境。

- 第7条：要求缔约方就跨界鱼类种群和高度洄游鱼类种群的管理措施进行合作，并规定了各国彼此之间如何合作的具体方向。

- 第8条：要求缔约方通过分区域或区域渔业管理组织或其他安排进行合作和解决纠纷。

- 第9~13条：明确了分区域或区域渔业管理组织或安排的进一步运作细节。

- 第14条：要求缔约方收集和提供资料，并就科学研究进行合作。

联合国粮农组织《负责任渔业行为守则》

联合国粮农组织《负责任渔业行为守则》于 1995 年 10 月 31 日通过，其起源是 1992 年墨西哥坎昆负责任捕捞国际会议上的一个建议。与本章讨论的其他渔业协定不同，《负责任渔业行为守则》是自愿性的，并规定了适用于所有渔业的养护、管理和发展原则和标准。《负责任渔业行为守则》还涉及鱼类和渔业产品的捕获、加工和贸易。捕捞作业、水产养殖、渔业研究，以及将渔业纳入沿海地区管理也属于《负责任渔业行为守则》的内容（FAO，1995b）。

《负责任渔业行为守则》虽然是自愿性的，但却是一项雄心勃勃的努力，已纳入《海洋法公约》《促进公海渔船遵守国际养护及管理措施的协定》和《1995 联合国鱼类种群协定》中的许多具有约束力的原则。为了解决渔业各个方面的问题，利用了一套更广泛的操作原理和最佳做法来处理渔业的各个方面。《负责任渔业行为守则》适用于内陆渔业，也涉及水产养殖的发展（Hoscha et al.，2011）。

第 7 条（渔业管理）是渔业管理方面最相关的条款，并要求签署国会采取措施长期养护和可持续利用渔业资源。管理方案要求有效地遵约和执行、透明的科学和决策过程，减少过剩捕捞能力、保护水生生境和濒危物种、尽量减少副渔获物和执行预警性做法。具体而言，该协议指出"需要有意识地避免对海洋环境的不利影响，保护生物多样性，维护海洋生态系统的完整性"（Valdimarrson and Metzner，2005）。

第 8 条（捕捞作业）描述了船旗国和港口国在以下方面的职责：监测、遵约和执行、健康和安全标准、搜救、教育和培训、记录保存和报告、船舶和渔具标记、保险以及事故报告。本条还指示各国：禁止使用炸药、毒药和其他破坏性捕鱼做法；尽量减少副渔获物和丢弃物；采取各种方法限制渔具受损；开发和利用具有选择性的渔具；减少能耗和尽量减少污染；提供以港口为基础的服务，以尽量减少污染和外来物种的引入；考虑使用人工珊瑚礁和集鱼装置来增加种群数量。

其他条款涉及以下主题领域：

- 第 9 条：水产养殖的发展。
- 第 10 条：把渔业纳入沿海区管理。
- 第 11 条：捕捞后处置和贸易。
- 第 12 条：渔业研究。

207

重要的是,《负责任渔业行为守则》引入并加强了可持续渔业管理的关键原则。这些原则包括传统生态知识的使用（第6.4条）、预警性做法（第6.5条和第7.5条）、以生态系统为基础的渔业管理方法（第6.2条、第6.4条、第6.6条、第6.8条、第7.2.2条、第7.3.3条）、对环境负责任的渔具和做法（第6.6条和第8.5条）以及国际合作（第7.1.4条和第7.1.5条）。此外,《负责任渔业行为守则》确定由联合国粮农组织秘书处监测《负责任渔业行为守则》的适用情况,并向渔业委员会报告发展情况（第4.2条）（Juda, 2002）。

《负责任渔业行为守则》引起了关于渔业管理的全球讨论,并有助于"硬法"协定的发展完善,包括《促进公海渔船遵守国际养护及管理措施的协定》《1995联合国鱼类种群协定》和随后对《负责任渔业行为守则》的修订（下文讨论）（Juda, 2002）。

《负责任渔业行为守则实施要点——罗马宣言》（Rome Declaration on the Implementation of the Code of Conduct for Responsible Fisheries）于1999年3月11日在联合国粮农组织渔业部长级会议上通过,修订了《负责任渔业行为守则》（FAO, 1999）。《负责任渔业行为守则实施要点——罗马宣言》特别承认以下几点:

- 第2条:越来越多的非法、不报告和无管制捕鱼活动在进行,包括悬挂"方便旗"的渔船。

- 第3条:确保可持续水产养殖对粮食安全、收入和农村发展做出贡献的重要性。

- 第5条:需要为某些国家提供进一步的技术和财政援助,以适用《负责任渔业行为守则》和行动计划。

- 第6条:需要进一步考虑制定更适当的生态系统方法,以促进渔业的发展和管理。

迄今为止,已经证明《负责任渔业行为守则》的各个方面对较发达和欠发达的国家尤其具有挑战性,特别是执行《负责任渔业行为守则》所需的信息数量和质量方面。有研究在对9个国家执行《负责任渔业行为守则》的情况进行审查时发现,其目标受到社会经济因素、行政惰性、政治意愿摇摆和领导层短视的阻碍（Hoscha et al., 2011）。此外,研究人员还发现在打击非法、不报告和无管制捕鱼及解决捕捞能力过剩问题方面,进展缓慢。

《负责任渔业行为守则》还为制定以下四项国际行动计划奠定了基础,这四项计划均由联合国粮农组织管理（两项主要计划将在下文讨论）:

- 鲨鱼养护和管理国际行动计划（1999）;

- 减少误捕海鸟国际行动计划（1999）；
- 捕捞能力管理国际行动计划（1999）；
- 预防、制止和消除非法、不报告和无管制捕鱼行为的国际行动计划（2001）。

捕捞能力管理国际行动计划

捕捞能力是衡量一定时间段或区域内充分利用捕鱼船队所能生产的总捕捞量（或鱼）的指标。目前，世界捕鱼船队的能力比捕捞大多数目标物种所需的能力要大。这导致渔业在经济和环境方面变得效率低下。产能过剩导致渔民的收入（及工资）下降，对鱼类种群数量的压力加大（竞争捕鱼），以及政府增加捕捞限额（或提供补贴）以维持产业就业的政治压力。生产能力过剩是缘于渔业的开放，这种情况下，更多的渔民投资于技术改进（如船的大小、渔具类型），但法规却薄弱或执行力差，而鱼类市场的增长又进一步促进额外的捕捞力量（Aranda et al.，2012）。据估计，全球捕鱼船队需要减少25%才能消除捕捞能力过剩的情况，而且捕捞能力过剩（连同过度捕捞）减少了每年约500亿美元的资源报酬（收入减去成本后的盈余）（World Bank and FAO，2009）。

1999年2月19日通过了《捕捞能力管理国际行动计划》，适用于所有从事捕捞活动的渔民。《捕捞能力管理国际行动计划》包括以下四项战略：

- 在国家、区域和全球层面确定捕捞能力，并改进对捕捞能力的测量。
- 制定国家计划，解决捕捞能力过剩问题，并立即处理因捕捞能力过剩而受到威胁的沿海渔业。
- 加强区域渔业管理组织以解决捕捞能力过剩问题。
- 立即采取措施处理因捕捞能力过剩而受到威胁的跨界、高度洄游和公海渔业。

《捕捞能力管理国际行动计划》雄心勃勃地确定了各国和区域渔业管理组织的目标，执行有效、公平和透明的方案来管理捕捞能力过剩的问题。然而，目前只有印度尼西亚、纳米比亚和美国有国家行动计划，美洲间热带金枪鱼委员会（Inter-American Tropical Tuna Commission）是唯一一个有涉及捕捞能力过剩的行动计划的区域渔业管理组织。无法界定"能力"、船舶登记应用的限制，以及对发展中国家而言降低捕捞能力的影响等，阻碍了该计划的成功。缺乏准确的渔获量数据和基于权利的管理制度，也妨碍了计划的进行（Aranda et al.，2012）。

预防、制止和消除非法、不报告和无管制捕鱼行为的国际行动计划

非法、不报告和无管制捕鱼活动占全球渔业捕捞量的 30%，其上岸价值约为 100 亿~230 亿美元（Agnew et al.，2009；Borit and Olsen，2012；Österblom and Bodin，2012）。非法、不报告和无管制捕鱼活动可能会破坏可持续管理区域渔业的努力，无法通过可追溯性（监管链）管理海产品安全，并将渔民置于危险境地或没有适当的赔偿（Sumaila et al.，2006）。南极鳕鱼每年的上岸价值超过 500 万美元，可能是受到最多非法、不报告和无管制捕鱼的物种。此外，由于使用延绳钓捕鱼技术，副渔获物对信天翁（*Diomedidae* spp.）和白颏风鹱（*Procellaria aequinoctialis*）的影响很大（Sumaila et al.，2006；Österblom and Bodin，2012）。

209

联合国粮农组织 2001 年 3 月 2 日通过了预防、制止和消除非法、不报告和无管制捕鱼行为的国际行动计划（IPOA-IUU）（FAO，2001）。该计划是在《负责任渔业行为守则》的框架内制定的，并大致要求签署方遵守下列行动：

- 批准、接受或加入《海洋法公约》《1995 联合国鱼类种群协定》和《促进公海渔船遵守国际养护及管理措施的协定》，并充分执行这些国际协定中的措施（第 10~12 条）。

- 制定国内立法，处理非法、不报告和无管制捕鱼活动，确保国民不参加非法、不报告和无管制捕鱼活动（第 16 条和第 17 条）。

- 确保渔船船旗国遵守与非法、不报告和无管制捕鱼有关的国际协定（第 19 条）。

- 建立足够严苛的制裁/处罚措施，以制止非法、不报告和无管制捕鱼活动，避免对参与非法、不报告和无管制捕鱼活动的渔船提供经济援助或补贴（第 21 条和第 23 条）。

- 对捕鱼的所有方面进行监测、控制和监督，以控制非法、不报告和无管制捕鱼活动（第 24 条）。

- 与其他国家合作，以制止和消除非法、不报告和无管制捕鱼捕捞活动，并公布相关措施的细节，以防止该类捕鱼活动（第 28 条）。

该计划将防止非法、不报告和无管制捕鱼活动的主要责任赋予船旗国（第 34~50 条），但也规定沿海国（第 51 条）和港口国（第 52~64 条）需采取行动以达成总体目标。此外，该计划确定有必要实施与市场有关的措施，以减少参与非法、不报告和无管制捕鱼活动的经济诱因（第 65~76 条）。这些措施包括：

教育和宣传，渔获量证明和文件，出口管制和禁令，渔获物的可追溯性，以及出版参与非法、不报告和无管制捕鱼的船舶资料。最后，该计划概述了区域渔业管理组织（参见上文）在威慑和消除非法、不报告和无管制捕鱼方面的责任。

自计划发布以来，欧盟通过了《欧盟非法、不报告和无管制捕鱼条例》（EU IUU Regulation）（1005/2008）和《欧盟管控条例》（EU Control Regulation）（1224/2009），以说明并要求制定新的海产品可追溯性方案，包括海产品生产周期的所有部分（Borit and Olsen，2012）。此外，南极海洋生物资源养护委员会已被证明是应对南极鳕鱼的非法、不报告和无管制捕捞活动的有效区域机构。

《海洋生态系统负责任渔业的雷克雅未克宣言》

在《负责任渔业行为守则》制定后，联合国粮农组织于 2001 年为在雷克雅未克举行的海洋生态系统负责任渔业会议编写了一份背景文件，题为"迈向以生态系统为基础的渔业管理"（FAO，2003）。这份文件的主要信息被汇总为 2001 年《海洋生态系统负责任渔业的雷克雅未克宣言》（Reykjavik Declaration on Responsible Fisheries in the Marine Ecosystem）。签署国承诺：

- 为制定并实施结合生态系统考虑的管理战略而发展科学基础，这种管理战略将在保证可持续产量的同时，保护种群和生态系统及其赖以生存的生境的完整性。
- 查明和描述相关海洋生态系统的结构、成分和运作，饮食结构和食物网，物种间相互作用和捕食者与被捕食者的关系，生境的作用，以及影响生态系统稳定和恢复的生物、物理和海洋学因素。
- 建立或加强对自然变化及其与生态系统生产力关系的系统监测。
- 加强对所有渔业中副渔获物和丢弃物的监测，以便更加全面地了解实际捕捞的鱼类数量。
- 支持渔具和捕捞活动的研究和技术发展，以改进渔具的可选择性，降低捕鱼活动对生境和生物多样性的不利影响。
- 评估非渔业活动对海洋环境的人为不利影响，以及对这些不利影响可持续利用的后果。

根据《海洋生态系统负责任渔业的雷克雅未克宣言》，联合国粮农组织发表了粮农组织关于渔业生态系统方法的操作指南（FAO，2003），其中将渔业生态系统方法定义为"……通过考量生态系统中生物、非生物和人类这些组成部分的确定和不确定性因素及其相互作用，并在具有生态意义的范畴内对渔业采取综合办法，以努力平衡各种社会目标"的方法（FAO，2003）。

本章总结

- 10 亿多人依靠海产品作为其主要蛋白质来源。据估计，在渔业产业中全职或兼职工作人员共 3400 万人。世界渔业的第一销售价值为 849 亿美元。

- 海洋渔业，特别是国家管辖范围以外地区的渔业，管理不善或根本没有得到管理。

- 可在单一物种、多物种或基于生态系统的机制下管理渔业。

- 联合国粮农组织负责报告全球渔业状况，向决策者提供信息，并支持区域渔业管理组织。

- 为规制渔业活动（包括捕鲸），制定了许多具有约束力和不具约束力的协定。

参考文献

Agnew, D.J. (1997) 'The CCAMLR ecosystem monitoring programme', *Antarctic Science*, 9(3), 235–242.

Agnew, D.J., Pearce, J., Pramond, G., Peatman, T., Watson, R., Beddington, J.R. and Pitcher, T.J. (2009) 'Estimating the worldwide extent of illegal fishing', *PLoS* 1, 4(2), 4570.

Aranda, M., Murua, H. and de Bruyn, P. (2012) 'Managing fishing capacity in tuna regional fisheries management organizations (RFMOs): Development and state of the art', *Marine Policy*, 36, 985–992.

Babcock, E.A. and Pikitch, E.K. (2004) 'Can we reach agreement on a standardized approach to ecosystem-based fishery management?', *Bulletin of Marine Science*, 74(3), 685–692.

Baranov, F.I. (1918) 'On the question of the biological basis of fisheries', *Nauch Issled Ikhtiol Inst Izu*, 1 (1), 81–128.

Borit, M. and Olsen, P. (2012) 'Evaluation framework for regulatory requirements related to data recording and traceability designed to prevent illegal, unreported and unregulated fishing', *Marine Policy*, 36, 96–102.

CEC (Commission of the European Communities) (2008) *Council Facts and Figures on the CFP: Basic data on the Common Fisheries Policy. Edition* 2008, Office for Official Publications of the European Communities, Luxemburg.

Christensen, V., Aiken, K.A. and Villanueva, M.C. (2007) 'Threats to the ocean: On the role of ecosystem approaches to fisheries', *Social Science Information sur les Sciences Sociales*, 46(1), 67–86.

Christie, P., Fluharty, D.L., White, A.T., Eisma-Osorio, L. and Jatulan, W. (2007) 'Assessing the feasibility of

211

ecosystem−based fisheries management in tropical contexts', *Marine Policy*, 31(3), 239−250.

CITES(Convention on International Trade in Endangered Species of Wild Fauna and Flora) (1973) *Convention on International Trade in Endangered Species of Wild Fauna and Flora*, www.cites.org/eng/disc/text.php, accessed 3 February 2013.

Cochrane, K.L. (2002) 'A fishery manager's guidebook. Management measures and their application', *FAO Fisheries Technical Paper*, 424, FAO, Rome.

Cochrane, K.L. and Doulman, D.J. (2005) 'The rising tide of fisheries instruments and the struggle to keep afloat', *Philosophical Transactions of the Royal Society of London B*, 360(1435), 77−94.

Constable, A.J. (2004) 'Managing fisheries effects on marine food webs in Antarctica: Trade−offs among harvest strategies, monitoring, and assessment in achieving conservation objectives', *Bulletin of Marine Science*, 74(3), 583−605.

Cullis−Suzuki, S. and Pauly, D. (2010) 'Failing the high seas: A global evaluation of regional fisherie smanagement organizations', *Marine Policy*, 34, 1036−1042.

Curry, P.M., Mullon, C., Garcia, S.M. and Shannon, L.J. (2005) 'Viability theory for an ecosystem approach to fisheries', *ICES Journal of Marine Science*, 62(3), 577−584.

Davies, R.W.D. and Rangeley, R. (2010) 'Banking on cod: Exploring economic incentives for recovering Grand Banks and North Sea cod fisheries', *Marine Policy*, 34, 92−98.

Day, V., Paxinos, R., Emmett, J., Wright, A. and Goecker, M. (2008) 'The Marine Planning Framework for South Australia: A new ecosystem−based zoning policy for marine management', *Marine Policy*, 32(4), 535−543.

Dew, C.B. and Austring, R.G. (2007) 'Alaska red king crab: A relatively intractable target in amultispecies trawl survey of the eastern Bering Sea', *Fisheries Research*, 85, 265−173.

Drankier, P. (2012) 'Marine protected areas in areas beyond national jurisdiction', *The International Journal of Marine and Coastal Law*, 27, 291−350.

FAO(Food and Agriculture Organization) (1995a) *Agreement to Promote Compliance with International Conservation and Management Measures by Fishing Vessels on the High Seas*, FAO, Rome, www.fao.org/docrep/meeting/003/x3130m/X3130E00.HTM, accessed 3 February 2013.

FAO(1995b) *Code of Conduct for Responsible Fisheries*, FAO, Rome, www.fao.org/docrep/005/v9878e/v9878e00.HTM, accessed 3 February 2013.

FAO(1997) 'Fisheries Management', *FAO Technical Guidelines for Responsible Fisheries*, 4, FAO, Rome, ftp://ftp.fao.org/docrep/fao/003/w4230e/w4230e00.pdf, accessed 26 April 2013.

FAO(1999) *International Plan of Action for the Management of Fishing Capacity*, FAO, Rome, ftp://ftp.fao.org/docrep/fao/006/x3170e/X3170E00.pdf, accessed 3 February 2013.

FAO(2001) *International Plan of Action to Prevent, Deter and Eliminate Illegal, Unreported and Unregulated Fishing*, FAO, Rome, http://www.fao.org/docrep/003/y1224e/y1224e00.htm, accessed 3

February 2013.

FAO(2003) 'The ecosystem approach to fisheries', *FAO Technical Guidelines for Responsible Fisheries*, 4 (2), FAO, Rome, www.fao.org/docrep/011/i0151e/i0151e00.htm, accessed 3 February 2013.

FAO(2009a) *Rome Declaration on the Implementation of the Code of Conduct for Responsible Fisheries*, FAO, Rome, www.fao.org/docrep/005/X2220E/X2220E00.HTM, accessed 3 February 2013.

FAO(2009b) *The State of World Fisheries and Aquaculture* 2008, FAO, Rome, www.fao.org/fishery/publications/sofia/en, accessed 3 February 2013.

FAO (2011) *Review of the State of World Marine Fishery Resources*, FAO Fisheries and Aquaculture Technical Paper No. 569, FAO, Rome, www. fao. org/docrep/015/i2389e/i2389e. pdf, accessed 3 February 2013.

Freestone, D., Gudmundsdotti, E. and Edeson, W. (2001) *Legislating for Sustainable Fisheries*, World Bank, Washington, DC.

Frid, C.L.J., Paramor, O.A.L. and Scott, C.L. (2005) 'Ecosystem-based fisheries management: Progress in the NE Atlantic', *Marine Policy*, 29(5), 461-469.

Frid, C.L.J., Paramor, O.A.L. and Scott, C.L. (2006) 'Ecosystem-based management of fisheries: Isscience limiting?', *ICES Journal of Marine Science*, 63(91), 567-1572.

Froese, R., Stern-Pirlot, A., Winker, H. and Gascuel, D. (2008) 'Size matters: How single-species management can contribute to ecosystem-based fisheries management', *Fisheries Research*, 92(2-3), 231-241.

Goodman, D., Mangel, M., Parkes, G., Quinn, T., Restrepo, V., Smitch, T. and Stokes, K (2002) *Scientific Review of the Harvest Strategy Currently Used in the BSAI and GIA Groundfish Fishery Management Plans*, North Pacific Fishery Management Council, Anchorage, AL.

Graham, M.M. (1939) 'The sigmoid curve and the over-fishing problem', *Rapp. P. -v. Réun. Cons. perm. int. Explor. Mer*, 110(2), 15-20.

Guerry, A.D. (2005) 'Icarus and Daedalus: Conceptual and tactical lessons for marine ecosystem-based management', *Frontiers in Ecology and the Environment*, 3, 202-211.

Henriksen, T. (2009) 'Revisiting the freedom of fishing and legal obligations on states not party to regional fisheries management organizations', *Ocean Development & International Law*, 40, 80-96.

Hilborn, R. (2004) 'Ecosystem-based fisheries management: The carrot or the stick?', *Marine Ecology Progress Series*, 274, 275-278.

Hirshfield, M. F. (2005) 'Implementing the ecosystem approach: Making ecosystems matter', *Marine Ecology Progress Series*, 300, 253-257.

Hoscha, G., Ferrarob, G. and Faillerc, P. (2011) '1995 FAO Code of Conduct for Responsible Fisheries: Adopting, implementing or scoring results?', *Marine Policy*, 35(2), 189-200.

ICJ(International Court of Justice) (1975) *Fisheries Jurisdiction Cases: Volume I*, www.icj-cij.org/docket/files/55/9409.pdf, accessed 3 February 2013.

212

Jennings S.and Revill A.S.(2007)'The role of gear technologists in supporting an ecosystem approach to fisheries', *ICES Journal of Marine Science*,64,1525-1534.

Juda,L.(2002)'Rio plus ten:The evolution of international marine fisheries governance', *Ocean Development and International Law*,33,109-144.

King,D.M.and Sutinen,J.G.(2010)'Rational noncompliance and the liquidation of Northeast groundfish resources', *Marine Policy*,34(1),7-21.

Lackey,R.T.and Nielsen,L.A.(1980) *Fisheries Management*,John Wiley and Sons,New York.

Larkin,P.A.(1977)'An epitaph for the concept of maximum sustainable yield', *Transactions of the American Fisheries Society*,106,1-11.

Link,J.S.(2005)'Translating ecosystem indicators into decision criteria', *ICES Journal of Marine Science*,62(3),569-576.

Lotze,H.K.(2004)'Repetitive history of resource depletion and mismanagement:The need for a shift in perspective', *Marine Ecology Progress Series*,274,282-285.

Mace P.M.(2001)'A new role for MSY in single-species and ecosystem approaches to fisheries stock assessment and management', *Fish and Fisheries*,2,2-32.

Mace,P.M.(2004)'In defence of fisheries scientists,single-species models and other scapegoats:Confronting the real problems', *Marine Ecology Progress Series*,274,285-291.

Marasco,R.J.,Goodman,D.,Grimes,C.B.,Lawson,P.W.,Punt,A.E.and Quinn,T.J.(2007)'Ecosystem-based fisheries management:Some practical suggestions', *Canadian Journal of Fisheries and Aquatic Sciences*,64(6),928-939.

McCarthy,M.(2013)'Is this the end of the bluefin tuna?' www.independent.co.uk/environment/nature/is-this-the-end-of-the-bluefin-tuna-1040246.html,accessed 02 February 2013.

Murawski,S.A.(2007)'Ten myths concerning ecosystem approaches to marine resource management', *Marine Policy*,31(6),681-690.

Myers,R.A.and Worm,B.(2003)'Meta-analysis of cod-shrimp interactions reveals top-down control in oceanic food webs', *Ecology*,84,162-173.

NAFO(North Atlantic Fisheries Organization)(2008) *Report of the Fisheries Commission Intersessional Meeting*,30 *April* - 07 *May* 2008 *Montreal*, *Quebec*, *Canada*,North Atlantic Fisheries Organization,Dartmouth,Canada.

NMFS(National Marine Fisheries Service)(2009)'Fisheries of the United States,2009', www.st.nmfs.noaa.gov/st1/fus/fus09/fus_2009.pdf,accessed 10 September 2010.

New Zealand Ministry of Fisheries(2009)'Stock status', www.fs.fish.govt.nz/Page.aspx? pk = 16,accessed February 2010.

Österblom,H.and Bodin,Ö.(2012)'Global cooperation among diverse organizations to reduce illegal fishing in the Southern Ocean', *Conservation Biology*,26(4),638-648.

213

Pauly, D. and Froese, R. (2012) Comments on FAO's State of Fisheries and Aquaculture, or 'SOFIA2010', *Marine Policy*, 36, 746-752.

Pauly, D., Christensen, V., Dalsgaard, J., Froese, R. and Torres F. (1998) 'Fishing down marine food webs', *Science*, 279(5352), 860-863.

Pauly, D., Christensen, V., Guenette, S., Pitcher, T.J., Sumaila, U.R., Walters, C.J., Watson, R. and Zeller, D. (2002) 'Towards sustainability in world fisheries', *Nature*, 418(6898), 689-695.

Pavlikakis, G.E. and Tsihrintzis, V.A. (2000) 'Ecosystem management: A review of a new concept and methodology', *Water Resources Management*, 14(4), 257-283.

PICES(North Pacific Marine Science Organization) (2004) *Marine Ecosystems of the North Pacific* (edited S.M. McKinnell), PICES Special Publication 1, North Pacific Marine Science Organization, Sidney, British Columbia, Canada.

Pikitch, E.K., Santora, C., Babcock, E.A., Bakun, A., Bonfil, R., Conover, D.O., Dayton, P., Doukakis, P., Fluharty, D., Heneman, B., Houde, E.D., Link, J., Livingston, P.A., Mangel, M., McAllister, M.K., Pope, J. and Sainsbury, K.J. (2004) 'Ecosystem-based fishery management', *Science*, 305(5682), 346-347.

Pitcher, T.J., Kalikoski, D., Short, K., Varkey, D. and Pramod, G. (2009) 'An evaluation of progress in implementing ecosystem-based management of fisheries in 33 Countries', *Marine Policy*, 33(2), 223-232.

Rogers, S.I., Tasker, M.L., Earll, R. and Gubbay, S. (2007) 'Ecosystem objectives to support the UK vision for the marine environment', *Marine Pollution Bulletin*, 54(2), 128-144.

Russell, E.S. (1931) 'Some theoretical considerations on the "overfishing" problem', *Journal de Conseil International pour l'Exploration de la Mer*, 6, 3-20.

Scandol, J.P., Holloway, M.G., Gibbs, P.J. and Astles, K.L. (2005) 'Ecosystem-based fisheries management: An Australian perspective', *Aquatic Living Resources*, 18(3), 261-273.

Shelton, P.A. (2009) 'Eco-certification of sustainably managed fisheries: Redundancy or synergy?', *Fisheries Research*, 100(3), 185-190.

Sinclair, M., Arnason, R., Csirke, J., Karnicki, Z., Sigurjonsson, J., Skjoldal, H.R. and Valdimarsson, G. (2002) 'Responsible fisheries in the marine ecosystem', *Fisheries Research*, 58(3), 255-265.

Sissenwine, M.P. and Murawski. S. (2004) 'Moving beyond "intelligent tinkering": Advancing an ecosystem approach to fisheries', *Marine Ecology Progress Series*, 274, 291-295.

Sumaila, U.R., Alder, J. and Keith, H. (2006) 'Global scope and economics of illegal fishing', *Marine Policy*, 30(6), 696-703.

Sumaila, U.R., Khan, A., Dyck, A., Watson, R., Munro, G., Tyedmers, P. and Pauly, D. (2010) 'A bottom up reestimation of global fisheries subsidies', *Journal of Bioeconomics*, 12, 201-225.

Sydnes, A.K. (2001) 'Regional fishery organizations: How and why organizational diversity matters', *Ocean Development & International Law*, 32, 349-372.

Symes, D. (2007) 'Fisheries management and institutional reform: A European perspective', *ICES Journal of Marine Science*, 64(4), 779-785.

Taylor, H.F. (1951) *Survey of Marine Fisheries of North Carolina*, North Carolina University Press, Chapel   214
Hill, NC.

Tyedmers, P.H., Watson, R. and Pauly, D. (2005) 'Fueling global fishing fleets', *Ambio*, 34(8), 635-638.

UN(United Nations) (1958) *Convention on Fishing and Conservation of the Living Resources of the High Seas*, United Nations, Treaty Series, 559, 285, untreaty.un.org/ilc/texts/instruments/english/conventions/ 8_1_1958_fishing.pdf, accessed 3 February 2013.

UN(1992) *Convention on Biological Diversity*, www.cbd.int/doc/legal/cbd-en.pdf, accessed 3 February 2013.

UN(1995) *The United Nations Agreement for the Implementation of the Provisions of the United Nations Convention on the Law of the Sea of 10 December 1982 relating to the Conservation and Management of Straddling Fish Stocks and Highly Migratory Fish Stocks*, www.un.org/depts/los/convention_agreements/texts/ fish_stocks_agreement/CONF164_37.htm, accessed 3 February 2013.

UNEP(United Nations Environment Programme) (1992) *Protection Of The Oceans, All Kinds Of Seas, Including Enclosed And Semi-Enclosed Seas And Coastal Areas And The Protection Rational Use And Development Of Their Living Resources*, UNEP, Nairobi, Kenya, www.unep.org/documents.multilingual/default. asp? DocumentID=52&ArticleID=65&l=en, accessed 26 April 2013.

Valdermarsen, J.W. and Suuronen, P. (2003) 'Modifying Fishing Gear to Achieve Ecosystem Objectives', in M.Sinclair and G.Valdimarsson(eds) *Responsible Fisheries in the Marine Ecosystem*, FAO, Rome.

Valdimarrson, G., and Metzner, R. (2005) 'Aligning incentives for a successful ecosystem approach to fisheries management', *Marine Ecology Progress Series*, 300, 286-291.

Ware, D.M. and Thomson, R.E. (2005) 'Bottom-up ecosystem trophic dynamics determine fishproduction in the Northeast Pacific', *Science*, 308, 1280-1284.

Watson, R.A., Cheung, W.W.L., Anticamara, J.A., Sumaila, U.R., Zeller, D. and Pauly, D. (2012) 'Global marine yield halved as fishing intensity redoubles', *Fish and Fisheries*, DOI: 10.1111/j.14672979.2012. 00483.x.

World Bank and FAO(2009) *Sunken Billions: The Economic Justification for Fisheries Reform*, Washington, DC, http://siteresources.worldbank.org/EXTARD/Resources/336681-1224775570533/SunkenBillions- Final.pdf, accessed 3 February 2013.

Zacharias, M.A., Gerber, L.R. and Hyrenbach, K.D. (2006) 'External scientific review of the Southern Ocean Sanctuary', *Journal of Cetacean Research and Management*, 8, 1-12.

7 海上运输与安全政策——
国际航运的运作与规制

引言

    直到最近，考古学家们才相信人类 [智人（Homo sapiens）] 及其最近的祖先 [直立人（Homo erectus）] 直到大约 5 万年前才越过深水海峡。然而，最近的证据表明，80 万年前直立人类可能已经越过华莱士线（Wallace Line）——一个假想的基于海洋地理区划分隔澳大利亚和亚洲动植物群的分界线，且澳大利亚在 6 万年前就被殖民过。来自东南亚的证据也表明，早在 3.3 万年前，人类就经常来往于摩鹿加群岛（Moluccas）、婆罗洲（Borneo）和巴厘岛之间（Bellwood, 1997；Gibbons, 1998）。

    第一次关于长划艇使用的记载发生在埃及塞索斯特里斯三世（3700—4100 年前）时期。在塞索斯特里斯三世金字塔附近找到的 6 艘平均长 10 米的船，就是支持这些书面记录的证据。直到 16 世纪现代大帆船出现前，埃及长划艇一直统治着海洋。

    虽然塞索斯特里斯三世及后来的王朝可能已尝试使用早期的帆船来运载士兵和供给支持军事行动，但是第一次有记录的海战是发生在公元前 480 年的阿提密西安战役。据说，波斯王薛西斯（公元前 519—前 465 年）组建了一支由 1207 艘帆船组成的可能运载超过 20 万人的舰队。虽然与希腊舰队的这场战役并非决定性战役，但显示了海军在支持军事行动方面的价值（Mordal, 1959）。

    航海时代（1000~3000 年前）见证了星盘（一种利用太阳和星体位置计算所在位置的仪器）、指南针的出现，以及基于埃及长艇模型的更高级船只的使用。除了地中海国家之外，阿拉伯、中国和太平洋文明也在这一时期利用天体来进行导航。

    第一次大规模利用海洋是为了探索和殖民其他国家。最有可能第一个在地中海以外开拓的殖民者是北欧的挪威探险家。10 世纪时，他们定居于格陵兰和北美洲东部的部分地区。此外，波利尼西亚探险家很可能 10 世纪时就登陆了夏威夷群岛。15 世纪，在教皇诏书的指示下，葡萄牙和西班牙开启了一场以强占美洲为目的的旷日持久的海洋运动（参见第 2 章）。17 世纪，英国和荷兰紧随其后，19、20 世纪，一些欧洲国家吞并了非洲。

随着殖民化的进程，需要把货物和人运到殖民地或运出殖民地，全球航运业由此诞生，并伴随着海盗的出现，航运公司间的竞争，以及为保护贸易航线的海军舰艇的发展。第一艘设计用于运载散装货物（如煤、矿石、谷物）的现代船舶于 1852 年建成 [650 载重吨（dwt）]，随后是 1886 年 3000 载重吨的格鲁克福号（Gluckauf）油轮（IMO，2012）。随着现代航运的出现，建立了现代海运贸易路线，目前包括（IMO，2012）：

- 从澳大利亚、非洲南部、北美洲到欧洲和远东地区的煤炭。
- 从北美洲和南美洲到亚洲、非洲和远东地区的谷物。
- 从南美、澳大利亚到欧洲和远东地区的铁矿石。
- 从中东、西非、南美洲和加勒比地区到欧洲、北美洲和亚洲的石油。
- 来自中国、日本和东南亚的集装箱货物。

本章简要介绍了当代航运的运作情况。具体而言，本章将讨论全球航运船队的结构，国家间的航运过程，以及规制航运和海员安全的主要国际协定。

当代海运概况

数千年来，海运的整体功能并没有改变：海运就是将货物从低价值地区运输到高价值地区（Branch，2007）。今天，超过 80% 的国际贸易货物是通过海运运输的；而这一比例在发展中国家间进行的贸易中则更高。2011 年，90% 的欧盟对外贸易和 40% 的欧盟成员国间贸易都是通过海运进行的（IMO，2012）。

海运仍是远距离运输货物最经济有效的方式。贸易的持续全球化，加上更有效的海运技术，可能会导致海运在全球贸易中继续占据主导地位。截至 2010 年，世界商业船队中超过 100 总吨位（总吨位——船舶内部容积的计量）（专栏 7.1）的船大约有 104 000 艘，共约 14 亿总吨位，平均船龄 22 年（UNCTAD，2012）。世界货运船队有超过 55 100 艘船，平均船龄为 19 年，共超过 9.91 亿总吨位（IMO，2012）（表 7.1）。2010 年，海运雇用了来自 150 个国家的 150 多万名海员。

表 7.1 2011 年依主要船舶类型划分的世界船队规模

船舶类型	规模/千载重吨	百分比（%）
散货船	532 039	38.1
油轮	474 846	34
普通货船	108 971	13.2
其他类型船舶	103 478	7.4
液化气运输船	43 339	3.1
近海供应船	33 227	2.4
化学品运输船	5 849	0.4
渡轮和客船	6 164	0.4
总计	1 395 743	100

来源：UNCTAD（2011）

> **专栏 7.1 船舶大小分类方法**
>
> 载重吨位（dwt）：船舶可以运输的货物、备用品和燃料的吨数（2240磅①）。
>
> 载货吨位：船舶运载的货物重量，以美国短吨（2000 磅）、英国长吨（2240 磅）或公吨（1000 千克）计量。
>
> 总吨位（GT，G.T 或 gt）：船舶封闭空间的容积除以 100。1 总吨位是100 立方英尺②。总吨位不是质量（重量）的计量，而是容积的计量。
>
> 净吨位（NT，N.T. 或 nt）：总吨位减去船舶不用于运输货物的所有区域。也称为"赢利空间"。净吨位不是质量（重量）的计量，而是容积的计量。

目前，35 个国家控制着世界 95% 的海运船队。在这些国家中，希腊、日本、德国、挪威、美国和中国控制了约 38% 的世界海运船队，自 2000 年以来，中国已引领世界航运业的增长（Branch，2007）。最受欢迎的船舶登记国（船舶注册国）是巴拿马、利比里亚和马绍尔群岛，在 2009 年共登记了 11 636 艘船。这相当于比世界海运能力的 39% 还要多（UNCTAD，2009）。

现代商业船队由下列类型的船舶构成：

- 集装箱船：运输可以装卸到卡车和火车上的集装箱（称为"多式联运"

---

① 1 磅=0.4536 千克。

② 1 立方英尺≈0.028 317 立方米。

或"全集装箱")。集装箱船的大小是以船舶可以运输多少个标准箱(TEU)来表示的。最大的集装箱船目前可运输多达 1.4 万个标准箱。即将投入运营的新船舶将可运输 1.8 万个标准箱。

- 普通货船:包括运输冷藏货物、特种货物、滚装货物(车辆)和有其他特殊用途的船舶。
- 散货船:运输包括谷物、矿石和煤炭等原材料。
- 油轮:运输原油、化学品、烹饪用油和其他液体。一些专门的油轮可运载液化天然气等货物。
- 渡轮和客船:运输乘客、汽车和商用车辆。
- 专用船舶:包括补给船、拖船、破冰船和科研船舶。

除按船舶用途分类外,往往还按大小分类,根据它们通过世界主要运河和海峡的能力,以及能够服务的港口类型进行分类(表 7.2)。

航运可以进一步区分为下文所述各行业,在不同的商业和管理制度下运作。

218

表 7.2　全球船舶分类和大小

船舶类型	运用范围	载重吨* (吨)	最大长度 (米)	最大吃水深度(米)	最大净空高度(米)	最大宽度(米)
灵便型	服务于较小港口的散货船	<40 000	200	无限制	无限制	无限制
大灵便型	服务于较小港口的散货船	40 000~50 000	200	无限制	无限制	无限制
超大灵便型	服务于较小港口的散货船	50 000~60 000	200	无限制	无限制	无限制
苏伊士型	通过苏伊士运河的最大船舶尺寸	无限制,但通常为 120 000~150 000	无限制	20.1	68	50
巴拿马型	通过巴拿马运河的最大船舶尺寸	无限制,但通常为 50 000~80 000	290	12	58	32
阿芙拉型	能够服务于大多数港口的油轮,以"平均运费率估价"得名	<120 000	无限制	无限制	无限制	44
中国型	服务于绝大多数中国港口的散货船	<400 000	360	24	无限制	65

续表

船舶类型	适用范围	载重吨*（吨）	最大长度（米）	最大吃水深度（米）	最大净空高度（米）	最大宽度（米）
海岬型	对巴拿马和苏伊士运河来说太大的散货船和油轮。包括服务于深水港的大型矿砂船（VLOC）和大型散货船（VLBC）	150 000~400 000+	无限制	无限制	无限制	无限制
马六甲级	能够通过马六甲海峡的船舶（散货船、油轮或集装箱船）	无限制	400	25	无限制	59
巨型油船（VLCC）	长途运输原油的油轮	200 000~349 999	无限制	无限制	无限制	60
超巨型油轮（ULCC）	长途运输原油的油轮	350 000+	无限制	无限制	无限制	无限制

注：* 载重吨为货物、燃料、淡水、压载水、补给品（食物）、乘客和船员重量的总和

来源：UNCTAD（2011）；IMO（2012）

旅客运输服务

国际海事组织将客船定义为运载或结构上可运载超过 12 名非船员乘客的船舶。客船包括渡轮、远洋班轮和游船，通常分为渡轮船队和邮轮船队两类。渡轮船队由用于短途航行的船舶组成，没有住宿设施，但可运载车辆和货物。渡轮船队包括常规渡轮和快速渡轮。后者包括单体船、双体船、水翼船和气垫船（Branch，2007）。邮轮船队由专门为更长航程设计的船舶组成。目前，全球客运船队包括 1575 艘客运专用船舶（含邮轮）和 2624 艘客货两用船舶（ISL，2011）。世界范围内，2010 年共运载了 20 多亿名乘客，并且邮轮乘客的总数大约为 2100 万人（IHS Fairplay，2011）。2011 年，超过 4 亿名乘客途径欧洲各海港（UNCTAD，2011）。

在过去的 20 年中，客轮航运增长最快的部分是邮轮船队，其包括可载 3000 人以上的船舶。邮轮市场主要服务于地中海、加勒比海、波罗的海、大西洋海岛，以及北美洲和欧洲的河流。

客轮航运通过国际公约（详见下文）和国内法进行规制。此外，欧盟还会通过一系列不同的立法工具，包括欧盟指令，对客轮运输进行管制。

班轮货运服务

班轮货运服务同时运输多个托运人的货物，并在各个港口之间定期运行（"班轮贸易"）。这与散货运输（详见下文）形成了对比，后者是按需与一个托运人签订合同。班轮运输中使用的船舶包括普通货船、集装箱船、冷藏船、滚装船和其他专用船舶。班轮运输日趋多式联运，由能够保证在特定时间交货的大型航运公司组成。

目前，集装箱运输占班轮运输总量的75%以上。每年，世界上的半数贸易都是通过1500多万个集装箱运输的，航次超过2.3亿。2011年，近5000艘集装箱船运输了超过5.31亿个标准箱（IMO，2012），600多艘新集装箱船已列入造船厂订单。

散货运输服务

散货运输服务利用各种船舶配置，在全球各地运输其有效载荷，包括石油产品（如原油、冷凝物和精炼产品）、液化气体（如液化天然气和液态丙烷气体）、液态化学品（如烹饪用油）、食品（如谷物、糖）或固体（如矿石、煤炭、硫黄、铝土矿/矾土）。2011年，世界各地有8687艘散货船在提供服务，世界原油产量的45%是由海洋运输的，即18亿吨，或散货运输服务总载重吨位的约70%（IMO，2012）。

散货船通常是为特定货物而特制的，且散货航运公司往往专注于特定货物（如油轮）。参与散货运输的船舶一般不是定期航班，而是由托运人按长期合同包租/承包。这种模式刺激航运公司之间的竞争，但与班轮运输相比，会导致一个船队整体过旧。散货运输服务通常不是班轮公约的一部分（详见下文）。相反，散货运输受到国内法和国际法的规制。班轮运输的监管重点是反竞争行为，与此相反的是，散货航运主要关注船舶安全和环境保护。

不定期货运服务

不定期船，或杂货船，通常是有2~6个货舱的货船，运载各种货物，包括谷物、矿石、木材和食品。不定期货运服务虽然在世界各地都有，但在东亚和南亚最为普遍。这种服务性质上属临时安排，不遵守固定的时间表。相反，这种服务会预测和开发小众市场和季节性市场（"现货市场"），而这些市场对班轮和散货船服务来说往往太不合算。不定期货运服务通常由较小的船舶提供，

220

通常是家族拥有的，并能在市场条件和机会出现时迅速反应。然而，许多班轮服务航运公司正在争取不定期货运服务，从横向和纵向整合其业务。虽然不定期货运服务不像从前那样普遍（亚洲除外），但仍继续在人口稠密的地区（如北美洲五大湖区、波罗的海、地中海和其他闭海区域）开展业务。

海上运输法律政策概论

规制航运的必要性

陆上运输（卡车、铁路）主要集中在一国范围内或在相邻国家之间运输货物。相比之下，海上运输大多发生在国家之间，且往往位于国家管辖范围以外的地区。因此，海运本质上具有国际性，需要各国之间的合作，以便在各港口间有效和安全地运送更多货物。出于许多原因，需要对海运进行监管，包括：

- 确保共同的环境保护标准；
- 确保共同的船舶运营安全标准；
- 确保共同的船员培训标准；
- 要求各国和托运人对事故和疏忽负责；
- 预防和应对海盗和海上恐怖主义；
- 制定船舶结构和设计标准；
- 建立航行规则；
- 建立通信协议；
- 确保货物责任；
- 确保废弃船舶得到安全和有效的处置；
- 满足温室气体减排目标，适应气候变化的影响。

国际海运是一种独特的经济活动，多国承运人相互竞争以最低的成本在港口间（通常在国家之间）运输货物或旅客。各国可通过补贴、贸易壁垒或运输政策促进或抑制竞争（专栏7.2）。对于海运公司而言，在安全或环境保护方面进行投资的经济动机很小，尤其是如果他们的竞争者没有这样做的话。同样的，如果没有海运法规或有效的保险制度（详见下文），船舶经营者不会投入资金来清理事故、补偿托运人丢失的货物、或补偿其他可能已受到船舶经营者不利影响的人。使这种情况更加复杂的是，世界上大多数船舶都是在没有执行标准或使船东对其行为负责的意愿或财政资源的船旗国登记的（方便旗——参见专栏

7.2）。最后，对大多数船东来说，对某些海上事故（如漏油）作出应对，超出
了他们的财力范围。因此，需要制定规章制度，使那些代价高昂的事故和损害 221
的负责人，能够筹措清理资金，并对受影响的第三方提供经济补偿。

专栏7.2　商业航运概览

参与商业航运的各方

- 承运人：运输货物的一方。

- 沿海国：拥有海岸线的任何国家。沿海国为了保护其利益，制定了船
舶必须遵守的法律和规章。沿海国的管辖权、义务与责任载于《联合国海洋
法公约》。

- 收货人：在到达目的地港口后接收货物的一方（代理人、公司或个
人）（"接收方"）。

- 发货人：发送托运货物的一方（代理人、公司或个人）（"托运人"
或"商户"）。

- 船级社：代表船东提供技术和测量服务，以便（为保险和业务目的）
船舶能够获颁"船级证书"，或代表船旗国作为"认可机构"，提供技术和测
量服务。目前有 11 个全球认可的船级社正在运营。

- 船旗国：负责核查国内（本国）船舶是否遵守国内法和船旗国为缔
约方的国际公约。这些责任被称为船旗国监督（FSC）。船级社经常被用来实
施船旗国监督。

- 政府间国际组织：包括国际海事委员会（Comité Maritime
International）、国际劳工组织（International Labour Organization）和国际海事
组织（International Maritime Organization）（在以下各节讨论）。

- 港口国：负责核查其领海内船舶遵守国际公约的情况（包括检查和登
临）。这些责任称为"港口国管理"。港口国管理制度是区域性的，使各国能
够分担核查责任。主要的港口国管理制度包括：《巴黎谅解备忘录》（欧洲和
北大西洋，27 个国家），《东京谅解备忘录》（亚洲和太平洋，18 个国家），
《印度洋谅解备忘录》（印度洋，16 个国家），美国海岸警卫队，《比尼亚德尔
马协议》（拉丁美洲，13 个国家），《阿布加谅解备忘录》（西非和中非，22 个
国家）、《黑海谅解备忘录》（黑海，5 个国家）和《利雅得谅解备忘录》（波
斯湾，6 个国家）。

专栏 7.2　商业航运概览（续）

● 保赔（P&I）协会：船东或船舶经营者运营的向其成员提供第三方海上保险的合作社。13 个公认的保赔协会是非赢利性的，其保险范围为传统保险市场拒绝承保的风险。

运输合同

● 提单：装船时描述货物所有权（推定占有）和货物状况的单据。提单通常由发货人填制，标示货物装船时间和装卸货港口。由于提单可转让，货物在运输过程中可以多次转卖。

● 租船合同：承运人与货主之间就一段时间内（"定期租船"）或在港到港的航程（"航次租船"）中独占使用船舶的正式书面合约。在光船租船合同中，承租人负责提供货物和船员，而在非光船租船合同中，船东提供船员，承租人提供货物。

● 海运单：概述运输合同条款和条件的单证，也是船上货物的收据凭证。根据海运单，交货之前，托运人始终拥有货物。与提单不同，海运单是不可转让的，也不是物权凭证。此外，在使用海运单的情况下，货物在运输过程中不能买卖。

海运合同类型

● 离岸价（FOB）合同：买方支付和安排运输。卖方的责任是把货物装载到船上。

● 到岸价（CIF）合同：卖方支付和安排运输，并为买家购买货物保险。

其他与政策相关的航运术语

● 沿海航行权：大多数国家都采用了沿海航行权的一些要素，即为悬挂其国旗的船只保留（保护）了一部分国内航运业务。国家可能要求船舶船员为本国国民，或船舶为本国国民所有，在国内船厂建造或在本国登记。

● 方便旗：船舶注册的国家与船舶拥有/经营的国家不同。传统意义上，使用方便旗是为了降低成本（避免征税，使用较低工资的船员），避免遵守可能更为严格的国内法规。

● 短途海运：在波罗的海、黑海或地中海的任何港口之间的货物运输。

各国也对海运有既得利益，尤其关注确保：

- 乘客、船员和货物的安全；

- 货物和人员在水路上的有序运输；

- 获得国内和国际航线；

- 在不损害航运公司能力的前提下充分竞争，必要时开展合作，提供定期不间断的班轮服务。

管理海上运输的组织

223

全球海上运输受 150 多个公约和协议的规制。此外，经济合作与发展组织（Organization for Economic Cooperation and Development，OECD）和世界贸易组织（WTO）还将监督海运的经济竞争力（表 2.2）。虽然本章稍后将讨论一些重要公约，但以下是关于监督国际海运业的一些组织。

《联合国海洋法公约》与海上运输　《联合国海洋法公约》（以下简称《海洋法公约》）（参见第 2 章）本身并不是一个组织，也不受联合国大会正式管理。但是，《海洋法公约》是一项重要的管理文书，为国际海事组织的工作提供参考。《海洋法公约》以两种方式规制海上运输。第一，《海洋法公约》规定了许多重要的航运原则。这些主要原则包括：无害通过权和过境通行权；军舰的豁免权；公海自由和为和平目的使用公海；所有国家参与航运的权利；禁止运载奴隶；打击海盗的必要性，以及所有国家的捕鱼权。第二，《海洋法公约》规定了航运的管理框架。《海洋法公约》管辖范围内的沿海国和船旗国的权利和义务，以及各国确定给予船舶国籍的条件、船员配备和培训的标准，都在这一框架内。要求所有船旗国确保悬挂其国旗的船只符合国际航运法规的规定也在这一框架内。

国际海事组织　尽管《海洋法公约》很重要，但航运主要由国际海事组织和国际劳工组织监管。联合国于 1958 年成立了国际海事组织，总部设在英国伦敦。国际海事组织大会由 169 名成员组成，负责制定国际海运规则。这些规则涉及海上安全、安保和预防船舶造成的海洋污染。国际海事组织由负责监督该组织的理事会管辖。在大会休会期间，理事会还履行大会的所有职能，但不包括向各国政府（包括缔约国）提出关于海上安全和污染预防的建议。

国际海事组织的权力只适用于国际航运。预计各成员国将执行和实施 40 项国际海事组织公约和议定书，以及目前超过 800 项的守则和建议。在理事会的指导下，国际海事组织的工作由若干委员会和小组委员会进行。目前的委员会有：

- 海上安全委员会：是国际海事组织高级委员会，负责直接影响到海上安全的所有事项。委员会负责9个下属小组委员会：①航行安全；②无线电通信和搜救；③培训和值班标准；④船舶设计和设备；⑤消防；⑥稳定性、载重线和渔船安全；⑦船旗国的执行；⑧危险品、固体货物和集装箱；⑨散装液体和气体。

- 海洋环境保护委员会（MEPC）：负责预防和控制船舶污染。
- 法律委员会：负责国际海事组织范围内的所有法律事项。
- 技术合作委员会：负责向成员国提供技术援助，并特别注重确保欠发达国家能够履行国际海事组织的公约、议定书、守则和建议。
- 便利运输委员会：负责简化国际航运的文件和手续。

这些委员会制定的公约草案会提交给联合国会议讨论，这些会议对任何成员开放，包括不是国际海事组织成员的联合国会员国。所有政府，无论是沿海国、航海国还是内陆国家，都具有同样的地位并参与国际海事组织的讨论。与其他国际公约相似，会议将通过最后文本，供各成员国政府批准。公约经一定数量成员国批准就立即生效。非国际海事组织成员也可加入公约。每一项公约都规定了在生效之前应满足的条件。例如，《国际海上人命安全公约》（International Convention for the Safety of Life at Sea）（详见下文）要求至少有25个国家批准，且这些国家的商船船队占世界总吨位的50%以上。公约对国际海事组织成员国具有约束力，而海事组织的守则和规范则不具约束力。许多国家必须通过或修订国内法以遵守国际海事组织公约（参见第2章）。

国际海事委员会 国际海事委员会总部位于比利时安特卫普，是1897年设立的一个非政府组织，负责监督海商法的编纂和商业实践，促进各国成立海商法协会。目前，国际海事委员会由51个国家的海商法协会组成，其中包括国际海事组织和国际油污损害赔偿基金（IOPC Fund——详见下文）。

国际海事委员会的早期工作重点是有关碰撞和打捞的规定。在1910年至1969年间制定了22项公约，包括1952年《关于扣留海运船舶的国际公约》和1968年《海牙规则》等（表2.2）。此外，国际海事委员会还协助起草了许多国际海事组织公约，包括1997年《船舶优先权和抵押权国际公约》（International Convention on Maritime Liens and Mortgages）、1999年《国际扣船公约》、2007年《内罗毕国际船舶残骸清除公约》（Nairobi International Convention on the Removal of Wrecks）。此外，国际海事委员会仍是国际提单和救助公约的负责机构（表2.2）（CMI，2012）。

国际劳工组织 国际劳工组织负责建立和监督国际劳工标准。国际劳工组

织于 1919 年成立，作为正式结束第一次世界大战的协定——《凡尔赛条约》
（Treaty of Versailles）的一部分，致力于改善工作条件、劳动者安全、确保国家
间同工同酬。国际劳工组织是在劳工安定对国家繁荣至关重要的前提下成立的。
目前，国际劳工组织有四项战略性目标：

- 促进和执行工作中的标准、基本原则和权利。
- 为女性和男性创造更好的就业机会。
- 提高全民社会保障的覆盖面和有效性。
- 加强劳资政三方代表协商机制和社会对话。

目前，国际劳工组织由 185 个成员国组成，总部设在瑞士日内瓦。该组织监
督涵盖就业各个方面的 180 多个公约和 190 项建议。国际劳工组织的一项主要责
任是监督全球不同国籍的 150 万名海员和 1500 万名渔民的劳工标准，他们所乘
船舶通常为不同国家所有和注册。这是必需的，因为国家劳工法可能无法保护
海员。为了最大限度地提高利润，一些船东牺牲了工人的安全，并招募低工资
的船员。

国际劳工组织对海事法的主要贡献是 2006 年《海事劳工公约》（Maritime
Labour Convention），下文将对此进行讨论。

有关船舶的国际法

以下讨论了规制船舶配置和运作的主要国际协定和公约；然而，常作为海
上运输法支柱被提及的四项公约包括：

- 《国际海上人命安全公约》（SOLAS）。
- 《海员培训、发证和值班标准国际公约》（International Convention on
Standards of Training，Certification and Watchkeeping for Seafarers，STCW）。
- 《海事劳工公约》（MLC）。
- 《国际防止船舶造成污染公约》（1973 年通过，经 1978 年议定书修订）
（MARPOL 73/78）。

《国际海上人命安全公约》

在 1912 年 4 月 15 日，"泰坦尼克"号在撞击一座冰山后沉没，伤亡 1503
人。英国船难委员会的调查从这起悲剧中得出了许多结论。尽管该船完全符合
《英国商船法》（1894—1906 年），但调查员确定这些法规的规制对象为小于

13 000吨的船。而面对46 328吨的"泰坦尼克"号，则导致了没有足够数量的救生艇容纳其乘客。虽然冰山被报告给了驾驶室，调查还是得出结论认为"泰坦尼克"号的速度是导致事故的一个因素。此外，调查发现，乘客救生艇从来没有使用过，安全演习也没有进行过，船员培训也不涉及部署和使用安全设备。同时，该船缺乏公共广播系统，无线电通信设备的范围过小，这些也是造成沉没的因素（Titanic Inquiry，2012）。

"泰坦尼克"号灾难后，第一届国际海上人命安全会议于1914年在英国举行（IMO，1974）。本次会议有13个国家出席，制定了关于应急设备（包括救生艇）和程序的条例，并规定了新的无线电通信程序。1914年《国际海上人命安全公约》分别于1929年、1948年和1960年修订更新。

1974年，为了对《国际海上人命安全公约》作大量修订，《国际海上人命安全公约》被完全重写，并被称为1974年《国际海上人命安全公约》。1974年11月1日，国际海上人命安全会议通过了《国际海上人命安全公约》，并于1980年5月25日生效。《国际海上人命安全公约》的结构使未来所有的修正案将自动执行，除非大多数缔约国都反对。1978年（国际油轮安全和防污染会议通过了1978年《国际海上人命安全公约议定书》，该议定书于1981年生效）和1988年（国际检验和发证协调系统大会通过了1988年《国际海上人命安全公约议定书》，该议定书于2000年生效）还通过了补充议定书（IMO，2004）。1974年《国际海上人命安全公约》还通过国际海事组织海上安全委员会批准的决议或者通过《国际海上人命安全公约》缔约政府会议共修订了29次。

1974年《国际海上人命安全公约》共有12章，分别为：

- 第一章：船舶类型的定义和对检验与证书类型的说明。
- 第二章甲：船舶建造有关的构造、分舱与稳性、机电设备。
- 第二章乙：船舶建造有关的防火、探火和灭火。
- 第三章：救生设备和配置。
- 第四章：无线电通信。
- 第五章：航行安全。
- 第六章：货物运输。
- 第七章：危险货物装运。
- 第八章：核能船舶。
- 第九章：船舶安全作业管理。
- 第十章：高速船舶安全措施。

- 第十一章甲：加强海上安全的特别措施。
- 第十一章乙：加强海上安保的特别措施。
- 第十二章：散货船的附加安全措施。

《国际海上人命安全公约》适用于所有船舶，并要求船舶的建造和装备在各种规定的日期或该日期之后须符合《国际海上人命安全公约》。《国际海上人命安全公约》可追溯既往，并可要求对现有船舶进行改装，以符合新规定。自1959年以来，国际海事组织负责管理《国际海上人命安全公约》。

《国际海上避碰规则公约》

《国际海上避碰规则公约》（Convention on the International Regulations for Preventing Collisions at Sea，COLREG）于1972年10月20日通过，1977年7月15日生效（IMO，1972）。该公约取代了之前1960年《国际海上避碰规则》（International Regulations for Preventing Collisions at Sea），后者是根据1862年的一套英国规则制定的。《国际海上避碰规则公约》最好被理解为航海和航海安全的"道路规则"，共包含38条规定。这些规定被分成以下相关部分：驾驶和航行（B部分），号灯和号型（C部分），声响和灯光信号（D部分），豁免（E部分）。1981年、1987年、1989年、1993年、2001年和2007年通过了《国际海上避碰规则公约》修正案。主要规则简述如下：

- 规则1：《国际海上避碰规则公约》适用于在公海和连接公海可供海船航行的一切水域中的一切船舶。各国保留在其内陆水域或具体作业中保留和执行附加特别规定的权利，只要这些规定符合《国际海上避碰规则公约》且不损害安全。 227
- 规则2：遵守《国际海上避碰规则公约》是所有船东、船长和船员的责任。为避免紧迫危险船舶可背离规则条款。
- 规则4：条款适用于任何能见度的情况。
- 规则5：每一船在任何时候都应使用视觉、听觉以及适合当时环境和情况的一切可用手段保持正规的瞭望。
- 规则6：船舶应以适合当时环境和情况的航速行驶。
- 规则7：船舶应使用一切可用手段判断碰撞危险。
- 规则8：避免碰撞的规则。
- 细则9：在狭水道航行的规则。
- 规则10：分道通航制规则。

- 规则 12：帆船规则。
- 规则 13：追越规则。
- 规则 14：对遇局面的规则。
- 规则 15：交叉相遇局面规则。
- 规则 16："让路"船的规则。
- 规则 17："直航"船的规则。
- 规则 18：规则九、十和十三的例外情况。
- 规则 19：船舶在能见度不良时的行动。
- 规则 22~31：各种情况下的号灯要求。

《国际载重线公约》

1966 年 4 月 5 日在伦敦通过了《国际载重线公约》（International Convention on Load Lines）（CLL）（1966），并于 1968 年 7 月 21 日生效（IMO，1966）。《国际载重线公约》的目的是根据干舷（吃水）量规定船舶载重限额，以防止超载和出现稳性问题。《国际载重线公约》在设置干舷高度（船舶甲板距水平面的高度），以及在规定任何水位以下的船体开孔时，都考虑了地理位置和季节的因素。1988 年通过的一项议定书对《国际载重线公约》进行了修订，并于 2000 年 2 月 3 日生效，其允许国际海事组织海上安全委员会或缔约方会议对《国际载重线公约》进行修订。《国际载重线公约》的 2003 年修正案已于 2005 年 1 月 1 日生效，其中包括了改进船舶设计和配置的补充规定。

《国际扣船公约》

1999 年 3 月 12 日通过了《国际扣船公约》（International Convention on Arrest of Ships），并于 2011 年 9 月 14 日生效（IMO，1999）。《国际扣船公约》更新了 1952 年于布鲁塞尔签订的《关于扣留海运船舶的国际公约》。《国际扣船公约》的目的是平衡寻求海事索赔的索赔人和船舶所有人、经营者的利益。具体而言，《国际扣船公约》概述了船舶可以被扣押或释放的条件。航运在国际法中是独一无二的，因为可以被扣押的是船舶，而非船舶所有人。这是由于追溯船舶的所有权可能非常困难。

228 　《国际扣船公约》适用于缔约国管辖范围内的任何船舶，包括 22 种海事请求。船舶可以在没有责任证明的情况下被扣押，但只有实施扣押的缔约国法院依职权才能扣押，且只能因海事请求实施扣押（第 2 条）。只有在海事请求发生和实施扣押时的船舶所有人或经营人为同一个人时，才可扣押船舶（第3条）。被扣押的船舶应在以令受扣押影响的缔约国满意的方式提供充分的担保后予以释放（第4.1条）。各当事方对担保未达成一致时，法院应决定其金额，但金额不应超过被扣船舶的价值（第4.2条）。提供担保不应被解释为船舶所有人或经营人对责任的承认（第4.3条）。如果早先提供的担保不足，或所有人或经营人没有提供担保，船舶可能会再次被扣押（第5条）。此外，如果为一项海事请求提供的担保不足，则允许扣押同一船舶所有人或经营人的多艘船舶（第5条）。但是，对于不公正或错误的扣押，或要求提供的担保过多，各国法院可以裁定赔偿（第6条）。最后，各国法院对相关事项具有管辖权，除非各当事方同意将案件提交另一国家法院或付诸仲裁（第7条）。

《海上旅客及其行李运输雅典公约》

1974年12月13日通过了《海上旅客及其行李运输雅典公约》（The Athens Convention relating to the Carriage of Passenger s and their Luggage by Sea，PAL），并于1987年4月28日生效。《海上旅客及其行李运输雅典公约》的目的是统一有关乘客及其行李的规定，并在因承运人过失或疏忽而发生事故的情况下，为承运人确立最高责任限制。该公约规定承运人有责任证明其没有过失。

《海上旅客及其行李运输雅典公约》经三项议定书修订：1976年《议定书》（1989年4月30日生效）用特别提款权取代了金法郎；1990年《议定书》（尚未生效）提高了赔偿限额；2002年《议定书》引入了严格责任原则和强制保险原则。2002年《议定书》要求将《海上旅客及其行李运输雅典公约》和《议定书》作为一项名为《2002年海上旅客及其行李运输雅典公约》（Athens Convention relating to the Carriage of Passengers and their Luggage by Sea，2002）的单一文件而获得通过，该文件于2014年4月23日生效。《2002年海上旅客及其行李运输雅典公约》将责任限额增加到每名旅客25万计算单位的特别提款权、自带行李2250计算单位的特别提款权和每一车辆12 700计算单位的特别提款权。

有关航运的国际法

《国际安全管理规则》

《国际安全管理规则》（International Safety Management Code，ISMC）不是一

项独立的公约，而是 1994 年 5 月 24 日通过的《国际海上人命安全公约》第九章的修正案。1989 年、1991 年和 1993 年商定的自愿准则被认为足够重要而使之具有强制性之后，才颁布了《国际安全管理规则》（IMO，2010）。其目标是确保海上安全，防止人身伤害或生命损失，并避免对财产和环境造成损害。2002 年，《国际安全管理规则》成为对所有船舶施行的强制性规定，并要求各公司实施安全管理体系，其内容如下：

- 安全和环保政策；
- 确保船舶安全运行和环境保护的指示和程序，符合有关国际和船旗国立法；
- 岸上人员和船上人员间的职权和沟通渠道；
- 报告事故和不符合《国际安全管理规则》规定的程序；
- 准备和应对紧急情况的程序；
- 内部审计和管理审查程序。

《联合国全程或部分海上国际货物运输合同公约》

联合国大会于 2008 年 12 月 11 日通过了《联合国全程或部分海上国际货物运输合同公约》（United Nations Convention on Contracts for the International Carriage of Goods Wholly or Partly by Sea），又称《鹿特丹规则》（Rotterdam Rules）。《鹿特丹规则》取代了以前的一些公约，其中包括 1924 年《统一提单若干法律规定的国际公约》（International Convention for the Unification of Certain Rules of Law relating to Bills of Lading）（又称《海牙规则》和《海牙-维斯比规则》）和 1978 年《联合国海上货物运输公约》（United Nations Convention on the Carriage of Goods by Sea）（又称《汉堡规则》）（UNCITRAL，2009）。《联合国全程或部分海上国际货物运输合同公约》的最初签署国有 16 个，现在则有 24 个缔约国。

《鹿特丹规则》历经十年谈判，由联合国国际贸易法委员会（United Nations Commission for International Trade Law，UNCITRAL）协调。《鹿特丹规则》涉及现代运输实践，包括集装箱化、门到门运输合同和电子运输单据的使用（UNCITRAL，2009），为货物所有者提供了更大的确定性。这些保证通过以下提供：增加承运人（灭失、损害或迟延）赔偿责任的货币限额，排除之前不可预见事件（如火灾、航行错误）的例外，以及明确运输过程中各方面的责任和义务。

《鹿特丹规则》在装货港和卸货港属不同国家的情况下，适用于承运人与收

229

货人之间，其适用不考虑船舶的国籍（第 5 条）。《联合国全程或部分海上国际货物运输合同公约》概述如下：

- 第 1 章：一般规定和定义。
- 第 2 章：公约的适用范围和例外情况。
- 第 3 章：电子运输记录及其应用。
- 第 4 章：承运人的义务。
- 第 5 章：承运人对灭失、损害或迟延所负的赔偿责任。
- 第 6 章：有关特定运输阶段的补充条款。
- 第 7 章：托运人对承运人的义务。
- 第 8 章：运输单证和电子运输记录。
- 第 9 章：货物交付。
- 第 10 章：控制方的权利。
- 第 11 章：权利转让。
- 第 12 章：赔偿责任限额。
- 第 13 章：时效。
- 第 14 章：管辖权。
- 第 15 章：仲裁。
- 第 16 章：合同条款的有效性。
- 第 17 章：本公约不管辖的事项。
- 第 18 章：最后条款。

230

《联合国班轮公会行动守则公约》

班轮运输利用"班轮公会"（也称"航运公会"）在航运公司间形成正式或非正式的协议。这些公会使航运公司能够设定运费价格或在港口之间的货物运输方面进行合作，同时避免反垄断审查。无独有偶，班轮公会是在苏伊士运河开通（1869 年）后不久形成的，运河的开通是一项工程上的壮举，使亚洲到欧洲贸易航线的时间减半，并迅速导致了大规模的运输能力过剩。此后，班轮会议的目标就变为避免过度竞争，以适应航运需求的季节性波动，并为托运人提供经济稳定性（Munari，2012）。班轮公会目前涉及多达 40 家独立的航运公司，目前有 300 多个班轮公会在运作中。虽然班轮公会的反竞争卡特尔行为有利有弊（Clyde and Reitzes，1998），但大多数国家都以此视角来看待班轮公会。直到最近，大多数反垄断法都容忍或豁免了班轮公会，因为它们似乎为托运人提供了稳定的进入市场的机会。这种稳定带来了丰厚的利润。事实上，早在1909年，英国海运集团皇家委员会就得出结论，认为班轮公会虽然是反竞争的，但总的来说是有益于英国经济的（Liu，2009）。

《联合国班轮公会行动守则公约》（UN Convention on a Code of Conduct for Liner Conferences）于1974年4月6日在日内瓦签署，并于1983年10月6日生效。该公约的目的是：

- 促进海运贸易的有序扩展；
- 促进定期、有效率的班轮服务的发展；
- 平衡班轮运输服务的提供者和使用者之间的利益；
- 促进托运人与班轮服务机构之间的沟通与合作。

然而，许多国家开始利用该公约为国内航运公司预留部分海运贸易。班轮公会因此成为各国航运公司谈判参与国际贸易的一种手段。欠发达国家（以前被排除参加国际航运）也利用该公约来参与航运。《联合国班轮公会行动守则公约》制定了40∶40∶20规则，其中80%的航运贸易预留给了运输起始国（40%）和目的地国（40%）的航运公司，20%分配给第三方航运公司（Munari，2012）。目前，《联合国班轮公会行动守则公约》有21个签署国和76个缔约方。

自《联合国班轮公会行动守则公约》通过以来，班轮公约和垄断性运输行为的影响已经减弱。航运业的新来者，航运公司价格管制的放宽，多式联运的发展，以及各国竞争法的变化，都使市场获得了自由。该公约还提供了关于供求趋势的更多信息，以预测航运需求。除此之外，欧洲委员会条约中有关于禁止限制性商业做法的规定（第81条），欧盟于2006年废除了进出欧盟航线的班轮公会在此方面的豁免，垄断行为就此减少。此项豁免的废除于2008年10月已生效（Hummels et al.，2009）。

有关海员的国际法

1859年10月25日，一夜之间，欧洲西北部有195艘船沉没，685人丧生。"皇家宪章"号客船的伤亡人数超过450人，因此，此次事故的暴风雨被称为"皇家宪章"号飓风。到1859年11月9日一系列暴风雨结束为止，共损失了325艘船，造成748名乘客和船员死亡。这些损失引发了关于如何提高海上安全和避免今后发生此类事件的全球对话。自此以后，海上安全已大为改善；然而在2010年，仍有250名海员丧生于船载事故（IHS Fairplay，2011）。

《海事劳工公约》

国际劳工组织负责执行 2006 年《海事劳工公约》，该公约合并了 80 年来通过的超过 68 项海事劳工标准（ILO，2006）。《海事劳工公约》于 2006 年 2 月 23 日在日内瓦通过，并于 2013 年 8 月 20 日生效。《海事劳工公约》也被称为"海员权利法案"，其目的是为海员设立工作条件，确保船东公平竞争。《海事劳工公约》适用于从事商业活动的所有公共和私人船舶，除渔船、传统方法制造的船舶（如独桅帆船和舢板）和仅在一国内水内使用的船舶（第 2 条）。与其他国际法律文件一样，《海事劳工公约》并不直接适用于海员或船东/船舶经营者。相反，《海事劳工公约》要求缔约国通过国内立法或颁布符合《海事劳工公约》的规范。因此，《海事劳工公约》为各国制定新的或使用相当于公约要求的现有标准提供了相当大的灵活性。

《海事劳工公约》的条款和规则列举了缔约国的基本原则和责任。每项规则下的守则均载有强制性标准（A 部分）和非强制性（B 部分）导则。《海事劳工公约》中体现的主要条款是：

- 第三条：《海事劳工公约》缔约方将允许海员有集体谈判权和结社自由；消除强迫劳动；废除童工劳动以及消除歧视。
- 第四条：海员有权获得安全的工作场所、医疗服务、体面的生活条件和公平的就业条件。
- 第五条：各国必须确保对于悬挂其旗帜的船舶，有证据表明它们遵守了《海事劳工公约》。船旗国还必须对其管辖区内的海员招募进行检查和监督。港口国可以检查位于其港口的悬挂另一国旗帜的船舶。

所有规则按以下标题被划归为五个领域，并由守则 A 部分和 B 部分作为补充：

232

- 标题 1：海员上船工作的最低要求
- ——规则 1.1：最低年龄
- ——规则 1.2：体检证书
- 标题 2：就业条件
- ——规则 2.1：海员就业协议
- ——规则 2.2：工资
- ——规则 2.3：工作时间或休息时间
- ——规则 2.4：休假权利

——规则 2.5：遣返

——规则 2.6：船舶灭失或沉没时对海员的赔偿

——规则 2.7：配员水平

——规则 2.8：海员职业发展和技能开发及就业机会

● 标题 3：起居舱室、娱乐设施、食品和膳食服务

——规则 3.1：起居舱室和娱乐设施

——规则 3.2：食品和膳食服务

● 标题 4：健康保护、医疗、福利和社会保障保护

——规则 4.1：船上和岸上医疗

——规则 4.2：船东的责任

——规则 4.3：健康和安全保护及事故预防

——规则 4.4：获得使用岸上福利设施

——规则 4.5：社会保障

● 标题 5：遵守与执行

——规则 5.1：船旗国责任

——规则 5.2：港口国责任

——规则 5.3：劳工提供责任

《海员培训、发证和值班标准国际公约》

《海员培训、发证和值班标准国际公约》于 1978 年 7 月 7 日通过，1984 年 4 月 28 日生效。许多国家具体的培训和发证规定在船舶过境或进入外国港口时引起了不少问题，《海员培训、发证和值班标准国际公约》对这些规定做出了应对。该公约为商船的船长、高级船员和值班人员建立了基本要求和标准（IMO，1978a）。该公约的总体框架如下：

● 第 1 章：总则。

● 第 2 章：船长和甲板部。

● 第 3 章：轮机部。

● 第 4 章：无线电通信和无线电报员。

● 第 5 章：特定类型船舶的船员特殊培训要求。

● 第 6 章：应急、职业安全、医护和救生职能。

● 第 7 章：可供选择的发证。

● 第 8 章：值班。

《海员培训、发证和值班标准国际公约》1995 年修正案解释了有关术语，以使"主管机构满意"；新的《海员培训、发证和值班规则》纳入了技术规范，可在不召开全体会议的情况下加以修正；并要求公约缔约方提供申诉证据，这是国际海事组织第一次参与遵守公约。该公约目前有 155 个缔约方。

《海员培训、发证和值班规则》有强制性规则（A 部分）和非强制性规则（B 部分）两部分，其中 B 部分提供建议以协助缔约方遵守《海员培训、发证和值班规则》。《海员培训、发证和值班标准国际公约》及《海员培训、发证和值班规则》均在 2010 年 6 月 25 日作了进一步修订，并于 2012 年 1 月 1 日生效。这一次的修正案被称为"马尼拉修正案"，更新了遵守公约所必需的标准。

《海员培训、发证和值班标准国际公约》不适用于小于 200 总吨位的船舶或仅在内水作业的船舶，但适用于访问已批准该公约港口国的在非缔约国登记的船舶。

海上安全

海上安全包括海盗、恐怖主义以及与在航行中和港口的船舶、船员、乘客和货物安全有关的犯罪活动。在安全方面，航运需要独特的努力，因为国际水域（国家管辖范围以外的地区）经常发生违法行为。通常这些船舶的登记国不同于所有国，船员也非此两国的公民。因此，海上安全监管需要的国际合作的程度，远远超过其他大多数运输方式。此外，现代恐怖主义不仅利用船舶作为运输武器的手段，因为船舶本身也可以被用作武器，特别是当船舶运载危险的海运货物（DMCs）时，如碳氢化合物和化学品（Nincic，2005）。

解决海上安全问题十分重要：例如研究表明，如果没有对亚丁湾的索马里海盗采取国际行动，远东–欧洲航线的航运量将下降 30%（Lu et al.，2010）。然而，海上安全的成本高得离谱，使该行业变得十分脆弱。例如，在 2.3 亿次集装箱航程中，受到检查的却不到 1%（Broder，2004）。

《国际船舶和港口设施保安规则》

《国际船舶和港口设施保安规则》（International Ship and Port Facility Security Code，ISPS）于 2002 年 12 月 13 日通过，部分原因是为了应对 2001 年 9 月 11 日对美国的恐怖袭击（IMO，2003）。《国际船舶和港口设施保安规则》适用于所有客船、500 总吨位以上的货船、海上移动式钻井装置和为国际航行船舶提供服

务的港口。大致而言,《国际船舶和港口设施保安规则》主要内容为:

- 建立政府、航运业和港口行业间的合作机制,以发现安全威胁,并采取预防措施,保护参与国际贸易的船舶和港口。
- 明确政府、航运业和港口行业在海上安全方面的作用和责任。
- 确保海上安全信息的交流。
- 提供一种安全评估方法,以便制定能够应对不断变化的安全级别的船舶和港口安全计划。

234

《国际船舶和港口设施保安规则》以《国际海上人命安全公约》修正案的形式于 2004 年 7 月 1 日生效,修正案如下:

- 第 5 章航行安全:修订了第 19 条,要求升级航行设备,并确保配备自动化信息系统的船舶可随时使用该系统。
- 第 11.1 章加强海上安全的特别措施:修订了第 3 条,详细说明如何标记船舶识别号。
- 第 11.1 章加强海上安全的特别措施:修订了第 5 条,要求船舶进行连续概要记录,即关于船舶历史记录的船上文件,其中信息包括船舶曾用名、所有者、船级社和颁发安全管理证书的有关机构/组织。
- 第 11.2 章加强海上安全的特别措施:第 1 条更新了定义。
- 第 11.2 章加强海上安全的特别措施:第 2 条规定了《国际船舶和港口设施保安规则》适用的船舶和港口类型(如上所述),并豁免了军舰和缔约国政府用于非商业性服务的船舶。
- 第 11.2 章加强海上安全的特别措施:第 3 条要求缔约国向悬挂其国旗的船舶及其港口传达安全状态信息。
- 第 11.2 章加强海上安全的特别措施:第 4 条和第 10 条要求各国遵守《国际船舶和港口设施保安规则》A 部分,并将 B 部分纳入考虑。
- 第 11.2 章加强海上安全的特别措施:第 5 条要求船长能够确定谁负责招聘海员和确定船舶的业务。
- 第 11.2 章加强海上安全的特别措施:第 6 条要求船舶装设安全警报系统。
- 第 11.2 章加强海上安全的特别措施:第 7 条要求各国向在其水域内作业的船舶通报安全威胁级别。
- 第 11.2 章加强海上安全的特别措施:第 8 条规定了船长对船舶安全的权力,并允许船长为安全利益而推翻船舶所有人的决定/政策。

- 第 11.2 章加强海上安全的特别措施：第 9 条明确了港口国对打算进入其港口的船舶所要求提供的信息。如果未提供信息，港口国可检查船舶或拒绝其进入港口。

- 第 11.2 章加强海上安全的特别措施：第 11 条和第 12 条允许缔约国签订双边/多边安全协议和制定自己的安全标准，只要这些协议和标准符合《国际船舶和港口设施保安规则》。

《制止危及海上航行安全非法行为公约》和《制止危及大陆架固定平台安全非法行为议定书》

《制止危及海上航行安全非法行为公约》（The Convention for the Suppression of Unlawful Acts against the Safety of Maritime Navigation，SUA）和《制止危及大陆架固定平台安全非法行为议定书》（Protocol for the Suppression of Unlawful Acts against the Safety of Fixed Platforms Located on the Continental Shelf）于 1988 年 3 月 10 日通过，并于 1992 年 3 月 1 日生效（IMO，1988a，1988b）。目前有 156 个国家批准了《制止危及海上航行安全非法行为公约》，部分原因是海上安全问题意识不断增强，但根本原因是意大利邮轮"阿基莱·劳伦"号（Achille Lauro）从埃及亚历山大港到塞得港途中被劫持。虽然《海洋法公约》已涉及海盗和紧追权问题，但却没有对海上恐怖主义的国际应对做出规定。

国际海事组织要求海上安全委员会制定措施，处理针对民用航运的非法行为。《制止危及海上航行安全非法行为公约》的主要目的是要求缔约国引渡或起诉对船舶实施非法行为的人。《制止危及海上航行安全非法行为公约》的主要条款包括：

- 第 2 条：本公约不适用于军舰和非商业目的的政府船舶，也不适用于已退出航行或离开水域进行修理的船舶。

- 第 4 条：本公约适用于正在或准备在船旗国领海外作业的船舶，或在某一缔约国领土内发现被指控人的罪犯时。

- 第 6~12 条：缔约国（包括船长）有责任逮捕、引渡、定罪和惩处那些对船舶和固定平台实施非法行为的人。

- 第 13 条：要求缔约国分享关于海上安全的信息，并合作预防海上恐怖主义。

《制止危及海上航行安全非法行为公约》以议定书的方式（2005 年《制止危及海上航行安全非法行为公约》和 2005 年《制止危及大陆架固定平台安全非

法行为议定书》）于 2005 年 10 月 14 日进行了修订（IMO，2005a，2005b，2005c）。2001 年 9 月 11 日的美国恐怖袭击事件后，对海上安全的关注不断增加，再加上由于集装箱航运业的增长（当托运人使用班轮运输集装箱货物时，货物所有权将更难追踪）导致了安全威胁的增加，才有了议定书的起草。此外，自杀式袭击者的崛起在最初的《制止危及海上航行安全非法行为公约》中从未考虑过。修正案中还要求扩大"非法行为"的类别，并授权在公海上以尊重航行自由和无害通过权的方式登临外国船舶。《制止危及海上航行安全非法行为公约》（2005）对原来的公约进行了重大修改，从根本上扩大了非法行为的定义。经船旗国允许，如果有合理理由怀疑船上的个人已经或预期将违反该公约，缔约国可在公海登临船舶（IMO，2003）。

海盗

2011 年，全球范围内共发生 439 起海盗事件，有 45 艘船被劫持、802 名船员被劫为人质（IMB，2013）。目前，索马里仍然是海盗的主要活动中心，截至 2012 年，共报道了 237 起袭击事件，导致 11 艘船和 222 名船员被劫持。除了索马里以外，东南亚、非洲之角和几内亚湾也面临高强度的海盗活动。然而，由于船东可能要避免与政府打交道，避免增加保险费率或隐瞒其船员的作为或不作为，海盗活动可能被低估了 50%（Chalk，2008）。此外，航运业的全球化使海盗的受害者难以辨认。例如，2010 年 4 月 4 日，索马里海盗劫持"三湖梦想"号（MV Sambo Dream）油轮，该油轮是在马绍尔群岛注册，由一家韩国公司所有，船员主要是菲律宾国民（Coggins，2012）。

《海洋法公约》第 100~107 条和第 110 条处理了海盗议题，并规定了解决海盗和相关事件，如武装抢劫的整体法律基础。在海盗问题上，或许《海洋法公约》最重要的一点是其第 101 条把海盗定义为只在公海上或在任何国家管辖范围以外的区域发生的一种行为，包括"……私人船舶或私人飞机的船员、机组成员或乘客为私人目的，从事的任何非法的暴力或扣留行为，或任何掠夺行为"。根据《海洋法公约》，领海内的海盗行为被视为国内犯罪。此外，《海洋法公约》要求海盗行为是某一船舶（或飞机）对另一船舶或飞机的扣押，因此，船上的船员和乘客对其所在船舶实施的行动不能被认为是海盗行为。《海洋法公约》关于海盗规定的另一个关键点是，每个国家均可在公海扣押海盗船舶或在海盗控制下的船舶，逮捕船上人员并扣押船上财物（第 105 条）。一国可登临有从事海盗行为嫌疑的船舶（第 110 条），但另一国的船舶只能由军舰或政府船舶扣押（第107条）。

《海洋法公约》对海盗的定义存在的问题是，海盗行为经常发生在国家管辖范围的领海，但国家却没有有效管理其海域（如索马里）。因此，一个更现代的关于海盗的定义是，"一种登临或企图登临任何船舶的行为，目的是进行盗窃或任何其他犯罪，并打算或能够使用武力完成这一行为"（IMB，2009）。海盗行为与恐怖主义的区别在于，海盗一般是为了经济利益，而恐怖主义却是为推进政治或意识形态事业（Nincic，2005）。

自2000年以来，30多份关于海盗及相关活动的报告已提交至联合国大会，形成了关于海盗问题的多项决议（表2.2）。此外，2008—2012年间，联合国安理会就索马里海岸和几内亚湾附近的海盗问题通过了12项具体决议。最后，作为打击海盗的国际领导机构，国际海事组织在2009年12月2日通过了《调查海盗和武装抢劫船舶罪行实用规则》（Code of Practice for the Investigation of Crimes of Piracy and Armed Robbery Against Ships）［A. 1025（26）］，以促进对海盗和武装抢劫船舶的犯罪调查（IMO，2009a）。实用规则敦促各国采取国内立法，起诉海盗和武装抢劫犯罪（第3.1条）及落实《海洋法公约》《制止危及海上航行安全非法行为公约》和《制止危及大陆架固定平台安全非法行为议定书》的相关规定（第3.2条）。实用规则恳请船长报告海盗和武装抢劫活动，鼓励沿海/港口国家确保调查不会过分耽搁船舶（第3.3条）。要求各国就调查活动相互配合（第3.4条）、培训调查员（第4条），遵循既定程序进行调查（第5条）和做出初步应对（第6条）（IMO，2009a）。

除实用规则外，国际海事组织，还于2009年1月29日通过了《关于打击西印度洋和亚丁湾海盗及武装抢劫船舶的行为守则》（Code of Conduct concerning the Repression of Piracy and Armed Robbery against Ships in the Western Indian Ocean and the Gulf of Aden）［又称《吉布提行为守则》（Djibouti Code of Conduct）］。目前，21个符合条件的国家中有20个签署了《吉布提行为守则》，并同意就减少西印度洋的海盗行为进行合作。

其他海上安全措施

《防扩散安全倡议》　美国发起的《防扩散安全倡议》（Proliferation Security Initiative，PSI）旨在阻止运输大规模杀伤性武器和相关材料及其运载系统。《防扩散安全倡议》允许各国达成双边协议，在国家管辖范围以外的区域，如果确信对方船舶参与扶植恐怖主义或非法活动可登临该船舶。如果在国家管辖范围

237

以外的地区找到大规模杀伤性武器及相关货物,《防扩散安全倡议》允许对其进行扣押(Nincic,2005)。《防扩散安全倡议》的原则包括:

- 禁止向据信正在寻求大规模杀伤性武器的国家和非国家行为体转让大规模杀伤性武器或其零部件;
- 国家间信息交换;
- 加强国内法,以便利于制止行动;
- 采取具体的制止行动,阻止大规模杀伤性武器扩散。

《防扩散安全倡议》不是国际协定或公约。各国不是成为签署国,而是支持或参与《防扩散安全倡议》。《防扩散安全倡议》没有设立秘书处,没有关于成功实施或遵约的统计,截至2012年,有101个国家参加了《防扩散安全倡议》(United States Department of State,2003)。

《集装箱安全倡议》   美国于2002年制定了《集装箱安全倡议》(Container Security Initiative,CSI)。《集装箱安全倡议》确保在运往美国的船舶装货之前,识别和检查出高危集装箱。该计划在北美洲、欧洲、亚洲、非洲、中东、拉丁美洲和中美洲的58个港口派驻了美国公民。自该倡议成立以来,加拿大和日本签署了双边协议,以共享信息,并在美国港口派驻了本国公民,以监测对本国的出口(Haveman et al.,2007)。欧盟正在审查《集装箱安全倡议》是否适用于欧洲贸易。

偷渡者

偷渡者是基于经济、政治或宗教原因躲藏(或被隐藏)在船舶(或其货物)中,从一个国家逃离到另一个国家的个人或群体。偷渡者问题的解决包括偷渡者的基本人权、移民和难民政策,以及打击有组织犯罪等方面。偷渡者与本节有关是因为相关国际协议和公约普遍注重预防偷渡者进入港口和船舶,而非解决使人们逃离一国管辖的根本原因(如不公和压迫)。2010年,国际海事组织报告的253起偷渡案件中共发现721名偷渡者,涉及所有类型的商业船只(IMO,2011a)。目前,全世界近50%的偷渡者来自非洲西部。偷渡者会干扰航运,因为他们必须由有关部门在港口进行处理,还要船员在航行中对其进行照料。

有关偷渡者的非常重要的国际法是联合国的《世界人权宣言》(Declaration of Human Rights)。1948年的《世界人权宣言》使偷渡者有权享有生命,以及摆脱酷刑、奴役、歧视和侮辱而获得自由的权利。1957年10月10日通过的《国际偷渡公约》(International Convention Relating to Stowaways)〔又称《布鲁塞尔

238

公约》（Brussels Convention）］，试图建立处理偷渡者的通用程序；然而，该公约尚未生效（UNHCR，1957）。

另一项处理偷渡者的官方尝试是《国际便利海上运输公约》（Convention on Facilitation of International Maritime Traffic，FAL），于 1965 年 4 月 9 日通过，1967 年 3 月 5 日生效（IMO，1965）。该公约规定了船舶到达、停留和离开的手续、文件要求和程序。2002 年修订的《国际便利海上运输公约》（2002 年 1 月 10 日通过，2003 年 5 月 1 日生效）增加了新的标准和建议措施，以应对偷渡者的相关问题。

解决偷渡者问题的其他努力包括：

• 1997 年国际海事组织《寻求成功解决偷渡案件的责任分配指导方针》［A. 871（20）］（IMO，1997）。

• 2002 年《国际海上人命安全公约》修正案和《国际船舶和港口设施保安规则》的通过（详见上文），以防止未经授权就进入船舶和港口设施（IMO，2003）。

• 2011 年国际海事组织《防止偷渡客进入指南》和《寻求成功解决偷渡案件的责任分配指导方针》修正案［FAL. 11（37）］（IMO，2011b）。

航运和环境

航运对海洋环境、邻近的陆地环境和大气都有许多潜在的负面后果。目前，几乎所有正在运营的商用船舶都是由碳氢化合物驱动，这些碳氢化合物造成了大气污染和温室气体排放。船舶可能有意（倾倒）或无意（事故、船体防污漆）地污染了（如石油、垃圾、货物、排放物）海洋、陆地或大气。海洋哺乳动物除了受到污染的有害影响外，还受到船舶噪声和撞击的影响。船舶的光污染可能会改变海鸟的导航模式。船舶还是入侵或外来物种的载体，这些物种可能存在于压舱水中，船壳上或船舶的管道系统内（参见第 5 章）。回收或处置退役船舶也经常会将有毒物质释放到环境中。

本节概述了规制航运对海洋环境影响的主要全球机构和协定。这不是一项全面的考察，而是帮读者理解在既防止或尽量减少环境影响，又确保对受航运环境外部性影响的人给予充分补偿的情况下，如何处理航运对环境的影响。本节首先介绍了《国际防止船舶造成污染公约》（MARPOL 73/78）。然后介绍了若干其他与海洋保护有关的公约。

注意第 5 章讨论了与航运无关的人类活动对海洋环境的影响。

《国际防止船舶造成污染公约》

保护海洋环境的早期公约方面的努力包括 1921 年关于免受石油污染的地区保护会议（Conference on the Protection of the Area from Pollution by Oil）和 1954 年《防止海洋石油污染国际公约》（International Convention for the Prevention of Pollution of the Sea by Oil）。后者被称为《石油污染公约》（OPC），其禁止所有海运船舶故意排放油或油性混合物。该公约在 1969 年进行了修订，禁止在距离最近陆地 50 海里范围内排放石油货物，并调整了油和压载水的排放比例。《石油污染公约》在 1971 年再次修订，为澳大利亚大堡礁提供额外的保护。

《石油污染公约》最终被《国际防止船舶造成污染公约》所取代，后者现在是保护海洋环境免受航运影响的主要公约。该公约处理引起固体、液体和空气污染的操作性和偶然性原因。所涵盖的污染物包括石油、化学品、包装中的有害物质、污水和垃圾。该公约通常被简写为"MARPOL 73/78"，是 1973 年、1978 年条约以及 1997 年议定书的结合。

《国际防止船舶造成污染公约》有 6 个附则。对已批准公约的国家而言，附则一和附则二为强制性规则，而附则三、四、五、六为任选性规则：

• 附则一：防止油类污染规则（1983）。在 1954 年《石油污染公约》的基础上，增加如下条款：在装货/卸货时尽量减少石油排放，禁止使用货油舱运载压载水，以及要求建造碰撞或搁浅时防止漏油的结构。

• 附则二：控制散装有毒液体物质污染规则（1967）。按对海洋资源或人类健康的相对危险程度，明确四类散装运输液体物质（X、Y、Z 和其他）。1986 年 7 月 1 日之后建造的船舶必须根据将运输的液态物质类别遵守不同的安全规则。

• 附则三：防止海运包装中的有害物质污染规则（1992）。概述了与有害物质的标签、包装、装载、记录和运输相关的八项规则。2010 年已进行了修订。

• 附则四：防止船舶生活污水污染规则（2003）。规范船舶生活污水的排放，指定船源和陆源生活污水管理设施。但不适用于公海。

• 附则五：控制船舶垃圾污染规则（1998）。禁止向海洋弃置塑料，并限制会进入海洋环境的其他类型垃圾，包括食物、生活垃圾和作业废弃物。附则还要求港口国提供接收设施，接受和处理船载垃圾。

• 附则六：防止船舶造成大气污染规则（1997）。规制船舶的有害排放，特别是柴油机排放物（硫氧化物和氧化氮）。在硫排放管制区域建立排放阈值（详见下文）。关于减少温室气体排放的规定目前正在制定中。

《国际防止船舶造成污染公约》在附则一、附则二、附则四、附则五和附则六中引入了"特殊区域"的概念，对于某些受关注的（"特殊地区"）环境区域，适用更为严格的规定。附则一中的特殊区域防止任何形式的石油排放，目前包括地中海（1973）、黑海（1973）、波罗的海（1973）、红海（1973）、波斯湾地区（1973，1987，2004）、南极（1992）、欧洲西北部（1997）和南非南部（2006）水域。附则二禁止在南极地区排放有毒液体物质（1992）。附则四概述了排放污水进入波罗的海的特殊规定（1992），附则五进一步限制船舶倾倒垃圾到波罗的海（1973）、黑海（1973）、地中海（1973）、北海（1989）、红海（1973）、南极（1992）、"海湾"区域（1973）和泛加勒比海地区（1991）。附则六确立了波罗的海（1997）和北海（2005）、北美洲（2010）和美国加勒比海（2011）的排放控制区。

240

《国际防止船舶造成污染公约》没有直接的强制性规定，但允许任何船旗国或公约缔约国执行其规定。依《国际防止船舶造成污染公约》和《海洋法公约》，执行公约是船旗国的主要责任。一般来说，船旗国的职责是签发国际证书（如国际防止油污证书），并定期对船舶进行检查，以确保其遵守国际法。根据《国际防止船舶造成污染公约》和《海洋法公约》，沿海和港口国没有执行公约环境保护规定的直接义务。然而，许多沿海和港口国都积极致力于确保国际法和国内法得到遵守和执行。此外，若船舶没有有效的国际证书或被认为违反了《国际防止船舶造成污染公约》和《海洋法公约》，港口国有权检查、扣留船舶。

国际法中早有规定，船舶的船长对违反国际法（包括《国际防止船舶造成污染公约》）的行为负有刑事责任，并为其指挥下的船员的行为承担责任（Karim，2010）。

海上溢油事故的管理、应对与预防措施

世界上大约一半的石油产量（约 16 亿吨）是通过海洋运输的。其中绝大多数是使用巨型油船和超巨型油轮（表 7.2）穿过海峡沿海岸线长距离运输的。在过去的几十年中，这种运输方式造成了许多严重的事故和泄漏（表 7.3）。此外，还有大量石油通过海底管道进行短距离运输，从生产油井运往近海或陆上设施。虽然每年重大溢油事故的平均数从 20 世纪 70 年代的 25 起下降到现在的 3 起，但这些事故继续影响着渔业、旅游业和沿海经济活动（UNCTAD，2012）。

虽然船东、船舶登记国（船旗国）、船级社、港口国和货主都有责任避免石

油泄漏到海洋环境中，但国际海事组织是负责制定关于预防、清理、赔偿船舶溢油事故的监管框架的主要国际机构。虽然《国际防止船舶造成污染公约》是用来防止污染进入海洋环境的主要国际工具，但《国际海上人命安全公约》规定的关于船舶建设、设备和操作的强制标准可以减少石油污染风险。国际海事组织还管理若干具体石油污染公约（下文讨论）。

《国际干预公海油污事故公约》 《国际干预公海油污事故公约》（International Convention relating to Intervention on the High Seas in Cases of Oil Pollution Casualtie，以下简称《干预公约》）于 1969 年 11 月 29 日通过，并于 1975 年 5 月 6 日生效（IMO，1969a）。《干预公约》目前拥有 87 个缔约国，这些国家的船舶吨位占世界总吨位的 75.1%（UNCTAD，2012）。1967 年 3 月"托利·勘庸"号油轮从科威特开往威尔士米尔福德港的途中，在英国康沃尔郡西海岸搁浅造成严重损失，油轮泄漏了 119 000 吨石油，使英国南部西海岸 190 千米处受到严重破坏，此次事件之后制定了《干预公约》。

表 7.3 来自船舶、管道和采油平台的最大海上溢油

船舶/平台	估计溢油 （最大吨数）	年份	溢油位置
海湾战争石油泄漏	820 000	1991	波斯湾
"深水地平线"号	627 000	2010	墨西哥湾
"伊克斯托克 I"号（Ixtoc I）	480 000	1980	墨西哥湾
"大西洋女皇"号	287 000	1979	特立尼达和多巴哥
诺鲁兹油田平台	260 000	1983	波斯湾
"ABT 夏日"号（ABT Summer）	260 000	1991	安哥拉
"贝利韦尔城堡"号（Castillo de Bellver）	252 000	1983	南非
"阿莫柯·卡迪兹"号（Amoco Cadiz）	227 000	1983	法国
"MT 天堂"号（MT Haven）	144 000	1991	意大利
"奥德赛"号	132 000	1988	加拿大东部
"托利·勘庸"号	119 000	1967	英国
"海星"号	115 000	1972	阿曼湾
"埃克森·瓦尔迪兹"号	104 000	1989	阿拉斯加

来源：UNCTAD（2012）

《干预公约》使沿海国家能够在其领海或公海采取必要行动，防止、减轻或消除违反国际法的石油污染（第一条）。该公约适用于除军舰、非商用政府船舶和沿海设施以外的所有船舶，并将"石油"定义为原油、燃油、柴油和润滑油

（第二条）。然而，沿海国在开始干预之前必须先与船旗国协商（第三条）。

1973 年，《干预公约》经《干预公海非油类物质污染议定书》进行了修订。该议定书于 1983 年 3 月 30 日生效，在议定书附件中列出了许多非油类物质，以此来修订公约。非油类物质包括有毒物质、液化气体和放射性物质。目前，已有 54 个缔约国批准了该议定书，占世界总吨位的 50.4%。1991 年［MEPC. 49 (31)］、1996 年［MEPC. 72 (38)］、2002 年［MEPC. 100 (48)］和 2007 年［MEPC. 165 (56)］，国际海事组织海洋环境保护委员会分别对议定书进行了修订，在附件中增加了其他物质。

《国际油污损害民事责任公约》　《国际油污损害民事责任公约》(International Convention on Civil Liability for Oil Pollution Damage，也被称为《民事责任公约》或 CLC 1969）于 1969 年 11 月 29 日通过，并于 1975 年 6 月 19 日生效 (IMO, 1969b)。该公约在 1976 年（CLC 1976）和 1992 年（CLC 1992）通过议定书进行了修正，CLC 1992 加强了 1969 年文本和 1976 年议定书。CLC 1992 有效地取代了 CLC 1969，于 1992 年 11 月 17 日通过，并于 1996 年 5 月 30 日生效 (IMO, 1992)。截至 2013 年，CLC 1992 有 130 个缔约方。

海商法的责任限制原则有着悠久的传统。CLC 1992 的目的是确保对由于船舶泄漏或故意排放油类造成污染而遭受损害的人员给予适当的赔偿。索赔人可以是政府、私人机构（如旅游经营者）或个人，只要事故发生在该公约缔约国管辖范围内。该公约还规定了确定责任和适当赔偿的程序，并建立了强制责任保险制度。该公约的主要条款包括 (IPIECA, 2005)：

- 第 1 条：公约仅适用于载运散装油类货物的油轮（燃油和润滑油除外）。
- 第 2 条：公约只适用于缔约国领土（如沿海地区）、领海和专属经济区。
- 第 3 条：如果船舶泄漏是由于敌对行为、特殊自然现象、第三方有意行为或由助航设备故障（或错误）造成的，船舶所有人不承担责任。船舶所有人可根据 CLC 1992 承担责任。
- 第 5 条：为不超过 5000 吨位的船舶设定 4 510 000 计算单位的特别提款权（根据国际货币基金组织规定，在 2012 年约为 680 万美元）的赔偿责任限额。每增加 1 吨位，增加 631 计算单位的特别提款权（约 1000 美元），最多可达到 89 770 000 计算单位的特别提款权（约 1.36 亿美元）。
- 第 7 条：在缔约国登记并装载 2000 吨以上油类散装货物的船舶的所有人，必须对第 5 条所述的赔偿责任限额进行保险或取得财务保证。
- 第 11 条：本公约不适用于军舰或用于非商业性服务的政府船舶。

《设立国际油污损害赔偿基金国际公约》 《设立国际油污损害赔偿基金国际公约》（International Convention on the Establishment of an International Fund for Compensation for Oil Pollution Damage，以下简称《1971 年基金公约》）于 1971 年 12 月 18 日通过，并于 1978 年 10 月 16 日生效。最初的公约已被《修正 1971 年设立国际油污损害赔偿基金国际公约的 1992 年议定书》（以下简称《1992 年议定书》）所取代，该议定书于 1992 年 11 月 27 日通过，并于 1996 年 5 月 30 日生效（IMO，1992）。截至 2012 年 11 月，《1992 年议定书》已有 111 个缔约国（图 7.1）。

《1971 年基金公约》的目的是在 CLC 1969/1992 赔偿不充分的情况下为污染损害提供赔偿。该公约在船舶所有人依据 CLC 1992 第 3 条能证明存在豁免或船舶所有人依 CLC 1992 要求缺乏资金资源（或保险）支付全部补偿时适用。《1971 年基金公约》通过向托运人和货主征收资金而创设了国际油污损害赔偿基金。

243

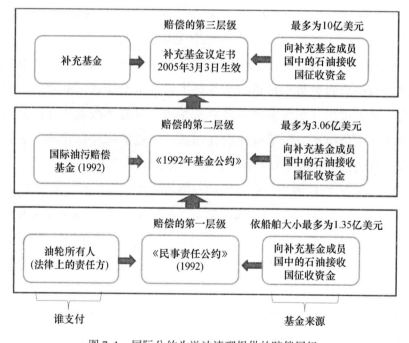

图 7.1 国际公约为溢油清理提供的赔偿层级

来源：www.cid.csic.es/ampera/images/reports/IPIECA%20AAOP.pdf

国际油污赔偿基金总部设在伦敦，用于支付 CLC 1992 限制外的赔偿金。国际油污损害赔偿基金管理共管理三项基金，分别有不同的成员国和补偿数额。这三项基金分别是 1971 年基金、1992 年基金和补充基金。1971 年基金的最高赔偿限额被许多成员认为是不充足的。因此，设立了 1992 年基金和补充基金。1971 年基金目前无成员，于 2002 年 5 月 24 日失效。然而，该基金仍然存在，以解决以往事故的赔偿要求。

截至 2003 年 11 月，1992 年基金的责任限额为 2.03 亿计算单位的特别提款权（3.12 亿美元）。1992 年基金的经费来自对一年内接收超过 15 万吨原油和重燃料油的公约缔约国的任何主体（如企业、政府）的征收（IOPC，2012）。

2005 年设立的补充基金，其最高责任限额为 7.5 亿计算单位特别提款权（11.5 亿美元）。其经费来源方式类似于 1992 年基金，但为摊款目的，将针对每国征收最少 100 万吨摊款油。

《国际油污防备、反应和合作公约》《国际油污防备、反应和合作公约》（International Convention on Oil Pollution Preparedness，Response，and Co-operation，OPRC）于 1990 年 11 月 30 日通过，并于 1995 年 5 月 13 日生效（IMO，1990）。公约第 3 条要求船舶在船上备有油污应急计划，当船舶在公约缔约国港口时，可接受检查。船舶必须向最近的沿海国家报告石油的排放，而石油装卸设施必须向适当的国家主管当局报告（第 4 条）。公约的每一缔约国必须建立一个负责溢油防备和反应的国家组织。此当局必须制定国家溢油应急计划，保持最低水平的预先设置的抗溢油设备、协调溢油应急演习、与各缔约方和政府共享信息（第 6 条）。缔约方还必须培育与油污防备和反应相关的研究和开发（第 8 条）。此外，缔约国还必须与其他管辖主体合作，提供技术支持、培训和技术转让（第 9 条）。

《对危险物质和有毒物质造成的污染事件的准备、反应和合作议定书》（Protocol on Preparedness，Response and Co-operation to Pollution Incidents by Hazardous and Noxious Substances，OPRC-HNS）于 2000 年 3 月 15 日通过，并于 2007 年 6 月 14 日生效。该协定书反映了《国际油污防备、反应和合作公约》的要求，不过是增加了威胁国家海洋环境、海岸线或其他利益的危险物质或有毒物质排放的规定（第 2 条）。

排放与气候变化

航运是短距离和长距离运输货物的一种有效手段，但燃烧化石燃料作为动力来源导致了二氧化硫（SO_2）、氮氧化物（NO_x）、挥发性有机化合物（VOCs）、颗粒物、二氧化碳（CO_2）和其他温室气体的排放（Miola et al.，2011）。停泊在港口的客轮和邮轮也必须产生动力，这导致港口附近空气污染加剧。

全球航运业排放了大量的温室气体。国际海事组织估计，2007 年航运业共排放了 1 046 000 吨的二氧化碳，约占全球总排放量的 3.3%（IMO，2009b）。如果将全球航运业比作一个国家，它是美国、中国、俄罗斯、印度和日本之后的第六大二氧化碳排放国。如果没有额外的二氧化碳排放规定或采用更有效的航运技术，预计航运排放量到 2050 年时将增加 2～3 倍。然而，如果实施技术和操作改进，二氧化碳可以在现有的水平上减排 25%～75%。

1992 年《联合国气候变化框架公约》要求缔约国为限制温室气体排放而制定国家政策（参见第 5 章）。1997 年《京都议定书》要求 37 个发达国家将温室气体排放量减少到 1990 年的水平。然而，《京都议定书》也承认，国际航运的排放难以归因于特定的国家，因此，要求国际海事组织承担解决全球航运业减排的任务。

2011 年 7 月，国际海事组织海洋环境保护委员会通过了国际航运的强制性能源效率措施，作为 MARPOL 73/78 附则六新增的第 4 章内容，并于 2013 年 1 月 1 日生效，适用于全球整个国际航运业，是第一项全球全行业范围的二氧化碳减排措施。新船能效设计指数（EEDI）要求，在 2015—2019 年间新造船舶的能效目标要提高 10%，2020—2024 年的目标是提高 15% 或 20%（根据船舶的类型），2024 年后交付的新船则提高到 30%。船舶能效管理计划（SEEMP）针对所有新建和现有船舶，建立了燃油效率的最佳实践和测量二氧化碳排放的自愿性指导规则。

国际海事组织海洋环境保护委员会已考虑了许多为减少船舶排放的市场导向（激励）机制，但现在并没有这样的市场机制。然而，市场机制可能会在未来纳入到国际航运中，如果国际海事组织不能促成全球共识，欧盟可能会实施航运排放交易计划（Miola et al.，2011）。

绿色航运实践

绿色航运实践（GSPs）是一个广义的概念，体现了航运公司减少浪费和节约资源的努力。"绿色"航运机会众多：减少船舶推进系统造成的大气污染（例如 NO_x，SO_x，CO_2），更有效率的路线，以及减少船上废物等都是重要措施。另外两种使航运更加环保的做法是减少"蒸汽排放"，或尽量减少货物灭失（如碳氢化合物），以及跟踪航运对环境影响的改善（Mair，1995）。绿色航运受到以下几方面的推动：监管（包括 MARPOL 73/78 附则六所涉及的排放控制区和

《京都议定书》），消费者对以可持续方式运输的产品的需求，以及提高效率的需求（如降低燃料成本）。

以产业为主导的绿色航运努力包括国际航运商会（International Chamber of Shipping）、国际海运联合会（International Shipping Federation）（www. shippingandco2. org）和绿色奖励计划，该计划是根据一系列环境管理和安全标准对船舶进行认证。获绿色环保认证的船舶在全球 20 多个港口能享受港口税的减免（www. greenaward. org）。

专栏 7.3　蓝色天使（Der Blaue Engel）环保标志和航运

2002 年，德国将船舶纳入其蓝色天使环保标志计划。该计划设置了减少气体排放和向海洋环境排放有害物质的 10 项强制性和 20 项自愿性标准。这些标准包括环境保护管理、员工管理、船舶设计和设备、碰撞保护和渗漏稳定性、备用系统、船体压力监测、应急拖曳系统、硫氧化物排放、颗粒物排放、冷却和制冷设备排放、废物处理、废物焚烧、污水、防污漆、压舱水和泡沫灭火剂。任何船旗国船舶均可被认证，但不包括军舰、高速客船和渔船。目前，7 艘船已经通过认证。

来源：Der Blaue Engel（2012）

拆船

拆船是在船舶生命结束时对其进行拆卸和处置的过程。据估计，每年大约有 1000 艘船舶被拆卸，在未来 30 年将有 40 000 多艘船舶需要拆卸（Mikelis，2007）。目前，全世界 98%（按吨位）的船舶是在孟加拉、中国、印度、巴基斯坦和土耳其进行拆船处理的。在全球范围内，该行业提供了可观的当地就业和经济收益。被拆卸的船舶几乎每一部分都可以重复使用，但缺点是拆船往往对工人和环境都有害，因为船舶（尤其是旧船）往往含有有害物质，包括石棉、多氯联苯（PCBs）、消耗臭氧层物质、防污化合物、重金属及放射性物质。

为尽量减少这些有害物的影响，1989 年《控制危险废料越境转移及其处置巴塞尔公约》（Basel Convention on the Control of Transboundary Movements of Hazardous Wastes and their Disposal）（第 5 章）禁止越境倾倒或转移危险废料。直到 2004 年，该公约才将拆船业视为有害废物移动的载体。正是在这一年，公约缔约方会议邀请国际海事组织制定规章，确保拆船符合该公约。国际海事组织利用其 2003 年制定关于拆船自愿导则时的经验，同意在 2005 年领导制定一项关于拆船的新公约。

《香港国际安全与环境无害化拆船公约》① (Convention on the Safe and Environmentally Sound Recycling of Ships)（以下简称《香港公约》）于 2009 年 5 月 19 日通过（IMO，2009）。其目的是确保以保护人类健康和环境的方式执行船舶的处置和回收工作。此外，《香港公约》还包括适用于船舶建造和运营的条款，以便在船舶整个生命周期中改善公众健康和环境健康。该公约以与有害物质、劳工安全和国际海事组织过去在拆船方面的工作有关的现有公约为基础。公约包括 25 条规定，分类如下：对船舶的要求（第 4~14 条），拆船设施的要求（第 15~23 条）和报告要求（第 24~25 条）。

本章总结

- 航运就是将货物从低价值地区运输到高价值地区。
- 世界商业船队包括大约 104 000 艘超过 100 总吨位的船，共约 14 亿总吨位，平均船龄 22 年。
- 35 个国家控制着世界 95% 的航运船队。在这些国家中，希腊、日本、德国、挪威、美国和中国控制了约 38% 的世界海运船队。
- 《海洋法公约》规定了无害通过权和过境通行权军舰豁免；公海自由和为和平目的使用公海；所有国家参与航运的权利；禁止运载奴隶；打击海盗的必要性，以及所有国家的捕鱼权。

- 《海洋法公约》还明确了沿海国和船旗国的权利和义务，以及各国有权确定给予船舶国籍的条件，以及船员配备和培训标准。
- 航运主要由国际海事组织和国际劳工组织监管。
- 国际海事组织的权力只适用于国际航运。预计成员国将执行和实施 40 项国际海事组织公约和议定书，以及超过 800 项的守则和建议。
- 国际海事委员会是一个非政府组织，负责监督海商法的编纂、商业实践，促进各国成立海商法协会。
- 主要航运公约包括：《国际海上人命安全公约》《海员培训、发证和值班标准国际公约》《海事劳工公约》和《国际防止船舶造成污染公约》。

---

① 也可译为《船舶安全与环境无害化回收再利用香港国际公约》。——译者注

参考文献

Bellwood,P.(1997)'Ancient seafarers',*Archaeology*,50(2).

Branch,A.E.(2007)*Elements of shipping*,Routledge,Milton Park.

Broder,J.M.(2004)'At ports cargo backlog raises security questions',*New York Times*,27 July.

Chalk,P.(2008)*The Maritime Dimension of International Security:Terrorism,Piracy and Challenges for the United States*,RAND Corporation,Santa Monica,CA.

Clyde,P.and Reitzes,J.D.(1998)'Market power and collusion in the ocean shipping industry:Is a bigger cartel a better cartel?',*Economic Inquiry*,36(2),292-304.

CMI(Comité Maritime International)(2012),www.comitemaritime.org,accessed 01 December 2012.

Coggins,B.L.(2012)'Global patterns of maritime piracy,2000-2009:Introducing a new dataset,*Journal of Peace Research*,49(4),605-617.

Der Blaue Engel(2012)'Environment-conscious ship operation RAL-UZ 110',www.blauerengel.de/en/products_brands/search_products/produkttyp.php? id=506,accessed 1 December 2012.

Gibbons,A.(1998)'Ancient island tools suggest *homo erectus* was a seafarer',*Science*,279(5357),1635-1637.

Haveman,J.D.,Shatz,H.J.,Jennings,E.M.and Wright,G.C.(2007)'The container security initiative and ocean container threats',*Journal of Homeland Security and Emergency Management*,4(1),1-19.

Hummels,D.,Lugovskyy,V.and Skiba,A.(2009)'The trade reducing effects of market power in international shipping',*Journal of Development Economics*,89(1),84-97.

IHS Fairplay(2011)2011 *World Fleet Statistics*,IHS Fairplay,Englewood,CO.

ILO(2006)*Maritime Labour Convention*,Geneva,Switzerland,www.ilo.org/wcmsp5/groups/public/@ ed_norm/@ normes/documents/normativeinstrument/wcms_090250.pdf,accessed 1 December 2012.

IMB(International Maritime Bureau)(2013)'Piracy falls in 2012,but seas off East and West Africaremain dangerous,says IMB',Piracy Reporting Centre,London,www.icc-ccs.org/news/836-piracy-falls-in-2012-but-seas-off-east-and-west-africa-remain-dangerous-says-imb,accessed 1 May 2013.

IMO(International Maritime Organization)(1965)*Convention on Facilitation of International Maritime Traffic*,IMO,London,treaties.un.org/doc/Publication/UNTS/Volume% 20591/volume-591-I-8564-English.pdf,accessed 1 December 2012.

IMO(1966)*International Convention on Load Lines*,IMO,London seafarers.msa.gov.cn/InternationalPact/InternationalFile/LOAD%20LINE/LL%201966/%E8%8B%B1LL%201966.pdf.

IMO(1969a)*International Convention relating to intervention on the high seas in cases of oil pollution casualties*,IMO,London,treaties.un.org/doc/Publication/UNTS/Volume% 20970/volume-970-I-14049-English.pdf,accessed 1 December 2012.

IMO(1969b)*International Convention on Civil Liability for Oil Pollution Damage*,IMO,London,treaties.un.

248

org/doc/Publication/UNTS/Volume% 20970/volume – 973 – I – 1497 – English. pdf, accessed 1 December 2012.

IMO(1972) *Convention on the International Regulations for Preventing Collisions at Sea*, IMO, London, treaties.un.org/doc/Publication/UNTS/Volume%201050/volume – 1050 – I – 15824 – English.pdf, accessed 1 December 2012.

IMO(1974) *International Convention for the Safety of Life at Sea*, IMO, London, treaties.un.org/doc/Publication/UNTS/Volume%201184/volume – 1184 – I – 18961 – English.pdf, accessed 1 December 2012.

IMO (1978a) *International Convention on Standards of Training, Certification and Watchkeeping for Seafarers*, IMO, London, www. cosco. com/en/pic/research/11058200875274005. pdf, accessed 1 December 2012.

IMO(1978b) 1978 *Protocol Relating to the* 1973 *International Convention for the Prevention of Pollution from Ships*, IMO, London, treaties. un. org/doc/Publication/UNTS/Volume% 201340/volume – 1340 – A – 22484 – English.pdf, accessed 1 December 2012.

IMO(1988a) *Convention for the Suppression of Unlawful Acts against the Safety of Maritime Navigation*, IMO, London, treaties.un.org/doc/db/Terrorism/Conv8 – english.pdf, accessed 1 December 2012.

IMO(1988b) *Protocol for the Suppression of Unlawful Acts against the Safety of Fixed Platforms Located on the Continental Shelf*, IMO, London, www.un.org/en/sc/ctc/docs/conventions/Conv9.pdf, accessed 1 December 2012.

IMO(1990) *International Convention on Oil Pollution Preparedness, Response and Co–operation*, IMO, London, treaties.un.org/doc/Publication/UNTS/Volume%201891/volume – 1891 – I – 32194 – English.pdf, accessed 1 December 2012.

IMO(1992) 1992 *Protocol to Amend the* 1969 *International Convention on Civil Liability for Oil Pollution Damage*, IMO, London, www. transportrecht. org/dokumente/HaftungsUe _ engl. pdf, accessed 1 December 2012.

IMO(1997) *Resolution A.871*(20), *Guidelines on the Allocation of Responsibilities to Seek the Successful Resolution of Stowaway Cases*, FAL.2/Circ.43, Annex; Resolution A.871(20), IMO, London, www. unhcr. org/refworld/docid/3ae6b31db.html, accessed 1 December 2012.

IMO (1999) *International Convention on Arrest of Ships*, IMO, London, treaties. un. org/doc/Publication/MTDSG/Volume%20II/Chapter%20XII/XII – 8.en.pdf, accessed 1 December 2012.

IMO(2003) *International Ship and Port Facility Security Code*, IMO, London, www.portofantwerp.com/sites/portofantwerp/files/ISPS_code_en.pdf, accessed 1 December 2012.

IMO(2004) *SOLAS – Consolidated Edition*, IMO, London.

IMO(2005a) *Convention for the Suppression of Unlawful Acts Against the Safety of Maritime Navigation*, IMO, London, www. unodc. org/tldb/pdf/Convention&Protocol% 20Maritime% 20Navigation% 20EN. pdf, accessed 1 December 2012.

IMO(2005b) *2005 Protocol to the* 1988 *Protocol for the Suppression of Unlawful Acts against the Safety of Fixed Platforms Located on the Continental Shelf*, IMO, London, www.unodc.org/tldb/en/2005_Protocol2Protocol_Fixed%20Platforms.html, accessed 1 December 2012.

IMO(2005c) *2005 Protocol to the* 1988 *Convention for the Suppression of Unlawful Acts against the Safety of Maritime Navigation*, IMO, Loondon, www.unhcr.org/cgi − bin/texis/vtx/refworld/rwmain? docid = 49f58c8a2&page = search, accessed 1 December 2012.

IMO(2009a) *Code of Practice for the Investigation of Crimes of Piracy and Armed Robbery Against Ships*, IMO, London, www.imo.org/OurWork/Security/PiracyArmedRobbery/Guidance/Documents/A.1025.pdf, accessed 1 December 2012.

IMO(2009b) *Second IMO GHG Study* 2009, IMO, London www.imo.org/blast/blastDataHelper.asp? data_id = 27795&filename = GHGStudyFINAL.pdf, accessed 1 December 2012.

IMO(2009c) *The Hong Kong International Convention for the Safe and Environmentally Sound Recycling of Ships*, IMO, London, ec.europa.eu/environment/waste/ships/pdf/Convention.pdf, accessed 1 December 2012.

IMO(2010) *International Safety Management Code*, IMO, London, www.imo.org/ourwork/human element/safetymanagement/documents/ismcode_4march2010_.pdf, accessed 1 December 2012. 249

IMO(2011a) *Reports on Stowaway Incidents : Annual statistics for the year* 2010, FAL.2/Circ.121, IMO, London, www.imo.org/blast/blastDataHelper.asp? data _ id = 30513&filename = 121.pdf, accessed 1 December 2012.

IMO(2011b) *Revised Guidelines on the Prevention of Access by Stowaways and the Allocation of Responsibilities to Seek the Successful Resolution of Stowaway Cases*, FAL.11(37), IMO, London, www.imo.org/ourwork/facilitation/stowaways/documents/resolution%2011(37)_revised%20guidelines%20on%20the%20prevention%20of%20access%20by%20stowaways%20and%20the%20allocation%20of%20responsibilities.pdf, accessed 1 December 2012.

IMO(2012) *International Shipping Facts and Figures Information Resources on Trade , Safety , Security , Environment*, IMO, London, www.imo.org/KnowledgeCentre/ShipsAndShippingFactsAndFigures/TheRoleandImportanceofInternationalShipping/Documents/International%20Shipping%20%20Facts%20and%20Figures.pdf, accessed 1 December 2012.

IOPC(International Oil Pollution Compensation Funds)(2012) *The International Regime for Compensation for Oil Pollution Damage : Explanatory note*, www.iopcfund.org/npdf/genE.pdf, accessed 1 December 2012.

IPIECA(International Petroleum Industry Environmental Conservation Association)(2005) ' Actionagainst oil pollution', www.cid.csic.es/ampera/images/reports/IPIECA%20AAOP.pdf, accessed 1 December 2012.

ISL(Institute of Shipping Economics and Logistics)(2011) *Shipping Statistics and Market Review*, 55(8), www.infoline.isl.org/index.php%3Fmodule%3DDownloads%26func%3Dprep _ hand _ out%26lid%

3D695&sa = U&ei = v2iMUKrCAsbligLH94CoDg&ved = 0CBgQFjAA&usg = AFQjCNGlxupdci4YNxQ5lnm-5v9sNbJ-n6Q, accessed 1 December 2012.

Karim, S. (2010) 'Implementation of the MARPOL convention in developing countries', *Nordic Journal of International Law*, 79(2), 303-337.

Liu, H. (2009) *Liner Conferences in Competition Law: A Comparative Analysis of European and Chinese Law*, Springer, Berlin.

Lu, C.-S., Chang, C-C., Hsu, Y-H. and Prakash, M. (2010) 'Introduction to the special issue on maritime security', *Maritime Policy & Management*, 37(7), 663-665.

Mair, H. (1995) 'Green shipping', *Marine Pollution Bulletin*, 30(6), 360.

Mikelis, N. E. (2007) 'A statistical overview of ship recycling', International Symposium on Maritime Safety, Security & Environmental Protection, Athens, September 2007.

Miola, A., Marra, M. and Ciuffo, B. (2011) 'Designing a climate change policy for the international maritime transport sector: Market - based measures and technological options for global and regional policy actions', *Energy Policy*, 39, 5490-5498.

Mordal J. (1959) *Twenty-five Centuries of Sea Warfare*, Abbey Library, London.

Munari, F (2012) 'Competition in liner shipping', in J.Basedow, M.Jürgen and R.Wolfrum Rüdigeret(eds) *The Hamburg Lectures on Maritime Affairs* 2009 & 2010, Springer-Verlag, Berlin.

Nincic, D. J. (2005) 'The challenge of maritime terrorism: Threat identification, WMD and regime response', *Journal of Strategic Studies*, 28(4), 619-644.

UNCITRAL(United Nations Commission on International Trade Law)(2009) *United Nations Convention on Contracts for the International Carriage of Goods Wholly or Partly by Sea*, London, www.uncitral.org/pdf/english/texts/transport/rotterdam_rules/09-85608_Ebook.pdf, accessed 1 December 2012.

UNCTAD(United Nations Conference on Trade and Development)(2009) *Review of Maritime Transport*, UNCTAD, New York, unctad.org/en/Docs/rmt2009_en.pdf, accessed 25 October 2013.

UNCTAD(2011) *Review of Maritime Transport* 2011, New York, unctad.org/en/docs/rmt2011ch1_en.pdf, accessed 1 December 2012.

UNCTAD(2012) *Liability and Compensation for Ship-source Oil Pollution: An Overview of the International Legal Framework for Oil Pollution Damage from Tankers*, New York, unctad.org/en/PublicationsLibrary/dtltlb20114_en.pdf, accessed 1 December 2012.

UNHCR(United Nations High Commission for Refugees)(1957) *International Convention Relating to Stowaways*, www.unhcr.org/refworld/docid/3ae6b3a80.html, accessed 1 December 2012.

United States Department of State(2003) *Proliferation Security Initiative*, www.state.gov/t/isn/c10390.htm, accessed 28 February 2013.

250

8 极地海洋的国际法和政策：
治理南冰洋和北冰洋

引言

极地地区——包括南极和北极——的特点是地方偏远、气候恶劣、生物系统独特，以及近来，可感知的经济效益有限。然而，尽管气候相似，南极和北极地区几乎在所有其他方面都不同，包括治理、人类使用模式和海洋结构。

南极海洋（也称为"南冰洋"）是绝无仅有的，因为在南极大陆架上不允许任何主权主张。根据国际协议，该区域大多数的人类活动都受到严格管制。因此，南冰洋是世界上最大的全球"公域"，可被任何国家或个人利用，在这不适宜居住的环境中进行作业。

与此形成对比的是，北冰洋被大陆所包围，有 5 个国家对北冰洋享有近乎专属的管辖权。这是由于北极大陆架的范围所造成的，因此，北极地区几乎没有全球"公域"。此外，随着气候变化导致的海冰消退，没有其他海洋地区会比北冰洋变化得更快。这些转变使全球注意力集中在资源（特别是碳氢化合物）开发和北极用于航运的潜力上。

本章介绍了南北极环境是如何治理的，并探讨了管理极地地区的一些挑战。更详细的有关南极治理的总结已有很多研究成果 ［Mitchell and Sandbrook (1980)，Joyner (1998) and Stokke and Vidas (1996)］，在北极管理方面亦是如此 ［Emmerson (2010)，Byers (2009) and Osherenko and Young (2005)］。

南极和南冰洋简介

南冰洋大约有 3500 万~3600 万平方千米，约占世界海洋表面积的 15%。海洋学上将南冰洋的北部边界定义为南极辐合带（Antarctic Convergence），这是一个 30~50 千米宽的地带，营养丰富和生物种类繁多的南极水域在此与相对而言较温暖、营养不足（参见第 1 章）的大西洋、印度洋和太平洋交汇。南极辐合带创造了一个高生物生产力的地带（图 8.1）。南极辐合带位于南纬 50~60 度之间，但在西印度洋地区则延伸至南纬45度。

为管理南极，通常会使用两条边界。南极条约体系（Antarctic Treaty System）（下文讨论）一般适用于南纬60度以南的所有地区（南极海域）。因此，此纬度是区分南极管理和其他海洋管理的边界（Vidas，2000）。然而，1980年《南极海洋生物资源养护公约》（Convention on the Conservation of Antarctic Marine Living Resources）（详见下文）则使用南极辐合带作为边界。

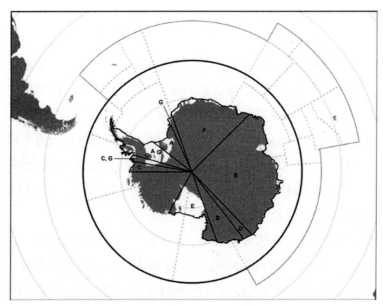

图 8.1　南极海域概览（南冰洋）

注：南极海域被定义为南纬 60 度以南（粗线）的区域，南极辐合带位于南纬 50~60 度之间，但在西印度洋地区则延伸至南纬 45 度（细线）。南极辐合带是用来界定南极海洋生物资源养护委员会（Commission for the Conservation of Antarctic Marine Living Resources）管辖的北部边界（以虚线表示的分区域）。对南极有主权主张的国家为：阿根廷、澳大利亚、智利、法国、新西兰、挪威、英国

南极大陆面积为 1400 万平方千米（约为澳大利亚的两倍）。英国、美国和俄罗斯的船队在 19 世纪 20 年代首次发现了南极大陆（Mitchell and Sandbrook，1980）。到 19 世纪末，比利时、德国、英国和瑞典都进行了越冬探险。挪威探险家罗尔德·阿蒙森（Roald Amundsen）在 1911 年 12 月抵达南极点，探险活动一直贯穿整个 20 世纪上半叶。1908—1943 年间，阿根廷、澳大利亚、智利、法国、新西兰、挪威和英国等 7 个国家对南极洲提出领土主张。尽管有这些声明，但南极洲是迄今为止唯一一块没有人类非研究性永久定居和使用的大陆。

纵观人类历史，南冰洋由于太荒凉而并不适宜人类活动。然而从 18 世纪，

人类开始在南冰洋狩猎。海狗（捕获量大于 200 万只）、鲸（捕获量大于 50 万头）、海象（捕获量约 100 万只）和企鹅（捕获量未知）的种群数量都濒临商业性灭绝（Kock，2007）。20 世纪，商业性捕鱼的利益转移到该地区。首先，使用拖网捕鱼法对冰鱼进行捕捞；然后，20 世纪 80 年代，出现了用延绳钓的方式捕捞南极犬牙鱼。在这个过程中，副渔获物造成信天翁和海燕数量的减少。20 世纪 70 年代，南极磷虾（*Euphausia superba*）发展成一种渔业。磷虾是许多鱼类、鸟类和海洋哺乳动物的主食，这引起了人们的关注，即不受管制的大型低营养级渔业可能对整个南冰洋产生生态影响。

主权主张、商业利益和环境损害的威胁导致了始于 20 世纪 40 年代历经几十年谈判的一系列国际协议，治理南大洋最重要的国际协定包括（括号内为生效年份）：

- 《国际捕鲸管制公约》（参见第 6 章）（1946）。
- 《南极条约》（Antarctic Treaty，AT）（详见下文）（1961）。
- 《联合国海洋法公约》（以下简称《海洋法公约》）（参见第 2 章）（1994）。
- 《关于环境保护的南极条约议定书》（Protocol on Environmental Protection to the Antarctic Treaty）（1998）。

此外，许多其他条约和公约（如海洋污染、渔业、气候变化）也适用于南冰洋地区，并已在其他章节中加以讨论。仅适用于南冰洋的具体公约如下（括号内为生效年份）：

- 《南极海豹保护公约》（Convention for the Conservation of Antarctic Seals，CCAS）（1978）
- 《南极海洋生物资源养护公约》（CCAMLR）（1982）
- 《保护迁徙野生动物物种公约》（CMS）下的《保护信天翁和海燕协定》（Agreement on the Conservation of Albatrosses and Petrels，ACAP）（2004）

《南极条约》和南极条约体系

《南极条约》规范南纬 60 度以南所有陆地和冰架地区的管理和治理。该条约及其相关协议一般称为南极条约体系。《南极条约》的谈判在六个星期内完成，于 1959 年 12 月 1 日签署，并在 12 个缔约国（阿根廷、澳大利亚、比利时、智利、法国、新西兰、日本、挪威、南非、英国、美国、苏联）批准后于 1961 年 6 月 23 日生效（ATS，1959）。《南极条约》的主要目的是确保"为了全人类的利益，南极洲将永远继续专用于和平目的，不应成为国际纠纷的场所或对象"。该条约目前有 50 个签署国，占世界人口的 65%，并由位于阿根廷布宜诺斯艾利斯的南极条约秘书处进行管理。

专栏 8.1 概述了具体的条约条款；然而，条约的主要关注点是禁止军事活动、禁止核爆炸和核废料处理、促进科学合作和防止扩大现有的领土主张。

254

专栏 8.1　《南极条约》条款

- 第一条：南极洲用于和平目的，任何国家不得建立或呈现军事存在。
- 第二条：有在南极洲进行科学调查的自由。
- 第三条：各缔约国将在科学调查方面进行合作。
- 第四条：任何国家不得提出对南极洲的领土主权的新要求或扩大现有的要求。
- 第五条：禁止核试验和核废料的处理。
- 第六条：本条约适用于南纬 60 度以南的陆地和冰架地区。
- 第七条：条约缔约国可指派观察员，可随时视察南极洲的任何部分。
- 第八条：在南极洲内的任何地方，第七条所述观察员应受其作为国民所属的缔约国的管辖。
- 第九条：缔约国同意在条约生效后开会讨论条约相关内容。
- 第十条：缔约国不得违背条约的宗旨和目的。
- 第十一条：争议将通过谈判、调查、调停、调解、仲裁、司法裁决或缔约国自己选择的其他和平方法解决。如果争端方无法达成协议，可将争议提交国际法院。
- 第十二条：条约可经各缔约国一致同意后修改，并经所有缔约国政府批准后生效。条约自生效之日起满 30 年终止。
- 第十三条：非缔约国可以加入条约，并在保存国政府收到加入书后受条约约束。
- 第十四条：本条约将保存在美利坚合众国政府的档案库内。

关于南冰洋，依据《海洋法公约》只有阿根廷、澳大利亚和智利能对位于南纬 60 度以南海域主张管辖权。然而，迄今为止，这些国家还没有这样做，并继续在南极条约体系下运作。日本由于战后和平条约而无法对南极地区提出主张。

《南极条约》体系每年通过南极条约协商会议（Antarctic Treaty Consultative Meeting）（ATCM）进行管理，所有目前 50 个条约缔约国都有权出席该协商会议

（表8.1）。然而，只有28个协商国（CPs）有权参与决策。协商国包括条约的12个原签署国和16个已在南极地区进行重大科学调查的国家。荷兰是南极洲唯一没有科考基地的协商国。相反，巴基斯坦在南极洲大陆设立了一个夏季科学考察站，但未获得协商国地位。其余缔约国被称为非协商国，即那些加入了《南极条约》，但没有足够科学活动以保证其协商国地位的国家。

表 8.1 　《南极条约》缔约国及其地位

国家	生效时间	协商国地位	环境议定书①	CCAS	CCAMLR
阿根廷	1961 年 6 月 23 日	1961 年 6 月 23 日	1998 年 1 月 23 日	×	×
澳大利亚	1961 年 6 月 23 日	1961 年 6 月 23 日	1998 年 1 月 23 日	×	×
奥地利	1987 年 8 月 25 日				
白俄罗斯	2006 年 12 月 27 日		2008 年 8 月 15 日		
比利时	1961 年 6 月 23 日	1961 年 6 月 23 日	1998 年 1 月 14 日	×	×
巴西	1975 年 5 月 16 日	1983 年 9 月 27 日	1998 年 1 月 14 日	×	×
保加利亚	1978 年 9 月 11 日	1998 年 6 月 5 日	1998 年 5 月 21 日		×
加拿大	1998 年 5 月 4 日		2003 年 12 月 13 日	×	×
智利	1961 年 6 月 23 日	1961 年 6 月 23 日	1998 年 1 月 14 日	×	×
中国	1983 年 6 月 8 日	1985 年 10 月 7 日	1998 年 1 月 14 日		×
哥伦比亚	1989 年 1 月 31 日				
古巴	1984 年 8 月 16 日				
捷克	1962 年 6 月 14 日		2004 年 9 月 24 日		
丹麦	1965 年 5 月 20 日				
厄瓜多尔	1987 年 9 月 15 日	1990 年 11 月 19 日	1998 年 1 月 14 日		
爱沙尼亚	2001 年 5 月 17 日				
芬兰	1984 年 5 月 15 日	1989 年 10 月 20 日	1998 年 1 月 14 日		×
法国	1961 年 6 月 23 日	1961 年 6 月 23 日	1998 年 1 月 14 日	×	×
德国	1979 年 2 月 5 日	1981 年 3 月 3 日	1998 年 1 月 14 日	×	×
希腊	1987 年 1 月 8 日		1998 年 1 月 14 日		×
危地马拉	1991 年 7 月 31 日				
匈牙利	1984 年 1 月 27 日				
印度	1983 年 8 月 19 日	1983 年 9 月 12 日	1998 年 1 月 14 日		×
意大利	1981 年 3 月 18 日	1987 年 10 月 5 日	1998 年 1 月 14 日	×	×
日本	1961 年 6 月 23 日	1961 年 6 月 23 日	1998 年 1 月 14 日	×	×
朝鲜	1987 年 1 月 21 日				

---

① 即《关于环境保护的南极条约议定书》（1991）。

255

续表

国家	生效时间	协商国地位	环境议定书	CCAS	CCAMLR
韩国	1986 年 11 月 28 日	1989 年 10 月 9 日	1998 年 1 月 14 日		×
马来西亚	2011 年 10 月 31 日				
摩纳哥	2008 年 5 月 30 日		2009 年 7 月 31 日		
荷兰	1967 年 3 月 30 日	1990 年 11 月 19 日	1998 年 1 月 14 日		×
新西兰	1961 年 6 月 23 日	1961 年 6 月 23 日	1998 年 1 月 14 日		×
挪威	1961 年 6 月 23 日	1961 年 6 月 23 日	1998 年 1 月 14 日	×	×
巴基斯坦	2012 年 3 月 1 日		2012 年 3 月 31 日		×
巴布亚新几内亚	1981 年 3 月 16 日				
秘鲁	1981 年 4 月 10 日	1989 年 10 月 9 日	1998 年 1 月 14 日		×
波兰	1961 年 6 月 23 日	1977 年 7 月 29 日	1998 年 1 月 14 日	×	×
葡萄牙	2010 年 1 月 29 日				
罗马尼亚	1971 年 9 月 15 日		2003 年 3 月 5 日		
俄罗斯	1961 年 6 月 23 日	1961 年 6 月 23 日	1998 年 1 月 14 日	×	×
斯洛伐克	1993 年 1 月 1 日				
南非	1961 年 6 月 23 日	1961 年 6 月 23 日	1998 年 1 月 14 日	×	×
西班牙	1982 年 3 月 31 日	1988 年 9 月 21 日	1998 年 1 月 14 日		×
瑞典	1984 年 4 月 24 日	1988 年 9 月 21 日	1998 年 1 月 14 日		×
瑞士	1990 年 11 月 15 日				
土耳其	1996 年 1 月 24 日				
乌克兰	1992 年 10 月 28 日	2004 年 6 月 4 日	2001 年 6 月 24 日		×
英国	1961 年 6 月 23 日	1961 年 6 月 23 日	1998 年 1 月 14 日	×	×
美国	1961 年 6 月 23 日	1961 年 6 月 23 日	1998 年 1 月 14 日	×	×
乌拉圭	1980 年 1 月 11 日	1985 年 10 月 7 日	1998 年 1 月 14 日		×
委内瑞拉	1999 年 3 月 24 日				

来源：www. ats. aq/devAS/ats_ parties. aspx？lang＝e

256 尽管无法参与决议，但观察员和特邀专家被允许出席南极条约协商会议。目前的三个观察员是南极研究科学委员会（Scientific Committee on Antarctic Research）（SCAR）、《南极海洋生物资源养护公约》和国家南极局局长理事会（Council of Managers of National Antarctic Programs，COMNAP）（专栏8.2）。反复被邀请的专家组织包括南极和南大洋联盟（Antarctic and Southern Ocean Coalition，ASOC）、国际南极旅游组织行业协会（International Association of Antarctic Tour Operators，IAATO）和犬牙鱼合法捕捞联盟（Coalition of Legal Toothfish Operators，COLTO）（Dodds，2010；Dudeney and Walton，2012）。

南极条约协商会议的决策是通过协商一致作出的。讨论主题以两种方式呈现：要求讨论和行动的工作报告，以及不需要讨论和行动的信息报告。工作报告可能由《南极海洋生物资源养护公约》、南极研究科学委员会、国家南极局局长理事会以及南极环境保护委员会（详见下文）提出。其他受邀专家/组织仅可提交信息报告。每届南极条约协商会议期间，南极环境保护委员会会议也会召开。

《南极条约》/南极条约体系被誉为最成功的国际条约之一。《南极条约》以科学研究的利益和平地管理着超过 10% 的地球表面。不仅避免了 7 个主张国的主权纠纷，也巧妙地平衡了非主张国的利益。尽管持续受到要求允许开采和开发的压力，但《南极条约》一直禁止开采矿产资源。这一切都是在 50 年深刻的政治、经济和技术变革中实现的（Triggs，2009）。

专栏 8.2 为南极条约体系提供建议而成立的组织

南极研究科学委员会是一个独立的、跨学科的科研机构，其建立是为了就影响南极洲和南冰洋管理的科学和养护问题向南极条约协商会议和其他组织提供科学咨询建议。南极研究科学委员会成立于 1958 年，目前有 37 个成员国。南极研究科学委员会设立了常设科学小组和委员会，负责处理与生命科学、地球科学和物理科学有关的广泛科学课题。

国家南极局局长理事会于 1988 年成立，由 28 个协商国来促进科学研究的协调。国家南极局局长理事会的目的是"发展和促进管理南极洲的科学研究支持的最佳实践"。该组织的目标是：

- 作为一个论坛，以对环境负责的方式，促进提高活动效益的实践；
- 促进和推动国际伙伴关系；
- 提供信息交流的机会和系统；
- 向南极条约体系提供客观的、技术性的和非政治性的建议。

环境保护委员会于 1998 年召集，为执行《关于环境保护的南极条约议定书》提供建议。委员会每年与南极条约协商会议一起召开会议，就环境影响评估、突发环境事件、保护区的建立和运营、科学的信息管理和环境监测提供具体建议。

来源：www.comnap.aq；www.cep.aq；www.scar.org

尽管如此，南冰洋的棘手问题仍在继续：过度捕捞（合法的和非法的）、捕　257

鲸、臭氧层损耗、来自南极地区内外的污染、气候变化（区域变暖、海洋酸化、海冰分布变化）、旅游、生物资源探勘和人类安全等威胁（Chown et al.，2012）。虽然联合国大陆架界限委员会（参见第 2 章）尚未被要求考虑主张国的大陆架界限，但未来存有这些国家要求大陆架界限委员会做出划界的风险。此外，南极大陆上目前有 30 个国家有研究基地，人们担心有的国家可能利用其研究基地来推进他们的军事目的（Anonymous，2012）。由于在《南极条约》所适用的地区有代表 27 个国家的 200 个组织，进行商业性研究是不可避免的。

其他严峻挑战正在出现。主张国和非主张国间关于获得海上油气资源的纠纷、生物勘探的知识产权所有权、捕鲸国和非捕鲸国家间的冲突，都危及到了在南冰洋脆弱的共存关系（Joyner，2009）。

许多人将无数次的冲突归咎于《南极条约》本身。与其他国际条约不同的是，《南极条约》因其含糊不清的语言，以及薄弱的遵守和执行机制而受到批评。另一些人则持截然相反的观点，他们认为，条约中没有明确规定，或许在无意中造成了这样一种政治气氛，主张国在不损害其主张的情况下对达成协议感到放心。

《关于环境保护的南极条约议定书》

《关于环境保护的南极条约议定书》［以下简称《环境议定书》（Environmental Protocol）或《马德里议定书》（Madrid Protocol）］于 1991 年 10 月 4 日签署（ATS，1991），并于 1998 年 1 月 14 日生效。该议定书已有 38 个国家批准，另外还有 16 个国家签署。该议定书将南极洲指定为 "自然保护区，仅用于和平与科学"（第 2 条）。第 3 条要求保护南极的环境价值及其对科学研究的重要作用。然后，本条列出了避免或减轻人类对南极系统影响的原则。

该议定书明确规定其既不修改也不修正《南极条约》，并且议定书中的任何内容不应使任何一方免除其在南极条约体系下的权利和义务。该议定书还要求签署方在南极活动的规划和开展方面进行合作，包括完成环境评估和评估累积效应。重要的是，除科学研究外，该议定书禁止任何与矿产资源有关的活动。最后，议定书设立了环境保护委员会，就议定书的执行问题提供咨询意见。

《环境议定书》包含以下 6 个附件：

- 附件一：在南极地区开展环境影响评估的指南和过程。
- 附件二：关于允许为科学目的迁移或使用南极动植物的说明，以及关于在南极洲引进或使用非本土地物种的规则。

- 附件三：关于废物储存、清除和处理的指南。
- 附件四：预防海洋污染的指南，包括应急准备、垃圾和污水处理。
- 附件五：建立南极特别保护区和南极特别管理区的指南。
- 附件六：预防环境突发事件和设定赔偿责任限额。

258

《南极海豹保护公约》

近 3 个世纪，猎取毛皮导致各种海洋哺乳动物数量锐减。到 19 世纪 20 年代，人们认为南方海狗（southern fur seal）（*Arctocephalus* sp）的种群数量已达到商业性灭绝。接近 95% 的海狗种群是在南乔治亚岛繁殖，这使他们特别容易遭受过度捕捞。海狗的减少加上对其他南极海豹物种的商业捕捞兴趣，导致早期禁止在南乔治亚岛捕猎海豹。接着是 1964 年的《保护南极动植物议定措施》（Agreed Measures for the Conservation of Antarctic Fauna and Flora），该文件已在第 3 届南极条约协商会议上获得签署。

《南极海豹保护公约》（又称《南极海豹协定》）于 1972 年 6 月 1 日签署，并于 1978 年 3 月 11 日生效（BAS, 1972）。该公约有 16 个缔约国，包括阿根廷、澳大利亚、比利时、巴西、加拿大、智利、法国、德国、意大利、日本、新西兰（签署但未批准）、挪威、波兰、俄罗斯、南非、英国和美国。该公约适用于南纬 60 度以南的所有海域及以下物种：

- 南象海豹（Southern elephant seal）（*Mirounga leonine*）
- 豹形海豹（Leopard seal）（*Hydrurga leptonyx*）
- 韦德尔氏海豹（Weddell seal）（*Leptonychotes weddelli*）
- 食蟹海豹（Crabeater seal）（*Lobodon carcinophagus*）
- 罗斯海豹（Ross seal）（*Ommatophoca rossi*）
- 南方海狗（*Arctocephalus* sp）

该公约要求签约国就本公约所涉物种的捕猎建立一项许可制度，以便与其他缔约方分享科学与捕猎信息，并遵守附件所列的捕捞规定。这些规定涉及受保护的物种、物种的捕获量、禁渔期、海豹保护区和海豹捕猎方法。

南极海洋生物资源养护会议

1977 年南极条约协商会议援引《南极条约》第 9 条并召开了多次会议，在 1980 年 8 月 1 日，通过了《南极海洋生物资源养护公约》（ATS, 1980）。该公约有 31 个签署国，于 1982 年 4 月 7 日生效。该公约的总目标是养护南冰洋的海洋生物，同时对资源进行"合理利用"。特别是在1982年这一对国际海洋法而言很特殊的年份，《南极海洋生物资源养护公约》以第2条作为基础，使用"预警"和"生态系统"方法管理南冰洋（在第10章讨论）。其已成功利用了这些方法近30年（Constable，2011）。《南极海洋生物资源养护公约》明确排除了鲸类和海豹，这些物种是通过《国际捕鲸管制公约》（第6章）和《南极海豹保护公约》管理的（详见上文）。《南极海洋生物资源养护公约》是《关于环境保护的南极条约议定书》附件2（南极动植物养护）的补充，两者之间相互协合作。

259《南极海洋生物资源养护公约》主要条款包括：

- 第一条：概述公约区域（图8.1），规定该公约适用于公约区域内所有海洋生物资源，包括鸟类。
- 第二条：明确了公约的"养护"原则，并概述了如何按照"养护"的定义进行捕捞和相关活动。
- 第三条：本公约的缔约方，无论其是否为《南极条约》的缔约方，应同意遵守《南极条约》。
- 第四条：没有任何国家可以在南极地区要求拥有新的主权要求或扩大现有主权要求。
- 第五条：公约缔约方承认其对《南极条约》中生物资源规定的义务。
- 第六条：公约不应有损于《国际捕鲸管制公约》和《南极海豹保护公约》。
- 第七条：成立南极海洋生物资源养护委员会。
- 第八条：第七条所述委员会将有在所有公约区域内履职的权力。
- 第十四条：成立养护南极海洋生物资源科学分委员会。

总部设在澳大利亚塔斯马尼亚州霍巴特（Hobart）市的委员会负责监督该公约的执行情况。该委员会由参与南冰洋渔业和/或科学研究的25名成员组成。委员会的主要职责是确定捕捞物种的捕获水平，并尽量减少对非目标物种的影响。捕获水平的遵守和执行是委员会成员的责任。委员会每年开会审查关于成员活动的报告、分析委员会决定的遵守情况、研究和采取监管措施，并讨论委员会的财务和行政管理事宜。

除了委员会，还成立了科学（科学委员会）、生态系统监测（生态系统监测和管理委员会）、鱼类资源评估（鱼类资源评估委员会）、财务和行政管理（行政及财务常务委员会）、执行和遵守（执行和遵守常务委员会）等分委员会。

《南极海洋生物资源养护公约》被普遍视为是平衡环境保护与可持续利用的

成功典范。应委员会的要求，《南极海洋生物资源养护公约》于 2008 年进行了
绩效评估。评估建议《南极海洋生物资源养护公约》关注外来物种入侵问题、
船舶安全标准、海洋污染、磷虾管理和副渔获物问题。评估还建议，《南极海洋
生物资源养护公约》要在海洋保护区的指定（参见第 10 章）、控制捕捞力量、
纠纷解决的复查机制等方面更为积极。

北极简介

260

　　北极面积达 3000 万平方千米，相当于地球表面的六分之一。北极地区通常
被定义为北极圈以北地区（北纬 66.5 度），这是子夜太阳和极夜的大致界限。
北极也被定义为最温暖月份（7 月）的平均温度低于 10℃ 的区域（图 8.2）。北
极国家［加拿大、美国、俄罗斯、挪威、瑞典、芬兰、丹麦（包括格陵兰岛和
法罗群岛）、冰岛］共 8 个，其中 5 个国家为北冰洋沿岸国。

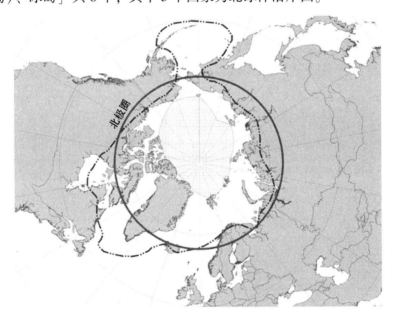

图 8.2　北极极圈区域概览

注：北极圈（北纬 66 度 33 分）是由实线标示；7 月 10℃ 等温线是断续线；历
史上夏季永久海冰的范围是阴影区域。

　　北冰洋是一个相对较浅的海岸，主要被冰覆盖，由于淡水的输入，其盐度
是所有海洋中最低的。由于地理位置偏远、环境恶劣，北极地区仍有许多未知
之处。最近的技术进步已经加快了对该地区地文学、海洋学和生态学特征的认

知。此外，源自该地区广大原住民的传统知识已成为更好地了解北极进程的重要信息来源。

人类在北极地区已经活跃了几万年。大约有 400 万人居住在北极的 8 个国家中，其中原住民人口约 30 万（ACIA，2005）。原住民已经驯养驯鹿，并继续依靠海洋捕猎鲸、海象、海豹、鱼类和北极熊。

261　　　　虽有一些显著的差异，但是人类活动对北冰洋的环境影响与其他海洋地区类似。来自更南部地区含有污染物的海洋平流和大气平流在北极地区很常见。特别是，多氯联苯、持久性有机污染物、重金属、放射性核素通过北极食物网累积（Kallenborn et al.，2011）。作为这一网络的一部分，北极原住民是地球上受污染最严重的居民之一。

北极主权与政治

历史上北极一直被原住民占据了数万年，之后则是西方探险者、传教士和科学家的短暂停留。随着 1959 年阿拉斯加州的建立和冷战的到来，能够在海冰下航行的核潜艇使北极具有了重要的军事价值，并导致了几十年的海底活动。同样，利用大圆航线到达北美洲和前苏联的导弹和轰炸机威胁，造成了远程预警雷达设施的建立，这些设施至今仍然是污染来源之一。最近，海冰的融化引起了人们对资源开发和利用北方航线进行贸易的兴趣。这导致了加拿大和俄罗斯依《海洋法公约》宣布西北航道和北方航线分别为其内水。早在 15 世纪，贸易商就考虑利用北极进行欧洲和亚洲间的航运。伦敦与横滨之间的距离，经西北航道是 15 700 千米，经北方航线（东北航道）是 13 841 千米。这些路线较之经苏伊士（21 200 千米）或巴拿马（23 300 千米）运河已大大缩短（Lasserre and Pelletier，2011）（图 8.3）。

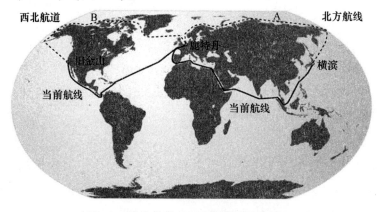

图 8.3　北方航线（A）和西北航道（B）

原住民由更靠南的首都管辖。因此，许多北极居民感到被自己的领土决策排除在外。南方的同胞们可以说持相反看法。尽管他们很少访问北方，但往往对北极表现出民族主义情绪和浓郁的亲情感。近年来，随着海上碳氢化合物的发现，以及北方航线的商业化潜力进一步开发，这种对北极环境的归属感日益增强。

北极治理

北极沿岸五国的利益众所周知（表 8.2）。除了 1973 年的《北极熊保育协议》（Agreement on the Conservation of Polar Bears）外，没有任何具体的国际条约制度治理北极。在北极地区，专属经济区内的大陆架，按《海洋法公约》是由国内法治理。所有其他海洋地区被认为是公海区域，所以《海洋法公约》是事实上治理北极的主要国际文书。但《海洋法公约》并未特别提及北极问题。公约中唯一涉及北极的相关条款是第 234 条，该条规定沿海国有权制定和执行非歧视性法律和规章以防止、减少和控制船只在冰封区域对海洋的污染。

表 8.2 相关国家北极利益摘要

国家	北极利益
加拿大	西北航道的主权和负责开发
	依《海洋法公约》把北极水域视为"内水"以期更好地规范航运
	油气勘探开发
	旅游
美国	不承认加拿大主权主张
	西北通道的主权和负责开发
	油气勘探开发
俄罗斯	为运输目的开发北方航线
	油气勘探开发
瑞典/丹麦/挪威	维持对北极社区的保护，同时争取规制北极环境污染
原住民	担心由于海冰融化和沿海开发的增加会导致生态系统结构的变化，从而对社区结构和传统生活方式产生有害影响
	想要负责任的经济发展和社会进步
	担忧北极航运、油气开发的扩张会增加石油污染，从而导致生态破坏和当地居民的健康风险

来源：改编自 Pietri et al.（2008）

《海洋法公约》第 76 条允许国家在获得联合国大陆架界限委员会批准的情况下，对 200 海里以外的地区主张主权（参见第 2 章）。已向联合国大陆架界限委员会申请 200 海里以外区域的北极国家包括俄罗斯（2001）、挪威（2006）、冰岛（2009）、丹麦（2009）和加拿大（2010）。如果这 5 个北极国家的主张都成功的话，那么北极大约有一半将作为其大陆架进行管辖，因此将属于国家管辖范围。

尽管缺乏正式的北极条约体系，但北极国家几十年来一直在合作管理渔业、开展联合搜救演习。制定科学方案，并在边界认定方面进行合作。1987 年，前苏联总统米哈伊尔·戈尔巴乔夫（Mikhail Gorbachev）呼吁北极国家在军备控制和资源开发方面进行合作。这一呼吁很快促使国际北极科学委员会（International Arctic Science Committee）于 1990 年成立，《北极环境保护战略》（Arctic Environmental Protection Strategy，AEPS）于 1991 年签署，北极理事会（Arctic Council）于 1996 年成立（Young，2011）。

尽管有这些有益的行动，但某些政府和非政府组织仍然认为，现有的合作和管辖安排不足以解决该地区气候变化影响的范围、规模和速度，以及应对经济活动的增长。特别是气候变暖预期将改变生物群落的分布和组成。这可能会给重要的经济鱼类种群带来额外的管理挑战，包括种群的跨境迁徙，以及呼吁增加渔业配额。目前，并没有泛北极地区的区域渔业管理组织来管理快速变化的鱼类种群，并且有人呼吁建立更有约束力和综合的国际治理机制，以解决北极问题（Pietri et al.，2008）。

北极法律框架的缺失使得欧洲议会（2008）和世界自然基金会①（WWF）（2010）提出制定一项北极条约（European Parliament，2008；Koivurova and Molenaar，2010）。然而，迄今为止，北极沿海国家都反对制定北极条约，并在《伊路利萨特宣言》（Ilulissat Declaration）中表达了他们的立场（Ilulissat Declaration，2008）。

北极理事会

北极理事会脱胎于 1996 年 9 月 19 日于渥太华签署的《渥太华宣言》（Ottawa Declaration），其成立是源于 8 个北极国家［加拿大、丹麦（包括格陵兰岛和法罗群岛）、芬兰、冰岛、挪威、俄罗斯联邦、瑞典和美国］为制定 1989 年《北极环境保护战略》（1991 年 6 月 14 日正式通过）（Arctic Council，1996）所做的早期努力。理事会的总宗旨（第 1. a 条）是为促进成员国和原住民社区

---

① 也可译为世界野生动物基金会或世界野生生物基金会。——译者注

在包括可持续发展和环境保护在内的北极共同问题上的合作、协调和互动提供一种方法。理事会的其他职责是监督《北极环境保护战略》项目（第 1.b 条）、监督可持续发展方案（第 1.c 条）、传播信息、鼓励教育和提升对北极相关问题的兴趣（第 1.d 条）。理事会没有独立的法律权力，并避免军事议题，只是提供一个讨论的论坛（Jeffers，2010）。北极理事会主席每两年在北极国家之间轮换一次。自成立以来，每一个北极国家都担任过理事会的主席。加拿大的主席任期是 2013 年 5 月至 2015 年，美国是 2015 年至 2017 年。

下列 6 个原住民组织是北极理事会的永久参与方：

- 北极阿萨巴斯卡理事会（Arctic Athabaskan Council，AAC）。
- 阿留申国际协会（Aleut International Association，AIA）。
- 哥威迅国际理事会（Gwich'in Council International，GGI）。
- 因纽特环北极理事会（Inuit Circumpolar Council，ICC）。
- 俄罗斯北方土著人民协会（Russian Arctic Indigenous Peoples of the North，RAIPON）。
- 萨米理事会（Saami Council，SC）。

264

观察员如被理事会认可，就可加入理事会。观察员身份向非北极国家、政府间国际组织和非政府组织开放。除法国、德国、荷兰、波兰、西班牙和英国外，2013 年 5 月，北极理事会增加了 6 个新的非北极国家观察员，包括中国、印度、意大利、日本、新加坡、韩国。此外还有 9 个政府间国际组织（如世界自然保护联盟）和 11 个非政府组织（如世界自然基金会）已获得观察员身份。欧盟已请求理事会授予其观察员身份，但截至 2013 年 5 月，理事会尚未批准这一请求。

北极理事会将指导由政府代表和研究人员组成的下列工作组所开展的活动：

- 北极污染物行动工作组（ACAP）
- 北极监测与评估工作组（AMAP）
- 北极动植物保护工作组（CAFF）
- 突发事件、预防、准备和反应工作组（EPPR）
- 北极海洋环境保护工作组（PAME）
- 可持续发展工作组（SDWG）

此外，理事会还设立了特别工作组，以解决一些时间有限的问题。特别工作组包括基于生态系统管理的特别工作组、环北极商业论坛特别工作组、黑炭和甲烷特别工作组、北极海洋油污防备和反应特别工作组，以及搜救特别工作组。

自《渥太华宣言》以来，理事会已经举行了 8 次会议。表 8.3 对主要议题和规定进行了总结。

　　碳氢化合物和运输激发了人们对北极地区的兴趣。北极海洋近一半面积由大陆架构成，是所有海洋中比例最大的。据估计，这些大陆架有95%的概率储存有400亿~830亿桶石油（占世界未探明储量的13%）和50%的概率储存有770兆~1547兆立方英尺天然气（占世界未探明储量的30%）。此外，预计有多达440亿桶的天然气凝析液（Bird et al.，2008；Gautier et al.，2009）。随着海冰的持续消退，这些资源将更容易获得开发。航运业也准备利用这次海冰消退的机会。

265

表8.3　北极理事会的宣言和主要规定

宣言	签署时间	主要规定
《伊魁特宣言》 （Iqaluit Declaration）	1998年9月17日	批准北极理事会新的永久参与者和观察员 设立可持续发展计划和工作组 宣布成立北极大学
《巴罗宣言》 （Barrow Declaration）	2000年10月13日	批准北极理事会新的永久参与者和观察员 批准对北极地区生活条件进行调查的新提案 认可和采用北极气候影响评估（ACIA）
《伊纳里宣言》 （Inari Declaration）	2002年10月10日	批准北极理事会新的永久参与者和观察员 扩展理事会的工作 持续关注北极地区的人类状况 与其他组织合作
《雷克雅未克宣言》 （Reykjavik Declaration）	2004年11月24日	批准北极理事会新的永久参与者和观察员 要求理事会各工作组审查北极污染物、进行海运评估、评估油气和酸化问题
《萨列哈尔德宣言》 （Salekhard Declaration）	2006年10月26日	批准北极理事会新的永久参与者和观察员 要求持续进行气候研究 要求工作组研究北极水域石油和其他有害物质的动态状况
《特罗姆瑟宣言》 （Tromso Declaration）	2009年4月29日	批准北极理事会新的永久参与者和观察员 督促尽早对甲烷和其他短期气候作用力采取行动 督促理事会成员加强其适应工作 鼓励与国际海事组织合作，采取措施减少航运影响 决定是否举行副部长级理事会会议

续表

宣言	签署时间	主要规定
《努克宣言》 （Nuuk Declaration）	2011 年 5 月 12 日	宣布北极理事会第一份具有约束力的协议——《北极航空和海洋搜救合作协议》（Agreement on Cooperation in Aeronautical and Maritime Search and Rescue in the Arctic） 设立北极理事会秘书处 设立基于生态系统管理的特别工作组
《基律纳宣言》 （Kiruna Declaration）	2013 年 5 月 15 日	宣布第二份具有约束力的协议——《北极海洋油污防备和反应合作协议》 设立环北极商业论坛特别工作组、黑炭和甲烷特别工作组、科学合作特别工作组

来源：www.arctic-council.org

　　尽管北极地区存在经济利益，但该地区的工业不太可能迅速扩张。海上油气勘探开发之前，还需要解决许多遗留的边界纠纷，需要研发应对（平台、船舶和管道）海冰风险的先进技术。此外，必须获得北极原住民和更南部的居民的社会许可。就航运而言，北方航线离重要的商业应用可能还需要几十年。北极航运需要以较低的平均船速绕过冰区，因而降低了其与巴拿马和苏伊士航线的竞争优势。此外，航运只能在几乎是无冰期的夏季（至少在不久的将来）进行。还有其他抑制因素：船舶将需要专门的导航设备和培训、需要修订货物管理实践和技术以防止货物冻结，而且北方航线很有可能需要更高的保险费率（Stokke，2011）。

　　然而，总的来说北极是一个政治稳定、和平的地区。主权主张已经成熟并被普遍接受，各国合作良好，朝着共同目标努力，而且各国间余下的边界争端相对于世界其他国家的边界争端而言正在朝着解决的方向发展。但仍存在一些挑战：随着海底测绘技术延展了（如《海洋法公约》所允许的那样）北极国家外大陆架的界限，北极地区作为全球公域正在持续缩小。事实上，这种扩张已经发展到俄罗斯和加拿大可能需要签订海上划界条约的地步（Baker and Byers，2012）。除一些高纬度地区外，完全可以想象，未来绝大多数可以到达的北极地区都是在一个或多个北极沿海国家的专属经济区内。

　　中国目前虽然缺乏北极政策[①]，但其认为自己是北极利益相关者，并已游说

266

---

　　① 我国已于 2018 年 1 月 26 日发布《中国的北极政策》白皮书。——译者注

国际社会阻止北冰洋沿岸国家对其外大陆架的主张。中国已表达在北极若干方面的浓厚兴趣：北极气候变化对中国的影响，确保可用北方航线运送货物到欧洲及更远的地方，参与北极渔业和自然资源开发。基于这些利益，2013 年中国成为北极理事会永久观察员（Jakobsen and Peng，2012）。

北极的气候变化和政治色彩

相对于地球上的其他地区，气候变化对北极环境产生了不成比例的影响。虽然北极加速变暖的原因尚不完全清楚，但平均气温的上升速度几乎是世界其他地区的两倍。这可部分归因于海冰融化，减少了区域反照率并增加了海洋吸热量。在过去的 50 年里，俄罗斯西北部、格陵兰岛东部和斯堪的纳维亚的年平均气温上升了 1℃，但同一时期，冰岛和北大西洋的气温下降了 1℃。此外，北极陆地的平均大气温度已上升 3℃，预计北冰洋到 2090 年将上升 6 ~ 10℃（ACIA，2005）。

随着北极环境变暖，海冰和冰川融化、变薄。这种不利的环境促使海平面上升和地球反照率（反射回太空的太阳辐射量）下降。由于北极是整个地球温度的重要调节者，所以全球范围内的恶性变化也即将出现。在过去的 30 年中，北极海冰面积减少了约 30%，预测模型显示北极可能到 2030 年会出现无冰的情况（Jones，2011）。气候变化对北极的其他具体影响包括：随着永久冻土的融化将导致甲烷排放增加，北极大气臭氧的减少，以及海岸侵蚀加剧导致人类居住环境受到破坏。

预计气候变化将对经济、社会和环境产生重大影响。海岸侵蚀、海冰的继续消退和海洋温度的上升，将影响具有商业价值和社会重要性的渔业和海洋哺乳动物的分布和数量（Huntington，2009）。特别是，气候引起的栖息地变化将导致北极熊种群处于危急状态（Laidre et al.，2008）。增加资源开发——特别是油气勘探和开发——在创造经济机会的同时，也会增加事故和溢漏的风险（Meek，2011）。

本章总结

- 南冰洋的边界是南极辐合带，位于南纬 50 ~ 60 度，但在西印度洋地区则延伸至南纬 45 度。
- 区分南极管理与其他海洋管理的边界是南纬 60 度（南极海域）。

- 治理南极的主要公约是：《国际捕鲸管制公约》《南极条约》《海洋法公约》和《关于环境保护的南极条约议定书》。
- 仅适用于南冰洋的主要公约如下：《南极海豹保护公约》《南极海洋生物资源养护公约》和《保护迁徙野生动物物种公约》下的《保护信天翁和海燕协定》。
- 北极是北极圈（北纬66.5度）以北地区或最温暖月份（7月）的平均温度低于10℃的区域。
- 北极有5个沿海国家（加拿大、丹麦、挪威、俄罗斯和美国）和3个非沿海国家（芬兰、冰岛和瑞典）。此外，"近北极"国家（中国、欧盟、日本和韩国）在北极也有利益，但在北极圈以北无领土。
- 没有任何具体的国际条约制度治理北极，并且《海洋法公约》并未特别提及北极问题。
- 北极理事会（由8个北极沿岸和非沿岸国家建立）促进成员国和原住民社区在包括可持续发展和环境保护在内的北极共同问题上开展合作、协调和互动方面提供了手段。
- 北极理事会没有独立的法律权力。

参考文献

ACIA (Arctic Climate Impact Assessment) (2005) *Arctic Climate Impact Assessment*, Cambridge University Press, Cambridge.

Anonymous(2012)'Antarctic Treaty is cold comfort', *Nature*, 481, 237.

ATS(Antarctic Treaty Secretariat)(1959)*Antarctic Treaty*, Buenos Aires, www.ats.aq/documents/ats/treaty_original.pdf, accessed 6 December 2012.

ATS(1980)*Convention on the Conservation of Antarctic Marine Living Resources*, Buenos Aires, www.ats.aq/documents/ats/ccamlr_e.pdf, accessed 6 December 2012.

ATS(1991)*Protocol on Environmental Protection to the Antarctic Treaty*, Buenos Aires, www.ats.aq/documents/recatt/Att006_e.pdf, accessed 6 December 2012.

Arctic Council(1996)*Declaration on the Establishment of the Arctic Council*, www.arctic-council.org/index.php/about/documents/category/5 - declarations? download = 13：ottawa - declaration, accessed 3 December 2012.

Baker,J.S.and Byers,M.(2012)'Crossed lines：The curious case of the Beaufort Sea maritime boundary dispute', *Ocean Development and International Law*, 43(1), 70-95.

268   BAS(British Antarctic Survey) (1972) ' Convention for the Conservation of Antarctic Seals ' , Cambridge, www. antarctica. ac. uk/about _ antarctica/geopolitical/treaty/update _ 1972. php, accessed 2 December 2012.

Bird, K.J. , Charpentier, R. R. , Gautier, D. L. , Houseknecht, D. W. , Klett, T. R. , Pitman, J. K. , Moore, T. E. , Schenk, C.J. , Tennyson, M.E.and Wandrey, C.J. (2008) ' Circum-Arctic resource appraisal: Estimates of undiscovered oil and gas north of the Arctic Circle ' , *U.S.Geological Survey Fact Sheet* 2008-3049, pubs. usgs.gov/fs/2008/3049/ , accessed 2 December 2012.

Byers, M. (2009) *Who Owns the Arctic?* , Douglas & McIntyre, Toronto, ON.

Chown, S.L. , Lee, J.E. , Hughes, K.A. , Barnes, J. , Barrett, P.J. , Bergstrom, D.M. , Convey, P. , Cowan, D.A. , Crosbie, K. , Dyer, G. , Frenot, Y. , Grant, S.M. , Herr, D. , Kennicutt, M.C. , Lamers, M. , Murray, A. , Possingham, H.P. , Reid, K. , Riddle, M.J. , Ryan, P.G. , Sanson, L. , Shaw, J.D. , Sparrow, M.D. , Summerhayes, C. , Terauds, A.and Wall, D.H. (2012) ' Challenges to the future conservation of the Antarctic ' , *Science*, 337, 158-159.

Constable, A. (2011) ' Lessons from CCAMLR on the implementation of the ecosystem approach to managing fisheries lessons from CCAMLR on EBFM ' , *Fish and Fisheries*, 12(2) , 138-151.

Dodds, K. (2010) ' Governing Antarctica: Contemporary challenges and the enduring legacy of the 1959 Antarctic Treaty ' , *Global Policy*, 1(1) , 108-115.

Dudeney, J.R.and Walton, W.H. (2012) ' Leadership in politics and science within the Antarctic Treaty ' , *Polar Research*, 31, 1-9.

Emmerson, C. (2010) *The Future History of the Arctic*, Perseus Books, Jackson, TN.

European Parliament(2008) ' Resolution of 9 October 2008 on Arctic governance ' , www. arcticgoverance. org, accessed 3 December 2012.

Gautier, D.L. , Bird, K.J. , Charpentier, R.R. , Grantz, A. , Houseknecht, D.W. , Klett, T.R. , Moore, T.E. , Pitman, J.K. , Schenk, C.J. , Schuenemeyer, J.H. , Sørensen, K. , Tennyson, M.E. , Valin, Z.C.and Wandrey, C.J. (2009) ' Assessment of undiscovered oil and gas in the Arctic ' , *Science*, 324(5931) , 1175-1179.

Huntington, H. (2009) ' A preliminary assessment of threats to arctic marine mammals and their conservation in the coming decades ' , *Marine Policy*, 33(1) , 77-82.

Ilulisaat Declaration(2008) ' Declaration of 28 May 2008 adopted by the representatives of Canada, Denmark, Norway, the Russian Federation, and the United States ' , www. arcticgoverance.org, accessed 3 December 2012.

Jakobsen, L.and Peng, J. (2012) ' China ' s Arctic aspirations ' , *SIPRI Policy Paper*, 34, Stockholm International Peace Research Institute, Stocklolm.

Jeffers, J. (2010) ' Climate change and the Arctic: Adapting to changes in fisheries stocks and governance regimes ' , *Ecology Law Quarterly*, 37(3) , 917-977.

Jones, N. (2011) ' Towards an ice-free Arctic ' , *Nature Climate Change*, 1, 381.

Joyner. C. C. (1998) *Governing the Frozen Commons: The Antarctic Regime and Environmental Protection*, University of South Carolina Press, Columbia, SC.

Joyner, C. C. (2009) 'Potential challenges to the Antarctic Treaty', in P. A. Berkman, M. A. Lang, D. W. H. Walton and O. R. Young (eds), *Science Diplomacy: Antarctica, Science and the Governance of International Spaces*, Smithsonian Institution Scholarly Press, Washington, DC, http://www. atsummit50. org/media/book-15.pdf, accessed 10 July 2013.

Kallenborn, R., Borgå, K., Christensen, J. H., Dowdall, M., Evenset, A., Odland, J. Ø. Ruus, A. Aspmo Pfaffhuber, K., Pawlak, J. and Reiersen, L. - O. (2011) *Combined Effects of Selected Pollutants and Climate Change in the Arctic Environment*, Arctic Monitoring and Assessment Programme, Oslo.

Kock, K. -H. (2007) 'Antarctic marine living resources: Exploitation and its management in the Southern Ocean', *Antarctic Science*, 19(2), 231-238.

Koivurova, R. and Molenaar, E. J. (2010) 'International governance and the regulation of the marine Arctic: A proposal for a legally binding agreement', WWF International Arctic Programme, Oslo.

Laidre, K. L., Stirling, I., Lowry, L. F., Wiig, Ø., Heide-Jørgensen, M. P. and Ferguson, S. H. (2008) 'Quantifying the sensitivity of Arctic marine mammals to climate-induced habitat change', *Ecological Applications*, 18(Supplement), S97-S125.

Lasserre, F. and Pelletier, S. (2011) 'Polar super seaways? Maritime transport in the Arctic: An analysis of shipowners' intentions, *Journal of Transport Geography*, 19, 1464-1473.

Meek, C. L. (2011) 'Adaptive governance and the human dimensions of marine mammal management: Implications for policy in a changing north', *Marine Policy*, 35(4), 466-476.

Mitchell, B. and Sandbrook, R. (1980) *The Management of the Southern Ocean*, International Institute for Environment and Development, London.

Osherenko, G. and Young, O. R. (2005) *The Age of the Arctic: Hot Conflicts and Cold Realities*, Cambridge University Press, Cambridge.

Pietri, D., Soule, A. B., Kershnera, J., Solesa, P. and Sullivana, M. (2008) 'The Arctic shipping and environmental management agreement: A regime for marine pollution' *Coastal Management*, 36(5), 508-523.

Stokke, O. S. (2011) 'Environmental security in the Arctic: The case for multilevel governance', *International Journal*, 66, 835-848.

Stokke, O. S. and Vidas, D. (1996) *Governing the Antarctic: The Effectiveness and Legitimacy of the Antarctic Treaty System*, Cambridge University Press, Cambridge.

Triggs, G. (2009) 'The Antarctic Treaty System: A model of legal creativity and cooperation', in P. A. Berkman, M. A. Lang, D. W. H. Walton and O. R. Young (eds), *Science Diplomacy: Antarctica, Science and the Governance of International Spaces*, Smithsonian Institution Scholarly Press, Washington, DC, http://www. atsummit50.org/media/book-8.pdf, accessed 10 July 2013.

Vidas, D. (2000) 'Emerging law of the sea issues in the Antarctic maritime area: A heritage for the new

269

century?', *Ocean Development and International Law*, 31(1-2), 197-222.

Young, O.R. (2011) 'If an Arctic Ocean treaty is not the solution, what is the alternative?', *Polar Record*, 47(4), 327-334.

9 海上能源和采矿的相关国际法和政策： 大陆架上和国际海底区域内可再生 能源和不可再生能源的开发

引言

近岸海洋环境一直被用作原料来源地。几个世纪以来，人们一直在海滩和近岸地区开采金、锡、钻石、沙子和砾石（Scott，2007）。随着采矿和航运技术的改进，勘探和开发向海辐射，一直延伸到大陆架。20世纪30年代，在墨西哥湾首先开始了海上石油钻探，20世纪90年代，丹麦建成了第一个海上风电场。目前，全球三分之一的石油都是在大陆架上开采的。随着极地地区海冰的消融，为石油的勘探和开发开辟了新区域，石油产量可能继续增加。

据估计，（大陆架以外）深海地区蕴藏了全球三分之二的矿产资源。过去60年里，预期的全球矿产资源短缺已开创了一个新时期：人们开始关注开采富含矿物质的深海。然而，由于金属回收率的提高、工业流程的改进以及新的陆地发现，这些预期的短缺并未发生。这使得商品价格并未高到使深海采矿在经济上具有吸引力的程度。近年来，中国和印度的快速工业化改变了这一动态。矿产的价格已经上涨到商业深海采矿可能盈利的地步。基于对陆上矿藏开发的预测，长期的需求表明，开采富含锌和银的海洋矿藏有望在未来某一时间在商业上可行。1997年，针对巴布亚新几内亚政府主张的两块2 500平方千米的深海矿藏海底区域，颁发了第一个深海矿产勘探许可证（Jones and Morgan，2003）。相反，铜、镍和钴的陆地供应，预计在未来几十年内仍会满足全球需求（Antrim，2005）。

本章探讨了在大陆架和深海地区（国家管辖范围以外的地区）开采的，或预计开采的各种非生物资源。鉴于大部分大陆架都处于一国或多国的主权范围内，或正在通过向大陆架界限委员会申请而纳入国家主权范围，所以这些区域的处理方式将有所不同。

大陆架和深海区域在能源和矿产开发方面的差异

海洋能源和矿产开发可以分为两种，即发生在大陆架上或发生在深海中的活动。从资源的角度来看，传统的碳氢化合物，如石油、天然气和煤炭，只能在大陆架上或毗邻大陆架的区域找到。这些资源是由陆地环境中的有机物分解形成的，所以在深海中并不存在。同样，大陆架含有集料资源（如沙砾），这些资源是从可能含有金属（如金、锡）或可以通过砂矿作业开采钻石的陆地环境运输而来。除非受火山作用中断，否则大陆架几乎没有成矿作用，因侵蚀而从陆地环境运输而来的矿物除外。大陆架的深度很浅，这也为能源采集提供了另外两个机会：将风能工程固定在海床上以及通过利用由深度很浅和受限的水流通道所增强的水流运动来发电。

根据《海洋法公约》，各国可以占用（拥有）大陆架及相应的矿产和能源资源。因此，这些地区是根据国内法律和监管制度来进行管理，且有在国际法中的地位与陆地类似。但是，相较于陆地环境，大陆架更易出现重叠的管辖权主张。

与大陆架相反，深海环境蕴藏着丰富的矿产资源。深海矿床包括需求量很大的矿产，如锰、钴、铜、钇以及在电子产品、电池、太阳能电池板和生产或加工其他复合材料时所需的稀土元素。虽然深海之中找不到传统的碳氢化合物（即石油和天然气）和煤炭，但如果温度和压力条件有利，则会存在甲烷水合物（一种碳氢化合物）。与大陆架不同，深海目前并不用于能源生产。然而，已有很多利用地表和深海之间的温度梯度来发电的提议。

《联合国海洋法公约》和能源、矿产开发

根据《海洋法公约》，大陆架区域以外的海床及其底土的非生物资源被称为"区域"（参见第2章），面积约为2.6亿平方千米，约为所有国家控制的海域面积的3倍。

在许多方面，《海洋法公约》的存在都可归因于深海资源所有权的不确定性。深海确实是无主地（参见第2章）。20世纪60年代对海底采矿的关注引起了人们的担忧，深海区域开发没有监管框架，也没有考虑到毗邻潜在矿产开发区域的国家的经济和环境问题。1968年，联合国大会呼吁深海海底的开发需要

为"全人类的利益"而进行（UN，1968）。随后作出了进一步决议，暂停深海采矿，并禁止承认任何对海底的主张，直至国际监管制度形成。因此，《海洋法公约》的最初意图就是管理海底采矿，这是由"77 国集团"（120 多个欠发达国家）在 1974 年推动的，他们要求允许欠发达国家参与海底采矿。

《海洋法公约》赋予沿海国勘探和开发、养护、管理其领海和专属经济区内海床上覆水域和海床及其底土的资源的权利（第 56 条）。对于延伸至专属经济 ₂₇₂ 区以外的大陆架，沿海国对大陆架上和大陆架中的非生物资源以及属于定居种的生物资源享有权利（第 77 条）。这种权利包括授权和管理大陆架上钻探活动的专属权利。

沿海国应根据开采 200 海里以外大陆架所获利润，向国际海底管理局（参见第 2 章）缴付费用。这笔费用应根据公平分享的标准重新分配给其他国家，同时考虑到欠发达国家的需求（第 82 条）。

《海洋法公约》将"区域"正式定义为大陆架区域以外的海床及其底土的非生物资源。《海洋法公约》不论其是否为金属性质，将这些非生物资源定义为"矿物"（第 133 条）。"区域"制度不适用于大陆架以外海床的上覆水域或空域（第 135 条）。

根据《海洋法公约》，"区域"为全人类的利益而面向所有人开放，且仅用于和平目的。各国必须合作实现这些目标（第 136 条和第 138 条）。《海洋法公约》规定在有助于世界经济和国际贸易增长的条件下，才能进行"区域"的经济开发（第 150 条）。具体而言，不论地理位置（如内陆国）或经济发展情况，所有国家都有平等获取和有偿参与的权利（第 141 条），所有国家都可分享来自"区域"的经济利益（第 139 条）。

没有国家可以主张"区域"内的主权或自然资源，但是可以占用（拥有）从"区域"获取的矿物资源（第 137 条）。此外，考古文物或具有历史意义的发现，必须为人类的利益进行管理，这承认了来源国或文化上的发源国的重要性（第 149 条）。各国有责任确保其国民（个人、企业或政府）的活动符合规定，并对其行为负责（第 139 条）。

大陆架上的海洋能源和矿物资源管理

虽然《海洋法公约》赋予沿海国开发其领海、专属经济区和大陆架内海床区域的专属权利，但并未对这些区域的矿物和能源开发提供指导。尽管如此，许多国家已就这些区域的开发达成双边或多边协议。以下各部分简要概述了在大陆架上开展的各种类型采矿和能源活动，并大致解释了如何管理这些活动。

集料沉积层

集料沉积层是非矿物（主要是沙砾石）资源，由陆地区域的侵蚀和随后在海洋环境中的沉积所形成。按吨位计算，集料是世界上开采量最大的物质，通常用于建筑目的，但海沙通常用于人工育滩。集料一般在 50 米深的浅海区域开采。目前，包括日本和美国以及欧洲一些国家在内的许多国家，都会开采海洋集料。由于现有的陆地沙砾资源枯竭，新的沙砾矿床又因为公众反对而难以开采，所以近岸的集料开采量有望增加（Scott，2011）。

几乎没有涉及海洋集料开发管理的国际协议。《保护东北大西洋海洋环境公约》（Convention for the Protection of the Marine Environment of the North East Atlantic，OSPAR Convention）的目的就是消除污染，保护海洋环境。2003 年通过了《沙砾石开采协议》（Agreement on Sand and Gravel Extraction），要求《保护东北大西洋海洋环境公约》的签署方遵守国际海洋开发委员会（ICES）的《海洋沉积物开采管理准则》（Guidelines for the Management of Marine Sediment Extraction），该准则确立了一套对环境负责的海洋集料开发程序（Radzevičius et al.，2010）。此外，根据《巴塞罗那公约》（参见第 5 章），《保护地中海免受因勘探和开发大陆架、海床及其底土污染议定书》（Protocol for the Protection of the Mediterranean Sea against Pollution Resulting from Exploration and Exploitation of the Continental Shelf and the Seabed and its Subsoil）（1994 年通过，但尚未生效）为海洋集料开采提供了指导。最后，沿海联盟（Coastal Union）制定了《欧洲海岸带行为准则》（European Code of Conduct for Coastal Zones）（www. eucc. net），并于 1991 年由欧洲部长理事会通过。该准则提供了详细建议，以尽量减少海洋集料开采对海岸演变过程、季节性生物事件和水质的影响（Radzevičius et al.，2010）。

海洋砂矿床

海洋砂矿床是由腐蚀的陆地物质沉积并运输到海洋环境所形成。某些砂矿床可能会在某些地点聚集为重矿物（如金、银、锡）或钻石。这些被称为"二次埋藏"的矿床并不是在矿区产生的，而是通过河流冲积运输到此，并可能会被潮汐或波浪作用进一步区分或聚集。

自 1989 年以来，纳米比亚海岸附近一直都在开采海洋钻石。这些海洋钻石是通过河流冲刷运输到近岸浅海沉积，可在深达 200 米的水域中开采。现在，纳米比亚的海洋钻石生产已超过了陆地生产（Garnett，2002）。

传统的海上石油和天然气

目前，海洋环境生产了全球三分之一的碳氢化合物，并具有大规模扩张的潜力（Sandrea and Sandrea，2007）。据估计，浅海（小于 400 米）和深海（大于 400 米）环境分别占全球含油储层分布的 36% 和 11%。岩石的崩塌会将沉积物运送到深海，因此，在深海发现了油气岩。20 世纪 20 年代和 30 年代，在阿塞拜疆、墨西哥湾和委内瑞拉，开始了早期开发海上碳氢化合物的努力。但是，直到 20 世纪 50 年代，墨西哥湾的海上油气开采才在经济上和技术上可行。在全球范围内，近海地区已发现了 5000 亿桶石油，其中已经开采了 2000 亿桶。据估计，近海地区还可能再发现 3000 亿桶石油（Sandrea and Sandrea，2007）。

就全球能源生产而言，海洋已经变得非常宝贵。2010 年，海上设施生产的石油和天然气产量分别占全球的 30% 和 27%。目前在海上勘探和开发方面的投资约为 1000 亿美元，约占所有石油和天然气投资的 20%。近海地区的石油和天然气储量分别约占世界剩余储量的 20% 和 25%（www.ihs.com），1999—2009 年间，新发现的石油和天然气资源超过一半都是位于近海地区。

按总产量排序，海上油气开采主要集中在波斯湾/中东、北海、西非、墨西哥湾（美国和墨西哥）、亚洲/大洋洲、巴西、中国、里海和俄罗斯/俄罗斯北极地区。目前，有 17 000 个平台正在运行，每年还会新建 400 个生产设施。在新海上油气勘探中，有超过一半集中在东南亚（www.ifpenergiesnouvelles.com）。 274

20 世纪 70 年代，第一批深水（400~1500 米）油井完工。目前，在巴西（1500 米）和墨西哥湾（2700 米），超深水（大于 1500 米）油井已投入生产（Sandrea and Sandrea，2007）。

在海上油气资源管理和监管方面，各国会发布海床区域的勘探和开发租赁信息，并规定运营框架以规范活动开展。欧盟则存在例外，欧盟通过《碳氢化合物许可指令》（Hydrocarbons Licensing Directive）（94/22/EC），在海上活动的勘察、勘探和生产方面有一套共同的方法。此外，欧洲委员会正在考虑为海上油气勘探和开发的所有方面建立共同的安全标准。

甲烷水合物

由有机物质分解产生的甲烷水合物，是由天然气分子（主要是甲烷）组成，在低温和高压相结合的条件下，沉淀在海洋沉积物中。甲烷水合物通常是在深度超过 400~500 米的水域，以及直到海床以下 1100 米被发现。1 立方米的水合物相当于大气压和温度下 164 立方米甲烷，全球储量的能源潜力估计在 105 万亿~108 万亿标准立方英尺（Antrim，2005；Scott，2011）。这些惊人的数字使得甲烷水合物的能源开采潜力大于世界上所有已知的煤、石油和天然气（Morgan，2012）。

甲烷水合物通过升高沉积物的温度或释放其中的压力来采集。这一过程使得甲烷水合物从与水的结合中分离出来变成气体，再通过输送管运送至水面。鉴于物理和技术障碍，目前，并没有商业性的甲烷水合物开采作业，然而，印度和日本预计将在未来几十年内开始使其水合物资源商业化（Antrim，2005）。

海洋可再生能源生产

海洋可再生能源是一个广泛的术语，涵盖了源自海洋所有类型的电力生产。海洋可再生能源包括利用风、海浪、水流或海底与水面之间的温差来发电。

利用风力涡轮机（风力农场）来发电的海上能源生产形式，是最成熟的海洋可再生能源产业。尽管几千年来风力已被用于驱动泵以及为其他用途而生产机械能，但最早的商业风力发电组安装于 1980 年。1991 年，丹麦安装了第一台海上涡轮机。虽然海上涡轮机的安装增加了建造和维护的复杂程度，但在海上安装风力涡轮机降低了公众的反对程度，并可以利用更稳定、有利的风力条件（Lozano-Minguez，2011）。

2011 年年末的海上风电总产量接近 4000 兆瓦，足够给 400 万个家庭供电。英国是最大的生产国（2000 兆瓦），其次是丹麦（830 兆瓦）和荷兰（250 兆瓦）。全球约有 100 吉瓦[①]的海上风电基础设施正在施工中，主要集中在欧洲和亚洲。该行业的平均年增长率预计在 2016 年超过 80%，此后约为 15.6%（BTM Consult，2013）。

波浪会推动浮式结构在海面上下移动，波浪能就是通过利用浮式结构产生的动能来采集的。第一个波浪能示范项目始于 20 世纪 70 年代，虽然没有大型波浪能源装置投入运营，但包括澳大利亚、智利和英国在内的许多国家都有大力发展波浪能源项目的机遇（Bahaj，2011）。相对于海上风能生产而言，波浪能对环境的影响较小（如风力发电装置会造成与鸟类相撞的事故）、更不明显（因为

---

① 1 吉瓦 = 1000 兆瓦。——译者注

浮标的可见度更低），而且海浪可以提前一周预测，从而减少对替代能源的依赖（Dunnett and Wallace，2009）。

潮汐能生产是利用潮汐流/海流的水流运动来转动叶轮从而产生电力。虽然潮汐能生产尚处于起步阶段，但这种方式具有很强的吸引力，因为与风能和波浪能不同，潮汐流的速度是可以提前数年到提前一小时预测到。此外，发电站点可以建于受限的地形中，这反而会增加水流的速度（Bahaj，2011）。

深海的海洋能源和矿物资源管理

热液硫化物矿床

在寒冷的海水与地壳加热区相接触的地方可以发现热液硫化物矿床，这导致了矿物质的沉淀和沉积。最著名的硫化物矿床是热液喷口附近的"黑烟囱"。硫化物沉积存在于有任何地热活动的地方，包括火山弧、洋中脊和热液喷口。这些区域硫、铜、锌、金和铁的浓度通常远高于陆地。

这些热液硫化物矿床的首次商业开采预计将在巴布亚新几内亚的专属经济区开展，该地区含有多达 40 000 个热液喷口。这种形式的采矿并非没有争议，硫化物矿床开采所带来的影响备受关注，包括对底栖生物的扰动、悬浮物卷流和对水体的毒性作用（Halfar and Fujita，2007；Morgan，2012）。

铁锰氧化物矿床（多金属结核）

铁锰氧化物矿床也被称为多金属结核，20 世纪 60 年代，作为锰、镍、铜、钴和铁的潜在来源，首次受到关注。铁锰氧化物矿床通常是在 4000～6000 米的深度被发现，是由于金属从海水沉淀到软沉积物中的结核和硬沉积物的外壳所形成的。当这些多金属结核位于海床上时，非常容易采集，因此具有商业价值。 276

近来已发现，这些矿床含有的 17 种稀土元素浓度远高于陆地稀土矿（Zhang et al.，2012）。这些结核的全球储量估计超过 3 万亿吨。最近对热带东北太平洋的估计表明，该地区有大量的锰（2000 亿吨）、镍（90 亿吨）、铜（50 亿吨）和钴（30 亿吨）矿床（Morgan，2012；Zhang et al.，2012）。

铁锰氧化物矿床（多金属结壳）

多金属（铁锰）结壳与多金属结核在形成和组成上类似，但其形成是海底冷水将矿物沉积到硬质底部基质上，如露出的岩层或海山。结壳可能厚达 25 厘米，是在 400~4000 米的深度之间形成的，最常见于太平洋和印度洋海山的火山岛弧。通常认为可以形成铁锰结壳的海床不到 2%。

铁锰结壳中元素的浓度比地壳中的正常浓度要高（如碲的浓度高达 5 万倍），因此使这些地区具有潜在的商业价值。然而，考虑到开采多金属结壳的困难，其重要性比不上多金属结核。结壳中具有商业价值的矿物包括锰、铁、钴、镍和铜，结壳尤其是许多具有商业价值的稀土元素的潜在来源，包括铈、铕、镧、碲和钇（Hein et al.，2009）。

磷酸盐矿床

磷是维持生命的必要元素，而且是大部分生物系统（包括海洋环境）中的限制性营养素。磷还是现代农业的关键组成部分，因此是具有商业价值的资源，不能被任何其他元素或化合物所取代。磷酸盐开采主要来自中国、摩洛哥和美国，其中 80% 的磷酸盐都是用于生产肥料，其余则用于其他用途，如洗涤剂。

磷在海洋环境中的集聚有许多来源，但主要来自陆地侵蚀和河流冲刷时的物质沉积。流入海洋的磷会被生物群所消耗，然后沉积并埋藏到海洋沉积物中。接着细菌和酶会溶解有机物质，将元素释放到海洋沉积物中（Delaney，1998）。这个过程并不快，磷酸盐沉积物可能需要 1000 万~1500 万年的时间才能积累到足以用于商业开发的浓度。因此，磷酸盐被认为是不可再生的资源。随着全球磷矿的枯竭，需要找到新的维持当前农业生产率的磷来源。据估计，以目前的利用率，世界上的磷资源将在接下来的几百年内耗尽（Cordell et al.，2009）。

鉴于即将出现磷酸盐缺乏的情况，在海洋环境中寻找磷就变得非常重要。磷酸盐通常存在于深度小于 1000 米的水域，目前，距纳米比亚海岸 40~60 千米的 180~300 米深的水域正在进行商业开采。另一个磷矿开采作业将于 2013 年在新西兰南岛以东的查汉姆海岭（Chatham Rise）开始进行，查汉姆海岭海底山可达海平面以下 400 米。

本章总结

• 全球三分之一的石油都是由大陆架上的矿藏生产的。据估计，（大陆架以外）深海地区蕴藏着全球三分之二的矿产资源。

• 根据《海洋法公约》，大陆架及其相应的矿产和能源资源可由各国占用

（拥有），因此，是由国内法律和监管制度管理。

● 《海洋法公约》将"区域"正式定义为大陆架区域以外的海床及其底土的非生物资源。"区域"为全人类的利益而面向所有人开放，且仅用于和平目的。

● 不论地理位置（如内陆国）或经济发展情况，所有国家都有平等参与"区域"开发的权利，所有国家都可分享来自"区域"的经济利益。

参考文献

Antrim, C. (2005) 'What was old is new again: Economic potential of deep ocean minerals the second time around', *Oceans*, 2, 1311–1318.

Bahaj, A.S. (2011) 'Generating electricity from the oceans', *Renewable and Sustainable Energy Reviews*, 15 (7), 3399–3416.

BTM Consult (2013) 'Offshore Report 2013', btm.dk/news/offshore+report+2013/? s = 9&p = 1&n = 50&p_id = 2&year = 2012, accessed 23 June 2013.

Cordell, D., Drangert, J.-O. and White, S. (2009) 'The story of phosphorus: Global food security and food for thought', *Global Environmental Change*, 19, 292–305.

Delaney, M.L. (1998) 'Phosphorus accumulation in marine sediments and oceanic phosphorus cycle', *Biogeochemical Cycles*, 12(4), 563–572.

Dunnett, D. and Wallace, J. S. (2009) 'Electricity generation from wave power in Canada', *Renewable Energy*, 31(1), 179–195.

Garnett, R. H. T. (2002) 'Recent developments in marine diamond mining', *Marine Georesources and Geotechnology*, 20, 137–159.

Halfar, J. and Fujita, R.M. (2007) 'Danger of deep-sea mining', *Science*, 316(5827), 987–997.

Hein, J.R., Conrad, T.A. and Dunham, R.E. (2009) 'Seamount characteristics and mine-site model applied to exploration and mining-lease-block selection for cobalt-rich ferromanganese crusts', *Marine Georesources & Geotechnology*, 27(2), 160–176.

ITLOS (International Tribunal for the Law of the Sea) (2011) *Responsibilities and Obligations of States Sponsoring Persons and Entities with Respect to Activities in the Area*, Advisory Opinion of the Seabed Disputes Chamber, www.itlos.org/fileadmin/itlos/documents/cases/case_no_17/adv_op_010211.pdf, accessed 9 January 2013.

Jones, A. and Morgan, C.L. (2003) 'Code of practice for ocean mining: An international effort to develop a code for environmental management of marine mining', *Marine Georesources & Geotechnology*, 21(2), 105–114.

Lozano-Minguez,E.(2011)'Multi-criteria assessment of offshore wind turbine support structures',*Renewable Energy*,36(11),2831-2837.

Morgan,C.L.(2012)'Deep-seabed mining of manganese nodules comes around again',*Sea Technology Magazine*,April,www.sea-technology.com/news/archives/2012/soapbox/soapbox0412.php,accessed 23 June 2013.

Plakokefalos,I.(2012)'Seabed Disputes Chamber of the International Tribunal for the Law of the Sea:Responsibilities and obligations of states sponsoring persons and entities with respect to activities in the Area.Advisory opinion',*Journal of Environmental Law*,24(1),133-143.

Radzevičius, R., Velegrakis, A. F., Bonne, W., Kortekaas, S., Garel, E., Blažauskas N. and Asariotis, R. (2010)'Marine aggregate extraction:Regulation and management in EU Member States',*Journal of Coastal Research*,51,151-164.

Sandrea,I.and Sandrea, R. (2007)'Global offshore oil:Geological setting of producing provinces, E&P trends,URR,and medium term supply outlook',*Oil and Gas Journal*,105(10),34-40.

Scott,S.D.(2007)'The dawning of deep sea mining of metallic sulfides:The geologic perspective',Proceedings of the Seventh(2007)*ISOPE Ocean Mining Symposium*,International Society of Offshore and Polar Engineers,Danvers,MA,6-11.

Scott,S.D.(2011)'Marine minerals:Their occurrences,exploration and exploitation',*Oceans* 2011,IEEE Publications,New York,1-8.

UN(United Nations)(1968)*United Nations General Assembly Resolution* 2467(*XXIII*),www.un.org/ga/search/view_doc.asp? symbol = A/RES/2467(XXIII)&Lang = E&Area = RESOLUTIO N,accessed 26 June 2013.

UN(1994)*Agreement relating to the implementation of Part XI of the United Nations Convention on the Law of the Sea of 10 December* 1982,www.un.org/depts/los/convention_agreements/convention_ overview_ part_xi.htm,accessed 26 June 2013.

Vidas,D. (2000)*Implementing the Environmental Protection Regime for the Antarctic*,Kluwer Academic Publishers,London.

Zhang,Z.,Du,Y.,Gai,L.,Zhang,Y.,Shi,G.,Liu,C.,Zhang,P.and Duan,X.(2012)'Enrichment of REEs in polymetallic nodules and crusts and its potential for exploitation',*Journal of Rare Earths*,30(6),621-627.

278

10 海洋管理的综合方略：政策实施与跨部门管理

引言

一直以来，政策的适用是一个反复的过程，主要是通过反复试验和定期改进来逐步完善。海洋管理的改善是渐进的，而非革命性的，其广泛借鉴陆地环境的经验，并且经修正变更后应用。如果被证明是成功的，往往就会被纳入国内政策或国际协议中。20世纪70年代以前，当出现海洋问题（如溢油和过度捕捞）时，其解决是基于各个部门，所以他们并没有多少动机和政治欲望来解决可预期的未来问题，或寻找解决多个问题而非单个问题的方案。此外，《联合国海洋法公约》和其他海洋公约直到20世纪的最后20年才完成，并允诺各国制定解决海洋社会经济和环境问题的综合方略。

海洋综合管理方法最初是从陆地管理经验中借鉴而来的。20世纪70年代的早期海岸管理项目是以土地利用规划（即区域规划）为蓝本，后者包含了利益相关者的参与、情景模拟以及社会经济目标和环境目标的确定，以制定分区制规划来规范未来的发展。这些早期的规划试图将以前孤立管理的不同部门（如住房、运输、就业、环境质量）联系起来，并被应用于大尺度景观（如维持流域的生态功能）、政治领域（如地方和地区政府的发展规划）、环境评估（如拟议的矿藏开发）以及财产保护和公共安全（如洪泛区规划）等。值得注意的是，它们是涉及多个层级政府参与的地理空间（绘图），试图最大化实现多个目标，很多用户群体和公众参与其中，并明确了（对目标有影响的）权衡内容。此外，这些早期的陆地规划通常被设计成根据需要而能进行不断更新。

综合政策方法和海洋综合管理

区分综合政策方法和海洋综合管理方法是很重要的一点。综合政策方法试图通过使当前的部门政策（如污染预防、捕捞）与更加重要的社会目标相匹配来产生效益（参见专栏10.1）。相比之下，海洋综合管理则是采用具体的方法和工具来协助海洋决策。这些方法也可用于分析现有的政策和制定新的政策，且涉及多个部门，具有前瞻性、包容性和透明性，并试图为持久的决策提供信息。

专栏 10.1　综合政策方法示例：欧盟委员会的蓝色增长战略

2007 年，欧盟委员会制定了"海洋综合政策"，以促进可持续发展，并保护欧洲海洋环境。2012 年，欧盟委员会通过制定蓝色增长战略，以增加欧盟海洋部门的就业和发展。该战略特别关注可持续增长实现和应对气候变化。欧盟将"蓝色经济"定义为与航运、渔业、水产养殖、能源开发、滨海旅游、研究、创新有关的活动。蓝色经济代表了 540 万个全职工作岗位，每年的总增加值为 5 亿欧元（European Commission，2012）。蓝色经济战略包括以下几个关键领域：

- 蓝色能源：重点关注海上风力开发、潮汐能和热能转换。
- 水产养殖：重点培育新品种，将作业转移到海上，并继续为欧盟水产养殖产品开拓新市场。
- 海上观光、滨海和邮轮旅游：确保环境质量、改善基础设施、改善培训和提升淡季的滨海旅游机会。
- 海洋矿物资源：促进欧盟参与海底矿物勘探和开发，并从海水中提取溶解的矿物。
- 蓝色生物技术：促进行业发展，使研究商品化，以及减少障碍以吸引投资。

下面将按时间顺序讨论综合方法，以说明这些方法间的联系以及这些方法是如何演进的。因此，下述综合方法并不是互相排斥的，相反，它们是随着时间的推移而逐步完善的互补办法，并且适应不同的环境、空间和时间尺度（也可参见 Craig，2012）。

海洋综合管理方法的适用应将所有问题与其有关背景情况一并考虑。数据收集、分析和建模方面技术和方法的改进，再加上海洋信息方面数量和质量的提升，将继续改善海洋决策，并进一步增强下述方法的功能。

海岸带管理

海岸带是海洋中我们最熟悉的一部分，是所有海洋环境中生物学和生理学上最复杂的部分（参见第 1 章），也是支持了人类的最大消耗部分。在全球范围

内，海岸环境的特点都是人口增长率高、渔业资源退化，部门内部和部门之间
冲突重重，多级政府之间管辖权重叠，而且人们把海岸环境视为大自然理所当
然的馈赠而不予珍惜。因此，海洋政策尤其关注海岸环境。尽管本书主要关注
海洋治理的国际层面，但海岸政策也为领海和专属经济区以外区域的海洋治理
提供了参考。因此，需要在此进行阐述。

　　海岸地区或海岸带的术语和定义描述各种各样，如图 10.1 已展示了其中的
一些术语。虽然海岸带范围的界定存在较大分歧，但"地球百科全书"
（www. eoearth. org）提供了一种非常有用的描述方式：

> 海岸海洋①是全球海洋的一部分，该区域的物理、生物和生物地球
> 化学过程直接受陆地影响，其定义是覆盖大陆架或大陆边缘的全球海
> 洋的一部分。海岸带通常包括海岸海洋和邻接海岸影响海岸水域的陆
> 地部分。可以很容易地看出，这些概念中没有一个具有明确的操作
> 定义。

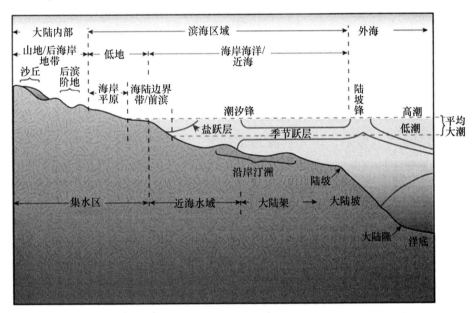

图 10.1　海岸地区和海岸带的各种定义和范围

来源：改编自 Ray and McCormick-Ray（2004）and University of Liverpool

Encyclopedia of Earth www. eoearth. org/

　　无论如何定义海岸带，全球大约 40% 的人口和世界大约 60% 的经济生产都

---

　　① coastal ocean 还可译为近岸海域、近岸海洋近海。——译者注

集中在海岸 100 千米范围内（MA，2005；Martínez et al.，2007）。全球 33 个特大城市中，有 21 个是在海岸地区。据估计，到 2020 年，全球 75 亿人有 75% 都可能居住在海岸带 60 千米范围内。世界人口中有相当大比例都聚集在分隔海洋和陆地的狭窄边缘区域上，这具有显著的生态和社会经济影响。最终，这种人口的集中将不可避免地导致海岸环境所提供的生态产品和服务的减少。相应的社会经济影响（如捕捞量的减少）和资源使用者之间的政治冲突也是不可避免。

20 世纪 60 年代，为应对以部门为基础的管理（如渔业管理、污染预防）的不足，出现了海岸带管理，以解决多种海岸和海洋用途所带来的环境和社会经济影响。例如，过度捕捞对渔业健康的影响会因近岸产卵或饲养的栖息地退化或丧失而加剧。此外，来自外来物种的竞争，以及来自陆地和海洋的污染只会加剧这种情况。虽然控制累积影响的观念尚未被完全视为管理原则，但早期的海岸带管理还是试图从根本上管理人类活动对海岸和海洋的文化、经济和环境价值的累积影响。海洋资源的使用者、国家和国际组织意识到需要综合方法来规范人类活动，以保持生态过程和社会经济系统的活力。各国通过扩大领海、宣布专属经济区和延伸大陆架，开始对其沿海资源行使管辖权，而海岸管理也随之变得越来越有必要。这种扩张也导致地方、地区和国家层面的法律数量激增，以管理这些区域。但这些法律相互间或与邻国法律往往会产生冲突。

在有关《海洋法公约》的早期讨论中，采取综合方法来管理海岸地区的需求变得明显起来。但是，作为一套规章制度，海岸管理是在 1972 年美国通过《海岸带管理法》（Coastal Zone Management Act）才正式启动的（NOAA，1972）。《海岸带管理法》规定了美国海岸带管理的目标、原则、概念和指导方针。10 年后，《海洋法公约》创建了一个正式的法律架构，以规范海洋的使用，要求利用海岸带管理来管理沿海地区。根据《海洋法公约》，每个国家的基本义务是"保护和保全海洋环境"。《海洋法公约》遵循了国际环境法的基本原则，并规定国家管辖范围内的活动应以不会对其他国家造成损害的方式进行。《海洋法公约》也将这些原则延伸到国家管辖范围以外的地区（即公海和"区域"）。

《海洋法公约》（参见第 2 章）阐明了几个重要的管辖权问题，这些问题是促使各国实施海岸带管理的额外动力。最重要的是，《海洋法公约》使沿海国的领海主权扩大到 12 海里，并赋予国家在其专属经济区内的主权权利和管辖权。反过来，国家必须履行一些义务，包括保护和管理专属经济区内的生物资源，涉及确定专属经济区内生物资源的可捕捞量，并确保专属经济区内生物资源不会因过度开发而受到威胁（参见第 2 章和第 6 章）。因此，《海洋法公约》取代了之前的捕捞自由原则，这一原则现在只适用于公海。最后，《海洋法公约》授予沿海国对大陆架自然资源的主权，并赋予沿海国对海床定居种生物的专属权利。

20 世纪 80 年代，根据《海洋法公约》新确立的主权，许多国家制定了海岸带管理项目。而海岸带管理项目的兴起，也促成了世界环境与发展委员会（WCED）在 1987 年发表《我们共同的未来》，其概述了以下几个"可持续发展原则"：

- 整合保护与发展；
- 维护生态完整性；
- 经济效率；
- 满足基本人类需求；
- 有机会填补人类其他的非物质需求；
- 走向公平（现在/未来、文化/经济）和社会正义；
- 尊重和支持文化多样性；
- 社会自我决策。

联合国环境与发展大会（UNCED）的最终国际协议开启了海岸带管理阶段（参见第 5 章）。大会成果包括《21 世纪议程》，这是沿海国家作出的全球承诺，承诺对其管辖范围内的海岸和海洋环境适用综合管理和可持续发展原则。《21 世纪议程》规定，到 2000 年，所有沿海国家都要启动海岸综合管理项目。自大会举办以来，1994 年的小岛屿发展中国家可持续发展全球会议（Global Conference on Sustainable Development of Small Island Developing States）和《国际珊瑚礁倡议》（International Coral Reef Initiative）也都强调需要海岸管理（Cicin-Sain et al.，1995）。

广义上来说，海岸带管理试图整合许多不同的生态、政治和社会经济方法，以脱离部门管理的模式（如分别进行渔业管理和前滨开发管理）。海岸带管理反映出海岸环境的复杂性、生态综合性，同时也减少了传统管理方法间的重叠（专栏 10.2）。海岸带管理使得沿海社区和依赖于海岸环境的社区，可以获得最为有效的信息，以便在海岸利用方面作出最明智的决定。自 20 世纪 80 年代以来，基于地理位置和缘于资助海岸带管理项目的各个国家，海岸带管理也被称为海岸带综合管理、海岸地区管理、综合管理、海岸资源管理等。但是从根本上来说，所有海岸带管理项目都有类似的意图和目的。

海岸带管理更像是一种关于如何管理海岸环境的理念，而不是适用于所有情况的一套特定指令。海岸带管理被称为"超越政府的治理"，这意味着政府只是海岸带管理的四类参与者之一，其他参与者还包括民间社会、私营部门和科学界（Cicin-Sain and Knecht，1998；Bremer and Glavovic，2013）。海岸带管理的应用取决于需要解决问题的类型（如污染、过度捕捞）、所涉环境的特点（如热带、温带）、社会和政治意愿，以及可用于解决这些问题的资源。但是，所有海岸带管理举措都有一些共同目标：

- 实现海岸和海洋地区的可持续发展；
- 降低海岸地区及其居民应对自然灾害的脆弱性；
- 维持海岸和海洋地区基本的生态过程、生命保障系统和生物多样性。

284

专栏 10.2　海岸带管理的一些常用定义

——海岸带可持续管理和使用的动态过程，同时考虑到海岸生态系统和景观的脆弱性、活动和使用的多样性以及彼此的相互作用、某些活动和用途的海洋定位及其对海洋和陆地部分的影响。

——提供最佳的长期和可持续利用的海岸自然资源，并永久保持最自然的环境。

——改善依赖海岸资源的人类社区的生活质量，同时保持海岸生态系统的多样性和生产力。

——实现海岸地区环境的可持续发展是资源管理的一个适应过程。海岸带管理不是部门规划的替代品，而是侧重于部门活动之间的联系，以实现更全面的目标。

来源：Clark（1992）；FAO（1996）；UNEP（1995，2008）

无论怎样定义海岸带管理，一些公认的原则必须遵守，才能使海岸带管理产生效果。根据有关研究（Cicin-Sain and Knecht，1998；Kay and Alder，2005），海岸带管理必须：

- 在方法上是全面的、综合的和多部门的；
- 符合并融入发展规划；
- 符合国家环境政策和渔业政策；
- 建立并融入现有的机制化项目；
- 具有可参与性；
- 具有适应能力，依赖"在实践中学习"的模式；
- 利用地方/社区能力来持续实施；

- 建立自主的融资机制来持续实施；
- 解决当地社区的生活质量问题以及保护问题；
- 从长远的角度出发，考虑当代以及后代的需求。

海岸带管理的成就

自 1972 年美国《海岸带管理法》通过以来，全球已有超过 95 个国家参与到 150 多个海岸带管理行动中。近年来，各国一直在海岸带管理项目上相互合作。此外，联合国环境规划署区域海洋项目已有 140 个参与国，是一个不断发展的海岸带管理讨论平台。此外，《地中海海岸带综合管理议定书》（2008 年 1 月通过，2011 年 3 月生效）是第一个规范海岸带管理的国际法律文件。该议定书的独特之处在于，对国家管辖范围内的规章制度创设了具有约束力的法律义务，包括行政法规、经济政策和城市规划（Rochette and Billé，2012）。

但是，海岸带管理的实施总体有节奏却进展缓慢。在 2000 年时，在联合国 285
环境与发展大会目标上，所有正在实施海岸综合管理项目的国家，只取得了一定进展。有研究对实施海岸带管理所遇到的障碍进行了梳理回顾，认为各个机构实施海岸带管理项目的（治理）能力，是比财政支持和科学知识等限制因素的一个更大障碍（Olsen，2003）。

2006 年，欧盟委托的一项研究认为，欧洲海岸带管理项目虽然未得到所有成员国的实施，但提高了沿海地区面对问题的认识和准备。海岸带管理项目还可以改善沿海地区的生计和就业，为重新考虑试图调和社会经济和环境利益的做法提供机会，并在"区域海洋"的范围内建立了陆地法律和海洋法律之间的联系。区域合作、利益相关者的参与、科学和信息以及实施海岸带管理监测，也被列为可能会大大得到改善的领域（Rupprecht Consult，2006）。

2007 年，有一项关于美国 1972 年《海岸带管理法》的成就研究，该研究的结论是《海岸带管理法》促成了联邦政府和州政府间的自愿合作，也许这就是为何 35 个符合条件的州中，有 34 个都参与了该项目。根据该项目，联邦政府提供资金、监督和国家视野，而各州可以自由设计适合其需求的定制项目（NOAA，1972）。通常认为该项目是成功的，且某些项目（如水质）显示沿海生态系统健康得到了改善（NOAA，2007）。

生态系统管理方法

可以同时管理海洋不同部分的观念已有百余年历史（Baird，1873；Link，2005）。然而，直到 1935 年开始倡导"生态系统"的概念（Tansley，1935），科学家和决策者才开始讨论生态系统的确切定义，是否应当"管理"生态系统，如何管理以及传统的管理模式需要进行哪些调整才能成为"基于生态系统"的管理模式（Leopold，1949；Larkin，1996）。

通常被称为生态系统管理的方法，其核心前提是需要一种全球性的、整体的海洋管理方法，同时在某一地理区域（如保护区）或（无论怎样定义的）生态系统管理中考虑多个生态和社会经济目标。这些方法力求维持人类从自然系统所获利益（生态产品和服务），同时最大限度地减少与人类使用相关的外部效应。正在使用中的术语已有十几种，从根本上说明了自然资源管理的方法，其重点是维持生态系统以满足未来的生态和人类需求。在此，我们将使用"生态系统管理方法"（EAM）这个术语，因为其常用于陆地和海洋环境中，而且也比其他术语（如"基于生态系统的管理"）的范围更广。对该问题的进一步讨论还可参见相关论述（Kidd et al.，2011）。

然而，"生态系统管理方法"这个术语在定义上缺乏共识。因此，在生态系统管理方法究竟是什么，它会为海洋环境带来什么等方面都会出现困惑。"生态系统管理方法"的定义有很多，包括基于生态系统的管理、综合管理、海洋综合管理、海岸带管理、海岸带综合管理以及可持续发展。广泛而言，生态系统管理方法将社会经济、文化和生态投入纳入到管理、保护和决策过程中。在这方面，美国非政府环保组织提供了一个务实的定义："一种考虑整体生态系统（包括人类）的综合管理方法，目标是维持一个健康、富有成效和弹性的生态系统，以便提供我们想要和需要的服务。"（COMPASS，2005）

数十年来，国际软法中已经存在了许多生态系统管理方法的原则，然而，直到 1995 年粮农组织《负责任渔业行为守则》和联合国《鱼类种群协定》的制定，软法或自愿协议才开始概述可成为海洋生态系统管理方法的原则和程序。具体而言，《鱼类种群协定》规定，"意识到有必要避免对海洋环境造成不利影响，保存生物多样性，维持海洋生态系统的完整"（FAO，2005）。

海洋生态系统管理方法的概念在同行评议的科学文献中越来越多地出现，并且在应用保护和管理学科的"灰色"文献中占据了重要地位。海洋生态系统

286

管理的相关学术和应用论文、报告可以在众多学科中找到，如生物学、经济学、社会科学和本土研究。有些论文是描述性的，有些是以模型为基础的，但很少有论文能够遵循传统的实证研究和假设检验。生态系统方法也是一种全球现象，有 100 多个国家参与了生态系统管理方法的工作，或在其境内主持实施过生态系统管理方法的项目。某些国家，特别是澳大利亚、加拿大和美国，在某些海洋法规中还载有生态系统管理方法的原则。尽管如此，缺乏一致的针对海洋生态系统管理方法的权威指南，这一点仍然限制了其应用和使用。

最近的一项尝试是适用生态系统管理方法，作为"硬"工程方案（如海岸线上的结构化防御）的替代方案，以适应气候变化。这些方法被称为"基于生态系统的适应措施"（EbA），试图利用天然的沿海屏障，如湿地、红树林和堤洲，来防止气候变化（如海平面上升、风暴频率的增加）等带来的影响。

海洋保护区

长久以来，我们一直希望保护自然区域免受人类活动的侵害。事实上，有证据表明，为保护自然资源，印度在 2000 年前就建立了世界上第一个保护区（Holdgate，1999）。在近代，欧洲贵族则拒绝他们的"下人"进入重要狩猎场地。以资源价值或生态重要性为主要基础，世界文化赋予了某些陆地区域以神圣地位。在海洋环境中，资本主义前的非市场经济在近岸海域建立了禁渔区，揭示了过度采收迹象的存在。

尽管许多国家在 20 世纪初就提出了保护区概念，但保护区的当代应用，即作为生物多样性管理工具，是从 1962 年首届世界国家公园大会才正式开始。这次大会可能是国际上第一次认识到需要保护海岸和海洋地区。在此之前，有研究者主张在渔业管理中使用禁渔区，并且一些国家已建立了小型保护区，以保护具有文化和历史意义的遗址（Beverton and Holt，1957）。但是，世界自然保护联盟 1975 年在东京召开的国际海洋公园和保护区会议，才首次明确阐述了需要利用系统性和有代表性的方法，在海洋环境中建立保护区（Kenchington，1996）。

20 世纪 80 年代，随着世界自然保护联盟/世界自然基金会/联合国环境规划署发布《世界保护战略》（World Conservation Strategy）（1980），海洋保护区的概念受到了重视。在举办了许多关于建立海洋保护区的研讨会后，世界自然保护联盟于 1984 年发布了一份报告，题为《海洋和海岸保护区：规划和管理人员指南》（Marine and Coastal Protected Areas：A Guide for Planners and Managers）

287

（Salm and Clark，1984）。在国际上，海洋保护区现在已被公认为海洋保护的必要和基本组成部分。许多国际协议都提到了海洋保护区的概念，包括《生物多样性公约》（第8条）及附带的《雅加达任务》（Jakarta Mandate）、《全球行动纲领》（Global Program of Action）、《国际防止船舶造成污染公约》以及最近的国际海事组织指南和《世界遗产公约》（World Heritage Convention）。尽管《海洋法公约》没有规定应采用何种保护机制（如生态系统方法、海洋保护区）来实现公约保护海洋环境的目标，但明确规定了各国的具体义务，即各国有义务保护稀有或脆弱的生态系统和退化的栖息地、有灭绝危险或濒危的物种和其他形式的海洋生物（第192条和第194条）。

目前，全球80多个国家有超过5880个海洋保护区，（从1984年到2006年）平均年增长率为4.6%（参见图10.2），目前海洋保护区共覆盖了海洋表面的1.17%（421万平方千米）。然而，关于海洋保护区的定义及其存在的目的仍然有一些争议（Toropova et al.，2010；Jones，forthcoming）。

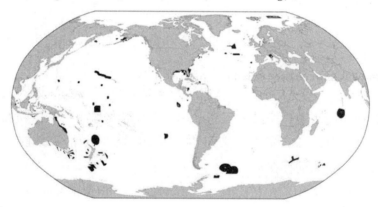

图10.2　目前全球海洋保护区地图

来源：protectedplanet. net

海洋保护区有2个得到广泛引用的定义，一个是"任何通过法律程序或其他有效方式建立的，对其中部分或全部环境进行封闭保护的潮间带或潮下带陆架区域，包括其上覆水体及相关的动植物群落、历史及文化属性"（Kelleher and Kenchington，1992）；另一个是"已采取措施旨在保护部分或全部封闭环境的任何海洋区域（在适当的情况下也包括相邻的潮间带区域），及该区域水体之中或海床之上的相关自然和文化特征。"（Nijkamp and Peet，1994）

尽管关于海洋保护区的确切定义仍存在一些小分歧，但基于本书的目的，我们将海洋保护区定义为根据立法或国际协议设立用于保护海洋价值的区域。

288

320

无论以何种方式定义海洋保护区，世界各地的许多地区都可能被视为海洋保护区。巴兰坦（Ballantine）（1991）引用了全球范围内大约 40 个常用的为保护部分海域而提出的名称（参见表 10.1）。毋庸置疑，这些"标签"、定义和术语极有可能造成误解和不确定性。海洋保护区的范围也非常广，从保护物种、维护自然资源的小型、受高度保护的"禁渔"保护区，到允许使用和开发资源，但仍加以控制以确保实现保护目标的超大型多用途保护区。因此，有必要确保在使用具体术语时有明确的意图。

海洋保护区的类型各种各样，旨在实现不同的目的（专栏 10.3）。设立海洋保护区可以实现许多价值，海洋保护区的目标或目的会影响其"类型"。因此，这会影响到海洋保护区的筹划和选择，并最终影响其名称。这些不同"类型"的海洋保护区不一定是独立存在的，例如，澳大利亚大堡礁海洋公园被认为是一个巨大的"多用途"海洋保护区，在该海洋公园内，还规定了许多其他区域，以鼓励或限制各种人类活动。

另一种海洋保护区的分类方法是根据其具有代表性的或独特的区域来划分（专栏 10.4）。

国家管辖范围外的海洋保护区 正如前几章所讨论的，直到 20 世纪，公海和国际海底区域（国家管辖范围外区域）才受到人类活动的影响，因为在这之前人类难以到达这些区域，且大陆架已经满足了人类的需求。然而，随着渔业的机械化，对深海采矿的关注、海洋酸化和海洋变暖已使一些公海鱼类种群（如金枪鱼和鲸类）和栖息地（如深海火山口和鱼类捕食区）受到了威胁（Drankier，2012；Gjerde and Rulska-Domino，2012）。

表 10.1 全球常用的各种为保护部分海域而设立的区域名称及其所保护的价值

名称		
海洋公园（Marine park）	海洋保护区（Marine protected area）	海洋公园（Maritime park）
海洋保护区（marine reserve）	国家海滨公园	海上禁捕区
海洋自然保护区	海洋野生动物保护区	海洋生物避难所
海洋栖息地保护区	海洋荒野保护区	海洋保育区
价值		
保育价值	娱乐价值	
商业价值	风景/美学	
增加特殊物种	独有特色	
科学重要性	文化价值	
历史特色	传统用途	

来源："Names" after Ballantine（1991）

专栏 10.3　海洋保护区类型及用途的一些例子

　　一般来说，海洋保护区是根据立法，为保护海洋价值而设立的海洋区域。

　　具有代表性的海洋保护区是一种特殊的海洋保护区，旨在根据生态或生物地理框架，使其代表性最大化。

　　禁止捕捞的海洋保护区（或捕鱼避难所）是一种特殊的海洋保护区（或多用途海洋保护区内的一个区块），该区域内禁止捕捞海洋物种，禁止（通过捕鱼、拖网捕捞、疏浚、采矿和钻井等方式）改造或开采海洋资源，其他人为干扰也受到限制。

　　多用途海洋保护区是一种特殊类型的海洋保护区，该区域可以允许资源的利用和开采，但需受到控制，以确保长期的保育目标不受影响。多用途海洋保护区内通常又分为许多"区块"，其中一些区块允许比其他区块可有更多的资源利用和开采（如禁止捕捞区是众多区块类型中的一种）。

　　生物圈保护区是一种特殊类型的保护区，通常范围非常大，有完全被保护的核心区，及其周围受部分保护的缓冲区和外部区/过渡区。缓冲区和外部区可能允许一些生态上可持续的资源利用（例如：一些有节制的利用和传统用途），并应设有研究和监测设施；但这些区域内的活动不应损害核心区的完整性。这种概念最初是为陆地保护区而设计的，但一些人认为也可适用于海洋环境，如海洋保护区（Price and Humphrey，1993）。

　　注：许多作者（Kenchington and Agardy，1990；Brunckhorst et al.，1997）建议如果联合国教科文组织的生物圈保护区项目被重新设计、合理规划和实施，其将为海洋保护的诸多方面提供一项有效工具。可参见有关海洋区的论述（Agardy，2010）。

　　一些国际协议规定了在国家管辖范围外的地区设立海洋保护区的任务。《海洋法公约》认为，应联合区域海洋组织和行业性国际组织来负责保护公海海洋环境。在此模式下，区域渔业管理组织（由联合国《鱼类种群协定》授权——参见第 6 章）可以颁布渔业禁令（空间性或时间性的），且国际海底管理局已经确认了赤道北太平洋克拉里昂-克利珀顿区中的"环境利益区域"。

　　《生物多样性公约》第 8 条（参见第 5 章）向缔约方提出了几项义务，要求缔约方：建立保护区系统以保护生物多样性，制定准则以选定、建立和管理保护区，管理保护区内外的生物资源。1995年《关于海洋和沿海生物多样性的雅

专栏10.4 从典型和独特的栖息地角度来考虑海洋保护区

我们认为海洋环境从根本上而言就是由一些类型的栖息地所构成，每个栖息地都包含特定类型的生物群落。栖息地及其群落是具有代表性或独特性的，在这里，"代表性"一词意味着在一定范围内的环境中是反复出现或典型的，"独特性"则意味着在一定范围内的环境中是非典型的。

传统上，管理工作都是针对稀有的、濒危的大型动物及其相关栖息地。在海洋环境中尤其如此，"魅力十足的巨型动物"（鲸、海豹、候鸟等）等"重点物种"（即任何因某种原因而吸引我们注意力的物种）吸引了公众的关注，并被当作"王牌"来争取公众的支持（Zacharias and Roff，2001）。通常，这些王牌物种都会随着季节的变化占据独特的栖息地，而这些栖息地的群落与其周围具有代表性的栖息地群落明显不同。但是，只涉及个别物种或只涉及具有独特性的栖息地的管理策略，会使大多数物种及其栖息地处于危险之中。生物圈中具有代表性的或"普通的"部分仍然未得到保护。

因此，目前保护的重点既包括"物种"和独特的栖息地，也涉及"空间"和具有代表性的栖息地。这种侧重点的变化在陆地环境中已成为"持久特征"方法，在海洋环境中，则是基于持久特征和周期性过程形成"地球物理"方法（参见Roff and Taylor，2000）。而管理策略上发生的这种变化可能有2个主要原因：第一，没有物种可以独立于栖息地而生存；第二，人们认识到不应仅仅保护稀有和濒危物种，还要保护普通的代表种（以及绝大多数物种）。

对具有代表性的海洋栖息地进行分析至关重要，这样做有诸多原因（参见Roff et al.，2003）。如果要系统地保护海洋环境免受人类活动的不利影响，那么就需要确定海洋栖息地的类型和栖息地中的生物群落，并以相一致的方法确定栖息地的边界。然后评估人类对特定群落的影响，指定备选的海洋保护区，并监测这些生物群落的"健康状况"。

在任何区域内，都包含具有特殊特征的独特栖息地，而对具有代表性的栖息地进行分析，（从定义上来说）并不能揭示这些特殊特征。独特栖息地似乎通常都很有名，因为这些栖息地中正在发生区域范围或局部范围的特殊海洋地理过程，而具有代表性的栖息地则并不以这种方式得到关注。

加达任务》（Jakarta Mandate on Marine and Coastal Biodiversity）授权缔约方在 2012 年之前建立一个全球海洋保护区网络。2008 年《生物多样性公约》缔约方大会第九届会议（第 IX/20 号决议）通过了 7 项科学标准，以确认公海和深海生境中具有重要生态或生物意义的海洋区域。这些标准包括：

- 罕见的独特性；
- 对物种生命各个阶段有特殊意义；
- 对受威胁的、濒危的或衰落物种和生境具有重要性；
- 易受损害、脆弱、敏感或恢复缓慢；
- 生物生产力；
- 生物多样性；
- 自然状态。

国际海事组织的任务是保护海洋环境免受航运活动的影响，并建立由国际海事组织大会指定的特别敏感海域（PSSAs）。还可引入特殊区域制度，这需要修订《国际防止船舶造成污染公约》和相关附件。尽管在国家管辖范围以外的地区只指定了 2 个特殊区域，并没有特别敏感海域，但国际海事组织正在审查在国家管辖范围以外的地区适用特别敏感海域和特殊区域的标准。在与渔业有关的问题上，联合国粮食与农业组织对《负责任渔业行为守则》负责（参见第 6 章），这又反过来导致联合国粮食与农业组织制定了《海洋保护区和渔业的技术准则》（Technical Guidelines on MPAs and fishers）（FAO，2006）。

《国际捕鲸管制公约》（参见第 6 章）第 5 条允许指定保护区。根据该公约指定保护区时，可以采取的最合适监管措施就是禁止任何时候从特定地理区域捕捞鲸类物种，无论鲸类的保护状况如何。1949 年，在南大洋的南太平洋板块建立了保护区，但在 6 年后根据国际捕鲸委员会科学委员会的建议取消了该保护区。此后，又通过了 2 个保护区：1979 年建立了印度洋保护区（IOS）（2002 年重建）；1994 年建立了南大洋保护区（SOS）。近年的国际捕鲸委员会年度会议上，还提出了在南大西洋和南太平洋建立保护区的提案。

虽然许多国际协议都允许为保护目的在特定地区建立界限分明的海洋区域，但缺乏保护这些海洋区域免受多种威胁的综合海洋保护区。迄今为止，只有以下 4 个区域海洋公约（根据"区域海洋"的不同定义，总共有 13 个或 18 个区域海洋）包括有关建立公海海洋保护区的规定：

- 《保护地中海免受污染公约》（Convention for the protection of the Mediterranean Sea against Pollution）（《巴塞罗那公约》）及《地中海特别保护区和生物多

样性议定书》(Protocol on Biodiversity and Specially Protected Areas)。

- 1992 年《保护东北大西洋海洋环境公约》(《奥斯陆-巴黎公约》) 及其附件五。
- 《关于环境保护的南极条约议定书》(Antarctic Treaty System Protocol on Environmental Protection)。
- 《关于保护东南太平洋海洋环境和海岸带地区的公约》(Convention for the Protection of the Marine Environment and Coastal Zones of the South‐East Pacific) (《利马公约》)《养护和管理东南太平洋和沿海地区保护区的议定》(Protocol for the Conservation and Management of Protected Marine and Coastal Areas of the South East Pacific)。

2002 年世界可持续发展峰会（WSSD）要求各国在 2012 年之前启动公海海洋保护区的建设。不幸的是，这一目标未实现。导致失败的原因多种多样：

- 缺乏建立海洋保护区的全球流程和机构；
- 目前公海管理还是基于部门的方法；
- 缺乏环境评估程序和对公海累积影响的了解；
- 缺乏具有保护责任的区域治理机构，国际协议和公约没有约束力；
- 缺乏国际层面的科学和咨询机构。

然而，有一个地区（东北大西洋）获得了成功，2010 年建立了 6 个海洋保护区，覆盖 28.62 万平方千米。这些保护区的建立获得了 15 个欧洲国家的批准，且所有海洋保护区都在国家管辖范围以外的地区 (Gjerde and Rulska‐Domino, 2012)。

2011 年，联合国大会同意制定一项流程，以解决公海地区海洋生物多样性的保护和可持续利用问题。

海洋空间规划

本书通篇反复出现的一个主题就是依赖海洋谋生的不同社区和部门（利益相关者）之间日益激烈的冲突。随着对海洋的食物供给、废物吸收、能源供应和运输支持的需求增加，某些海洋环境持续提供生态系统产品和服务的能力已超过其承载范围。此外，多种人类活动的聚集，尤其是在海岸环境方面，会增加预想不到的生态系统反应的风险（累积影响，参见下文）。

海洋环境日益受到多重压力，加上世界大多数海洋都作为共同财产资源加

292

以管理，这加剧了利用海洋和海洋健康程度总体下降之间的冲突。虽然海岸管理致力于在近岸地区平衡人类活动和海洋健康，并将海洋保护区作为保护某些地理区域的工具，但直到最近，海洋管理仍缺乏系统的每个人都赞成的方法来管理人类活动。

许多国家和国际组织，包括欧盟、联合国和美国，都已采用海洋空间规划。期望可以优化提升海洋经济和社会用途，使其能持续提供生态系统产品和服务（Young et al.，2007；Douvere，2008）。海洋空间规划是建立在海岸管理和海洋保护区识别的基础上，以便建立适用于所有海洋区域的信息收集框架和决策框架。

海洋空间规划的考虑因素包括那些使用特定海区者（称为"利益相关者"）的价值观和目标以及文化、政治和社会经济背景。海洋空间规划的独特之处在于，在空间上对信息输入和决策输出进行管理，这意味着海洋空间规划过程是发生在一个地理（绘制）框架内。

海洋空间规划是基于以生态系统为基础的管理原则（参见上文），因此其前提是人类活动及其相关压力以及海洋栖息地可以以三维空间的形式表示（绘制）出来。这样就可以预估到（环境和社会）风险的位置和严重性。在海洋空间规划过程中，会产生不同的管理选择（情景），以评估这些选择与海区整体愿景的一致性。海洋空间规划试图覆盖所有海洋利益相关者，包括土著居民、休闲用户、环境组织和传统利益相关者（其中最重要的就是捕鱼和海上运输利益）。海洋空间规划是基于现有最佳的科学和信息，并敦促利益相关者进行沟通，改善彼此之间的关系。

海洋空间规划的有形产出包括某一特定海区的总体愿景、一系列目标和相关的衡量指标以及给予利益相关者开展活动的建议以实现总体愿景。除了总体愿景，海洋空间规划还带来了无形的好处，为相关利益群体间创造了沟通的平台，并且经常让各群体了解彼此的价值观和观点。

293　　海洋空间规划的主要目标如下（改编自 National Ocean Council，2013）：

- 保护海洋和支持海洋使用者能可持续地、安全地、可靠地、高效地、有效地利用海洋；
- 保护、保持和恢复海岸和海洋资源，保持弹性的生态系统，改善和维持生态系统服务的供给；
- 提供并维持公众可进入海洋；
- 促进各使用者之间的兼容性，减少他们之间的冲突和对环境的影响；

- 提高决策和监管流程的一致性、透明度、效率和持久性；
- 提高海岸规划和海洋规划的确定性和可预测性；
- 加强机构、政府和国际间的沟通与合作；
- 减少使用者之间的冲突，提高规划和监管效率，降低相关成本，减少延期，吸引受影响的利益相关者参与其中，保护关键的生态系统功能。

传统海洋资源管理包括渔业、运输、能源开发、保护等用途的部门规划，而海洋空间规划并不是传统海洋资源管理的替代品。海洋空间规划为部门规划的制定或修订提供信息，更广义地说，海洋空间规划确定了某一海洋区域内可以提供给每个部门的机会，从而保持该区域的整体健康和生产力。

尽管海洋空间规划有明确的优势，但其实施却存在一些障碍，包括：

- 各使用者对现状改变的担忧；
- 缺乏客观、以科学为基础的证据来证明海洋空间规划可以成功地减少使用者之间的冲突并改善海洋健康；
- 空间数据的质量和数量往往很差；
- 即使使用现有最佳的信息，也可能产生复杂、未知的相互影响。

然而，总的来说，有越来越多的国家都在采用海洋空间规划。2008 年，欧盟委员会通过了《海洋空间规划路线图：在欧洲实现共同原则》（Roadmap for Maritime Spatial Planning：Achieving Common Principles in the EU），为海洋空间规划提出了一套关键原则（European Commission，2008）。2010 年 7 月，白宫宣布了海洋管理行政命令第 13547 号命令，在美国施行海洋空间规划（National Ocean Council，2013）。到目前为止，许多国家都在开展海洋空间规划行动，表10.2 列举了其中的一些。

累积影响

293

"累积影响"一词在自然资源管理中被广泛使用，是指各个部门（如渔业和运输）看似合理的规范和管理，实则未能考虑到这些活动对环境、公共健康或者人类对资源的使用所产生的汇聚性影响。这对生态系统和人类福祉造成了意想不到的后果。累积影响则是过去、现在和可合理预见的行动或事件综合作用所导致的环境、社会或经济状况（或价值）的改变。累积影响可能是局部的（如污染排放）或全球的（如气候变化），也可能是紧急性的（如过度捕捞某种渔业）或持久性的（如处理的放射性核素）。

294

表 10.2 海洋空间规划行动列表（选编）

国家	机构	项目
澳大利亚	大堡礁海洋公园管理局（GBRMPA）	大堡礁海洋公园管理局分区制
	澳大利亚环境、水资源、遗产和艺术部	东南区域海洋计划
		澳大利亚国家海洋生物区域计划
加拿大	加拿大渔业及海洋部	东斯科舍省陆架综合管理计划
中国	国家海洋局	全国海洋功能区划
丹麦、德国和荷兰	瓦登海秘书处	瓦登海三方合作项目
德国	德国联邦海事水文局	北海空间规划、波罗的海空间规划
挪威	环境部	巴伦支海综合管理规划
荷兰	运输、公共工程和水管理部北海分局	2015 年北海综合管理计划/国家水计划

来源：改编自 www.unesco-ioc-marinesp.be/msp_references？PHPSESSID＝5jhoa8anh8b2o1jbocn2riaf14

　　大家都了解陆地自然资源管理中的累积影响问题，这是由于很难证明微小的看似良性的土地利用变化，可能随着时间的推移逐渐积累，从而产生意想不到的有害结果（Theobald et al.，1997）。此外，累积影响并非自然而然地出现在大多数国家所使用的基于部门和项目的决策方式中，因此，尽管是根据最佳可用信息作出的个别决定，例如渔业分配，仍可能会对海洋系统的其他方面造成意想不到的后果，反之亦然。

　　在数学意义上，当两个或两个以上的压力（如捕鱼、污染）影响一种独立资源（如渔业）时，累积影响可能是加法（累积影响＝压力 A+压力 B）；当两个或两个以上的压力相互作用，对某一特定价值的整体影响有所减少，累积影响就会相互抵消（累积影响<压力 A+压力 B）；当两个或两个以上的压力相互作用，产生了大于各部分总和的负面影响时，累积影响就会相互促进（累积影响>压力 A+压力 B）。克雷恩（Crain）等（2008）的研究发现，海洋环境中相互促进的压力很常见，其中一个常见的例子就是在盐度、温度或（由于气候变化或臭氧消耗造成的）紫外线照射产生变化的情况下，毒性（污染）对生物体的影响会有所增加。

　　累积影响是一个有用的概念，可用于考量不同活动之间是如何相互作用来影响海洋系统和依赖这些系统的人类，然而，为了使累积影响为管理决策提供依据，还必须在更大的范围内进行科学分析、社会选择和公共政策制定的考量。累积影响评估或累积影响分析是两种用以寻求量化不同活动对某一特定价值或多种价值总体影响的方法，对这些活动的管理通常是彼此独立的。因此，累积影响评估是决策过程的一部分，而且已经纳入多个国家（加拿大、美国）的国内立法中，特别是作为主要项目的环境影响评估的一部分（Parkins，2011）。

根据管辖范围和考虑的问题/领域，累积影响评估会适用不同的术语和描述方法（Weber et al.，2012）。然而，评估项目具有类似的基本方法，包括：

- 确定价值：确定环境价值和社会经济（包括文化）价值，以便将累积影响评估的重点放在防止生态系统和人类系统的重要方面发生改变。
- 确定指标：衡量各种价值的状况或"健康"的指标。
- 监测价值：在空间和时间上监测各种价值，以支持决策并更好地了解生态体统和人类系统。
- 确定生态和社会临界值：找到在资源利用方面微小的变化即会对生态系统状况或人类福祉产生巨大的非线性反应的"临界点"。
- 了解适应力和恢复力：确定系统抵御干扰和扰动，以及从中恢复的能力。
- 了解因果模式：关注指标和观察到的或预测的变化模式间的功能性、可测量的关系，形成可靠的归纳推广。
- 情景分析：用于评估（通常作为权衡的）各种选项和未来结果。
- 设置管理方向：使用上述步骤中收集的信息，形成管理举措。

从历史上来看，人类活动对海洋环境的主要影响包括过度开采关键物种、污染和近岸生境丧失；然而，入侵物种和气候变化正日益成为主要关切。目前，海洋累积影响评估正在北美西海岸等地区进行试点（Halpern et al.，2009；Ban et al.，2010）。

私有海洋权利

296

本书经常出现的一个主题就是开放获取的风险（参见第 2 章），在此种情况下，个人、公司和国家没有动机来有效制造、规制、管理和监测共享海洋区域中的海洋衍生产品和服务。海洋的开放获取会导致各种各样的不良后果：由"淘金热"行为造成的资源迅速枯竭，由高投资和高成本带来的低利润，由低利润率和竞争导致的危险工作条件，以及低劣的产品质量（Deacon，2009）。由于渔民很少有考虑鱼类种群长期健康或生产力的经济动机，所以渔业资源会迅速枯竭，大多数关于开放获取所带来的风险的讨论都会集中于此。然而，运输、能源开发和采矿等其他部门，往往缺乏以最大限度减少环境损害和最大限度增加长期机遇的方式进行运作的动机。

在过去几十年中，宣布专属经济区的数量激增，导致全球 95% 的渔业和几乎所有（在大陆架上发现的）海上碳氢化合物资源都归属各国政府。专属经济区的建立是实现经济理性和圈公地为私有的重要一步。然而，许多最重要的全球渔业，包括金枪鱼，还是主要在专属经济区之外发现。

海洋财产权简介

海洋财产通常被认为是一种有形的客体（如领土、鱼类、石油和天然气储备），但也可以是一些政府层面认可的无形利益或收益流（如捕鱼权）（Edwards，1994）。海洋财产权的范围很广，从较弱的使用权，例如授予公司勘探石油和天然气矿藏的权利，到一些渔业管理体系中的对海洋资源的完全所有权（参见表 10.3）。根据资源是在一国（或多国）的专属经济区内还是国家管辖范围以外的地区，财产权具有不同的含义。除了某些国家有一些私有的河口和潮间带以外，都是由各国代表其公民代管领海和专属经济区内的海洋环境。而领海和专属经济区以外的国家管辖范围外海域，则是由前述几章所讨论的国际组织为所有国家的利益进行代管，并由这些国际组织合作管理。

表 10.3　海洋财产权的类型

权利类型	特征	示例
所有权	对财产进行实物控制，以便使用（或不使用），改变其形式和内容，并通过出售的方式转让所有权，或通过租赁的形式转让部分权利。对其他利益的损害承担责任，并且如果其他损害财产情况存在，则可主张损害赔偿	收取租金、租赁费；国家代表其公民享有所有权
使用权	在特定时间和地点用于特定目的的权利	捕鱼权、石油和天然气的勘探和开发权、海上能源装置、水产养殖
排他性权利	排除他人对财产的权利	勘探和开发的专属权（如能源和矿物），基于安全考量排除他人的权利
处置权	转让、出售、交换的权利	个人转让捕鱼权；转售使用权或排他性权利

来源：改编自 Young（2007）

基于权利的渔业管理系统

正如第 5 章和第 6 章所讨论的，在整个人类历史中，人类利用现有的技术，想方设法过度捕捞了几乎任何区域内的任何鱼类种群。反复无节制地捕捞鱼类种群的根本原因是开放获取（捕捞规则）、治理（决策）不利和执法不力（Hannesson，2011）。这些原因与公海渔业特别相关，在公海，鱼类是真正的全球"共同的"。但问题不仅限于公海，如果国家无法控制在其专属经济区内的捕鱼情况，或进行相应的执法，这种困境也会存在于其专属经济区内。

早在 1954 年就有人认识到，经济效益低下和过度开采是鱼类作为"公地"资源的必然后果。戈登（Gordon，1954）将"公地"定义为"……对个人来说是充足的商品，对社会来说是稀缺的商品"。在开放获取的情况下，渔业会遭遇"市场失灵"，这意味着随着捕捞的增加和鱼类种群的减少，捕捞活动会变得无利可图（Gordon，1954）。戈登是将鱼类作为私有资源这一观点的早期支持者，但直到 1979 年，当冰岛开始利用许可证制度限制在其鲱鱼渔场进行捕捞活动时，现代以权利为基础的捕捞业才开始出现（Chu，2009）。

基于权利的捕捞业方法大致可以分为以下几种：

- 通过确定谁可以捕鱼以及他们可以捕鱼的地点来限制捕鱼准入（许可证限制）（参见专栏 10.5）；
- 限制谁可以使用加工设备（上岸限制）；
- 限制谁可以获得支持捕鱼活动的商品和服务（如燃料、物资）；
- 赋予个体、公司或社区特定鱼类种群的一部分或全部的所有权（私有化）（参见专栏 10.5）。

最重要和最常用的基于权利的方法是，确立某一鱼类种群的总可捕捞量，然后将一部分捕捞量（称为"捕捞份额"）分配给个人、船只、公司或社区。分配捕捞份额的方法有以下几种类型：

- 个体可转让配额制度（ITQs）；
- 个体渔船配额制度（IVQs）；
- 社区配额制度（CDQs）；
- 企业配额制度（分配给渔业公司）；
- 渔业领地使用权制度（分配给某一地理区域的居民）。

专栏 10.5　捕捞份额制度的成功案例

秘鲁鳀鱼渔业

　　秘鲁鳀鱼（Engraulis ringens）渔业占全球渔业上岸量的近 10%，供养了约 1200 艘渔船和 140 家工厂，雇佣了 18 000 人，至少占秘鲁外汇收入的 7%（20 亿美元）。最近，在加拿大不列颠哥伦比亚大学渔业中心开展的一项研究中，秘鲁鳀鱼被列为世界上最具可持续的渔业。

　　每年，秘鲁政府都会根据秘鲁海洋研究院（Peruvian Marine Research Institute）提供的科学建议设定总可捕捞量，秘鲁鳀鱼渔业的管理即据此总可捕捞量实施。自 1992 年以来，政府通过限制发放新许可证的方式解决了过度捕捞的问题。2008 年，政府采取了个体渔船配额制度，将总可捕捞量分配给登记过的渔船。捕鱼季的每一天，政府都会公布一份允许捕鱼的渔船名单。此外，禁止渔业工厂从未被授权捕鱼的渔船那里接收渔获。

　　秘鲁政府已经制定了立法管理体制，通过指定地域界限，限制船只数量和捕捞能力，以及维持生物生产力的方式，管控国内和国外渔船的捕鱼活动。这些法规还根据有关禁渔区、休渔季或配额的部长决议，进行了必要的修改。

东北太平洋大比目鱼渔业

　　自 1923 年以来，加拿大和美国的太平洋大比目鱼（Hippoglossus stenolepis）种群就由国际太平洋大比目鱼协会（IPHC）进行管理。加拿大于 1991 年开始采用个体渔船配额制度，而美国则于 1995 年开始施行个人捕捞配额制度（类似于个人可转让配额制度）。

　　1990 年，加拿大大比目鱼捕捞季是 6 天，而如今则长达 10 个月，这导致 95% 的渔获都是以新鲜水产品（非冷冻）的方式销售，从而产生了较高的市场价格。更长的捕鱼季也使鱼类加工者更加稳定，（通过更短的轮班时间）提高了船员的安全性，造就了规模更小的渔船船队，每艘船有更长的捕鱼时间，且批发的产品价格每千克上涨了 3.3 美元（DFO，2008）。

　　美国大比目鱼的捕捞季从 1970 年的 150 天减少到 1979 年的 16 天，对渔场的过度投资导致了这种激进措施。投资过度的一个特征就是渔船规模和数量的增加。在建立个人捕捞配额制度之后，船队数量通过整合减少了 35%，捕捞季也增加到了 9 个月。此外，在个体可转让配额制度建立的最初 8 年里，支付给

专栏 10.5　捕捞份额制度的成功案例（续）

渔民的大比目鱼价格每年都会上涨 10.5%。个体可转让配额制度还采取了进一步的有效措施：制定了船舶规模配额，以防止大型经营者主导整个渔业捕捞；限制向具有商业捕捞经验的渔民进行配额转让；对个人所有者和船舶设置利用上限，以阻碍其整合。

来源：DFO（2008），Schreiber（2012），Carothers（2013）

个体可转让配额制度是最常用的分配捕捞份额方式，"个体可转让配额"一词已成为所有捕捞份额类型的代名词。目前，已有 18 个国家的 121 个渔场引入了个体可转让配额制度，其中一些证据表明这种制度是成功的。在一项针对美国和加拿大 10 种渔业的研究中，希尔伯恩等（Hilborn et al.，2003）发现，在采取捕捞份额制度的管理方式之后，副渔获物平均下降了 40%。楚（Chu，2009）发现，在引入个体可转让配额制度后，20 个鱼类种群状况中的 12 个都有所改善。尽管有这些正面的统计数据，捕捞份额制度仍然是渔业管理中的例外规则。全球商业性渔业中仅有微不足道的 1% 和全球渔获量中的 15% 是根据捕捞份额制度加以管理的（Deacon，2009）。

重要的是要注意到，捕捞份额制度不会赋予渔民完整的财产权。完整的产权要求捕捞份额的持有人有专属的、不可剥夺的永久权利，并且可以出售、出租或租借。虽然一些捕捞份额制度很接近私有权利，例如，在新西兰一些渔业中施行的制度那样，但大多数的捕捞份额制度还是处于开放获取和完全的私有权利之间。只要正确设立总可捕捞量，捕捞份额就可以通过激励渔民保护鱼类资源来促进可持续性。需要牢记的是，想要激励渔民负责任地捕鱼，部分是基于捕鱼权的安全性、排他性和可转让性。

关于捕捞份额制度是否适用于金枪鱼、剑鱼和巴塔哥尼亚美露鳕等公海渔业，一直存在许多争论。虽然某些个体可转让配额制度和其他捕捞份额制度已经成功地在专属经济区或专属经济区之间或公海之间区域（跨界鱼类种群）建立了可持续渔业，但却未能在公海地区实施基于权利的制度（Hannesson，2011）。如前所述，虽然全世界几乎所有的渔业都是在专属经济区以内，但包括鳕鱼（大浅滩）、大比目鱼（巴伦支海）和阿拉斯加鳕鱼（北太平洋）在内的某些渔场还存在于专属经济区之外。区域渔业管理组织（第 6 章）负责管理公海渔业，但这仍存在问题。公海的开放获取特征使得立法和执法都很困难，特

299

别是在处理那些不愿意参与到区域渔业管理组织程序中的国家时。哈内森（Hannesson，2011）提出了 2 种建立公海渔业私有权利的解决方案：第一，各国可以扩大其专属经济区范围，将目前处于公海的全球重要渔业纳入专属经济区范围；第二，建立可以"拥有"公海鱼类种群的公司，而公司股东则是各个国家（Crothers and Nelson，2006；Carothers，2013）。但是目前，这 2 种方法在国际上都没有太大的吸引力。

本章小结

- 海洋综合管理是采用具体的方法和工具来协助海洋决策。这些方法也可用于分析现有的政策和制定新的政策，且涉及多个部门，具有前瞻性、包容性和透明性，并试图为持久的决策提供信息。

- 20 世纪 70 年代，海岸带管理开始使用综合方法，紧接着便是生态系统管理方法、海洋保护区、海洋空间规划和累积影响。

- 基于权利的管理方法会赋予公共财产以私权利。海洋财产权可被视为有形的客体（如领土、鱼类、石油和天然气储备），或一些政府层面认可的无形利益或收益流（如捕鱼权）。这种基于权利的管理方法主要用于渔业管理，目前全球渔获量的 15% 都是根据这种方式来管理的。

300

参考文献

Agardy, T. (2010) *Ocean Zoning: Making Marine Management More Effective*, Earthscan, London.

Baird, S.F. (1873) 'Report on the condition of the sea fisheries of the south coast of New England in 1871 and 1872', *Report of the United States Fish Commission*, 1, GPO, Washington, DC. Ballantine, W. J. (1991) 'Marine reserves for New Zealand', *Leigh Laboratory Bulletin*, 25, University of Auckland, New Zealand.

Ban, N.C., Alidina, H. M. and Ardron, J. A. (2010) 'Cumulative impact mapping: Advances, relevance and limitations to marine management and conservation, using Canada's Pacific waters as acase study', *Marine Policy*, 34, 876–886.

Beverton, R.J.H. and Holt, S.J. (1957) 'On the dynamics of exploited fish populations', *Fishery Investigations*, 19, Ministry of Agriculture, Fisheries and Food, London.

Bremer, S. and Glavovic, B. (2013) 'Mobilizing knowledge for coastal governance: Re-framing the science-policy interface for integrated coastal management', *Coastal Management*, 41(1), 39–56.

Brunckhorst,D.J.,Bridgewater,P.and Parker,P.(1997)'The UNESCO Biosphere Reserve Program comes of age:Learning by doing,landscape models for a sustainable conservation and resource',in P.Hale and D.Lamb(eds)*Conservation Outside Reserves*,University of Queensland Press,Brisbane.

Carothers,C.(2013)'A survey of US halibut IFQ holders:Market participation,attitudes,and impacts',*Marine Policy*,38,515-522.

Chu,C.(2009)'Thirty years later:The global growth of ITQs and their influence on stock status in marine fisheries',*Fish and Fisheries*,10,217-230.

Cicin-Sain,B.and Knecht,R.W.(1998)*Integrated Coastal and Ocean Management:Concepts and Practices*,Island Press,Washington,DC.

Cicin-Sain,B.,Knecht,R.W.and Fisk,G.W.(1995)'Growth in capacity for integrated coastal management since UNCED:An international perspective',*Ocean and Coastal Management*,29(1-3),93-123.

Clark,J.R.(1992)'Integrated management of coastal zones',*FAO Fisheries Technical Paper No.327*,FAO,Rome.

COMPASS(Communication Partnership for Science and the Sea)(2005)'EBM consensus statement',http://www.compassonline.org/sites/all/files/document_files/EBM_Consensus_Statement_v12.pdf,accessed 23 December 2010.

Craig,R.K.(2012)*Comparative Ocean Governance:Place-Based Protections in an Era of Climate Change*,Edward Elgar,Cheltenham.

Crain,C.M.,Kroeker,K.and Halpern,B.S.(2008)'Interactive and cumulative effects of multiple human stressors in marine systems',*Ecology Letters*,11,1304-1313.

Crothers,G.T.and Nelson,L.(2006)'High seas fisheries governance:A framework for the future?',*Marine Resource Economics*,21,341-353.

Deacon,R.T.(2009)*Creating Marine Assets:Property Rights in Ocean Fisheries*,PERC Policy Series,43,Bozeman,Montana.

DFO(Department of Fisheries and Oceans)(2008)*Employment Impacts of ITQ Fisheries in Pacific Canada*,Fisheries and Oceans Canada,Ottawa,Canada.

Douvere,F.(2008)'The importance of marine spatial planning in advancing ecosystem-based sea usemanagement',*Marine Policy*,32,762-771.

Drankier,P.(2012)'Marine protected areas beyond national jurisdiction',*The International Journal of Marine and Coastal Law*,27,291-350.

Edwards,S.F.(1994)'Ownership of renewable ocean resources',*Marine Resource Economics*,9,253-273.

European Commission(2008)*Communication from the Commission:Roadmap for Maritime Spatial Planning:Achieving Common Principles in the EU*,COM(2008)791 Final,http://eur-lex.europa.eu/LexUriServ/LexUriServ.do?uri=COM:2008:0791:FIN:EN:PDF,accessed 14 January 2013.

European Commission(2012)*Blue Growth:Opportunities for marine and maritime sustainable growth*,COM

(2012)494 final,ec.europa.eu/maritimeaffairs/policy/blue_growth/documents/com_2012_494_en.pdf,accessed 12 March 2013.

FAO(Food and Agriculture Organization)(1996)'The contributions of science to coastal zone management',*Reports and Studies No.*61,GESAMP,Rome.

FAO(2005)*Progress in the Implementation of the Code of Conduct for Responsible Fisheries and Related Plans of Action*,FAO,Rome.

FAO(2006)'Report and documentation of the expert workshop on marine protected areas and fisheries management:Review of issues and considerations',*FAO Fisheries Report No 825*,FAO,Rome.

Gjerde,K.M.and Rulska-Domino,A.(2012)'Marine protected areas beyond national jurisdiction:Some practical perspectives and moving ahead',*The International Journal of Marine and Coastal Law*,27, 351-373.

Gordon,H.S.(1954)'The economic theory of a common-property resource:The fishery',*The Journal of Political Economy*,62(2),124-142.

Halpern,B.S.,Kappel,C.V.,Sekloe,K.A.,Micheli,F.,Ebert,C.M.,Kontgis,C.,Crain,C.,M.,Martone,R. G.,Shearer,R.and Teck,S.J.(2009)'Mapping cumulative human impacts to California Current marine ecosystems',*Conservation Letters*,2(3),138-150.

Hannesson,R(2011)'Rights based fishing on the high seas:Is it possible?',*Marine Policy*,35,667-674.

Hilborn,R.,Branch,T.A.,Ernst,B.,Magnusson A,Minte-Vera,C.V.,Scheuerell,M.D.and Valero,J.L. (2003)'State of the world's fisheries',*Annual Review of Environment and Resources*,28,359-399.

Holdgate,M.(1999)*The Green Web - A Union for World Conservation*,Earthscan,London.

IUCN/WWF/UNEP(International Union for the Conservation of Nature/World Wildlife Fund/United nations Environment Programme)(1980)*World Conservation Strategy:Living Resource Conservation for Sustainable Development*,IUCN,Nairobi,Kenya,data.iucn.org/dbtw-wpd/html/WCS-004/cover.html, accessed 25 October 2013.

Jones,P.(forthcoming)*Governing Marine Protected Areas*,Routledge,London.

Kay,R.and Alder,J.(2005)Coastal Planning and Management,Taylor & Francis,London.

Kelleher,G.and Kenchington,R.A.(1992)*Guidelines for Establishing Marine Protected Areas*,IUCN,Gland, Switzerland.

Kenchington,R.A.(1996)'A global representative system of marine protected areas',in R.Thackway(ed.) *Developing Australia's Representative System of Marine Protected Areas*,Department of the Environment, Sport and Territories,Canberra,Australia.

Kenchington,R.A.and Agardy,M.T.(1990)'Applying the biosphere reserve conceptin marine conservation',*Environmental Conservation*,17(1),39-44.

Kidd,S.,Plater,A.and Frid,C.(eds)(2011)*The Ecosystem Approach to Marine Planning and Management*,Routledge,London.

301

336

Larkin, P.A. (1996) 'Concepts and issues in marine ecosystem management', *Reviews in Fish Biology and Fisheries*, 6, 139-164.

Leopold, A. (1949) *A Sand County Almanac and Sketches Here and There*, Oxford University Press, Oxford.

Link, J.S. (2005) 'Translating ecosystem indicators into decision criteria', *ICES Journal of Marine Science*, 62(3), 569-576.

MA (Millennium Ecosystem Assessment) (2005) *Global Assessment Reports*, 1: *Current State and Trends*, Island Press, Washington, DC.

Martínez, M.L., Intralawan, A., Vázquez, G., Pérez-Maqueo, O., Sutton, P. and Landgrave, R. (2007) 'The coasts of our world: Ecological, economic and social importance', *Ecological Economics*, 63, 254-272.

NOAA (National Oceanic and Atmospheric Administration) (1972) *Coastal Zone Management Act of* 1972, coastalmanagement.noaa.gov/about/media/CZMA_10_11_06.pdf, accessed 1 April 2013.

NOAA (2007) *CZMA Section* 312 *Evaluation Summary Report* - 2006, http://coastalmanagement.noaa.gov/success/media/312summaryreport2006.pdf, accessed 4 April 2013.

National Ocean Council (2013) *CMSP National Goals and Principles*, www.whitehouse.gov/administration/eop/oceans/cmsp/goals-principles, accessed 13 January 2013.

Nijkamp, H. and Peet, G. (1994) *Marine Protected Areas in Europe*, Commission of European Communities, Amsterdam.

Olsen, S.B. (2003) 'Frameworks and indicators for assessing progress in integrated coastal management initiatives', *Ocean & Coastal Management*, 46, 347-361.

Parkins, J.R. (2011) 'Deliberative democracy, institution building, and the pragmatics of cumulative effects assessment', *Ecology and Society*, 16(3).

Price, A.R.G. and Humphrey, S.L. (1993) *Application of the Biosphere Reserve Concept to Coastal Marine Areas*, IUCN, Gland, Switzerland.

Ray, G.C. and McCormick-Ray, J. (2004) *Coastal Marine Conservation: Science and Policy*, Blackwell, Malden, MA.

Rochette, J. and Billé, R. (2012) 'ICZM protocols to regional seas conventions: What? Why? How?', *Marine Policy*, 36, 977-984.

Roff, J.C. and Taylor, M.E. (2000) 'National frameworks for marine conservation: A hierarchical geophysical approach', *Aquatic Conservation: Marine and Freshwater Ecosystems*, 10, 209-223.

Roff, J.C., Taylor, M.E. and Laughren, J. (2003) 'Geophysical approaches to the classification, delineation and monitoring of marine habitats and their communities', *Aquatic Conservation, Marine and Freshwater Ecosystems*, 13, 77-90.

Rupprecht Consult (2006) *Evaluation of Integrated Coastal Zone (ICZM) Management in Europe: Final Report*, Rupprecht Consult, Cologne, Germany, ec.europa.eu/environment/iczm/pdf/evaluation_iczm_report.pdf, accessed 10 April 2013.

302

Salm, R.V. and Clark, J.R. (1984) *Marine and Coastal Protected Areas: A Guide for Planners and Managers*, IUCN, Gland, Switzerland.

Schreiber, M.A. (2012) 'The evolution of legal instruments and the sustainability of the Peruvian anchovy fishery', *Marine Policy*, 36, 667–674.

Sklandany, M., Clausen, R. and Belton, B. (2007) 'Offshore aquaculture: The frontier of redefining oceanic property', *Society & Natural Resources: An International Journal*, 20(2), 169–176.

Sobel, J. (1996) 'Marine reserves: Necessary tools for biodiversity conservation?', *Global Biodiversity*, 6 (1), Canadian Museum of Nature, Ottawa, Canada.

Tansley, A.G. (1935) 'The use and abuse of vegetational terms and concepts', *Ecology*, 16, 284–307.

Theobald, D.M., Miller, J.R. and Hobbs, N.T. (1997) 'Estimating the cumulative effects of development on wildlife habitats', *Landscape and Urban Planning*, 39, 25–36.

Toropova, C., Meliane, I., Laffoley, D., Matthews, E. and Spalding, M. (2010) *Global Ocean Protection: Present Status and Future Possibilities*, IUCN, Gland, Switzerland, data.iucn.org/dbtwwpd/edocs/2010-053.pdf, accessed 12 April 2013.

UNEP(United Nations Environment Programme) (1995) *Guidelines for Integrated Management of Coastal and Marine Areas – With Special Reference to the Mediterranean Basin*, UNEP Regional Seas Reports and Studies No.161, Nairobi, Kenya.

UNEP(2008) *Protocol on Integrated Coastal Zone Management in the Mediterranean*, www.pap-thecoastcentre.org/razno/PROTOCOL%20ENG%20IN%20FINAL%20FORMAT.pdf, accessed 11 April 2013.

Weber, M., Krogman, N. and Antoniuk, T. (2012) 'Cumulative effects assessment: Linking social, ecological and governance dimensions', *Ecology and Society*, 17(2), article 22.

Young, O. (2007) 'Rights, rules, and common pools: Solving problems arising in human/environment relations', *Natural Resources Journal*, 47(1), 1–16.

Young, O., Oshrenko, G., Ekstron, J. Crowder, L., Ogden, J., Wilson, J., Day, J., Douvere, F., Ehler, C., McLeod, K., Halpern, B. and Peach, R. (2007) 'Solving the crisis in ocean governance: Place-based management of marine ecosystems', *Environment*, 49, 21–30.

Zacharias, M.A. and Roff, J.C. (2001) 'Use of focal species in marine conservation and management: A review and critique', *Aquatic Conservation: Marine and Freshwater Ecosystems*, 11, 59–76.

结论：海洋管理成绩单

阿尔伯特·爱因斯坦有一个猜想，类似伯特兰·罗素的论点，"智慧"的前提条件是和平利用人类的创新，著名的论断是"我们不能用制造问题时的同一水平思维来解决问题"。就本书而言，由国家提出的第一个"大问题"是在20世纪初的鱼类和海洋哺乳动物的过度捕捞。虽然对此问题的解决有大量的拒绝和拖延，防止许多重要鱼类和海洋哺乳动物种群灭绝的协议最终已达成。

1951年，瑞秋·卡森（Rachel Carson）将对世界海洋脆弱性的关注超越了捕鱼的范围（Carson，1951）。认识到沿海海洋的管理应该更加协调，催生了海岸带管理这一学科，其已在世界范围内被采纳。此外，这一认识是负责其他综合管理工具（如海洋保护区和海洋空间规划）的基础。20世纪中叶也促成了《南极条约》的产生，需要南极清零，以作为科学研究和国际和谐的区域。意义深远的"立即行动"发表已有20年（如Thorne-Miller and Catena，1991；Norse，1993），其提醒我们对海洋环境的日益恶化、棘手问题的不断复杂化（如气候变化），立即引起重视。

针对这些棘手的问题已有广泛的解决进展——建立海洋保护区、减少航运温室气体排放、坚定不移规制污染仅仅是大力有效管理海洋的三个进展示例。《联合国海洋法公约》《南极条约》和主要治污公约（如《伦敦倾废公约》《国际防止船舶造成污染公约》）改善了海洋健康并减轻依赖海洋的人们的困苦。海上运输受一系列广泛认可的规范支配，这些规则促进了国际贸易的发展。几乎所有的国际公约都认可欠发达国家、地理上处于不利地位国家和内陆国家的需要。最后，绝大多数国家已完全赞成在区域基础上合作解决共同的海洋问题的需要。

重大挑战依然存在。人们对非法、不报告和无管制捕捞，海盗，贫穷，工作人员安全，方便旗，外来入侵物种对海洋生物和物理功能不完全理解但又知道一些。对气候变化-海洋酸化、变暖和海平面上升对海洋的影响知之甚少，但这些影响却可能很严重。同样，世界各地沿海人口迅速增长的环境和社会后果也是如此。某些地区继续存在管辖争议，这导致了政治和经济摩擦。然而，悲观主义不一定占上风，各国已证明合作不仅是可能的，而且可以带来经济、环境和政治的改善。

参考文献

Carson, R. (1951) *The Sea Around Us*, Oxford University Press, Oxford.

Norse, E. A. (ed.) (1993) *Global Marine Biodiversity: A Strategy for Building Conservation into Decision Making*, Island Press, Washington, DC.

Thorne-Miller, B. and Catena, J. (1991) *The Living Ocean: Understanding and Protecting Marine Biodiversity*, Island Press, Washington, DC.

索 引[①]

A

《阿比让公约》（1981）167

阿基莱·劳伦号 235

阿尔巴尼亚 42

阿提密西安海战 215

埃克森·瓦尔迪兹号 100

安全，海上 233-238

澳大利亚 40，126

A. D. 盖瑞 186

A. G. 坦斯利 285

B

"白化" 150

白令海海豹仲裁案（1893）33

《巴塞罗那公约》（1976）166，273

《巴塞尔公约》（1989）155，159，246

班轮会议 230-231

班轮货运服务 219

半深海带——海洋分类 10

《保护东北大西洋海洋环境公约》（1992）273，292

《保护海洋环境免受陆源污染全球行动计划》159-160，164

保护海洋环境区域组织 167

保护区 285，291

保赔俱乐部 221

北大西洋海岸渔业纠纷（1910）78

北海多边渔业会议（1881）190

北冰洋 251，261，263

北极理事会 263-267；宣言 265；组织机构参与 263-264；特别工作组 264

北极极圈区域 260

北极：气候变化 263，266-7；治理 262-263；国家利益 262

《北太平洋保护海豹公约》（1911）190

贝类 178

被子植物 7

庇古税 103

闭海或半闭海 69

毕马威 112

秘鲁鳀鱼渔业 298

标签体系 113-114，245

标准排序 136，138

表层海水环流 16-17

《濒危野生动植物种国际贸易公约》200

《濒危野生动植物种国际贸易公约波恩修正案》200

冰岛 200，297

冰盖和冰蚀 12

波利尼西亚探险家 215

波浪能 275

柏拉图 90

捕捞份额制度 297-299

捕捞能力 208

《捕捞能力管理国际行动计划》208-209

捕捞限额 178

[①] 页码为原著页码，即中文版边注页码。——译者注

译后记

海洋系统与陆地系统存在不同，海洋管理极为复杂，不能简单地照抄照搬陆地的理论、范式和概念。同时，即使是从事海洋治理领域的人，也很少能掌握海洋治理所有方面的内容。因为管理利用海洋环境的多边国际协定就超过 150 个，除海洋环境外，海洋管理还有很多其他内容，可以想象其难度。因此，很少有人能全面了解世界海洋是如何治理的以及这些治理是否有效。海洋治理混合了历史实践和习惯、经济和贸易考量、国内法和政策，以及区域和国际协定。希望给读者关于海洋治理，特别是海洋政策的一些介绍和理解是译者翻译《海洋政策》一书的初衷。

本书共 10 章，其中前言、第 1、7、9 章、结论、图表、缩略语、索引等由司慧翻译完成，第 2、3、4、5、6、8、10 章由邓云成翻译并负责统稿。本书在翻译过程中在部分术语方面得到了福州大学张相君副教授的帮助，在相关日语翻译方面得到了上海交通大学李鹏舒博士的指正。

本书的翻译出版得到了自然资源部海岛研究中心研究项目（G. 2200214. 160202. 01）的支持。感谢自然资源部海岛研究中心领导侯纯扬书记、苏晖副主任、李瑞山副主任、丰爱平副主任在翻译过程中的帮助。

海洋政策涉及内容繁多，耕时近四年，由于译者水平有限，在翻译本书时，肯定有诸多不足之处，欢迎读者批评指正（E‐mail：dengyuncheng2006@163. com），在此先行感谢。

译者

2018 年于北京、平潭